U0284482

国家出版基金项目
NATIONAL PUBLICATION FOUNDATION

"十三五"国家重点出版物出版规划项目

空气质量和雾霾天气预报方法与应用

王体健　王勤耕　金龙山　石春娥　李宗恺　著

气象出版社
China Meteorological Press

内 容 简 介

本书介绍了我国环境气象预报问题的特点、空气质量和雾霾天气预报的方法、空气质量模式和预报的发展历程。书中首先重点介绍了以区域大气环境模拟系统 RegAEMS、新一代天气研究预报-化学模式 WRF-Chem、社区空气质量模式 WRF-CMAQ 为基础的空气质量数值预报、空气质量统计预报、空气污染潜势预报、空气质量潜势-统计结合预报的方法以及在区域或城市空气质量预报、重大活动环境保障中的应用。其次，介绍了提高环境气象预报水平的资料同化、集合预报、污染源反演订正、模式输出再统计技术及其在空气质量数值预报中的应用。再次，介绍了以 CAMx-PSAT/OSAT、CMAQ-ISAM 和 RegAEMS-CMB/PMF/APSA 为基础的大气污染来源解析技术、源追踪数值模型和数学规划模型相结合的区域空气质量达标规划方法，以及预报产品展示平台。此外，还介绍了雾天气和沙尘天气的数值预报方法和应用。

本书就空气质量和雾霾天气的各种预报方法、模式系统、预报技术和应用实例等方面进行比较系统详细的介绍，力求为从事环保、气象、民航等相关行业的业务人员提供指导，同时也为科研院所和高等院校的研究人员提供参考。

图书在版编目(CIP)数据

空气质量和雾霾天气预报方法与应用 / 王体健等著
. --北京：气象出版社，2020.12
ISBN 978-7-5029-7351-3

Ⅰ.①空… Ⅱ.①王… Ⅲ.①环境空气质量-天气预报②空气污染-天气预报 Ⅳ.①P45

中国版本图书馆 CIP 数据核字(2020)第 247302 号

空气质量和雾霾天气预报方法与应用
KONGQI ZHILIANG HE WU MAI TIANQI YUBAO FANGFA YU YINGYONG

出版发行：气象出版社

地　　址：北京市海淀区中关村南大街 46 号　　邮政编码：100081
电　　话：010-68407112(总编室)　010-68408042(发行部)
网　　址：http://www.qxcbs.com　　E-mail：qxcbs@cma.gov.cn
责任编辑：黄红丽　隋珂珂　　　　　　终　　审：吴晓鹏
特邀编辑：周黎明　　　　　　　　　　责任技编：赵相宁
责任校对：张硕杰
封面设计：楠竹文化
印　　刷：北京中科印刷有限公司
开　　本：787 mm×1092 mm　1/16　　印　　张：21
字　　数：540 千字
版　　次：2020 年 12 月第 1 版　　　　印　　次：2020 年 12 月第 1 次印刷
定　　价：180.00 元

前　　言

改革开放四十多年来,随着城市化和工业化进程的加快,我国城市和区域空气污染严重,雾霾天气频发,对空气质量、人体健康、生态环境和气候变化产生了不容忽视的影响。2013年大气污染防治计划实施以来,城市 $PM_{2.5}$ 浓度明显下降,臭氧浓度逐年上升,大气环境保护依然任重道远。为了实现对空气质量和雾霾天气的预报和预警,南京大学大气科学学院王体健教授研究组以自主发展的区域大气环境模拟系统 RegAEMS 为基础,并对美国新一代天气研究预报-化学模式 WRF-Chem、社区空气质量模式 WRF-CMAQ 加以必要的改进和完善,构建了城市空气质量和雾霾天气预报系统。基于 CAMx-PSAT/OSAT、CMAQ-ISAM 和 RegAEMS-CMB/PMF/APSA 建立了大气污染的来源解析技术。此外,还发展了空气质量统计预报模式、空气污染潜势预报模式、空气质量潜势-统计结合预报模式以及雾和沙尘天气数值预报模式等。同时,还发展了提高环境气象预报水平的资料同化、集合预报、污染源反演订正、模式输出再统计技术。这些不同类型的预报模式和技术在国内部分省市和地区进行了示范和应用,并在 2010 年上海世博会、2013 年南京亚青会、2014 年南京青奥会、2016 年杭州 G20 峰会、2018 年青岛上合峰会、2019 年青岛海军节等重大活动的空气质量保障中发挥了积极作用。

本书就空气质量和雾霾天气的各种预报方法、模式系统、预报技术和应用实例等方面进行比较系统详细的介绍,力求为从事环保、气象、民航等相关行业的业务人员提供指导,同时也为科研院所和高等院校的研究人员提供参考。

王体健负责本书的内容设计和结构安排,组织完成第 1、3、5、6、7、9、11、12 章的撰写。金龙山负责第 2 章空气污染潜势预报的撰写,王勤耕负责第 4 章城市空气污染统计预报的撰写,王耀东负责第 8 章空气质量预报产品展示平台的撰写,石春娥负责第 10 章雾天气的数值预报的撰写,束蕾负责第 13 章基于数值模式的大气污染协同控制的撰写。此外,刘聪、江飞、蒋自强、朱佳雷、黄晓娴、邓君俊、陈璞珑、吴昊、喻雨知、于文革、戴建华、刘冲、曲雅微、马超群、谢晓栋、王德弈、陈楚、曹云擎、黄丛吾、杨帆、张凯旋、彭杰、伏晴艳、陆晓波、叶辉、王静、张青新、李光明、王润璋、罗干、宋荣等参加了相关内容的撰写。周凯旋负责参考文献的校对。李宗恺教授为本书的顾问。

本书的部分研究成果得到国家科技重大研发计划(2016YFC0203303,2020YFA0607802,2016YFC0208504,2017YFC0209803,2018YFC0213503,2019YFC

0214603)和大气重污染成因与治理攻关项目(DQGG0304,DQGG0107)的支持。

感谢气象出版社黄红丽副编审的鼓励和帮助,使得本书获得国家出版基金的支持,并能在规定时间内顺利出版。本书的完成历时将近6年,在完成本书的最后三个月,适逢全球出现新型冠状病毒肺炎疫情。在全民开展这场疫情阻击战的过程中,作者得以有更多的时间固守后方,宅于家中,静心思考,专注写作,方才完成此书。今年6月中旬,一场突如其来的意外车祸让我与死神擦肩而过,幸得老天眷顾,经过医生的竭力救治,亲人的悉心照顾,同事、同学、学生和朋友的帮助、关心、鼓励和支持,才得以重获新生。在医院的病床上,我强忍伤痛,克服困难,组织了全书内容的校对工作,并亲自校对了个别章节,保证了本书的按时出版。

由于著者水平有限,难免有疏漏和不正之处,请读者不吝指正。

王体健

2020 年 12 月

目　　录

第 1 章　绪论

本章重点介绍我国空气污染和雾霾天气的主要特征、环境气象预报问题的特点、空气质量预报方法分类、空气质量模式和预报的发展历程。

1.1　我国空气污染的特点

空气污染是指由于人类活动或自然过程引起某些物质进入大气中,达到足够的浓度,维持足够的时间,对人体健康或生态环境产生一定危害的现象。换句话说,只要某一种物质存在的数量、性质及时间足够对人类或其他生物、财物产生影响,则可以称其为空气污染物,其存在造成的现象即空气污染。根据大气污染物化学和物理性质的不同可分为煤烟型、尾气型、石油型、扬尘型等污染类型。

我国的大气污染大体上经历了三个阶段,分别呈现不同的特点(王体健等,2017)。

(1)1980—1990 年,主要是由燃煤大气污染物形成的,故可称为"煤烟型"污染。其主要特征是大多数城市空气污染物以燃煤形成的二氧化硫(SO_2)、氮氧化物(NO_x)和烟尘为主,且处在较严重的污染水平,同时酸雨污染并存;

(2)1990—2000 年,大气污染呈现典型的"煤烟型"和"尾气型"混合污染。其主要特征是大气污染物以 SO_2、NO_x 和可吸入颗粒物(PM_{10})为主,浓度居高不下,酸雨严重;

(3)2000 年以后,大气污染呈现以酸雨、光化学烟雾和细颗粒物为主要特征的"复合型"污染。SO_2、NO_x、PM_{10} 浓度开始逐步下降,细颗粒物($PM_{2.5}$)和臭氧(O_3)成为很多城市的主要大气污染物。

我国自改革开放以来,由于粗放型的经济发展模式和经济总量的持续快速发展,能源消耗增长迅速,煤炭和石油消费量猛增,导致 SO_2、NO_x 排放量维持在较高的水平,大气污染形势严峻。至 2010 年,全国 471 个县级及以上城市中,空气质量仅 3.6% 的城市达到一级标准,仍有 15.5% 的城市空气质量为三级,1.7% 的城市劣于三级;重酸雨区面积扩大,酸雨发生频率增加;SO_2 和 NO_x 转化形成的细颗粒物污染加重,许多城市和区域呈现复合型大气污染的严峻态势。

2012 年国家颁布了《环境空气质量标准(GB 3095—2012)》,在可吸入颗粒物(PM_{10})、二氧化氮(NO_2)、二氧化硫(SO_2)三项监测指标的基础上,新增了一氧化碳(CO)、臭氧(O_3)、细颗粒物($PM_{2.5}$)三项监测指标。根据环境保护部发布的数据(中华人民共和国环境保护部,2014),2013 年 74 个城市中,海口、舟山、拉萨 3 个城市各项污染指标年均浓度均达到二级标准,其他 71 个城市存在不同程度超标现象。空气质量相对较好的前 10 位城市是海口、舟山、拉萨、福州、惠州、珠海、深圳、厦门、丽水和贵阳;空气质量相对较差的前 10 位城市是邢台、石家庄、邯郸、唐山、保定、济南、衡水、西安、廊坊和郑州。从主要污染物浓度分析,74 个城市的

$PM_{2.5}$ 年均浓度为 72 $\mu g/m^3$，仅拉萨、海口、舟山 3 个城市达标，达标城市比例为 4.1%；PM_{10} 年均浓度为 118 $\mu g/m^3$，11 个城市达标，达标城市比例为 14.9%；NO_2 年均浓度为 44 $\mu g/m^3$，29 个城市达标，达标城市比例为 39.2%。

2013 年 9 月，国务院颁布了《大气污染防治行动计划》(简称"大气十条")，要求到 2017 年全国地级及以上城市可吸入颗粒物(PM_{10})年均浓度比 2012 年下降 10% 以上，优良天数逐年提高；京津冀、长三角、珠三角三个重点区域的细颗粒物($PM_{2.5}$)年均浓度分别下降 25%、20%、15%。"大气十条"对大气污染防治提出了新要求，即经过五年努力，全国空气质量总体改善，重污染天气较大幅度减少；京津冀、长三角、珠三角等区域空气质量明显好转。力争再用五年或更长时间，逐步消除重污染天气，全国空气质量明显改善。

为了实现"大气十条"提出的目标，我国在大气污染防治方面相继实施了一系列重大措施，包括工业行业提标改造、燃煤锅炉整治、落后产能淘汰、民用燃料清洁化和移动源排放管控等。自"大气十条"实施以来，我国主要大气污染物减排效果显著，2017 年 SO_2、NO_x 和一次 $PM_{2.5}$ 排放相比于 2013 年分别下降 62%、17% 和 33%(Zheng et al.，2018)。空气质量也随之大幅改善，三个重点区域的 $PM_{2.5}$ 浓度下降 28%~40%，超额完成"大气十条"目标(Zhang and Geng，2019)。

根据《中国环境状况公报》(中华人民共和国生态环境部，2019)，2018 年，全国 338 个地级及以上城市(简称 338 个城市)中，121 个城市环境空气质量达标，占全部城市数的 35.8%，比 2017 年上升 6.5 个百分点；217 个城市环境空气质量超标，占 64.2%。338 个城市平均优良天数比例为 79.3%，比 2017 年上升 1.3 个百分点；平均超标天数比例为 20.7%。7 个城市优良天数比例为 100%，186 个城市优良天数比例为 80%~100%，120 个城市优良天数比例在 50%~80% 之间，25 个城市优良天数比例低于 50%。338 个城市发生重度污染 1899 天次，比 2017 年减少 412 天次；严重污染 822 天次，比 2017 年增加 20 天次。以 $PM_{2.5}$ 为首要污染物的天数占重度及以上污染天数的 60.0%，以 PM_{10} 为首要污染物的占 37.2%，以 O_3 为首要污染物的占 3.6%。$PM_{2.5}$、PM_{10}、O_3、SO_2、NO_2 和 CO 浓度分别为 39 $\mu g/m^3$、71 $\mu g/m^3$、151 $\mu g/m^3$、14 $\mu g/m^3$、29 $\mu g/m^3$ 和 1.5 mg/m^3，超标天数比例分别为 9.4%、6.0%、8.4%、不足 0.1%、1.2% 和 0.1%。与 2017 年相比，O_3 浓度和超标天数比例均上升，其他五项指标浓度和超标天数比例均下降。若不扣除沙尘影响，338 个城市中，环境空气质量达标城市比例为 33.7%，超标城市比例为 66.3%；$PM_{2.5}$ 和 PM_{10} 平均浓度分别为 41 $\mu g/m^3$ 和 78 $\mu g/m^3$，分别比 2017 年下降 6.8% 和 2.5%。图 1.1 是 2013—2017 年卫星反演的全国气溶胶光学厚度(AOD)(创蓝清洁空气产业联盟，2018)，反映了地面 $PM_{2.5}$ 浓度逐年下降的趋势。

根据生态环境部发布的《中国空气质量改善报告(2013—2018 年)》(http://www.gov.cn/)，2018 年全国环境空气质量总体改善，首批实施《环境空气质量标准》的 74 个城市，$PM_{2.5}$ 平均浓度下降 42%，SO_2 平均浓度下降 68%。重点区域环境空气质量明显改善，京津冀、长三角和珠三角地区 $PM_{2.5}$ 平均浓度分别比 2013 年下降了 48%、39% 和 32%。北京市 $PM_{2.5}$ 大幅下降，从 89.5 $\mu g/m^3$ 下降到 51 $\mu g/m^3$，降幅达 43%。主要大气污染物排放总量显著减少，2013 年以来，中国 NO_x 和 SO_2 排放总量下降 28% 和 26%。中国酸雨分布格局总体保持稳定，酸雨面积呈逐年减小趋势。2013 年，全国酸雨区面积占国土面积的 10.6%，2018 年已降至 5.5%，降幅近 50%。

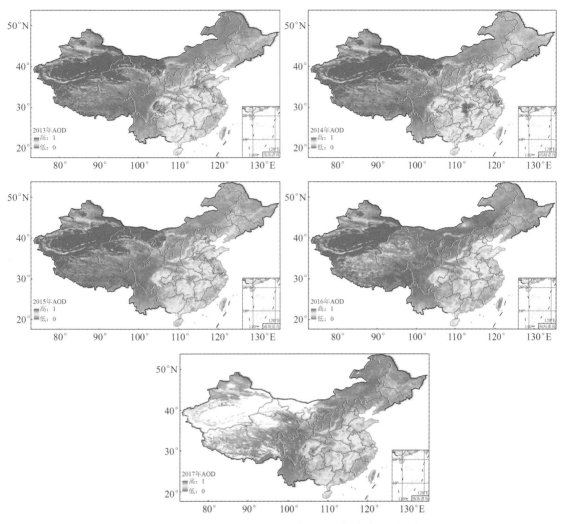

图 1.1　2013—2017 年卫星反演的全国气溶胶光学厚度

1.2　我国雾霾天气的特点

　　雾是由大量悬浮在近地面空气中的微小水滴或冰晶组成的气溶胶系统,是近地面层空气中水汽凝结(或凝华)的产物。当目标的水平能见度降低到 1 km 以内,就将悬浮在近地面空气中的水汽凝结(或凝华)物的天气现象称为雾;而将目标物的水平能见度在 1～10 km 的同类现象称为轻雾。霾是大量极细微的干性尘埃、烟粒、盐粒等均匀地悬浮在空气中,使水平能见度小于 10 km 的空气普遍出现浑浊的天气现象。

　　表 1.1 给出了雾与霾的区别。霾和雾虽然同是视程障碍现象,但组成成分有差异,一个是干性质粒,另一个则是小水滴、小冰晶,干湿程度上存在区别,因此可以用表征湿度的物理量作为两者的区分标准。考虑到空气在接近饱和时才能形成雾滴,一般定义相对湿度小于 80% 且能见度小于 10 km 的情况为霾,而相对湿度大于等于 90% 且能见度小于 10 km 的情况则为

雾。霾发生时相对湿度不大,而雾中的相对湿度是饱和的。霾的厚度比较厚,可达 1~3 km。霾与雾不同,与晴空区之间没有明显的边界。霾粒子的分布比较均匀,而且尺度比较小,为 0.001~10 μm,平均直径大约为 1~2 μm。由于尘、硫酸盐、硝酸盐等组成的霾比较多地散射波长较长的光,因此霾看起来呈黄色或橙灰色。

表 1.1　雾与霾对照表

天气现象	成分	相对湿度	粒子尺度	厚度	颜色	边界
雾	水滴、冰晶	饱和	1~100 μm 肉眼可见	10~100 m	乳白色或青白色	清晰
霾	尘、硫酸盐、硝酸碳氢化合物等	不饱和	0.001~10 μm 肉眼不可见	1~3 km	黄色或橙色	不清晰

关于霾与雾的判断标准,吴兑(2008)认为,相对湿度小于 80% 时确定为霾,相对湿度大于 90% 时确定为雾,相对湿度介于 80%~90% 时则是霾与雾的混合,但主要为霾。中国香港天文台则认为,相对湿度小于 85% 时是霾,相对湿度大于 95% 时是雾,相对湿度介于 85%~95% 时则是霾和雾的混合。盘晓东(1999)提出相对湿度标准应该有南北地域差别,不能硬性只将某一相对湿度作为划分轻雾和霾的绝对界限。不少学者认为,判别霾与轻雾的标准不能只看相对湿度,还要结合其他天气条件,出现时间和颜色等,一些研究成果还将霾限定在相对湿度 80% 以下。

关于霾与雾的时空特征,孙彧等(2013)根据近 40 a(1971—2010)年 567 个中国地面观测站点的雾和霾日数资料,分析了我国雾和霾日数的空间分布、季节变化以及年代际变化特征,并且利用旋转经验正交函数(REOF)分解对雾日数进行气候区划。结果表明:①雾主要分布在东南沿海地区、四川盆地地区、湘黔交界、山东沿海以及云南南部等地区。霾主要集中于华北、河南以及珠三角和长三角地区。②在季节变化上:秋冬雾和霾的分布大于春夏。③雾日和霾日年代际变化明显,雾日数在 20 世纪 70—90 年代较多,20 世纪 90 年代以后减少;霾日数自 2001 年以来急剧增长。④雾日数可分为 16 个区,其中华北、珠三角以及四川盆地是雾出现频率较高的几个重点区域。

雾是一种自然天气现象,在水汽充足、微风及大气层稳定的情况下,相对湿度达到 100% 时,空气中的水汽便会凝结成细微的水滴悬浮于空中,使地面水平的能见度下降。雾的地域性很强,总的来讲,我国南部和东部多、西部和北部少。雾的出现以春季 2—4 月较多。图 1.2 是中国东部四个地区年雾日的平均曲线,在东北雾日是不断减少的,在 20 世纪 60—70 年代,年雾日平均在 18 d 左右;2000 年以后已下降到平均 13 d 左右。华北的情况不同,在 1990 年以前雾日是增加的。从 20 世纪 60 年代的 17 d 增加到 20 世纪 90 年代的 28 d 左右,以后不断下降,江淮地区的情况与华北相近,也出现先升后降的演变特征,但雾日发生的平均天数明显大于华北。在 20 世纪 80 年代雾日出现变多的时期,年平均雾日达 43 d 左右。华南地区雾日从 20 世纪 60 年代出现缓慢上升后,到 1982 年前后达到峰值(年平均 33 d 左右),之后即迅速下降到最近的 18 d 左右,几乎减少了一半,并且雾日的下降时间也比华北和江淮地区早 8 a 左右。轻雾对于上述中国东部四个分区都是明显上升的,尤其是在 1980 年以前,1980 年以后除华南维持上升外,其他三区大致维持平稳状态(图略)。由上可见,雾日的变化在 1980 年以后是一致的,都是快速上升趋势,然后一直维持一段平稳期。而从 20 世纪 90 年代雾日开始减少,与雾日总体上增加呈现反向的变化,这种情况约有 20 a 的时间。

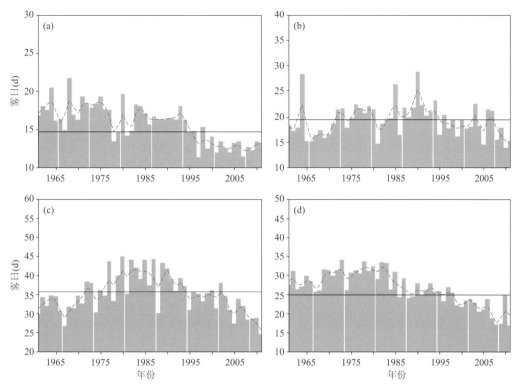

图 1.2 1961—2011 年中国东部分区雾日的历年变化(单位:d,黑色粗实线为 1981—2010 年气候平均,
红色虚线表示 9 点平滑曲线)(丁一汇和柳艳菊,2014)
(a)东北;(b)华北;(c)江淮;(d)华南

霾是一种典型的以高颗粒物浓度和低能见度为特征的天气现象,主要发生在秋冬季,其主要成分就是大气细颗粒物。我国区域性霾天气形势严峻,存在着四个明显的霾区:黄淮海地区、长江河谷、四川盆地、珠江三角洲。图 1.3 是 1961—2011 年全国年霾日的变化趋势空间分布,可以看到,在过去 50 a 中霾日增加的地区主要在中国的东部地区,而在中西部地区出现减少的平均趋势,东北地区总体上也表现出减少趋势,华北、江淮、江汉和华南等地是正变化趋势最显著的地区,这些地区也是中国工业和经济发展最快、同时也是污染物排放最多的地区。如果进一步考察一下东北、华北、江淮和华南年霾日的长期变化,可以更清楚地看到这种地区差异(图 1.4)。十分有意思的是,东北地区在 1980 年以前霾日是高峰期,平均在 2 d 左右,之后则明显下降,基本上处于 0.6 d 左右,因而近 30 a 东北地区的霾日处于很低的水平。但是,在江淮和华南地区都是呈不断上升的趋势,尤其是华南在 20 世纪 60 年代平均只有 3.9 d 霾日,到 2008 年迅速增加到近 60 d,但最近几年出现明显下降趋势。华北地区在 1980 年之前是明显快速上升的,在 1976—1990 年这 15 a 达到高峰,平均约为 14~15 d,以后一直下降,但从 2005 年又开始上升。夏季霾日的平均水平是四季中最低的,只有 0.8 d,冬季为 4 d,华北春秋季节霾日并没有明显的增加(丁一汇和柳艳菊,2014)。

需要注意的是,当今的雾和霾与以前洁净大气时有所不同,由于受到空气污染的影响,其化学组分发生较大变化,变得更为复杂。

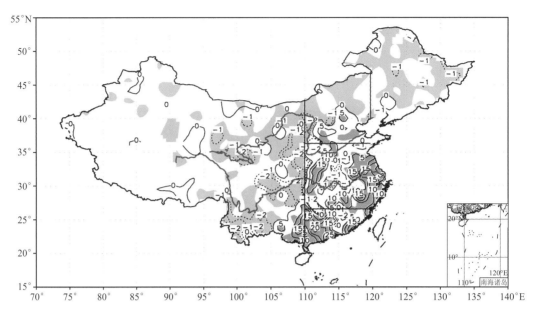

图 1.3　1961—2011 年全国年霾日趋势分布(阴影区为平均趋势通过 95% 信度检验
的地区:棕色表示增加趋势,青色表示减少趋势。正值区等值线间隔为 5 d/10 a,
负值区等值线间隔为 1 d/10 a)(丁一汇和柳艳菊,2014)

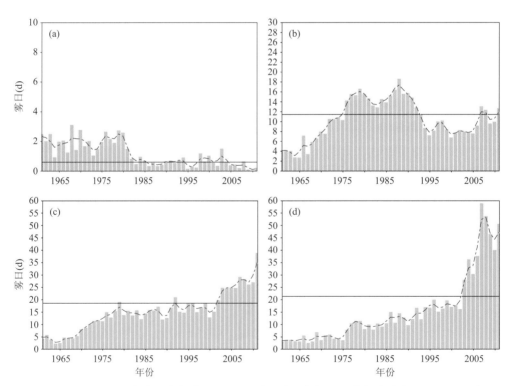

图 1.4　1961—2011 年中国东部分区霾日的历年变化(单位:d,黑色粗实线为 1981—2010 年
气候平均,红色虚线表示 9 点平滑曲线)(丁一汇和柳艳菊,2014)
(a)东北;(b)华北;(c)江淮;(d)华南

1.3　环境气象预报问题特点

我国城市地区空气污染严重,雾霾天气发生频率高,对空气质量、人体健康、生态环境和气候变化产生了显著的影响,因此开展城市空气质量和雾霾天气预报显得尤为重要,必须借助于天气模式。一般而言,关于城市环境气象的预报问题具有如下特点。

1.3.1　城市环境气象的多尺度特征

城市空间范围一般小于 200 km,按 Orlansi 的划分标准属 β 中尺度。城市环境气象模式的讨论范围虽然有限,但污染物的输送必然要涉及微尺度和区域尺度的问题,如小尺度的湍流对污染物扩散的影响;城市大气多尺度环流系统的相互作用下城市点源、面源、线源空气污染物的混合、扩散;不同时空尺度的化学成分转化等都是模式要处理的。另外模式还需要对区域尺度的天气过程进行预报。因此,城市环境气象模式必须要考虑大、中、小尺度之间的相互耦合以及宏观和微观过程之间的相互作用和影响。

城市下垫面水平非均匀性和污染源的分布不均匀决定了城市环境气象模式必须有较高的水平分辨率。一般而言,水平网格格距应小于 5 km。在垂直方向上,由于污染物、热量、水汽及其通量主要来源于边界层下层,为了较好地描写这些变量在边界层内的垂直变化和分布并做好大气稳定度预报,要求模式必须具有较高的垂直分辨率。一般模式系统的最低层应在 10 m 以下,100 m 以内的近地层应有 3～4 个网格层,整个边界层最好有 5～8 个网格层,而整个对流层以 10～12 个网格层为最佳。另外,城市中不论是气象场还是污染物浓度分布均具有明显的日变化。因此,模式若要反映出这种日变化,就必须要有较高的时间分辨率(雷孝恩等,1998)。

1.3.2　相互耦合的理化生过程

污染物在大气中经历的物理过程主要涉及输送扩散和干湿沉降。在输送扩散过程中,城市特殊的风场结构主导污染物的输送,而湍流和涡旋对大气污染物具有稀释冲淡作用。湍流场和湍流垂直结构的预报是研究的难点,目前对湍流主要采取参数化的手段。在干沉降中,认为污染物可由重力沉降、碰并、吸收、吸附等过程清除。一般通过定义干沉降通量和干沉降速率来处理污染物的干沉降过程。湿沉降,也叫湿清除,通常称为降水冲刷过程,包括云下清除和云中清洗。一般通过定义清洗系数和假设污染物按指数律清除来讨论这类问题。

污染物在大气中的化学转化过程是一个十分复杂的问题,通常要涉及的化学物质有几十到上百种(包括酸性物质、氧化剂、温室气体等)、涉及的化学反应有十几类(包括光化学反应、热力反应、Tore 反应、平衡反应等)、涉及的化学过程有气相化学、液相化学、非均相化学、气溶胶化学等。由于不同物质的化学活性与半衰期不同,在模式处理中,对某些物质必须考虑它们的时间变化,有的可以当成平稳过程处理,有的则可当成常数。此外,化学反应是微观过程,在微观的化学过程与宏观的气象过程耦合时,时空尺度之间兼容性或互相匹配是一个非常关键的问题。

与大气污染物相关的生物过程其实不能完全同物理、化学过程分开,其效应主要表现在生态源的排放以及植被对污染物的吸收。例如:农作物和森林通常排放大量的有机化学物质

（VOC、C_xH_x、NO_x 等）、土壤在微生物的作用下会释放不同的化学物质、不同植物对气态和颗粒污染物都有一定的吸收作用(雷孝恩等,1998)。

1.3.3 空气污染和气象因子的相互作用

（1）城市大气污染物对边界层气象的影响

城市大气环境存在明显的多尺度特征,城市空气污染源直接造成微尺度和区域尺度的污染物传输,这种污染在特定的气象条件下易于造成严重危害,尤其是在城市大气多尺度环流系统的相互作用下,城市点源、线源、面源空气污染等混合、扩散,并通过不同时空尺度的化学成分转化及光化学过程,形成时空多尺度分布特征。污染物呈跨境、跨省、市、地区远距离输送,经济发达区域多个城市可构成"城市群",其城区与郊区排放源之间的污染扩散、混合或特大城市之间的烟羽影响效应,构成区域性大范围污染扩散、混合现象。大气污染物通过以下几个方面对大气边界层结构产生影响。

大气污染对辐射的影响。苏文颖和陈长和(1997)指出,在污染大气中,气溶胶粒子的辐射效应对气候有着深远的影响。大气气溶胶影响辐射平衡的几个途径是：①通过对入射太阳辐射的吸收和散射；②通过对地表反射太阳辐射的吸收和散射；③通过影响云滴相变过程而影响云的形成和寿命；④通过对红外辐射的吸收和散射。在这些影响中,有些是加热作用,而另一些则是冷却作用。不管气溶胶粒子的吸收是发生在可见光波段还是红外波段上,对大气总是起加热作用。但通常对太阳辐射的吸收和散射同时发生,入射太阳辐射的后向散射对地面是冷却效应,而气溶胶粒子又增加了大气逆辐射,因此,对地面则起加热作用。可见气溶胶对辐射的影响非常复杂,并且各种加热和冷却效应也不是独立出现的。

城市大气中部分微量气体和气溶胶改变太阳辐射收支,对边界层发展演变的影响越来越明显。观测和研究表明,由于气溶胶的存在,城市污染大气吸收太阳辐射而造成的加热率可高达 5～10 K/d,这样的加热效应对城市边界层的发展演变的影响是不容忽视的。田文寿等(1997)综合考虑无云天气条件下气溶胶和大气中各种吸收气体对太阳辐射的影响,建立了一个气溶胶大气短波加热率模式,研究了兰州冬季气溶胶的短波加热效应,发现气溶胶吸收太阳辐射而加热大气的作用是显著的。此外,还利用数值方法探讨了气溶胶的辐射效应对混合层发展的影响,发现大气中气溶胶的增加会抑制混合层的发展,使混合层内的平均位温减小。郑飞等(2006)研究了复杂地形城市冬季边界层对气溶胶辐射效应的响应,揭示了冬季气溶胶辐射效应对边界层结构的定量影响,主要特征为夜间气溶胶的长波辐射效应使地面附近的气温增高,使低空大气层冷却,风速减小；白天气溶胶的短波辐射效应使地面层内明显增温,增温最大值在混合层顶 500～600 m 高度。受增温影响,垂直风场和水平风场随之调整,风速在 450 m 以下增大 0.1 m/s 左右,而在 450 m 以上风速减小 0.1 m/s 左右。王海啸和陈长和(1994)的研究表明,烟雾层的全天辐射效应使低层大气上部辐射能量收入为正,中下部辐射能量收入为负,总的结果是使低层大气冷却并使稳定度增加。烟雾层造成的地面接收短波辐射能量的减少量可由大气逆辐射的增加量来补偿,总体使得地面温度振幅变小。

大气污染对温度层结的影响。王海啸等(1992)通过对兰州市区和郊区大气温度廓线的比较分析,发现城市热岛效应使低层大气中上部的增温大于郊区,以下因污染物削弱了到达地面的太阳辐射,增温小于郊区。王海啸等(1993)认为城市烟雾层削弱了地面热通量,但增加了低层大气中上部的增温,从而增加了城市低层大气的稳定度。张强(2003)通过对兰州市城区的大气边界层观测资料以及同期的污染物浓度监测资料、自动气象站观测资料和常规气象站辐射观测资料的分析,发现大气中污染物对太阳辐射的吸收增温与白天大气逆温层之间有明显的正反馈机制,而且这种反馈机制在白天大气逆温层的形成和发展过程中起主导作用。陈燕等(2007)的研究表明,重污染气象条件下出现长时间逆温现象,城市群的发展使得城市夜间的逆温强度增强,持续时间增长。

大气污染对降水的影响。污染大气中气溶胶能增加云凝结核,增加云量,减小碰并和碰撞效率,导致降水的减少(Rosenfeld,2000)。但是,当存在增加的暖湿水汽时,碰并和碰撞效率的减少,导致过冷水滴达到更高的高度,在这个高度上冰相降水下落时融化,上升时冻结,下落时融化所导致的潜热释放意味着在污染的云中有更多的向上热输送,从而加强了深对流,对降水有增强作用,从这个意义上讲,气溶胶可以导致局地对流的增强。因此,气溶胶对降水的影响可以是正的、负的或者两者兼而有之,取决于环境大尺度条件和动力反馈过程(Rosenfeld,2008)。

大气污染对雾的影响。城市大气污染严重,容易诱发雾的产生。徐怀刚和邓北胜(2002)根据北京市几次雾的大气边界层探测资料,再配合大范围气象资料,分析了北京城市雾发生过程中的大气环流形势,对比研究了出现水雾和霾时不同的边界层结构特征,结合环境污染监测资料,分析了对城市大气环境的影响。结果表明,在雾的发生发展过程中,边界层的温度层由雾前的逆温层转变为雾区内的近中性层结,雾的微物理结构变化也表现为对污染物沉降作用明显减弱,造成在雾发生时,城市空气污染相对严重。Tesar(2002)、Fisak等(2001)研究指出,随着城市的发展,大气中氮化物、硫化物等在城市低空的积聚,对城市低云与雾、气溶胶的生成起触发作用,大城市大雾频率的增加与空气中氮化物、硫化物等浓度增加有关。张光智等(2005)研究发现,作为城市大雾的典型例子,北京及周边持续大雾形成前期低空出现逆温,城市及周边大气中烟尘污染物 SO_2 及 NO_2 在城市低空积聚。起雾前,随着 SO_2 及 NO_2 浓度的增加,凝结度迅速增长;大雾期间,随着凝结度增长,SO_2 及 NO_2 浓度反而下降,表明城市大气污染物作为凝结核在低空堆积对触发凝雾起重要作用。

大气污染对能见度的影响。Hodkinson(1996)和Dzubay(1982)指出,大城市发展的同时,城市污染也日益加重,导致城市能见度的降低。城市工业的发展增加了有害颗粒物的排放,污染物在城市及周边地区的聚集可加剧雾的生成(Horvath,1993,1995)。另一方面,城市水面可因蒸发、散射作用并在工业排放物的凝结核催化作用下,促进雾的形成,从而降低能见度(Malm,1994)。Lee等(2014)利用韩国多个城市2001—2009年大气能见度和大气污染物数据,分析了韩国大气能见度的特征及其与大气污染物的关系。研究发现,观测期间各站点大气能见度下降,呈现冬高夏低的季节变化。不同地区影响大气能见度的主要污染物不同,在城市主要是 PM_{10},在偏僻的小岛上主要是 PM_{10} 和 O_3。Deng等(2014)通过对中国台湾海峡地区1973—2011年大气能见度以及气象因子和大气污染物数据分析,发现 NO_2、PM_{10}、$PM_{2.5}$ 与能见度负相关性最显著,其中 $PM_{2.5}$ 比 PM_{10} 对能见度减弱贡献更大。高浓度大气污染物、稳定的天气形势、高温低压且高湿度容易导致低能见度天气的发生。

(2)城市边界层气象对大气污染物的影响

城市建筑群的总体"树冠"效应,加上城市热岛形成的特殊热力结构,可导致城市局地多尺度环流和湍流结构的特殊性和局地性,构成强对流泡及其热力、动力湍流过程,形成城市大气环境结构的多尺度特征及其城市边界层极为复杂的动力、热力结构。这种城市边界层结构不仅影响了城区局地大气污染时空分布,而且还可通过城市群落间复杂的动力、热力结构形成区域大气污染的影响域。相关研究认为,区域性及局地尺度污染传输最终也可扩散到城市周边地区,并远距离传输到其他相关区域。在大气风、温、湿特定条件下,通常污染物以城市烟羽的形式被传播到下风方,烟羽范围可以向下游输送数百千米远。此外,大气动力、热力结构亦具有多尺度空间结构特征,例如:城市间小尺度天气系统、次天气尺度热岛、山谷风、海陆风以及其他各类尺度的天气系统亦将对城市大气污染物理-化学过程产生显著的影响,并将导致各类城市大气复杂污染排放源(点源、线源、面源)影响域亦具有显著的多尺度特征(徐祥德,2005)。

　　城市化导致大气边界层结构的演变,使得风、温、湿、湍流、云、辐射等物理量发生变化,从而对大气成分的排放、扩散、输送、沉降、转化等过程产生重要影响。殷达中和洪钟祥(1999)研究发现,北京严重污染状况下的大气边界层结构存在如下特点:稳定层结占大多数,中性和不稳定层结很少,且在近地层的中性或稳定层结之上常常有逆温盖,不利于污染物垂直扩散;风速较小,且随高度增加风向来回摆动较大,不利于污染物水平稀释。Landsberg(1981)对美国马里兰州新兴城市哥伦比亚(Columbia,Maryland)城市风场进行了为期 6 a 的观测,将每 3 h风速的测量值与同期附近华盛顿州巴尔的摩国际机场的观测作比较,定量地证实了城市发展引起不同等级风速的降低。陈燕等(2005)通过数值研究发现,城市群的发展使得城市夜间的逆温强度增强,逆温持续时间增长,城市地区风速减小,污染物扩散范围变小,污染物不易向外输送,对本地贡献率增大,对其他地区的贡献率减小。刘宁微和马雁军(2006)利用中尺度气象模式模拟了辽宁中部城市群的边界层特征,结果表明:无论冬季还是夏季,大气污染物均以输入的方式进入辽宁,冬季容易造成辽宁中部城市群的局地污染,夏季则不会造成严重的污染。Wang 等(2007)利用 WRF-Chem 研究发现,珠江三角洲城市化导致地表温度升高,风速减小,从而导致臭氧浓度升高。陈燕等(2007)的研究表明,随着城市的发展,城市反照率减小,植被减少,地表湿度减小,蒸发耗热减少,感热通量增加,地表和大气之间热量交换加强,湍流热量通量增大,湍流交换发展加剧,混合层高度抬高,地表湍流水汽通量和空气中水汽含量减少,使更多的热量用于加热地表和大气,地温、气温的日变化幅度增加。任丽红(2004)研究发现,城市边界层气象条件,尤其逆温是影响 O_3 垂直分布的重要因素。此外,城市化增加或抑制了降水,进一步影响大气污染物的清除能力。

　　(3)城市大气污染物与边界层气象的相互作用

　　在大气污染十分严重的城市上空,城市边界层聚积着各种排放气体和颗粒物,覆盖整个城市,甚至与周边地区构筑成大范围城市群污染覆盖层结构,城市边界层三维空间结构的非均匀性及其复杂湍流特征,构成了城市边界层低层大气污染过程的互反馈效应。陈长和和王介民(1993)的研究发现,城市气溶胶粒子浓度对大气扩散能力有反馈作用,气溶胶粒子浓度增加,混合层高度降低,大气扩散能力减弱,从而更有利于气溶胶粒子的积累。徐祥德等(2004)通过综合观测试验分析研究发现,城市区域呈非均匀次生尺度热岛分布,并伴随着城市次生尺度环流,影响了局地空气污染物分布特征。基于 MODIS 卫星遥感和地面观测资料,经过变分分析,可以发现北京城市空气污染与周边区域影响源有密切关系,并影响城市群落环境气候特征,导致该区域日照、雾日、低云量和能见度呈显著年代际变化趋势。王咏薇(2008)认为城市群发展,其气象环境通过地气多因子相互作用,相互反馈,发生显著的相互影响,在气象环境变化的同时,必然对污染物的扩散输送也产生显著的影响,城镇群发展,则污染物源排放增加;同时,建筑物增加对低层风场的阻尼扰动作用加强,从而影响向下风方区域的污染物输送;

再则,由于城市边界层内大气对物质和能量的湍能扩散作用较强,城市规模的增大使湍能扩散作用加强,向周围区域扩散输送的大气污染物同时增加,使周边区域的污染物允许排放总量减少。

大气污染物(特别是细颗粒物)浓度的增加,通过吸收和散射太阳光,削弱了可能到达地面的太阳辐射,因此,边界层的升温速率降低,垂直对流减弱,同时导致边界层高度的降低(Tyagi et al.,2017;Qu et al.,2017)。Jacobson(1998)通过模式模拟发现,气溶胶主要通过地面-大气湍流传热来影响温度和边界层结构。在白天,气溶胶使得不同高度上的辐射加热率增加,但到达地面的太阳辐射减少,地表太阳辐射的降低导致地表降温,减少热力和动力湍流向上的热通量传输,使得近地层大气冷却,边界层变得更稳定;在夜间,气溶胶使得边界层加热率降低,但地面的向下红外辐射增加,较温暖的地面温度导致机械湍流热通量增加,夜间近地表温度上升。另一方面,当边界层高度相对较低,对流较弱时,湍流强度的减小不利于污染物的扩散、输送和沉降,使得细颗粒物等在边界层内积累,浓度增加(Boynard et al.,2014;Du et al.,2013;Li et al.,2018)。Petäjä 等(2016)提出,气溶胶的辐射反馈作用可以解释中国严重的雾霾问题,大气颗粒物浓度和边界层垂直湍流混合有关,在极端的颗粒物污染情况下,气溶胶对太阳辐射的削弱十分严重,导致边界层由不稳定变为稳定,颗粒物浓度迅速累积,导致污染的爆发。

1.3.4 颗粒物和臭氧的相互作用

臭氧(O_3)和颗粒物是城市大气中的主要污染物,两者之间可以通过多种物理化学过程产生相互作用,对其浓度的垂直分布产生影响。O_3 作为氧化剂改变了大气中 OH 等自由基的浓度,对硫酸盐、硝酸盐、铵盐、二次有机气溶胶等的形成产生影响,从而改变了颗粒物的组成。臭氧还可以通过液相氧化过程改变云水中硫酸根、硝酸根、铵根离子的浓度,当云消散后这些离子又变成硫酸盐、硝酸盐、铵盐进入到大气中。此外,颗粒物通过散射和吸收改变了到达地面的太阳辐射,或通过改变云的光学特性,对某些化合物的光解速率产生影响,进一步影响了光化学反应的进行,从而导致臭氧浓度的变化。发生在颗粒物表面的非均相化学反应,也会影响到 O_3 及二次颗粒物的浓度。颗粒物还可以通过辐射反馈作用改变大气边界层的结构,从而对大气污染物的浓度产生影响。因此,O_3 和颗粒物的相互作用包括颗粒物-辐射-光化学过程、颗粒物-云-光化学过程、颗粒物表面非均相化学过程、颗粒物-辐射反馈过程。

颗粒物-辐射-光化学过程指大气颗粒物直接散射或吸收紫外辐射,改变入射紫外辐射的强度,影响大气氧化性和 O_3 的生成。自 20 世纪 90 年代开始,颗粒物-辐射-光化学过程已是国外热点课题。Meng 等(1997)在 *Science*《科学》上发表了题为"大气臭氧与颗粒物的化学耦合"的文章,指出要减少颗粒物就必须控制前体有机物(VOC)与氮氧化物(NO_x)的排放,而VOC 和 NO_x 与城市/区域 O_3 生成有密切关系,可见 O_3 与颗粒物是化学耦合的,这种关系对于理解控制 O_3 与颗粒物污染水平的过程具有深刻意义。Dickerson 等(1997)利用观测数据和 UAM-V 模式研究指出边界层内的散射性颗粒物对大气光化学反应起促进作用,有利于 O_3的生成,而矿物尘、黑碳等吸收性颗粒物则不利于 O_3 的生成。Bian 等(2003)指出气溶胶通过影响光解速率和非均相反应改变了全球 O_3 和 OH、CH_4 的收支,他应用全球对流层化学输送模式耦合卫星反演的气溶胶分布,研究了对流层气溶胶对痕量气体收支的影响,发现气溶胶使

对流层 O_3 柱含量增加 0.63 DU，CH_4 增加 130 ppb[①]，OH 减少 8%。Li 等（2005）利用区域化学输送模式研究了休斯顿城市黑碳气溶胶对大气光解作用和 O_3 形成的影响，发现黑碳气溶胶使得 O_3 和 NO_2 的光解速率减少 10%～30%，导致 O_3 减少 5%～20%，指出污染城市大气中气溶胶与 O_3 的相互作用应引起重视。Li 等（2011）则将颗粒物辐射传输模块耦合进 WRF-Chem 模式中，研究颗粒物对墨西哥城光化学的影响，并指出研究时段内受颗粒物-辐射-光化学过程影响，日间地面 O_3 减少 2%～17%，黑碳颗粒物对光解率起抑制作用。Real 和 Sartelet（2011）将 Fast-JX 光解率方案与区域化学输送模式 Polair3D 耦合，分析了云参数化和气溶胶对光解率的影响，并评估了光解率计算对欧洲的大气成分和空气质量的影响。研究发现由于气溶胶的作用，NO_2 的光解系数减小，导致地面 O_3 的浓度减少和峰值减小。

国内该方面的研究工作起步相对较晚，主要集中于珠三角和京津冀地区。Bian 等（2007）利用观测数据和化学机制模型（NCAR MM）分析了天津市大气颗粒物对地表 O_3 生成的影响，结果表明几乎无云的晴空条件下，高的颗粒物浓度对应较弱的紫外辐射强度和较低的 O_3 浓度，颗粒物和 O_3 之间存在非线性关系。邓雪娇等（2006）通过数值研究发现，中国地区气溶胶对 O_3 的生成具有非常重要的影响，珠三角高浓度的颗粒物减少了到达地面近 50% 的紫外辐射通量，极大影响了 O_3 的生成。Wu 等（2009）对珠三角黑碳气溶胶及其光学特性进行研究，分析了其对太阳辐射等的影响。Deng 等（2011）则利用珠三角地区 PM_{10}、O_3、UV 和气溶胶光学厚度（AOD）的观测资料，结合箱模式进行颗粒物和臭氧浓度的相关性分析指出，晴空条件下受高浓度颗粒物的作用，紫外辐射强度和日间 O_3 最大值存在明显的减弱。以上研究工作均表明 O_3 浓度和其生成效率的降低可能受严重的大气颗粒物污染影响。

颗粒物-云-光化学过程指大气颗粒物可以通过成云凝结核，增加云滴数浓度，减少云滴有效半径，增加云的光学厚度，影响大气氧化性和 O_3 的生成。大气颗粒物可以通过成云凝结核，增加云滴数浓度，减少云滴有效半径，增加云的光学厚度，从而散射更多的太阳辐射。大气颗粒物改变了云的光学特性后，进一步对光化学产生影响。Liao 等（1999）研究指出，有云存在使得散射性颗粒物导致的对流层光解率增幅有所减弱，而吸收性颗粒物则会加重光解率的削减过程，进一步探究当层云高度为 500 m 左右时，硫酸盐颗粒物增加对流层光解率约 5%，黑碳颗粒物则减弱光解率约 9%～19%。Lefer 等（2003）结合 TRACE-P 项目中光解率的观测资料和箱模式模拟结果，认为云和颗粒物的共同作用使得边界层 O_3 生成减少。Menon 等（2008）利用 NASA（美国国家航空与航天局）的气候模式比较 2030 年与 1995 年 O_3 浓度和辐射强迫，认为颗粒物的间接效应会减弱 O_3 生成和辐射强迫。Flynn 等（2010）运用辐射传输和光化学模式研究了美国得克萨斯州东南部地区云和颗粒物对 O_3 生成的影响，亦得到相似的结论。Unger 等（2009）进一步研究了颗粒物和云相互作用对对流层大气成分的影响，就现阶段与工业化之前比较，O_3 光解率一直在减小，其中东亚地区颗粒物和云相互作用引起的改变达 80%，由于 O_3 前体物发生变化，颗粒物和云相互作用导致的 O_3 浓度变化比较复杂，仍待深入研究。Qu 等（2020）利用激光雷达资料分析了不同高度 O_3 和细颗粒物的相互作用，发现两者在边界层低层存在负相关，高层存在正相关。

在颗粒物表面发生的非均相反应被认为是大气化学的一个很重要的部分，大气中重要的痕量气体物质主要有 H_2S、SO_2、CS_2、DMS、NO、NO_2、NO_3、N_2O_5、O_3、HO_2、H_2O_2、OH、CO

---

① 1 ppb＝10^{-9}，余同。

和挥发性有机化合物（VOCs），它们在颗粒物表面的非均相化学过程直接影响大气环境质量。在大气对流层中，特别是颗粒物含量丰富的污染边界层，痕量气体物质，如氮氧化物和自由基，在颗粒物表面的非均相反应起着很重要的作用。表 1.2 总结了主要的活性气态物种与各种凝聚态颗粒物的可能相互作用。从表中可知，大气颗粒物与痕量气体物质的相互作用，包括物理吸附、化学吸附、化学转换等，自由基与颗粒物的相互作用还存在许多研究的问题，如多相反应在自由基反应中所占的比重，对二次污染物形成的影响等。对于这些非均相复合过程的研究不但可以解释大气中颗粒物表面上的化学反应，同时也可以对大气中痕量气体物质的浓度变化、停留时间、转化过程等进行分析，了解其在大气中起的作用和产生的影响。

表 1.2　大气非均相化学反应（Schurath and Naumann，1998）

反应物	颗粒物					
	柴油或飞机烟炱	矿物沙尘	有机物附着的颗粒物	硫酸盐、硝酸盐	海盐颗粒	云冰晶颗粒
OH	可能是反应损失	未知	去除 H，加成	未知	可能是反应损失	吸附保留
HO_2	反应损失	未知，可能是依赖于组成	吸附保留和反应	未知	可能是吸附保留和反应	吸附保留，在冰表面损失
RO_2	可能是反应损失	未知	吸附保留	未知	溶解性限制的吸附保留	溶解性限制的吸附保留
O_3	反应损失，表面老化，竞争反应	可能不重要，但未知	反应，取决于结构	未知	直接吸附保留的重要性需要确定	快速反应损失，溶解性限制
NO_2	化学吸附，还原，形成 HONO	生成 HONO	硝化（很可能通过 N_2O_5/NO_2^+）	未知	在干 NaCl 上形成 ClNO	在冰、水表面形成 HONO
NO_3	反应损失	可能不重要，但未知	反应，如与芳香族	未知	溶解性限制	溶解性低
N_2O_5	水解或作为 NO_2^+ 参与反应（视去除物质而定），反应概率可能变化很大，形成颗粒态 HNO_3				形成 $ClNO_2$ 和其他卤化合物	水解
SO_2	缓慢的催化氧化	可能是催化氧化			在污染的海洋大气中氧化	被 H_2O_2、O_3 等氧化

　　颗粒物-辐射反馈过程是指颗粒物通过对辐射传输的影响，改变了大气的温度结构，对 NO_x 的浓度产生影响，从而进一步影响 O_3 浓度水平。Li 等（2017a）利用 WRF-Chem 气象化学耦合模式模拟分析了 2015 年 10 月南京市一次高颗粒物、高臭氧的重污染过程，发现霾气溶胶的直接辐射效应对颗粒物污染产生正反馈作用，而与之相反对臭氧光化学污染产生负反馈作用。以散射性气溶胶为主的霾导致地表短波辐射和气温下降，边界层高度下降。边界层稳定性的增加有利于地面 $PM_{2.5}$ 和 NO_2 的累积，导致 $PM_{2.5}$ 和 NO_2 浓度分别增加。与之相反，地面辐射和温度的下降、边界层混合的减弱、NO_x 的累积等因素不利于臭氧的光化学生成和输送，导致近地层臭氧降低。Qu 等（2020）使用 WRF-Chem 分析了气溶胶辐射效应对臭氧的影响，发现气溶胶使得南京地区地面向下的短波辐射减少，并使大气顶部的向上短波辐射增加。受短波辐射变化影响，光解反应速率也发生变化。近地面的 NO_2 和 $O(^1D)$ 的光解速率降低，在对流层上层，NO_2 和 $O(^1D)$ 的光解速率提高。气溶胶辐射反馈效应使得边界层更加稳

定,导致近地面气温降低,风速减小;而在边界层以上,气温和风速分别增加。由于气溶胶的辐射反馈效应,使得 O_3 浓度在近地面降低,在边界层以上增加。

1.4　空气质量预报方法分类

空气质量预报涉及大气成分和气象因子的预报,一般可分为潜势预报和浓度预报两类。从空间尺度上一般分为城市和区域预报,从时间尺度上一般分为短期和长期预报。潜势预报是在污染源一定的条件下,以天气形势及其气象要素指标为依据,对未来大气环境质量状况进行定性或半定量的预报。浓度预报主要预报污染物浓度、空气污染指数或空气质量等级,从方法上又分为数值预报和统计预报。

1.4.1　潜势预报

潜势预报是对可能出现强污染的天气形势的预报,它实质上属于天气预报。用这种方法预报污染只是给出发生污染的可能性,即有这种天气形势,不一定会出现污染状况,污染的发生还要参看其他的因素。目前,潜势预报采用的基本方法是从已发生的各次污染事件着手,归纳总结出发生污染事件时所特有的气象条件、天气形势和气象指标,以天气因子的某一临界值作为预报依据。

1.4.2　统计预报

统计预报是不具体考虑污染物的理化生过程,而通过分析历史气象资料和浓度资料,建立浓度和气象条件的统计关系来预报污染状况的一种方法。统计预报是利用统计方法建立气象因子与空气质量之间的关系,其缺点是需要大量历史污染监测和气象观测资料。这种方法假定模拟范围内污染源排放是不变的,在多年气象与污染物浓度资料积累的基础上,分析天气变化规律,找出若干天气类型并分析各类型的典型参数,然后建立这些参数与相应污染物浓度实测数据之间的定量或半定量关系。由于统计方法中浓度与污染源没有直接的联系,显然这种方法是有缺陷的。但是由于它在历史上有重要地位,所以至今仍有很大的实际应用价值。

1.4.3　数值预报

数值预报是利用数学方法和计算技术,以大气污染扩散的物理化学机制为基础,计算一定区域内空气污染物的浓度,其优点在于可以进行不同时空尺度上高分辨率的计算,缺点在于计算量大、耗时长。数值预报是近年来发展很快的空气质量预报手段。在大气污染预报中,为了定量描述空气污染物的浓度分布和变化趋势,通常用数学方法表示污染物在空气中所经历的理化生过程,从而建立一组方程。数值预报就是在计算机的辅助下,用数值计算方法来求解此类方程,最终得到污染物浓度分布的预报方法。

1.5　空气质量模式的组成

空气质量模式一般对污染物的质量守恒方程进行直接求解,包括大气输送扩散、化学转化、干湿沉降和源排放等过程,可以用以下方程来描述:

$$\frac{\partial C}{\partial t} + \bar{u}\frac{\partial C}{\partial x} + \bar{v}\frac{\partial C}{\partial y} + \bar{w}\frac{\partial C}{\partial z} = -\frac{\partial}{\partial x}\langle u'c'\rangle - \frac{\partial}{\partial y}\langle v'c'\rangle - \frac{\partial}{\partial z}\langle w'c'\rangle + R + D + W + Q$$

(1.1)

式中,C 代表大气污染物浓度,R、D、W、Q 分别代表化学转化、干沉降、湿沉降、源排放。

1.5.1　大气输送扩散模式

大气输送扩散模式一般基于梯度输送理论、统计理论、相似理论而建立,比较有代表性的有高斯模式、箱模式、烟羽模式、烟团模式和其他一些数值模式。

(1)高斯烟流模式。该模式的重要假设是污染物的浓度分布符合正态分布,其物理概念反映了湍流扩散的随机性,数学运算比较简单。高斯烟流模式要求下垫面平坦、开阔、性质均匀,平均流场平直、稳定,所以一般应用于城市地区时就要对基础的高斯扩散模式作一些修正。

(2)箱模式。该模式的基本概念是把一个城市空间看成是一个或几个固定不动的箱体,在假设箱内污染物质守恒且均匀混合的基础上,研究箱中污染物平均浓度及其随时间的变化。箱体内的污染物平均浓度在不考虑沉积和侧向扩散的情况下,可以表示为:

$$\bar{C} = C_b + \frac{\Delta x}{\bar{u}}\frac{Q}{Z_i}$$

(1.2)

式中,C_b 为背景污染物浓度;Z_i 为混合层高度;$\bar{u}$ 通常称为通风系数(它在潜势预报中有着很重要的应用)。

(3)窄烟流模式,又称 ATDL 模式。它由美国大气湍流扩散实验室的 Hanna 和 Gifford 提出,在城市空气污染管理中应用相当广泛。窄烟流模式本质上还是一种箱体模式,但是它考虑垂直方向上扩散不是均匀的。模式应用高斯烟流扩散公式的积分形式,并把面源处理为无限多个点源的组合排列。根据窄烟流假定,模式认为某个单元上的浓度是由其上风方各单元对该单元贡献之和,则将高斯扩散公式在半无限面内对 x、y 积分。

(4)粒子网格(PIC)模式。该模式把污染物质分布到大约 10^4 个粒子上,然后按时步一个一个释放这些粒子并追踪其轨迹。模式的关键是定义了虚拟速度 $U = u + u_d$,其中 u_d 为扩散有效速度,表达式为 $u_d = -K_x\frac{\partial C}{\partial x}C$($y$、$z$ 方向类似)。这样,相应的污染物质量守恒方程变为:

$$\frac{\partial C}{\partial t} + \frac{\partial}{\partial x}(U_p) + \frac{\partial}{\partial y}(V_p) + \frac{\partial}{\partial z}(W_p) = Q + D + W + R$$

(1.3)

粒子网格模式属 K 模式中的混合模式,即欧拉-拉格朗日型模式。模式中拉格朗日思想表现在粒子按拉格朗日单元以虚拟速度输送;欧拉思想表现在模式采用欧拉网格单元来确定污染物平均浓度(即通过计算在一定时间内每个单元里的粒子数来统计物质量)。

(5) 大气扩散粒子分裂 (ADPS) 模式。该模式的基础还是粒子网格模式,实质上是 PIC 模式的发展。大气扩散粒子分裂模式引入了统计中局地定常、均匀的原理,认为有限时段、区段湍流是均匀、定常的。它还引入了大粒子技术,即此方法所涉及的粒子所带的污染物质量比粒子网格模式中粒子带的大 $10^2 \sim 10^3$ 倍。此外, 它还利用了烟团扩散的原理, 认为大粒子的尺度为 $x_0 \pm 3\sigma_x$, $x_0 \pm 3\sigma_y$, $x_0 \pm 3\sigma_z$, 内部污染物浓度的分布满足高斯分布, 并认为粒子是以 V_p(虚拟速度)运动, 大气扩散粒子分裂模式采用了粒子分裂技术。模式认为当大气中各层气流的速度不同时, 粒子在风切变作用下要产生分裂, 分裂后的各粒子质量的表达式为：

$$m_i = m_0 \frac{e_i}{\sum\limits_{i=1}^{N} e_i} \tag{1.4}$$

式中，e_i 按高斯分布算权重 $e_i = \exp\left(-\dfrac{z_i^2}{2\sigma_z^2}\right)$。

（6）混合粒子浓度输送（HYPACT）模式。该模式是采用欧拉和拉格朗日混合求解的模式。城市污染源的几何尺度较小，当污染物排出污染源后，如果网格较粗的话，则不易捕捉这些较小的污染物气团，但如果网格太细则又造成浪费；另一方面，经过一段时间扩散后，污染物气团会变大，当气团大到可以被一定的欧拉网格所识别时，如果再采用拉格朗日方法来描述同样也是一种浪费，所以城市尺度的扩散单用欧拉或拉格朗日方法都是不理想的。HYPACT 模式较好地解决了这些的问题，它对扩散初期用拉格朗日方法，扩散后期用欧拉方法，用较少的计算时间取得了较高精度的计算结果。模式中欧拉计算部分主要是进行平流、扩散之后的预报；其拉格朗日观点的处理是将排放源定义成多个不同形状的几何体，并定义其排放量是三维空间和时间的函数，控制扩散微团的数量以描述微团间的相互作用、沉降，当有足够的微团分布可以得到精确的浓度且烟团可以被欧拉网格识别时就将浓度转为欧拉观点。其中微团的位置一般通过下列公式确定：

$$\begin{aligned}
X(t+\Delta t) &= X(t) + (u + u')\Delta t \\
Y(t+\Delta t) &= Y(t) + (v + v')\Delta t \\
Z(t+\Delta t) &= Z(t) + (w + w' + w_p)\Delta t
\end{aligned} \tag{1.5}$$

（7）随机游动扩散模式。又称蒙特卡洛模式或马尔可夫链模式。该模式是一种欧拉-拉格朗日混合型模式。此模式用大量粒子的随机游动方式来模拟随机的大气扩散行为，它把污染物质分布到许多粒子上，然后同时释放这些粒子，通过追踪它们最终确定污染物的浓度分布。模式认为大量的标记粒子被释放后在流场中随平均风输送，同时粒子还有随机位移，通过这两个描述表达了大气中平流输送和湍流扩散两种作用。模式将湍流脉动速度分为相关分量和随机分量，其表达式为：

$$V_i'(t+\Delta t) = V_i'(t)R_i(\Delta t) + V_i''(t+\Delta t) \tag{1.6}$$

式中，$R_i(\Delta t)$ 是拉格朗日自相关系数，$V_i''(t+\Delta t)$ 是随机分量或蒙特卡洛分量。

$V_i''(t+\Delta t)$ 可以表示为：

$$V_i''(t+\Delta t) = \sigma_{v_i(t)}'\left[1 - R_i^2(\Delta t)\right]^{1/2}\eta \tag{1.7}$$

式中，η 是高斯随机数，可以由计算机产生的随机变量来代替。

浓度计算通过定下每个格点中所包含的粒子数来确定：

$$C(x,\ y,\ z) = \frac{N_{ijk}}{\Delta x \Delta y \Delta z}\frac{Q}{N} \tag{1.8}$$

（8）欧拉网格模式。该模式采用水平矩形网格和垂直的多层次方法，对平流扩散方程进行数值求解。网格模式考虑了垂直分层和水平扩散，但是在对扩散方程进行求解的时候在平流项可能出现数值误差。

$$\frac{\partial \overline{C}}{\partial t} + \overline{U}\frac{\partial \overline{C}}{\partial X} + \overline{V}\frac{\partial \overline{C}}{\partial Y} + \overline{W}\frac{\partial \overline{C}}{\partial Z} = \frac{\partial}{\partial x}\left(K_x\frac{\partial \overline{C}}{\partial x}\right) + \frac{\partial}{\partial y}\left(K_y\frac{\partial \overline{C}}{\partial y}\right) + \frac{\partial}{\partial z}\left(K_z\frac{\partial \overline{C}}{\partial z}\right) + Q \tag{1.9}$$

（9）拉格朗日轨迹模式。该模式在固定坐标上取可移行单元（气团），并认为这些单元移行时会随局地风切变而改变轨迹（即气流微团随气流一起移动）。因此，输送扩散方程中不再出现平流项。轨迹模式的主要概念是设计一连续单元网格，并以扩散方程计算单元沿气流轨迹移动时的浓度变化。轨迹模式一般只采用水平风场，对孤立单元忽略湍流扩散项，对多单元忽略风切变。

$$\frac{\mathrm{d}\overline{C}}{\mathrm{d}t} = \frac{\partial}{\partial x}\left(K_x \frac{\partial \overline{C}}{\partial x}\right) + \frac{\partial}{\partial y}\left(K_y \frac{\partial \overline{C}}{\partial y}\right) + \frac{\partial}{\partial z}\left(K_z \frac{\partial \overline{C}}{\partial z}\right) + Q \tag{1.10}$$

1.5.2　大气化学模式

城市空气污染物中含有多种化学物质，并且存在复杂的化学反应过程，空气质量模拟中化学转化过程是非常重要的。大气化学模式就是用来研究大气组成的变化机制并用于预测其未来变化趋势的，一般有一维、二维、三维之分。一维大气化学模式多是研究大气成分在垂直方向上的变化，通常包括了比较复杂的化学机制，也较全面地考虑大气中的化学反应。不过一维模式难以描述污染物在水平方向上的分布以及流场对物质的输送作用，所以大气化学模式一般都是二维或三维的，三维模式从理论上讲是最理想的。大气化学成分受温度、太阳辐射的影响，是经度、纬度、高度和时间的函数，只有三维大气化学模式才能较完全地描述输送过程和化学过程。由于计算能力有限，三维模式不太容易将动力过程和化学过程很好地结合起来。相对而言，二维模式不仅包含了许多复杂的化学过程，还较好地结合了动力过程和化学过程，基本满足了研究多种大气化学成分的要求。

大气化学反应机制是模式的核心，随着人们对大气化学过程不断深入的研究，包含较多反应和物种的复杂化学机理不断被提出。现有的大气化学机理可分为 Explicit 机理、Lumped 机理、Semi-empirical 机理以及其他的如 Self-generating 机理等。常用的大气化学反应机制可分为 RADM 类、CBM-IV 类、EMEP 类、ADOM 类和 Explicit 类，其中 RADM 类又分为 RADM2-IFU、RADM2-FZK、RADM2-KFA 和 Euro-RADM 四类，CBM-IV 分为 CBM-IV-LOTOS、CB4-TNO 和 CB4.1 三类，Explicit 又分为 UiB、IVL、Ruhnke 三类。

Explicit 机理是一种详尽的化学机理，它考虑了几百个物种间发生的成千上万的化学反应。这种机理精度很高，但耗时大，对内存要求高，因此多应用于零维箱模式和拉格朗日模式中，不太适于实际应用在三维大气化学模拟中。现今大气化学模式中最复杂的化学机理是 MCM（master chemical mechanism）机理，它能几乎精确地描述 5000 多个物种间发生的 13000 多个反应（Jenkin et al.，2003；Saunders et al.，2003）。

为了能够将复杂化学机理实际应用到三维模拟中，人们将物种以一定依据进行分类，减少物种数，降低机理的复杂程度，发展了 Lumped 机理。根据分类依据主要分为两种：一种是以物种本身化学性质为依据的 Lumped molecule mechanisms，如 SAPRC（statewide air pollution research center）机理（Cater，2000，2007），RACM（regional atmospheric chemistry mechanism）机理（Stoctwell et al.，1997）等。这种方法用一类物质中具有代表性的一种来代表这类物质，提高了计算效率，使其可以应用到三维模拟中去；另一种是以分子成键类型为分类依据的 Lumped structure mechanisms，如 CBM（carbon bond mechanisms）机理（Gery et al.，1989）等。这种机理均衡考虑了计算效率与精确度的要求，在实际模拟中经常采用。

Semi-empirical 机理，如 GRS（generic reaction set）机理（Azzi，2006），是在观测基

础上进行参数化的一种方法，其效率最高但精度差，多应用于筛选分析。

1.5.3　大气干湿沉降模式

干沉降是污染物从大气清除的重要过程。过去 40 多年间，研究者们发展了许多干沉降模式，模式性能也在不断提高。20 世纪 80 年代早期 Pleim 等（1984）建立了关于酸沉降和氧化物模拟的干沉降模型（ADOM），后经过 Padro 和 Edwards（1991）及 Padro（1996）的验证和修订。Walcek（1986）和 Chang 等（1987）发展的区域酸沉降模式（RADM）中也含有干沉降模型，后来得到了 Wesely（1989）与 Walmsley 和 Wesely（1996）的修正和补充。ADOM 和 RADM 两个模型在酸沉降研究中得到了广泛的应用。Erisman 和 Draaijers（1995）发展的欧洲酸沉降测量模型（EDACS）和 Dutch 经验酸沉降模式（DEADM）等也可以用来模拟硫和氮的沉降量。其中，干沉降物质循环过程已经和化学模式相耦合。ADOM、RADM、EDACS、DEADM 等都属于第二代模式，利用阻力相似模型计算干沉降速率。第三代模式，如多层模式（MLM），将物质的沉降和释放过程耦合起来，减少了对经验阻力值的依赖，能够更好地模拟行星边界层的真实结构，将土壤湿度和水汽传输作为模型的重要输入参数，并引用卫星遥感获得的资料来对表面条件进行描述。

湿沉降是污染物从大气清除的另一重要过程。云和降水对污染物的影响在以下几方面：一是积云中存在强烈的上升和下沉气流，使物种浓度在云内混合均匀；二是云内的云滴和降水对各物种的清除作用；再者，云滴和雨滴吸收污染物并在其内发生一系列的溶解、电离、液相氧化反应等，即使是不产生降水的云，在云消散以后，由于在云中发生的化学过程也使得气相物种浓度有所改变；在有降水的地区，液相化学过程和湿沉积的作用是关键性的。过去通常使用湿清除系数来参数化大气湿清除过程，而湿清除系数主要通过观测数据和经验统计所得，受到观测条件和精度的限制，且这样得到的湿清除系数只能是特定气象条件特定下垫面上的，无法广泛应用，有较大的时空局限性。将大气化学过程与湿清除过程结合起来研究，定量地追踪污染物在大气湿清除的过程，可以有效地避免参数化的时空局限性问题。通过液相化学模式来研究湿清除，可以研究不同污染物在湿清除过程中的相互作用，这是使用参数化方法所无法实现的。

1.5.4　大气污染源模式

开展空气质量的数值预报需要大气污染源排放清单，目前两者往往是各自独立的，即通过一定的方法统计或计算某地区的污染排放量，然后经过网格化处理提供给空气质量模式。今后的发展趋势是将污染源模式与空气质量模式耦合，在预报过程中同时计算大气污染排放量，可以考虑污染排放的动态变化和非均匀分布。目前扬尘、机动车排放、生态源计算都可以采用源模式直接与空气质量模式耦合的方法，以模拟这些源的动态变化。

空气质量预报还离不开对重点源的烟气抬升处理，需要针对不同的污染源选用不同的模式和参数、设计不同的参数化方案。对于孤立的高架点源，通常按烟气抬升公式对高架源逐个的进行计算，并且对烟气在边界层上下边界做多次反射处理来表现夜间混合层的作用。对于孤立的低矮工业烟囱，通常要考虑附近的城市高大建筑物对污染物输送扩散的影响，一般采用烟囱高度大于附近建筑物高度 2.5 倍的经验规则来模式化处理。对于面源，大多数以高斯烟羽模式为基础，也有用数值积分物质守恒方程求解的，因为面源排放的污染物在总排放量中占有很大的份额，所以精确确定面源源强是很重要的工作。对于流动源的处理，通常将其排放的污染物转换成面源或线源来处理。当然由于城市污染物排放的日变化明显，因此上述源强的处理中要注意周期变化的问题。

1.5.5　气象模式

空气质量和雾霾天气预报需要气象场的驱动，建立一个高分辨率的中尺度气象预报模式是城市环境气象预报的基础。城市尺度涉及的气象要素通常要通过 α 中尺度和 β 中尺度气象模式来给出。

α 中尺度气象预报模式用以预报 24～36 h 内大尺度天气过程，输出每小时三维风场、温度场、湿度场和地面降水量。通常预报范围为 3000 km×3000 km，水平格距不小于 30 km，垂直方向，在 100 m 的垂直范围内至少有两个网格层次。这方面的代表模式有 MM4、MM5、WRF、TAPM 等。

β 中尺度气象预报模式，通常水平格距不大于 5 km。该模式在 100 m 的垂直范围内利用套网络和四维同化技术采用 α 中尺度模式预报的结果，并预报城市尺度的风温场，细致地反映局地热力过程及大风中性情况的动力过程。

污染物在大气中的扩散是湍流引起的，湍流结构的预测需要边界层模式。常用的边界层模式有二阶闭合模式、大涡模拟模式、植物冠层模式等。实际应用中有时对湍流进行参数化处理，常用的湍流参数有湍流脉动量的标准差（σ_u，σ_v，σ_w）、拉氏时间尺度（T_L^u，T_L^v，T_L^w）、摩擦速度（u_*）、莫宁-奥布霍夫长度（L_M）、对流速度尺度（w_*），混合层高度 Z_i 等。因为城市尺度中湍流扩散是在整个边界层内进行，所以边界层高度和湍流统计量随高度变化的参数化问题便成了关键。另外，大气稳定度也是边界层湍流统计量参数化研究的重要内容。

1.6　空气质量模式的发展

20 世纪 60—70 年代，科学界对污染问题的研究主要集中在工业排放源引起的大气扩散上，此时应用最为广泛的就是高斯（Gaussian）烟流模式。此模式常用作法规模式来应用，它是美国环境保护局（EPA）系统 UNAMAP 模式库中所有模式的支柱，同样在美国核管理委员会（NRC）导则中具有同样的地位。至今高斯模式在空气质量乃至城市空气质量的评测中有着广泛的应用，许多模式都来自此基本模式的改造、修正和补充，如 AQSTM、CTDM、CDM/CDMQC、MSDM、MESOPUFF 等，应用于城市地区有 ATDL 模式。

这段时间内还发展了另一类模式，这类模式通常通过寻求湍流扩散方程组中脉动量二阶相关矩或三阶相关矩与相关变量的关系来闭合方程组，然后再用各种方法求解。模式中湍动能（TKE）方程和普朗特（Prandtl）垂直输送理论得到广泛应用。此类模式有 IM-PACT、INTERA、ARAP、Arginne 等。应用于城市空气质量模拟的有 PDM 模式，它主要是模拟排放源随时间变化的城市污染物扩散。

20 世纪 70 年代末，开始发展一些应用于远距离（$10^2 \sim 10^3$ km）输送的模式，这类模式常为拉格朗日型的，其代表模式有蒙特卡洛模式和烟团积分模式。由于长时间的远距离输送，输送污染物质不能再看作不变了，其化学转化过程变得重要起来。后来，随着研究的深入，中长距离（大于 10^3 km）输送模式发展了起来。这样的模式有区域氧化物模式 ROM、区域酸沉降模式 RADM 等，这些模式都考虑了输送过程中污染物的干湿沉降以及化学转化等复杂过程。后来，为了使 RADM 模式能应用于城市空气质量的模拟，在 RADM2 的基础上，通过完善化学、平流、扩散过程使它们更适合城市地区，发展了城市空气质量模式 SAQM。

20 世纪 80 年代以前，空气质量模式的重心还是工业源对大气质量的影响评价。20 世纪 80 年代以后，城市大气质量模拟的研究才慢慢重要起来。现在城市空气质量预报系统的开发与应用更是大气污染的研究重点，它与人们的生活息息相关。这期间美国的城市大气质量模式 UAM 扮演了重要的角色，当时美国、希腊、德国、芬兰、日本、意大利等国家都利用它进行城市空气质量预报。UAM 是 1969 年首次开发的，它是一个非定常欧拉型三维网格模式，提供了污染物释放、污染物输运、湍流扩散、化学反应、清除过程、初始条件、边界条件等大气物理、化学的数学表达式。1973—1977 年 UAM 引入了复杂的光化学氧化剂形成机制的简化方法碳键方法 CB1，空气粒子对紫外线的散射及气温对化学反应速率常数影响的处理方法，夜间 O_3 化学计算的有效方法，SHASTA 数值积分方案，改进的垂直扩散系数、烟羽抬升、地面清除表达式等。1980 年 UAM 引入了 CB2 化学机制模块。1988 年 UAM 又做了重大改进，它采用了能更好地刻画 RO_2-RO_2 基本反应过程以及包含了一个基于异戊二烯的生物释放表达式的 CB4 化学机制模块，并且应用了计算更稳定的 Smolarkiewicz 数值积分方案（Scheffe and Morris，1993）。

进入 20 世纪 90 年代以后，具有决策支持系统和大气物理、大气化学动力耦合研究功能的城市空气质量预报模型得到开发与应用。1996 年美国环境保护局开始开发了第三代空气质量模式 Model-3/CMAQ（Dannis et al.，1996），该模式是在 SAQM 模式基础上研制的，它可以用于各种尺度，其气象部分采用的是中尺度气象模式（MM5），化学机制用的是碳键归并（CB4），它还利用地理信息系统（GIS）作为数据库的可视化载体，并可以在网络上运行且采用分布式平行计算技术。Model-3/CMAQ 包含了最新的大气湍流、大气扩散、大气化学以及计算机等领域的研究成果，功能更全面、性能更先进、控制方程更复杂、使用更方便、结构更合理、更开放。Model-3/CMAQ 的开发借助美国政府高性能计算与通讯计划（HPCC），以期达到为大气环境质量管理部门提供有效的决策支持以及为模拟系统的持续发展提供基本框架的目的。

空气质量模拟是一个非常复杂的问题，同时受到气象因子（如风速、风向、湍流、辐射、云和降水等）和化学过程（如源的排放、干湿沉降和化学转化等）的影响。在实际大气中，化学和气象过程是同时发生的，并且能够相互影响，如气溶胶能影响地气系统辐射平衡，气溶胶作为云凝结核，能影响降水，而云和降水对化学过程也有非常显著的影响。基于这种真实大气中气象过程和化学过程是同时发生且相互影响的思想以及考虑到以往空气质量模式中存在的不足，2000 年 3 月在美国国家大气研究中心（NCAR）举行了一个关于在云模式和中尺度模式中模拟化学过程的会议，随后成立了一个 WRF-Chem 的开发小组，在之后的几年内完成了一个气象模式和化学模式在线完全耦合的新一代区域空气质量模式 WRF-Chem，其化学和气象过程使用相同的水平和垂直坐标系，相同的物理参数化方案，不存在时间上的插值，并且能够考虑化学对气象过程的反馈作用。2020 年 3 月 10 日，WRF-Chem 最新版本 4.1.5 公开发布。

我国科学家一直致力于发展适用于中国地区、具有中国特色的区域或城市空气质量模式，其发展也经历了三个阶段，并根据其应用于环境决策和环境研究的目标、污染物的排放特征和污染物在大气中的相互作用、形成和转化的特点，对模型的参数和功能作修订和改进，形成了具有适应区域特点的各种尺度多模型体系。第一代模型主要是高斯烟流模型（如 GB 3840—91）、概率分布函数 PDF 模式（Li and Briggs，1988）、随机游走模式（于洪彬和蒋维楣，1994），第二代模式有城市尺度的空气质量预报模式 HRDM（张美根等，2001）、区域尺度污染物欧拉性输送模式 RAQM（An et al.，2003）、南京大学区域酸沉降模式 NJURADM（王体健和李宗恺，1996）。第三代空气质量模式以一个大气的概念，将整个大气作为研究对象，能够实现多时空尺度上影响空气质量演变的大气物理和化学过程的模拟（表 1.3）。代表性的模式有：中国科学院大气物理研究所发展的嵌套网格空气质量预报系统 NAQPMS（王自发等，2006；王哲等，2014）、中国气象科学研究院发展的数值预报系统的 CUACE（Zhou et al.，2008）、南京大学发展的区域大气环境模拟系统 RegAEMS（Wang et al.，2012），这些模式对空气污染、霾天气和沙尘暴等具有较强的模拟和预测能力，并且已经用于空气质量和霾天气的预报（王体健等，2019）。伴随着研究的深入、技术的发展和持续的应用，我国自主研发的空气质量预报模式的功能也在不断更新改进，逐步发展构建多模式预报系统并研发污染来源解析、集合预报、大气化学资料同化等先进技术，成功应用于 2008 年北京奥运会、2010 年上海世博会、2014 年南京青奥会、2014 年北京 APEC 峰会、2016 年杭州 G20 峰会、2018 年青岛上合峰会和 2019 年武汉军运会等重大活动环境空气质量保障。

表 1.3　国内自主研发的主要数值模式及应用

模式名称	开发单位	特点与发展过程	应用领域
NAQPMS	中国科学院大气物理研究所	耦合了多尺度双向嵌套、污染来源解析、化学资料同化、过程分析、气象-化学双向反馈等模式先进技术，可实现区域-城市尺度大气污染的高效、稳定、准确模拟预报	应用于国内多个省市的空气质量业务预报和重大活动空气质量保障
CUACE	中国气象科学研究院	包含了污染排放、气态化学、气溶胶、数值同化等模块；加入沙尘长波辐射参数化方案，提高了模型对气溶胶辐射效应的模拟能力；加入了三维变量同化和气溶胶辐射反馈方案，大大提高了模型对沙尘浓度、温度、气压、风速的模拟精度	建立有中国雾-霾数值预报系统（CUACE/Haze-fog），可提供 PM_{10} 和 $PM_{2.5}$、7 种气溶胶组分、O_3 和能见度等数值预报产品，在 2008 年奥运期间首次应用，并参与了 2009 年国庆阅兵，在国家气象中心和一些地方气象部门推广应用。此外，还有在线预报系统（GRAPES-CUACE）和亚洲沙尘暴数值预报系统（CUACE/Dust）等
RegAEMS	南京大学	最早由 1994 年的 NJUADMS 酸雨模式发展而来，用于计算 SO_2、NO_x、硫酸盐等大气污染物浓度和酸沉降量。2000 年对化学过程作合理简化，建立不同条件下 SO_2、NO_x 转化率的数据库，并对液相化学和湿清除过程进行参数化处理。2008 年后逐步耦合二次气溶胶模块、沙尘和海盐气溶胶过程、汞化学、大气污染来源解析等模块，增加了支持 MM5、WRF 等气象模式输出数据的接口，具备了第三代空气质量模式的主要特征，可用于区域大气复合污染模拟和空气质量预报	成功应用于 2014 年南京青奥会、2016 年杭州 G20 峰会、2018 年青岛上合峰会、2019 年青岛海军节的空气质量预报。此外，基于数值模型和受体模型的 RegAEMS-CMB 颗粒物来源解析方法为颗粒物合理控制提供了科学依据

1.7　我国空气质量预报的发展

我国从 1973 年第一次全国环保工作会议开始,陆续在大气扩散模式、污染气象学以及空气污染预报等方面进行了许多研究,并先后在全国主要大城市开展了以 SO_2 为主的城市空气污染预报研究工作。1997 年 6 月,中国环境监测总站分批组织 46 个环保重点城市开展空气质量周报,并于 1998 年 1 月起,陆续在国内主要的新闻媒体上向公众公布。2000 年 6 月 5 日,开始组织 42 个重点城市开展空气质量日报。2001 年 6 月 5 日,全国 47 个重点城市开始向公众发布空气质量预报。

2013 年,根据《大气污染防治行动计划》中分步实施建立各级监测预警应急体系的总体要求,国家环保部着手开展区域和城市空气质量预报。2014 年起,中国环境监测总站提出在全国范围内构建"国家-区域-省级-城市"四级空气质量预报系统的顶层设计。2015 年底,全国重点区域及主要城市空气质量预测预报系统初步建成。目前,全国已形成一个国家空气质量预测预报中心、六大区域(京津冀及周边区域、长三角、东北、华南、西南和西北)、27 个省级和 36 个重点城市(直辖市、省会城市和计划单列市)空气质量预测预报中心的总体布局,每日开展辖区内例行空气质量预报。同时,越来越多的地级城市也自发主动地加入到城市空气质量业务预报行列(王晓彦等,2019)。

2016 年 1 月 1 日起,中国环境监测总站正式向社会发布空气质量预测预报信息。空气质量预测预报信息主要内容包括:重点区域未来 5 d 形势、省(自治区、直辖市)未来 3 d 形势、重点城市未来 24 h,48 h 空气质量预报、城市空气质量指数范围、空气质量级别及首要污染物、对人体健康的影响和建议措施等。到目前为止,京津冀、长三角、珠三角区域,全国 31 个省(自治区、直辖市)、32 个重点城市(包括 27 个省会城市和 5 个计划单列市),已完成区域、省(自治区、直辖市)级、市级空气质量预测预报系统建设,全面开展空气质量预测预报工作,通过全国空气质量预报信息发布平台系统实现全国联网。

经过几年来的空气质量业务预报实践,逐渐摸索形成空气质量预报的技术体系和业务体系。其中技术体系包括例行空气质量预报方法流程、预报模式模块性能优化以及与预报相关的一系列技术方法指南、标准规范和科研项目等;业务体系则包括预报作业平台设计、预报员值班制度、预报会商机制、信息发布与报送制度、人才队伍建设机制、部门间合作共享机制等一系列高效可行的业务工作机制(中国环境监测总站,2017)。

第 2 章　空气污染潜势预报

空气污染潜势预报是指根据一定的气象因子判据,预报未来出现严重空气污染发生的可能性和强度。空气污染潜势预报仅由天气形势和气象参数决定,不考虑实际大气污染源的排放方式及排放量多少,所以在污染源很少的地区也可能出现高污染潜势,但实际空气质量并不差。潜势预报采用的基本方法是从已发生的各次污染事件着手,归纳总结出发生污染事件时所特有的气象条件、天气形势和关键指标,并以此作为未来空气污染发生可能性的预报判断。本章重点介绍空气污染潜势预报的基本思路、参数体系和应用实例。

2.1　基本思路

空气污染潜势是指可能出现不利于污染物稀释扩散、可以形成污染天气的气象条件,是大气对空气中的污染物不能充分地稀释和扩散程度的量度。例如:在准静止的反气旋控制下,高空有下沉气流,地面和高空风都很小;混合层较低,混合层内平均风速小;有较强的逆温层等。

空气污染潜势预报是对可能出现重污染的天气形势的预报,它实质上属于天气预报。用这种方法预报污染只是给出发生污染的可能性,即有这种天气形势,不一定会出现污染状况,污染的发生还要参看其他的因素(如污染源排放等)。

空气污染预报准确与否的关键是要确定合适的气象因子判据,当未来的气象条件符合造成重污染的判据时就向有关部门发出警报,以便采取必要的预防措施(张美根等,2001)。

近年来,国内学者开展了不少有关空气污染潜势预报的研究。刘实等(2002)以气象参数为基础构建了潜势预报指数,并进行空气污染潜势预报。徐大海和朱蓉(2000)定义了物理意义明确的空气污染潜势指数(PPI)以反映大气通风扩散稀释和干、湿沉降清除大气污染物的总能力。尚可政等(2001)从能量学的观点出发,提出了描述地面至特定高度大气层结稳定度的参数——稳定能量,指出用稳定能量来描述低层大气的稳定性更为合理,稳定能量与 SO_2、CO、NO_x 浓度之间的相关性最显著,稳定能量的年变化规律与空气污染浓度的年变化规律基本一致。杨成芳和孙兴池(2000)利用 2013—2016 年冬半年 ERA-interim 再分析资料,以及同期空气污染资料、地面常规气象观测资料和探空资料,采用 PCT(principal component analysis in T-mode)客观分型方法对华北地区冬半年海平面气压场进行天气分型,并探究不同月份不同天气型对应的空气污染状况及污染气象参数分布特征,进而从污染气象学的角度揭示了重污染潜势天气型的气候特征。

2.2　空气污染潜势预报参数体系

空气污染潜势预报参数体系就是一系列预报污染潜势的气象参数的集合。目前国内外对大气污染潜势预报参数体系研究比较多,如美国国家气象中心(NMC)发布的预报污染潜势的气象参数有:判断停滞区、混合层高度、输送风速和通风量;英国伦敦预报污染潜势的气象参数有:最低温度、混合层高度、风速、风向;中国气象局气象科学研究院对北京市发布污染潜势预报的气象参数有:天气形势、地面风速、逆温强度、混合层高度、地转风度;江苏省气象科学研究所研究的南京市预报污染潜势气象参数有:日平均风速、逆温强度。以下分析涉及潜势预报的主要参数。

①天气形势。不同的天气形势具有不同的气象条件和扩散条件。例如:反气旋控制区多晴天,小风并有下沉运动,常由于空气停滞而致扩散能力弱;气旋控制区多伴有上升运动,风大并伴有阴雨天气,扩散能力较强。②日平均混合层高度及标准差。混合层高度表征污染物的铅直方向被湍流稀释的范围。日平均混合层高度愈高愈有利于大气污染物混合稀释,污染物浓度就愈低,反之则污染物浓度就愈高。另外,日平均混合层高度标准差越大,越有利于大气污染物最大落地地点及浓度分散,污染物浓度平均值越低,反之平均浓度越高。③1500 m 以下日平均风速。1500 m 以下日平均风速大小直接影响大气的输送作用和湍流扩散作用。风速愈大愈有利于大气污染物混合输送及扩散,污染物浓度就愈低,反之则污染物浓度就愈高。④日大气稳定度标准差。大气稳定度或逆温强度是表征大气湍流扩散能力的重要因子。大气愈稳定或逆温强度愈强则不利于大气污染物混合输送及扩散,污染物浓度就愈高,反之则污染物浓度就愈低。日大气稳定度标准差越大,越有利于大气污染物的最大落地地点及浓度分散,污染物浓度平均值越低,反之平均浓度越高。⑤日风向标准差。日风向标准差越大,越有利于大气污染物输送与扩散,大气污染物浓度日均值越低,反之日均浓度越高。⑥混合层高度。混合层高度表征污染物的铅直方向被湍流稀释的范围。混合层高度愈高愈有利于大气污染物混合稀释,污染浓度就愈低,反之则污染浓度就愈高。⑦风速。风速大小直接影响大气的输送作用和湍流扩散作用。风速愈大愈有利于大气污染物混合输送及扩散,污染浓度就愈低,反之则污染浓度就愈高。⑧大气稳定度或逆温强度。大气稳定度或逆温强度是表征大气湍流扩散能力的重要因子。大气愈稳定或逆温强度愈强则不利于大气污染物混合输送及扩散,污染浓度就愈高,反之则污染浓度就愈低。但对于高架源,大气稳定时不利于高空排放的污染物向地面输送及扩散,地面浓度反而比不稳定时低。

2.3　应用实例

本节采用污染天气分型的办法及边界层参数体系,开展了上海石化地区空气污染潜势预报的应用研究。

2.3.1　污染天气分型

大气环流是空间上多尺度、时间上多频率的相互联系、相互制约的系统,所以研究上海石化地区污染天气形势时需分析较大范围的大气环流特征。取我国大陆到日本的天气形势场为背景,讨论它对上海石化地区大气污染物输送与扩散作用的影响,达到污染天气分型的目的。

取 1980—1985、1989、1993 年共 8 a 的历史天气图及 1993 年上海地区和相邻省市 43 个气象台站的常规地面气象观测资料,应用影响大气污染物地面浓度的两个主要因子——混合层高度和混合层内平均风速,结合 850 hPa、500 hPa、700 hPa 和地面天气分析其污染天气学意义,寻求它们之间的关系,找到各种类型的典型天气形势,并用盒形图法对各类天气型进行检验,定量地证实了分类的有效性和代表性。

由于上海石化地区四季分明,分别以 1、4、7、10 月作为冬、春、夏、秋四个季节的代表月按季节分型。研究表明,由于天气形势的多变性和复杂性,在每个季节的高、中、低三类中又分出若干亚型。

2.3.1.1　冬季污染天气分型

冬季共分七个型,包括高污染(HW)三个型、中污染(MW)二个型、低污染(LW)二个型。它们的 850 hPa 典型形势见图 2.1。

(1)高浓度污染天气分型

HW(Ⅰ)如图 2.1a 所示,低空环流特征表现在我国东北到日本九州、四国为阶段状低槽;槽后冷空气西路南下,高压脊由新疆南部河西、长江中下游伸向浙闽沿海;南岭为弱低槽控制,石化地区处于“L”型高压带控制区。

HW(Ⅱ)如图 2.1b 所示,东北低槽东移到日本列岛,“L”型高压形势改变,变性冷高压自 35°N 以南,105°E 以东,上海石化地区仍处在高压带中分裂变性高压中心控制区。

HW(Ⅲ)如图 2.1c 所示,朝鲜半岛到日本南部为主槽位置,其后部在东北地区还有低压槽补充南下,青藏高原有高压脊经黄河、长江上游伸向长江中游,但未过 115°E,上海石化地区仍处在槽后脊前水平辐散流场中。

概括以上高浓度污染三种天气形势,它们的基本特征是低槽在东北到日本一带,上海石化地区处于高压中心或低槽间水平辐散流场中,风速小、多下沉逆温、层结稳定,混合层厚度较低。所以,无论是风吹稀释还是湍流扩散都很小,有利于污染物积聚,浓度增大。

(2)中浓度污染天气分型

MW(Ⅰ)如图 2.1d 所示,高压已入海,主要高压中心在日本南部洋面上,其高压脊伸到我国东部沿海;河套到四川盆地还有高压脊东移补充,上海石化地区处于两个高压脊之间的相对低槽区中。

MW(Ⅱ)如图 2.1e 所示,东西槽线偏东,槽后不断有冷空气东路补充南下,石化地区处于弱槽线区内。

概括以上中浓度污染天气形势,上海石化地区都处于弱辐合区中,层结稳定度较高,污染等级天气型差,又由于不断有冷高压补充南下,风速较大、混合层厚度较高,因此,污染减弱。

(3)低浓度污染天气分型

LW(Ⅰ)如图 2.1f 所示,高压脊已移入海上,新疆经华西有低槽东伸到华东,上海石化地区处于华西倒槽前部的东南到南气流中。

LW(Ⅱ)如图 2.1g 所示,东西低槽和槽后冷空气偏北东移,上海石化地区都处于华西东伸的倒槽中切变线控制区。

概括以上低浓度污染天气形势,上海石化地区都处在入海高压后部和倒槽控制中的切变线附近,辐合上升运动显著,层结不稳定,混合层厚度升高,加之由于低槽发展,低层风速也较大,所以地面污染物更易于扩散,出现了低浓度污染。

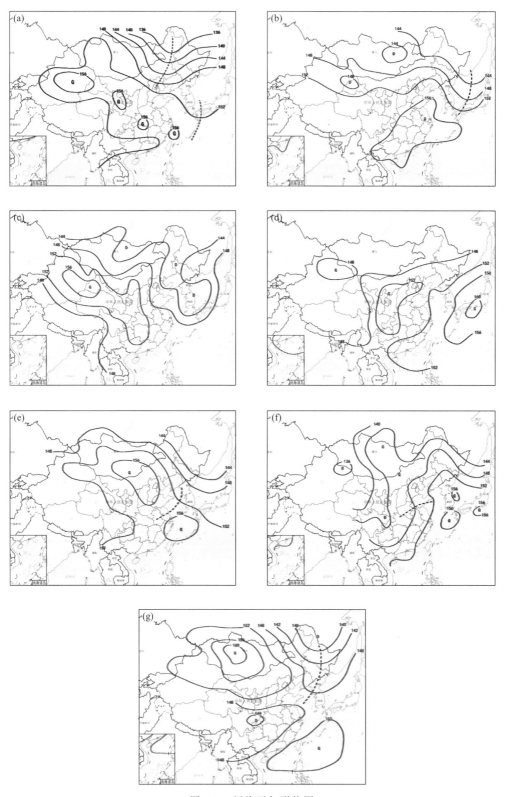

图 2.1　污染天气形势图

(a)HW(Ⅰ);(b)HW(Ⅱ);(c)HW(Ⅲ);(d)MW(Ⅰ);(e)MW(Ⅱ);(f)LW(Ⅰ);(g)LW(Ⅱ)

2.3.1.2　春季污染天气分型

春季共分五个型,包括高污染(HS)一个型、中污染(MS)二个型、低污染(LS)二个型。它们的 850 hPa 典型形势见图 2.2。

(1)高浓度污染天气分型

HS(Ⅰ)如图 2.2a 所示,低层环流的主要低压中心在日本列岛,蒙古西部有一低压中心,变性高压位于我国大陆 40°N 以南地区,上海石化地区受高压中心控制。风速小、弱下沉气流,层结稳定,混合层厚度低,无降水发生,有利于高浓度污染形成。

(2)中浓度污染天气分型

MS(Ⅰ)如图 2.2b 所示,主槽在日本列岛,蒙古到东北有低槽东移补充到主槽中,40°N 以南为短波槽脊快速东移的春季形势特征,上海石化地区处于脊前槽后。

MS(Ⅱ)如图 2.2c 所示,华北到华东沿海为南北高压脊,华西低槽发展东移,上海石化地区受脊后暖锋切变控制。

概括以上中浓度污染天气形势,上海石化地区由于在西北气流中,还有弱冷空气补充南下,上、下层风速较大,层结稳定度较差,混合层厚度较高,并有弱降水的冲刷作用。因此,污染状况有所减弱。

(3)低浓度污染天气分型

LS(Ⅰ)如图 2.2d 所示,日本海到山东半岛以及河套以西的广大西北地区都是高气压控制,东北低槽东移,上海石化地区受两个高压之间南北向低压槽线控制。

LS(Ⅱ)如图 2.2e 所示,东北到日本北部为低压槽,蒙古冷高压偏北东移;华西低槽东伸,在上海石化地区分裂发展低气压,将受到它的影响。

概括以上低浓度污染天气形势,上海石化地区受槽线或横切变,甚至低压中心影响,辐合上升运动显著,大气层结比中浓度污染情况更不稳定,混合层厚度较高,低层风速大,所以,出现了低浓度的污染。

2.3.1.3　夏季污染天气分型

夏季共分六个型,包括中污染(MSu)一个型、低污染(LSu)五个型。它们的 850 hPa 典型形势见图 2.3。

(1)中浓度污染天气分型

中浓度污染形势为 MSu(Ⅰ)型,如图 2.3a 所示,黄河和长江上游以西我国大陆上为热低压控制,东南沿海的副热带高压脊线向西推进越过 25°N,上海石化地区受它的北部控制,脊后的弱切变在山东省。

在 MSu(Ⅰ)形势下,由于上海石化地区受到副热带高压控制,层结偏稳定,且风力也不太大,相对较有利于污染物聚积,形成中等污染。

(2)低浓度污染天气分型

LSu(Ⅰ)如图 2.3b 所示,副热带高压带东撤,大陆受低槽影响,主要低压中心在蒙古西部到东北北部,上海石化地区受分裂低槽影响。

LSu(Ⅱ)如图 2.3c 所示,内陆地区热低压发展,北方弱高压自 35°N 以北入海,30°N 以南受海上西伸的副热带高压控制,上海石化地区处于两类高压之间切变线控制下。

LSu(Ⅲ)如图 2.3d 所示,河套以西为热低压控制,西太平洋副热带高压自日本海伸向华

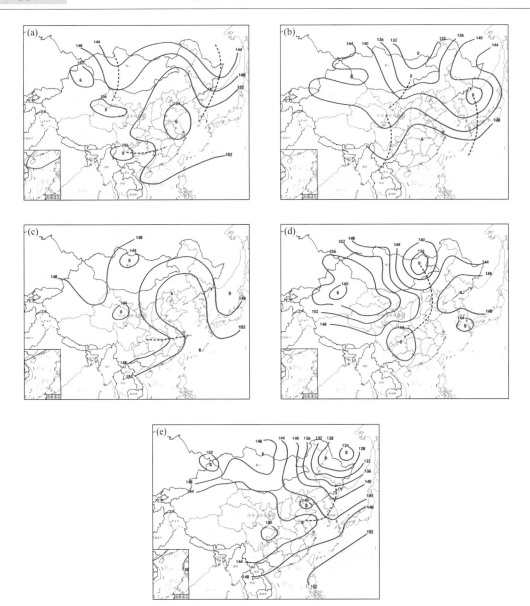

图 2.2　污染天气形势图

(a)HS(Ⅰ);(b)MS(Ⅰ);(c)MS(Ⅱ);(d)LS(Ⅰ);(e)LS(Ⅱ)

北,130°E 以东、25°N 附近的洋面上有热带低气压发展,30°N 以南东南沿海受低压槽控制,上海石化地区处于加强的北方高压脊和西伸的低槽控制下,东南风明显增大。

LSu(Ⅳ)如图 2.3e 所示,台风已移至浙江沿海,上海石化地区已直接受台风环流影响。

LSu(Ⅴ)如图 2.3f 所示,30°N 以北、130°E 以西的海面上有台风活动,上海石化地区受台风西侧外围环流影响。

概括低污染的五种天气形势,可以归纳为两类:一类是受西风槽或高压后部切变线影响;另一类是受台风的影响。它们的共同效应是不仅水平风速明显增大,并且由于层结不稳定而增大了混合层高度,有利于污染物的扩散稀释,且降水量较大,形成全年最弱的污染。

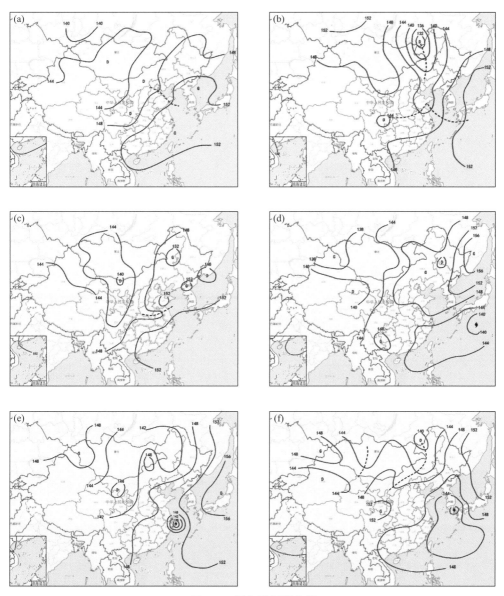

图 2.3　污染天气形势图

（a）MSu（Ⅰ）；（b）LSu（Ⅰ）；（c）LSu（Ⅱ）；（d）LSu（Ⅲ）；（e）LSu（Ⅳ）；（f）LSu（Ⅴ）

2.3.1.4　秋季污染天气分型

秋季共分五个型，包括中污染（MA）三个型、低污染（LA）二个型。它们的 850 hPa 典型形势见图 2.4。

（1）中浓度污染天气分型

MA（Ⅰ）如图 2.4a 所示，东北地区有低压发展，冷高压自蒙古东移南下，在 30°N 以北入海，上海石化地区受高压后部的东到东南气流控制。

MA（Ⅱ）如图 2.4b 所示，冷高压主体南下，蒙古到西北地区为热低压，上海石化地区受南下的变性高压控制。

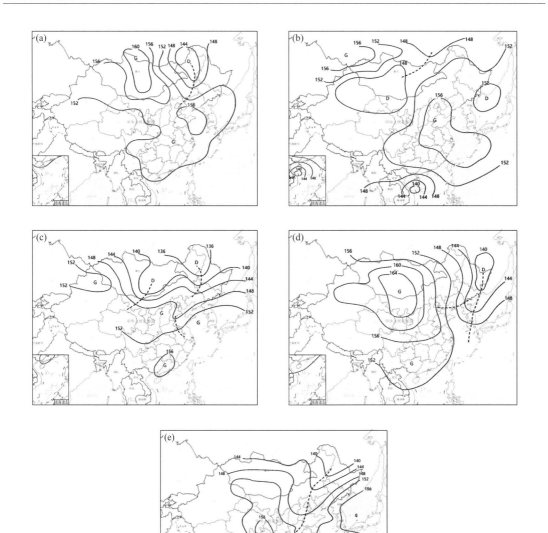

图 2.4　污染天气形势图

(a)MA(Ⅰ)；(b)MA(Ⅱ)；(c)MA(Ⅲ)；(d)LA(Ⅰ)；(e)LA(Ⅱ)

MA(Ⅲ)如图 2.4c 所示,黄海到长江以南为一高压带,蒙古低槽发展,上海石化地区受分裂南下弱低槽影响。

概括起来,中污染的三种天气形势中,MA(Ⅱ)虽为高压带控制,但为秋高气爽天气,混合层并不算低,风速也不小;MA(Ⅰ)、MA(Ⅲ)中上海石化地区受高压后部或弱槽槽线影响,使该地区均处于弱辐合区中。因此,有利于中污染的形成。

(2)低浓度污染天气分型

LA(Ⅰ)如图 2.4d 所示,日本和我国内陆地区分别为高压脊,自蒙古东移的低槽在东北发展加深南下,上海石化地区受槽线影响。

LA(Ⅱ)如图 2.4e 所示,弱冷高压占据我国大陆,上海石化地区处于高压前部大风区中。

以上两种低浓度形势中,LA(Ⅰ)石化地区位于槽线附近,辐合明显加强,层结不稳定,混合层高度也较高,并伴有明显的降水;而在 LA(Ⅱ)中石化地区出现偏北大风。所以,以上两种形势都使污染物浓度明显下降。

2.3.2　边界层参数体系

目前国内外大多数是以城市或区域尺度为研究对象进行污染潜势预报研究,因此均以混合层高度、风速、大气稳定度等边界层参数作为污染潜势预报指标。本节是以高架点源排放的 SO_2 作为研究对象,进行上海石化地区 SO_2 污染潜势预报的研究。针对上海石化地区属小尺度范围和沿海地区,以及潜势预报污染源为高架点源等特点,建立了上海石化地区 SO_2 污染潜势预报的边界层参数体系,包括:日平均混合层高度、日风向标准差、日混合层高度标准差、日稳定度标准差以及 1500 m 以下日平均风速。

2.3.2.1　常规气象参数的预报

为了获得上述污染潜势预报的边界层参数,需要确定未来 24 h 或 48 h 地面常规气象参数的日变化(02、05、08、11、14、17、20、23 时)。这些地面常规气象参数的日变化可通过统计方法由短期天气预报推断。

通常短期天气预报只提供 24 h 或 48 h 的日平均天空状况、风力、风向、最低温度、最高温度及降水量等。我们由上海石化环境科学研究所 1993 年气象资料进行统计分析,确定了上述气象参数的日变化。

(1)天空状况

短期天气预报天空状况可分为晴、少云、多云、阴。表 2.1 给出了天空状况与总云量之间的对应关系。由于总云量的日变化受诸多因素影响,很难用统计方法确定其规律性,所以假设总云量无日变化,均取表 2.1 中的平均值。

表 2.1　天空状况(总云量)一览表

天空状况	总云量	平均值
晴天	0～3	2
少云	4～5	5
多云	7～8	8
阴	9～10	10

(2)风力

短期天气预报风力共分为 16 级,通过 1993 年气象资料及地面 SO_2 浓度监测资料分析可知,当风力达到 5 级(8.0～10.7 m/s)时,大气的输送与扩散作用极强,上海石化地区出现轻污染,所以只需要研究 4 级以下风力情况。表 2.2 给出了风力等级与风速之间的对应关系。表 2.3 给出了不同风力等级条件下不同时刻风速系数值,则任意时刻风速值为:

$$U = \overline{U} + \alpha_u \tag{2.1}$$

式中,$\overline{U}$ 为风力等级对应的平均风速,α_u 为不同时刻风速系数值。

表 2.2　风力等级对应的平均风速

风力等级	相当风速（m/s）	平均风速（m/s）
1	0.3～1.5	1.0
2	1.6～3.3	2.5
3	3.4～5.4	4.5
4	5.5～7.9	6.5

表 2.3　不同时刻风速系数值

风力等级	02 时	05 时	08 时	11 时	14 时	17 时	20 时	23 时
1	−0.115	−0.584	0.125	0.002	0.438	0.301	0.220	−0.138
2	−0.165	−0.265	0.014	0.294	0.319	0.066	−0.088	−0.175
3	−0.191	−0.087	−0.058	0.077	0.183	0.099	0.029	−0.052
4	−0.175	−0.356	−0.058	0.057	0.121	0.116	0.119	0.178

（3）温度

短期天气预报只有两项温度，即最低温度、最高温度。经分析我们设 05 时取最低温度，14 时取为最高温度，其他时刻用线性内插方法确定。

（4）风向

短期天气预报风向分别为 N、NE、E、SE、S、SW、W、NW 八个方向，本系统取预报风向为潜势预报的平均风向。

应用上述方法，可以由短期天气预报确定未来 24 h 的地面常规气象资料的日变化。

2.3.2.2　日稳定度标准差 σ_S

未来 24 h 或 48 h 日稳定度标准差 σ_S 可由下式确定：

$$\sigma_S = \sqrt{\frac{1}{N}\sum_{i=1}^{N}(S_i - \overline{S})^2} \tag{2.2}$$

式中，$\overline{S}$ 为日平均大气稳定度，S_i 为第 i 时刻稳定度，N 为样本数。

利用边界层参数莫宁-奥布霍夫长度 L 确定大气稳定度。

（1）太阳高度角 h_θ

$$h_\theta = \arcsin[\sin\varphi\sin\delta + \cos\varphi\cos\delta\cos(15t + \lambda - 300)] \tag{2.3}$$

式中，λ、φ 分别为上海石化地区的经、纬度；t 为时间；δ 为太阳倾角。δ 由下式确定：

$$\delta = [0.006918 - 0.399912\cos\Theta_0 + 0.070257\sin\Theta_0 - 0.006758\cos2\Theta_0$$
$$+ 0.000907\sin2\Theta_0 - 0.002697\cos3\Theta_0 + 0.001480\sin3\Theta_0]180/\pi \tag{2.4}$$

式中，$\Theta_0 = 360d_n/365deg$，为 1 年中的日期序列。

（2）莫宁-奥布霍夫长度 L

莫宁-奥布霍夫长度 L 由下式求得：

$$L = -\frac{u_*^3 T\rho c_p}{\kappa g Q_H} \tag{2.5}$$

式中，u_* 为摩擦速度，T 为温度，ρ 为大气密度，c_p 为定压比热，κ 为卡门常数，g 为重力加速度，Q_H 为感热通量。

① 当 $h_\theta \geqslant 0$ 时：

采用的 Holtslag 和 Van Ulden(1983)的参数化方案确定感热通量 Q_H：

$$Q_H = \frac{(1-\alpha)+B}{(1+B)}(Q^* - Q_g) - \beta' \tag{2.6}$$

式中，α 为常数，$\alpha = 0.75$；β' 为常数，$\beta' = 20$ W/m^2；B 为参数；Q^* 为净辐射通量；Q_g 为向土地深层的热通量，$Q_g = 0.1Q^*$。

$$B = 1/\exp[0.055(T - 279)] \tag{2.7}$$

$$Q^* = [(1-\gamma)Q_S + C_1 T^6 - \sigma T^4 + C_2 N]/(1+C_3) \tag{2.8}$$

式中，

$$C_1 = 5.31 \times 10^{-13} (\text{W} \cdot \text{m}^2)/\text{K}^6$$

$$C_2 = 60 \text{ W} \cdot \text{m}^2$$

$$C_3 = 0.38 \frac{(1-\alpha)+B}{1+B}$$

$$\sigma = 5.67 \times 10^{-5} (\text{W} \cdot \text{m}^2)/\text{K}^6$$

式中，N 为总云量，$\gamma = 0.35 + 0.65\exp(-0.1h_o - 0.211)$。

Q_S 为太阳辐射通量，可取：

$$Q_S = (990\sin h_o - 30)(1 - 0.74N^{3.4}) \tag{2.9}$$

摩擦速度采用许丽人等(1998)参数化方案：

$$u_* = \frac{\kappa U}{\ln[(z-D)/Z_0]}[1 + D_1\ln(1 + D_2 D_3)] \tag{2.10}$$

式中，D 为零平面位移高度，Z_0 为地面粗糙度，D_1、D_2、D_3 为参数：

$$D_1 = \begin{cases} 0.128 + 0.005\ln(Z_0/Z) & (Z_0/Z \leqslant 0.01) \\ 0.107 & (Z_0/Z > 0.01) \end{cases} \tag{2.11}$$

$$D_2 = 1.95 + 32.6(Z_0/Z)^{0.45} \tag{2.12}$$

$$D_3 = \frac{Q_H}{\rho c_p} \frac{\kappa G Z}{u_{*n}} \tag{2.13}$$

$$u_{*n} = \kappa U/[\ln(Z - D)/Z_0] \tag{2.14}$$

式中，u_{*n} 为中性条件下的摩擦速度。

则特征温度 T_* 为：

$$T_* = -Q_H/(\rho c_p U_*) \tag{2.15}$$

② 当 $h_\theta < 0$ 时：

特征温度 T_* 采用的 Hotslag 和 Van Ulden(1983)的参数化方案：

$$T_* = \min(T_{*1}, T_{*2}) \tag{2.16}$$

$$T_{*1} = 0.09(1 - 0.5N^2) \tag{2.17}$$

$$T_{*2} = TU^2/\{18.8ZG\ln[(Z - D)/Z_0]\} \tag{2.18}$$

摩擦速度参数化方案：

$$U_* = \frac{C_{du}U}{2}\left\{1 + \sqrt{1 - \left(\frac{2\sqrt{4.7ZGQ_*/T}}{\sqrt{C_{du}}U}\right)^2}\right\} \tag{2.19}$$

式中，$C_{du} = \kappa / [\ln(Z-D)/Z_0]$

则感热通量 Q_H 为：

$$Q_H = -\rho c_p U_* T_* \qquad (2.20)$$

（3）大气稳定度

正如上述，大气稳定度将用莫宁-奥布霍夫长度 L 来确定，其对应关系见表 2.4。

表 2.4　大气稳定度与 L 对应表

大气稳定度	A	B	C	D	E	F
L	$-10\sim 0$	$-2\sim -10$	$-7\sim -20$	$\|L\|\geqslant 70$	$20\sim 70$	$0\sim 20$

2.3.2.3　日平均混合层高度 $\overline{Z_i}$

短期天气预报未来 24 h 或 48 h 的混合层高度 Z_i，因此我们利用参数化方案确定日平均混合层高度 $\overline{Z_i}$。日平均混合层高度 $\overline{Z_i}$ 可由下式确定：

$$\overline{Z_i} = \frac{1}{N} \sum_{k=1}^{N} Z_{ik} \qquad (2.21)$$

式中，Z_{ik} 为第 k 时刻混合层高度。

（1）稳定层结：

稳定层结时参照 Zilitinkevich(1989) 取：

$$Z_i = \left(\frac{1}{\Lambda_0} + \frac{\mu^{1/2}}{\kappa C_h} \right)^{-1} U_* / f \qquad (2.22)$$

式中，Λ_0 为中性时的值，取 $0.20\sim 0.30$；C_h 为取值 1 左右的常数；κ 为卡门常数；μ 为稳定度参数，f 为科氏参数。

（2）中性层结：

中性层结时参照 Zilitinkevich(1989) 取：

$$Z_i = \Lambda_0 U_* / f \qquad (2.23)$$

（3）不稳定层结：

不稳定层结时参照赵鸣(1998) 取：

$$Z_i = 5.3 U_*^2 / (fG) \qquad (2.24)$$

式中，G 为地转风速，地转风速 G 可由阻力定律确定：

$$G = \frac{u_*}{\kappa} \sqrt{\{\ln[(u_*/(fG) - B(\mu)]\}^2 + A(\mu)^2} \qquad (2.25)$$

式中，$A(\mu)$、$B(\mu)$ 为随稳定度参数变化的参数，可取 Arya 经验公式。

2.3.2.4　日混合层高度标准差 σ_{Z_i}

未来 24 h 或 48 h 日混合层高度标准差 σ_{Z_i} 可由下式确定：

$$\sigma_{Z_i} = \sqrt{\frac{1}{N} \sum_{k=1}^{N} (Z_{ik} - \overline{Z_i})^2} \qquad (2.26)$$

2.3.3　潜势预报参数体系

潜势预报综合因子：前面所述的上海石化地区污染天气分型及边界层参数体系为一系列

孤立的预报因子,为了进行上海石化地区 SO_2 污染潜势预报,需将上述一系列孤立的预报因子加权转化为一综合预报因子,并利用该综合因子预报污染潜势。下面将各孤立预报因子进行定量划分,最后确定综合预报因子。

表 2.5 给出了各种气象参数的污染指数。表中污染指数 1 表示严重污染,2 表示重污染,3 表示中污染,4 表示轻污染。由表 2.6 可见,日均混合层高度≤4.0 m/s 时为重污染,而不是严重污染,这主要是因为研究的是高架点源排放的 SO_2 的污染潜势,当风速较小时抬升较高、温合层高度很低时易发生烟气穿透现象,这将引起浓度降低。

表 2.5　上海石化地区污染指数一览表

气象参数		污染指数	气象参数		污染指数
污染天气分型 【P_1】	重污染	1	日稳定度标准差 【P_2】	≤0.3	1
	中污染	2		0.3～0.6	2
	轻污染	3		0.6～1.2	3
				＞1.2	4
日平均混合层 高度(m) 【P_3】	≤350	2	混合层高度 标准差(m) 【P_4】	≤150	1
	350～450	1		150～200	2
	450～900	3		200～450	3
	＞900	4		＞450	4
日风向标准差(°) 【P_5】	≤21	1	1500 m 以下日均 风速(m/s) 【P_6】	≤4	2
	21～40	2		(4,5)	1
	40～50	3		(5,10)	3
	＞50	4		＞10	4

表 2.6　上海石化地区 SO_2 污染潜势预报综合指标

P	1.0～1.5	1.6～2.5	2.6～3.5	3.6～4.0
污染等级	严重污染	重污染	中污染	轻污染

潜势预报综合因子 P 为:
$$P = \alpha_1 P_1 + \alpha_2 P_2 + \alpha_3 P_3 + \alpha_4 P_4 + \alpha_5 P_5 + \alpha_6 P_6 \qquad (2.27)$$
式中,P_1、P_2、P_3、P_4、P_5、P_6 分别为污染天气成分、日稳定度标准差、日平均混合层高度、日混合层高度标准差、日风向标准差及 1500 m 以下日平均风速的污染指数。α_1、α_2、α_3、α_4、α_5、α_6 均为参数。利用上海石化地区气象参数及浓度监测资料,高斯模式预测的 SO_2 日均浓度等资料,经统计分析确定的各参数见下式:
$$P = 0.10P_1 + 0.05P_2 + 0.20P_3 + 0.10P_4 + 0.15P_5 + 0.40P_6 \qquad (2.28)$$
将 P_i 代入上式可求得 P 值。根据 P 值大小由表 2.6 确定石化地区 SO_2 污染潜势。

2.3.4　潜势预报系统检验

任何预报系统都存在准确性问题,由于预报系统模拟精度以及输入参数和资料精度所引起的计算误差,使预报结果与实测不一致。为了提高上海石化地区 SO_2 污染潜势预报的准确性,需要利用上海石化地区气象短期天气预报的各种参数及石化地区 SO_2 浓度监测进行准确性检验。但是由于上海石化地区只有 5 个监测点,其浓度分布严重依赖于各监测点的相对位置,少数几个监测点的 SO_2 浓度值无法反映出上海石化地区整体污染状况和污染气象条件。为了克服这一困难,采用比较成熟的局地高斯模式计算上海石化地区平均污染状况,确定其污染潜势等级,以及进行污染潜势预报系统的检验。

2.3.4.1 SO_2 气质模型

(1)一次浓度计算公式

考虑多源问题,地面 $(x,y,0)$ 处的浓度为:

$$C_0(x,y,0) = \sum_{i=1}^{N} C_0^i(x,y,0) \tag{2.29}$$

式中, i 为点源序号, N 为点源总数。

第 i 个点源在 $(x,y,0)$ 处形成的浓度为:

$$C_0^i(x,y,0) =$$

$$\frac{Q^i}{2\pi U \sigma_y \sigma_z} \exp\left(-\frac{y^2}{2\sigma_y^2}\right) \sum_{n=-\infty}^{\infty} \left\{ \exp\left[-\frac{(H_e - 2nZ_i)^2}{2\sigma_z^2}\right] + \exp\left[-\frac{(H_e + 2nZ_i)^2}{2\sigma_z^2}\right] \right\} \tag{2.30}$$

式中,各符号意义如下: Q^i 为第 i 点源源强; H_e 为有效源高; U 为源高处风速; Z_i 为混合层高度; σ_y、 σ_z 为横向和铅直向扩散系数。

(2)日均浓度计算公式

日均浓度由每日 8 次的一次浓度分布求其平均得到的,即:

$$C_D(x,y,0) = \frac{1}{8} \sum_{n=1}^{8} C_0^n(x,y,0) \tag{2.31}$$

式中, $C_0^n(x,y,0)$ 是由式(2.29)决定的一次浓度。

(3)模式输入参数

模式计算的输入参数包括源参数、扩散参数及气象参数等。

① 源参数

分别给出各源位置坐标、烟囱高度、口径、烟气量、排气温度、 SO_2 源强等。

② 参数化的气象条件

参数化的气象输入条件见表 2.7。

表 2.7 气象条件参数化

参数	稳定度			
	A-B	C	D	E-F
温度递减率(℃/m)	0.018	0.016	0.010	−0.005
风廊线指数	0.10	0.15	0.20	0.24
混合层高度(m)	800	700	600	300

(a)扩散参数

扩散参数采用指数形式: $\sigma_y = \sigma_1 x^{k_1}$, $\sigma_z = \sigma_2 x^{k_2}$,式中 σ_1、 σ_2、 k_1、 k_2 见表 2.8。

表 2.8　大气扩散参数

稳定度	σ_y		σ_z	
	σ_1	k_1	σ_2	k_2
A-B	0.34	0.91	0.34	0.91
C	1.18	0.80	0.59	0.80
D	2.15	0.76	0.71	0.76
E-F	1.14	0.74	0.37	0.72

（b）烟气抬升公式

点源烟流抬升采用《制定地方大气污染物排放标准的技术方法》(GB 3840—91)规定的公式,并考虑了烟流穿透问题。

2.3.4.2　现状污染等级划分

利用 1993 年上海石化地区气象资料及污染源资料,应用局地高斯模式可以确定逐时上海石化地区 SO_2 平均浓度及最大浓度。代入大气质量指数公式,确定石化地区 SO_2 现状污染等级。

2.3.4.3　潜势预报检验

假定潜势预报等级与现状污染等级完全一致,预报准确率为 100%;潜势预报等级与现状污染等级只差一级时,预报准确率为 50%;潜势预报等级与现状污染等级相差二级以上时,预报准确率为 0。

利用建立的 SO_2 污染潜势预报系统分别对上海石化地区进行了 1993 年和 1995 年 1、4、7、10 四个月共计 246 d 的污染潜势预报,并与现状污染等级进行对比分析,得到的本系统预报平均准确率为 71%(见表 2.9)。该指标与目前国内外潜势预报准确率相当,考虑到上海石化地区面积比通常潜势预报的范围小得多,污染源仅为少数几个高架源,且地处海滨,上述因素均使潜势预报的难度大为增加,能够达到上述准确率,表明所建立的空气污染潜势预报系统性能优良,具有较好的应用前景。

表 2.9　潜势预报准确率(%)

年份	春	夏	秋	冬	合计	平均
1993 年	67.7	71.7	75.8	67.7	70.7	70.7
1995 年	59.7	76.7	77.4	69.4	70.7	

2.4　本章小结

本章论述了大气污染潜势预报的技术路线和参数体系,确定以污染天气分型及边界层参数体系为预报因子。以上海石化地区 SO_2 污染潜势预报为例,采用了 6 个预报因子作为上海石化地区 SO_2 污染潜势预报子因子。分析表明,1500 m 以下日平均风速因子最重要,日平均混合层高度及日风向标准差次之,日稳定度标准差因子影响较小。通过预报实例分析,进行了潜势预报检验,表明所建立的空气污染潜势预报系统性能优良,具有较好的应用前景。

第3章　空气污染潜势-统计结合预报

空气污染潜势-统计结合预报兼具了潜势预报和统计预报的特点,其基本思路是以天气形势和气象要素指标为依据构建空气污染潜势指数,采用统计学的手段,建立空气污染潜势指数和空气质量指数的统计方程,从而对未来大气环境质量状况进行定量预报。本章主要介绍空气污染潜势-统计结合预报方法的原理及其在空气质量预报中的应用实例。

3.1　潜势预报和统计预报的局限性

空气污染潜势是指可能出现不利于污染物稀释扩散的气象条件,例如:在准静止的反气旋控制下,高空有下沉气流,地面和高空风都很小;混合层较低,混合层内平均风速小;有较强的逆温层等。空气污染潜势预报是以天气形势及其气象要素指标为依据,对未来大气环境质量状况进行定性或半定量的预报。空气污染潜势预报是对可能出现强污染的天气形势的预报,它实质上属于天气预报,用这种方法预报污染只是给出发生污染的可能性,即便有这种天气形势,也不一定会出现污染状况,污染的发生还要参看其他的因素(如污染源排放)。潜势预报的特点在于避开了具有不确定性的污染源,重点关注影响空气质量的气象因子,包括地面天气形势、各气象要素(李琼等,1999;张蕾和江崟,2001;张国琏等,2010),其中较弱的风场、稳定的大气条件等因素是造成空气污染的必要条件(王喜全等,2006;王宏等,2009a)。空气污染潜势预报准确与否的关键是要确定合适的气象因子判据,当未来的气象条件符合造成强污染的判据时就向有关部门发出警报,以便采取必要的预防措施(李宗恺等,1985)。

统计预报是不具体考虑大气污染物的理化生过程,而通过分析历史气象资料和浓度资料、建立浓度和气象条件的统计关系来预报污染状况的一种方法。这种方法假定模拟范围内污染源排放是不变的,在多年气象与污染物浓度资料积累的基础上,分析天气变化规律,找出若干天气类型并分析各类型的典型参数,然后建立这些参数与相应污染物浓度实测数据之间的定量或半定量关系。统计预报需要大量历史污染监测资料和气象观测资料,统计方法有多元回归法(王迎春等,2001;孙峰,2004)、CART 法(Burrows et al. ,1995;杨元琴等,2009)、神经网络法(白晓平等,2007)等,统计预报的优点在于简单易行,因此应用较为广泛。由于统计方法中浓度与污染源没有直接的联系,显然这种方法是有缺陷的。但是由于它在历史上有重要地位,所以至今仍有很大的实际应用价值。

3.2　潜势-统计结合预报的基本思路

空气污染潜势-统计结合预报兼具了潜势预报和统计预报的特点,其基本思路是以天气形势及气象要素指标为依据,采用统计的手段,对未来大气环境质量状况进行定量预报。具体预

报流程见图 3.1,将历史气象资料代入潜势预报模型,计算出历史的空气污染潜势指数 APPI
(air pollution potential index)。将之与对应的历史空气质量指数 AQI(air quality index)进行
统计分析,求得两者之间的统计关系式 AQI=F(APPI)。再利用数值模式 WRF 预报的气象
场计算未来的 APPI,利用上述统计关系,得到预报的 AQI,即为需要的空气质量指数预报结
果(黄晓娴等,2012)。

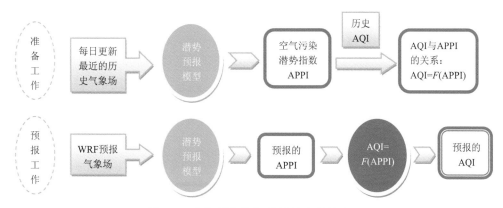

图 3.1　空气污染潜势-统计结合预报流程

3.3　空气污染潜势-统计结合预报构建的步骤

3.3.1　资料准备

搜集一年或多年城市地面逐时观测气象资料、早晚 08 时的探空资料、逐时空气质量指数
资料以及数值模式预报的逐时气象场资料。

3.3.2　空气污染影响因子的确定

(1)风

在水平方向上,风对污染物起到输送和稀释的作用。风速越大,输送和稀释作用就越强。
故引入地面风速、混合层内平均风速等因子。风向的集中程度也影响污染物的输送与稀释。
风向集中程度越高,对污染物的输送与稀释效果越显著。引入风向日变化因子,采取如下风向
矢量计算方式。

将每小时风向 θ_i 按三角函数矢量分解为 x 方向和 y 方向:

$$x_i = \sin(\theta_i), \quad y_i = \cos(\theta_i) \tag{3.1}$$

取风向在 x 方向和 y 方向上分量的日平均值:

$$\overline{x} = \frac{1}{24}\sum_{i=1}^{24} x_i, \quad \overline{y} = \frac{1}{24}\sum_{i=1}^{24} y_i \tag{3.2}$$

计算风向在 x 方向和 y 方向上分量的标准差的矢量和的模 Θ,即为风向日变化因子。

$$\Theta = \sqrt{\frac{1}{24}\sum_{i=1}^{24}(x_i - \overline{x})^2 + \frac{1}{24}\sum_{i=1}^{24}(y_i - \overline{y})^2} \tag{3.3}$$

（2）混合层

混合层是大气边界层内气象要素随高度分布趋于均匀的层次。混合层内，位温、湿度、风速、风向等物理量随高度变化很小，混合层越高，越有利于污染物的扩散稀释。引入混合层高度因子，计算方案参考王体健等（1998）。

（3）大气稳定度

大气层结的稳定程度影响湍流的活动，这里用 M-O 长度 L 来确定稳定度级数，如表 3.1 所示。

表 3.1　由 M-O 长度 L 判定稳定度级数

M-O 长度 L	<-163	$-163\sim-30$	$-30\sim-12$	$-12\sim0$	$0\sim30$	$30\sim163$	>163
稳定度	中性	较不稳定	不稳定	很不稳定	很稳定	稳定	中性
稳定级数	4	3	2	1	6	5	4

（4）扩散系数

扩散系数是表征湍流输送能力的量，引入近地面层内的垂直扩散系数因子，在近地面层中（$z\leqslant Z_s$，Z_s 是近地面层高度），根据 Businger 等（1971）的相似理论，有：

$$K_Z = \frac{ku_* z}{\phi} \tag{3.4}$$

式中，k 是卡门常数，u_* 是摩擦速度，廓线函数 ϕ 根据 Businger 等（1971）和 Carl 等（1973）分别给出的形式为：

$$\phi = \begin{cases} (1+4.7z/L) & (z/L>0) \\ (1-15z/L)^{-1/4} & (-2\leqslant z/L\leqslant 0) \\ (1-15z/L)^{-1/3} & (z/L<-2) \end{cases} \tag{3.5}$$

式中，L 是 M-O 长度。

（5）干沉降

干沉降过程是污染物从大气中清除的重要途径之一。这里引入 SO_2 干沉降速率、NO_2 干沉降速率、PM_{10} 干沉降速率等因子，计算方法参考张艳等（2004）。

（6）湿清除

湿清除是污染物主要的汇之一。由于降水过程的时效性及清除效果的滞后性，故同时考虑当天和前一天的降水时长。以 h_0 代表当天降水小时数，h_{-1} 代表前一天降水小时数。一般而言，降水持续时间越长，湿清除效果越显著。采取复合分档法，如表 3.2 所示。

表 3.2　降水时长分档情况（h_0 代表当天降水小时数，h_{-1} 代表前一天降水小时数）

分档	降水时长
1	$h_0+h_{-1}\geqslant16$ 且 $h_0\geqslant6$
2	$h_0+h_{-1}\geqslant10$ 且 $h_0>0$
3	①$h_0\geqslant6$；或②$h_{-1}\geqslant7$；或③$h_0>0$ 且 $h_{-1}>0$
4	①$1\leqslant h_0\leqslant5$ 且 $h_{-1}=0$；或②$3\leqslant h_{-1}\leqslant6$ 且 $h_0=0$
5	$1\leqslant h_{-1}\leqslant2$ 且 $h_0=0$
6	$h_0+h_{-1}=0$

(7)地面天气形势

天气形势或大尺度天气系统的移动路径,直接影响各气象要素的变化。由于天气形势类型繁多复杂,所以采取如下变压和风向结合的方式将每天的地面天气形势进行分类。

① 24 h 变压 Δp 的分类。考虑前一天的 24 h 变压 Δp_{-1} 和当天的 24 h 变压 Δp_0,将其分为 6 类,如表 3.3 所示。若连续 2 d 的变压情况不一致,说明受到该天气系统影响时间短。若连续 2 d 的变压情况一致,说明受该天气系统影响强烈。升压代表高压系统迫近或低压系统远离,连续升压代表高压系统持续迫近,同理可得平压、降压的情况。

表 3.3　变压情况分类(Δp_{-1} 为前一天的 24 h 变压,Δp_0 为当天的 24 h 变压)

变压分类名称	1 升	2 升	1 平	2 平	1 降	2 降
昨日 24 h 变压情况	$\Delta p_{-1} < 2$	$\Delta p_{-1} \geqslant 2$	$\|\Delta p_{-1}\| \geqslant 2$	$\|\Delta p_{-1}\| < 2$	$\Delta p_{-1} > -2$	$\Delta p_{-1} \leqslant -2$
今日 24 h 变压情况	$\Delta p_0 \geqslant 2$	$\Delta p_0 \geqslant 2$	$\|\Delta p_0\| < 2$	$\|\Delta p_0\| < 2$	$\Delta p_0 \leqslant -2$	$\Delta p_0 \leqslant -2$

② 风向的划分。考虑一天 24 h 次风向的分布,根据风向和风速将其分为 9 个象限。将风速大于 0.5 m/s 的风分为北、东北、东、东南、南、西南、西、西北 8 个象限,将风速小于等于 0.5 m/s 的风划分到静风象限,为第 9 象限。

每天的主导风向结合变压情况可以反映当天的天气系统相对于城市的位置及移动状态。以南京为例,升压配合西北风或北风为高压前,升压配合东北风为高压底,降压配合东南风为高压后等,依次类推。

统计某地各种天气形势下的平均 AQI 并将其分档:50~65 为 1,65~75 为 2,75~85 为 3,85~95 为 4,95~110 为 5,110 以上为 6。整理结果如表 3.4 所示。

表 3.4　各地面天气形势下的平均 AQI 的分档整理

主导风象限	1 升	2 升	1 平	2 平	1 降	2 降
北风	2	2	1	3	3	3
东北风	1	2	1	3	2	2
东风	3	2	2	2	3	3
东南风	2	3	4	2	2	3
南风	2	4	3	3	2	4
西南风	4	4	3	3	4	4
西风	3	5	3	3	1	2
西北风	3	5	1	4	3	2
静风	6	5	6	5	5	4

3.3.3　空气污染潜势指数 APPI

根据影响大气污染物扩散、清除或稀释能力的气象因子,并考虑不同因子的相对重要性,建立一个无量纲量,为空气污染潜势指数 APPI(air pollution potential index),该指数反映了出现空气污染的可能性。

为了计算城市地区的空气污染潜势指数,并且考虑到各个影响因子的典型性与代表性,选取如下 11 个因子作为评分的依据:地面风速、混合层内平均风速、风向日变化、混合层高度、稳定度级数、扩散系数、SO_2 干沉降速率、NO_2 干沉降速率、PM_{10} 干沉降速率、降水时长、地面天气形势。除风向日变化、降水时长、地面天气形势 3 个因子,其他因子作 12 时—次日 12 时的日平均处理。其中,稳定度级数按表 3.1 分档,降水时长因子按表 3.2 分档,地面天气形势因子按表 3.4 分档。其他 8 个因子,先进行归一化处理,即各因子除以各自的平均值。然后从低到高分为 6 档,档位越高,越具有发生空气污染的趋势。进一步根据各因子的重要性赋予不同的权重,分档情况及权重系数如表 3.5 所示。最后利用以下公式计算每天的空气污染潜势指数 APPI:

$$APPI = \sum_{i=1}^{10} A_i W_i \tag{3.6}$$

式中,A_i 代表第 i 个影响因子的得分,W_i 代表第 i 个影响因子的权重系数。

分档情况如下,其中 1 档表示最不易发生污染,反之,6 档表示最易发生污染。

表 3.5　影响因子的分档及权重系数

影响因子	分档得分						权重
	1	2	3	4	5	6	
地面风速	>2	1.6~2	1.2~1.6	0.8~1.2	0.4~0.8	<0.4	0.7
混合层高度	>1.5	1.25~1.5	1.0~1.25	0.75~1.0	0.5~0.75	<0.5	0.4
混合层内平均风速	>1.6	1.3~1.6	1.0~1.3	0.7~1.0	0.4~0.7	<0.4	0.4
风向日变化	<0.6	0.6~1.0	1.0~1.4	1.4~1.8	1.8~2.2	>2.2	0.3
稳定度级数	1	2	3	4	5	6	0.4
扩散系数	>2	1.6~2	1.2~1.6	0.8~1.2	0.4~0.8	<0.4	0.3
SO_2 干沉降速率	>1.8	1.4~1.8	1.0~1.4	0.6~1.0	0.2~0.6	<0.2	0.2
NO_2 干沉降速率	>1.8	1.4~1.8	1.0~1.4	0.6~1.0	0.2~0.6	<0.2	0.2
PM_{10} 干沉降速率	>1.07	1.03~1.07	1.00~1.03	0.96~1.00	0.91~0.96	<0.91	0.1

注:降水时长及地面天气形势的权重均为 1.0,分档得分情况分别见表 3.2 和表 3.4

3.3.4　空气质量指数 AQI 与 APPI 的关系方程

基于气象和空气污染资料,利用上述潜势-统计预报模型计算逐日 APPI,采用指数函数、二项式函数、三项式函数等形式拟合,得到 AQI 与 APPI 的关系方程。

3.3.5　气象预报模式 WRF

WRF(weather research forecast)模式系统是美国国家大气研究中心(NCAR)、美国国家海洋大气局/预报系统实验室(NOAA/FSL)、美国国家环境预报中心(NCEP)等联合开发的新一代中尺度预报模式和同化系统。WRF 模式是一个可用来进行 1~10 km 内高分辨率模拟的数值模式,同时,也是一个可以做各种不同广泛应用的数值模式,例如:业务单位正规预报、区域气候模拟、空气质量模拟、理想个例模拟实验等。故此模式发展的主要目的是改进现有的中尺度数值模式,例如:MM5(NCAR)、Eta(NCEP/NOAA)、RUC(FSL/NOAA)等,希望可以将学术研究以及业务单位所使用的数值模式整合成单一系统。这个模式采用高度模块化、并行化和分层设计技术,集成了迄今为止在中尺度方面的研究成果。模拟和实时预报试验表明,WRF 模式系统在预报各种天气中都具有较好的性能,具有广阔的应用前景。

WRF 模式采用高度模块化和分层设计,分为驱动层、中间层和模式层,用户只需与模式层打交道;在模式层中,动力框架和物理过程都是可插拔,为用户采用各种不同的选择、比较模式性能和进行集合预报提供了极大的便利。它的软件设计和开发充分考虑了适应可见的并行平台在大规模并行计算环境中的有效性,可在分布式内存和共享内存两种计算机上实现加工的并行运算,模式的耦合架构容易整合进入新地球系统模式框架中。

WRF 模式重点考虑从云尺度到天气尺度等重要天气的预报,水平分辨率重点考虑 1~10 km。因此,模式包含高分辨率非静力应用的优先级设计、大量的物理选择、与模式本身相协调的先进的资料同化系统。WRF 模式有两个版本,一个是在 NCAR 的 MM5 模式基础上发展的,另一个是由 NCEP Eta 模式发展而来。WRF 模式中除了动力过程之外,另一个重要部分即为模式的物理参数化部分,在模拟实际天气时,有几项最重要的物理过程必须被考虑进来,例如:辐射、边界层、地面过程、积云对流、湍流和云微物理等过程。表 3.6、表 3.7 给出了WRF 模式动力框架及可供选择的物理参数化选项。

表 3.6　WRF 动力框架

质量坐标框架(NCAR)	非静力中尺度模式框架(NMM,NCEP)
地形跟随静力气压垂直坐标	地形跟随混合 sigma 垂直坐标
Arakawa C-格点,双向嵌套	Arakawa E 格点,单向嵌套
3 阶 Runge-Kutta 分裂显示时间差分	显示 Adams-Bashforth 时间差分
平流 5 阶或 5 阶差分	—
质量守恒,动量、干熵和标量 利用通量形式的预报方程	动能守恒,熵和动量利用 2 阶有限差分

表 3.7　WRF 物理参数化方案

物理过程	选项
微物理	Kessler 方案、Lin 等的方案、WSM3、WSM5、WSM6、Eta 微物理、Goddard 微物理、Thompson 等的方案、Morrison 方案
长波辐射	RRTM 方案、GFDL 方案、CAM 方案
短波辐射	Dudhia 方案、Goddard 短波方案、GFDL 短波方案、CAM 方案
地面层	MM5 相似理论方案、Eta 相似理论方案、Pleim-Xiu 方案
陆面	5 层热力扩散方案、Noah 陆面模式、RUC 陆面模式、Pleim-Xiu 陆面模式
边界层	YSU 方案、MYJ 方案、MRF 方案、ACM 边界层方案
积云对流	Kain-Fritsch 方案、Betts-Miller-Janjic 方案、Grell-Devenyi 方案、Grell 3D 方案、旧的 Kain-Fritsch 方案
城市冠层	单层模式、多层模式

(1)辐射过程

WRF 模式中的辐射过程,主要分成长波辐射以及短波辐射两大部分。对于长波辐射,模式提供 3 种参数化方法:①RRTM 方案,此方法是利用分段波谱法以及 K 分布来计算长波辐射对于温度的影响,并且通过预设的辐射表来增加计算准确度,它考虑了云与辐射之间交互作用,同时也考虑了 O_3 以及 CO_2 气候值对辐射的影响。②Eta-GFDL 方案,主要使用在 Eta 模式,同样是使用分段波谱法来进行计算,将云作用、化学物质影响考虑进来。不过与 RRTM 差别是,此方法是从全球模式中移植过来的,水汽和 CO_2 等对辐射的影响通过直接的方法进行计算,而且考虑云的覆盖作用。③CAM 方案,它从 CAM3 气候模式中移植过来。WRF 耦合了 4 种短波辐射计算方案:①Dudhia 方案,它是一种比较简单的短波辐射计算方案,它考虑了晴空大气的散射、水汽吸收、云的反照和吸收等作用,其中云的影响通过查表法来进行计算。②Goddard 方案,它分了 11 个波谱段,考虑了散射和太阳直接辐射,同时也考虑了气溶胶和臭氧对太阳短波辐射的影响。③Eta-GFDL 方案,此方法考虑了水汽、O_3 和 CO_2 的影响,而且短波的计算是通过太阳天顶角的余弦函数来计算而得。④CAM 方案,与 CAM 长波方案一样,它从 CAM3 气候模式中移植而来。

(2)边界层过程

模式中的边界层参数化方法,可以透过计算近地层地表边界层湍流扰动对大气中动量与热量变化在垂直方向上扩散的影响。而在目前版本的 WRF 中主要有四种边界层参数化方法:①中期预报模式边界层方案(MRF),该方案采用一种所谓的反梯度通量方法来处理不稳定条件下的热量和水汽,边界层的高度由严格的体积里查森(Richardson)数决定,垂直扩散采用隐式方案。②YSU 方案,该方案是第二代的 MRF 边界层方案,它适用在解析度较高的边界层,建构在非局部的方法上,通过共轭梯度以及 K 剖面来进行计算。而边界层的高度则是由整体里查森数(bulk Richardson number)来决定。③MYJ 边界层方案:是一个运用 Mellor-Yamada 2.5 阶闭合模式来计算湍流动能(TKE,三维预报变量)来做预报的方法,并且包含局部垂直混合的观念。④非对称对流模式边界层方案(ACM2),该方案包含了非局地向上的混合和局地向下混合。

(3)地表过程

在 WRF 模式中,关于地表过程之处理部分,分成地表-大气以及土壤-地表两部分来做详细处理,首先在地表-大气部分的处理主要采用相似理论,它基于莫宁-奥布霍夫长度,标准相似函数通过查表法得到。MM5 的相似理论方案还包含了 Carslon-Boland 黏性次层,而 Eta 的方案则包含了 Zilitinkevich 热力粗糙长度。地表-土壤物理过程包含:①5 层土壤模式,它预报地面温度以及 1、2、4、8、16 cm 等 5 层土壤温度,而热力特性则是由地表特性来决定,不考虑水的影响。②Noah 陆面模式,主要预报地表下 10、30、60、100 cm 的土壤温度、土壤湿度以及地表雪覆盖,并考虑植物覆盖的影响,此方法可以处理冻土以及少量雪影响。③RUC 陆面模式,与 Noah 相近,但它包含了 6 层的土壤温度、土壤湿度,以及考虑多层雪模式。

(4)积云对流

模式中积云对流参数化主要处理次网格降水的部分,是利用各网格上的气象资料以参数化方法计算次网格水汽变化。WRF 模式包含 5 种积云参数化方法,分别是:①Kain-Fritsch 方案,该方案利用一个伴有水汽上升下沉的简单云模式,考虑了云中上升气流卷入和下曳气流卷出及相对粗糙的微物理过程的影响。新方案在边缘不稳定、干燥的环境场考虑了最小卷入率以抑制大范围的对流,对于不能达到最小降水云厚度的上升气流,考虑浅对流,最小降水云厚度随云底温度变化。②Betts-Miller-Janjic 方案,它的基本思想是在对流区存在着特征温湿结构,当判断有对流活动时,对流调整使得大气的温湿结构向着这种特征调整。调整速度和特征结构的具体形式可根据大量试验得出。新方案中深对流特征廓线及松弛时间随积云效率变化,积云效率取决于云中熵的变化、降水及平均温度;浅对流水汽特征廓线中熵的变化较小且为非负值。③Grell-Devenyi 方案,该方案采用准平衡假设,使用两个由上升和下沉气流决定的稳定状态环流构成的云模式,除了在环流顶和底外,云与环境空气没有直接混合。④Grell 3D 方案是 WRF 中新加入的一个对流参数化方案,它主要用于高精度网格区域的模拟,它和其他方案的主要区别是它允许相邻网格的下沉效应。

(5)云微物理过程

云微物理过程主要影响模式中网格尺度的降水过程,通过详尽的微物理过程,可以求得较准确的降水变化,在 WRF 模式中主要有下列几种云微物理过程的处理方式:①Kessler 方案,在微物理过程中,只有考虑水汽、云水、雨三种,是最简单的微物理过程,完全无冰相过程。②Lin 方案,此方法考虑了水汽、云水、雨水、云冰、雪和霰的计算,另外也考虑了冰相的沉淀作用。③WSM3 方案,加入冰相过程,但未考虑过冷水的存在。采用一个比较简易的微物理过程,例如:温度高于 0 ℃为水,而当温度低于 0 ℃ 则为冰。④WSM5 方案,它在预报方程中考虑了水汽、云水、雨水、云冰与雪。水、冰可以共存,过冷水被允许存在,而在冰相部分,在霰的落下过程又考虑其融解过程以及冰的沉淀作用。⑤WSM6 方案,类似 WSM5,但加入了霰的作用。⑥Ferrier 方案,它主要是用在业务预报中,通过一个预报方程式来计算所有降水物种浓度,直接计算云水/冰混合比,节省计算时间。

3.4　空气污染潜势-统计结合预报系统的应用实例

(1)资料介绍

采用站号为 58238 的南京气象观测站(118.80°E,32.00°N)地面逐小时观测气象资料与早晚 08 时的探空资料,以及南京市环保局的逐日 AQI 资料,时间序列均为 2009 年 1 月 1 日—2011 年 12 月 31 日。火点资料来自环境保护部的生态监测资料。重大沙尘天气参考气象台沙尘预警信息和全国各地新闻报道。由于所采取的预报方法中并不考虑污染源的变化,故将受外来源影响的数据剔除。可能受到外来源影响的时间段主要为:燃放鞭炮的春节期间、沙尘暴频发的春季、燃烧秸秆的初夏和秋季等。

(2)AQI 与 APPI 的关系方程

基于 2009—2010 年资料,利用上述潜势-统计预报模型计算逐日 APPI,采用指数函数、二项式函数、三项式函数分别拟合,得到拟合 AQI 与实际 AQI 的相关系数分别为 0.6587、0.6682、0.6689,拟合 AQI 的等级正确率如表 3.8 所示。

表 3.8　各拟合函数所得 AQI 的等级正确率(优秀:AQI ≤50,良好:50＜AQI ≤100,污染:AQI ＞100)

	指数函数			二项式函数			三项式函数		
	优秀	良好	污染	优秀	良好	污染	优秀	良好	污染
报对(次)	21	455	31	43	447	28	37	449	28
空报(次)	5	—	33	18	—	28	16	—	28
漏报(次)	68	—	60	46	—	63	52	—	63
等级正确率(%)	75.33			76.97			76.73		

可见,三者对于优秀和污染等级均为漏报次数多于空报次数。对于优秀等级,指数函数空报的最少,但是漏报的最多,报对的次数也最少,而二项式函数略优于三项式函数。对于污染等级,二项式函数与三项式函数预报相差不大。总体而言,二项式函数和三项式函数的正确率接近,且略优于指数函数,故选取三项式函数为拟合函数 F:

$$AQI = a_3 \times APPI^3 + a_2 \times APPI^2 + a_1 \times APPI + a_0 \qquad (3.7)$$

确定各项系数为 $a_3 = 0.0111, a_2 = -0.5645, a_1 = 14.3054, a_0 = -68.4266$。拟合结果如图 3.2 所示。

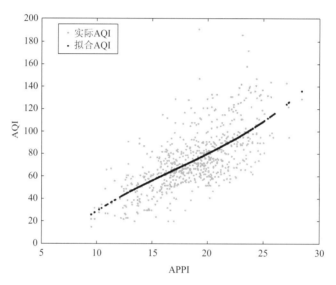

图 3.2　2009—2010 年 APPI 与 AQI 的关系

(3)实况预报

基于上述 AQI 和 APPI 的统计关系,针对 2011 年 1—12 月,利用 WRF 预报的 24 h 气象场、48 h 气象场和观测的气象场分别开展空气质量实况预报和回顾预报,并与实际情况比较,结果如图 3.3 所示。

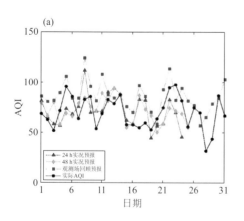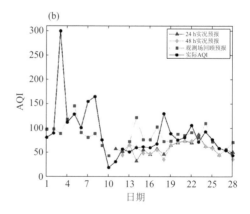

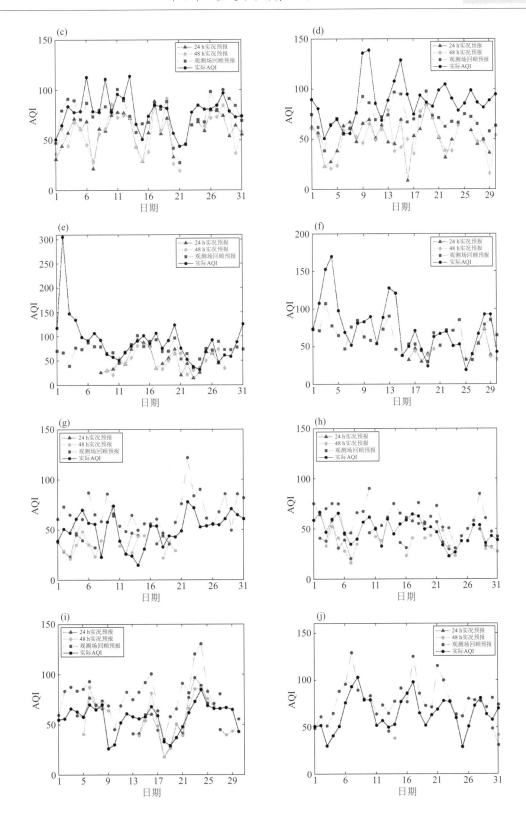

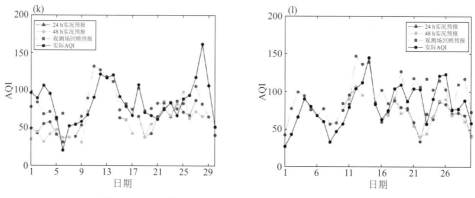

图 3.3 2001 年 1—12 月预报 AQI 与实际 AQI 的比对
(a)1 月;(b)2 月;(c)3 月;(d)4 月;(e)5 月;(f)6 月;(g)7 月;(h)8 月;(i)9 月;(j)10 月;(k)11 月;(l)12 月

(4)预报评估

逐月预报等级正确率如图 3.4 所示。总体而言,所建立的潜势-统计预报系统基本能够预报南京逐日空气质量变化的趋势,24 h 预报与 48 h 预报的年均等级正确率为 60.6% 和 62.4%。实况预报等级正确率逐月差异较大,1 月预报情况最好,24 h 预报和 48 h 预报等级正确率分别达到 87.5% 和 100%。实况预报在 4 月偏低较多,24 h 预报和 48 h 预报等级正确率分别为 44.4% 和 46.4%。回顾预报等级正确率逐月差异不大,为 63.0%～80.0%,年均等级正确率为 73.1%。

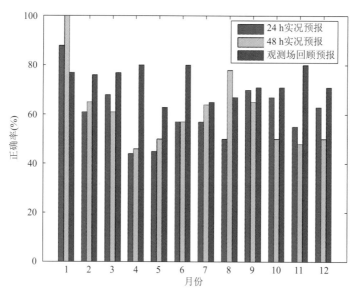

图 3.4 逐月预报等级正确率

若定义预报 AQI 与实际 AQI 的值相差 $\pm x$(x 为误差的绝对值)以内为正确,则进一步统计 2011 年预报的 AQI 正确率,结果如图 3.5 所示。单独统计相差 ± 20 以内逐月 AQI 正确率,如图 3.6 所示。

由图 3.6 可见,当预报 AQI 与实际 AQI 的差值的绝对值 x 加大时(即认为 AQI 正确的标准更宽泛),预报的 AQI 正确率增加,回顾预报的正确率始终高于实况预报。在 $x < 13$ 时,

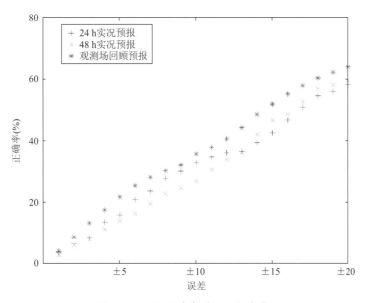

图 3.5　AQI 正确率随误差的变化

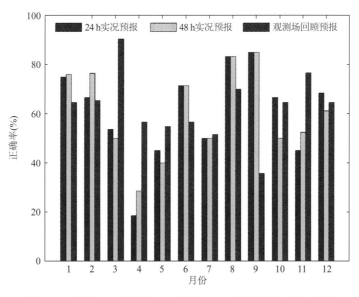

图 3.6　预报 AQI 与实际 AQI 相差±20 条件下的逐月正确率

24 h 预报的正确率高于 48 h 预报；在 $x=20$ 时，24 h 预报、48 h 预报和回顾预报的年均正确率分别为 58.1%、59.4% 和 63.8%，在 8、9 月 24 h 预报、48 h 预报正确率达到 80% 以上，最高达 85.0%，在 3 月回顾预报正确率达 90.3%。

（5）小结

作为一种空气污染潜势与统计结合的预报方法，该模型不仅考虑了气象因子，还考虑了大气扩散清除因子；不仅可以给出空气污染潜势，还可以给出空气质量指数。此外，潜势与统计结合的空气质量预报方法还具有以下优点。

① 该方法为单点模型,即将应用城市视为一个点。因此,资料的选取对该方案的建立与验证均有一定的影响,其中风与降水的影响尤为突出,应选取具有代表性的气象站点和环境监测站点。

② 作为潜势与统计结合的预报模式,在模式建立之初,即假设源不变、只考虑潜在的天气形势变化对空气污染的影响,故在实际应用中并不能完全体现外来源的贡献。

③ 由于近些年城市的首要污染物以细颗粒物为主,因此,该方法所得权重因子更适合于 $PM_{2.5}$ 的潜势预报,实际应用中可分别针对 PM_{10}、O_3、SO_2、CO、NO_2 建立相应的预报模型。

第 4 章　空气污染统计预报

统计预报是国内外空气污染预报领域广泛采用的技术途径,它可以充分利用历史观测资料和经验,寻求空气质量变化的统计规律,并以此来预测未来。这种方法不考虑污染物迁移、扩散、转化等物理化学规律,属于黑箱模型,通常假定一定范围内污染源排放保持不变,在积累多年气象与污染物浓度资料的基础上,找出若干典型天气类型并分析各类型的典型气象参数,建立这些参数与相应污染物浓度之间的定量或半定量关系。该方法简便实用,特别是在污染过程复杂以及缺乏相关可靠资料(如污染源清单)的情况下,具有明显优势,大量的实际应用结果表明,该方法可以取得良好的预报效果。目前,在空气污染预报领域,比较常用的统计方法有多元线性回归法、神经网络法和天气形势相似法等。本章分别介绍以上三种统计预报方法的基本思路及其在空气污染预报中的应用。

4.1　多元线性回归法

4.1.1　多元线性回归方程的构建与显著性检验

多元线性回归主要是对方程 $Y=b_0+b_1X_1+b_2X_2+\cdots+b_nX_n$($X$ 是气象因子,Y 是浓度)进行逐步回归,筛选出显著性因子,即对污染物浓度影响较大的气象因子,建立这些因子和污染物浓度之间的统计关系,在此基础上,基于气象预报,实现污染物浓度的预报。多元线性回归模型的建立通常需要拟预报区域内至少一年以上的空气质量监测数据(如 SO_2、NO_2、CO、O_3、PM_{10}、$PM_{2.5}$ 等环境空气浓度)和同步的气象观测资料(如气压、气温、24 h 变温、24 h 变压、最低气温、风向、风速、降水、日照、云量等)。

多元线性回归是对某一预报量 y,研究多个因子与它的定量统计关系。例如:共选取 p 个因子,记为 $x_1,x_2,\cdots,x_p$,为研究它们之间的联系作 n 次抽样,每一次抽样可能发生的预报量之值为 $y_1,y_2,\cdots,y_n$。它们是在因子值已经发生的条件下随机发生的,是 n 个随机变量。而第 i 次观测的因子值记为 $x_{i1},x_{i2},\cdots,x_{ip}$,$(i=1,2,\cdots,n)$。类似一元线性回归模型,在线性假定下有如下结构表达式:

$$\begin{cases} y_1=\beta_0+\beta_1x_{11}+\beta_2x_{12}+\cdots+\beta_px_{1p}+e_1 \\ y_2=\beta_0+\beta_1x_{21}+\beta_2x_{22}+\cdots+\beta_px_{2p}+e_2 \\ \cdots\cdots\cdots\cdots \\ y_n=\beta_0+\beta_1x_{n1}+\beta_2x_{n2}+\cdots+\beta_px_{np}+e_n \end{cases} \tag{4.1}$$

式中,$\beta_0,\beta_1,\cdots,\beta_p$ 是 $p+1$ 个待估计参数,$x_1,x_2,\cdots,x_p$ 是 p 个一般变量,设 $e_1,e_2,\cdots,e_n$ 是 n 个相互独立的且遵从同一正态分布的随机变量。我们得到的是一组实测 p 个变量的样本,利用这组样本对上述回归模型进行估计,得到的估计方程称为多元线性回归方程,记为:

$$y' = b_0 + b_1 x_1 + b_2 x_2 + \cdots + b_p x_p \qquad (4.2)$$

式中，b_0，b_1，b_2，$\cdots$，b_p 分别为 β_0，β_1，β_2，$\cdots$，β_p 的估计。应用最小二乘估计的原理，确定回归系数：

$$b = (X'X)^{-1} X'y \qquad (4.3)$$

复相关系数是衡量预报量 y 与估计量 y' 之间线性相关程度的量，通常记为 R，即：

$$R = \sqrt{\frac{U}{S_{yy}}} \qquad (4.4)$$

式中，S_{yy} 为预报量总离差平方和，U 为回归平方和，这一关系也进一步说明复相关系数实际是衡量 p 个因子对预报量的线性解释方差的百分率。为了较好地估计总体的回归方差和预报量方差，通常用无偏估计来估计它们，将预报量 y 的方差的无偏估计量代入复相关系数表达式，得到的复相关系数称为调整复相关系数，实际上是对总体复相关系数的估计，也是对总体回归关系的解释方差的一种估计，即：

$$R_a^2 = 1 - \left(\frac{n-1}{n-p-1} \right)(1 - R^2) \qquad (4.5)$$

复相关系数平方是反映预报因子对预报量的线性回归解释的部分，往往用它作为衡量回归方程拟合量的一个指标。

回归方程显著性检验的主要思想是检验预报因子与预报量是否确有线性关系。设有假设：

$$H_0 : \beta_1 = \beta_2 = \cdots = \beta_p = 0 \qquad (4.6)$$

在满足矩阵 $\boldsymbol{X}$ 满秩和假设 H_0 成立的条件下，统计量

$$F = \frac{\dfrac{U}{p}}{\dfrac{Q}{n-p-1}} \qquad (4.7)$$

遵从分子自由度为 p，分母自由度为 $n-p-1$ 的 F 分布，其中 Q 为残差平方和。在显著性水平 α 下，根据一次抽样得到的样本计算值 $F > F_\alpha$，则否定假设，即认为回归方程是显著的。

回归系数的显著性检验独立于回归方程的显著性检验，即方程显著不一定每个系数显著。设系数 b_k 遵从正态分布，c_{kk} 为矩阵 $\boldsymbol{C} = (X'X)^{-1}$ 对角线上第 k 个元素，于是统计量

$$F = \frac{\dfrac{b_k^2}{c_{kk}}}{\dfrac{Q}{n-2}} \qquad (4.8)$$

遵从分子自由度为 1，分母自由度为 $n-2$ 的 F 分布。在显著性水平 α 下，若 $F > F_\alpha$，则认为该系数显著。

4.1.2　逐步回归与主成分回归

（1）逐步回归

逐步回归法的基本思想是，根据一定的显著性标准，每步只选一个变量进入回归方程，逐步回归时，由于新变量的引进，可使已进入回归方程的变量变得不显著，从而在下一步给以剔除。因此逐步回归能使最后组成的方程只含有重要的变量。它的自变量都已经经过统计检验，在一定的置信水平下，保证所有的回归系数的总体值均不为零，因此逐步回归分析建立的回归方程也称为最优回归方程。

　　逐步回归方法的一般步骤：第一步是准备工作，通常从标准化变量出发，利用标准回归方程组，建立相关系数增广矩阵；第二步是引进因子，引进第一个因子时，先从 p 个待选的因子中，引进方差贡献最大的那个因子，然后对引进的第一个因子进行显著性检验，若检验显著，则将这个因子引入方程；第三步是剔除因子，当因子引入后，原来已引入的因子方差贡献会发生变化，可能变为不显著，因此要进行剔除（在逐步回归中，仅一般在第三个因子引入后才考虑剔除），找出方差贡献最小者，进行统计检验，若该因子不显著，则剔除，自此，每一步首先考虑有无因子需要剔除，若有就进行剔除，直到没有可剔除的因子时再考虑引入新因子，如此进行下去，直到既无因子剔除又无因子可引入为止；第四步是计算结果，计算标准回归系数和复相关系数。对于回归方程的稳定性，要注意是否残差方差小，而且还要注意所得到的规律在未来时间的样本内是否还存在。

　　（2）主成分回归

　　变量之间的多重共线性（简称共线性）是多元线性回归中一个非常棘手的问题，可由方程的容差和方差膨胀因子（VIF）的变化情况表示。容差表示该变量不能由方程中其他自变量解释的方差所占的构成比，容差越小，说明该自变量与其他自变量的线性关系愈密切，该值的倒数为方差膨胀因子（VIF）。统计学研究认为，当方差膨胀因子大于 10 时将带来严重的共线性问题，并导致参数估计不稳定。目前处理严重共线性的常用方法有三种：岭回归、偏最小二乘回归和主成分回归。

　　一般采用主成分回归的方法消除回归方程中变量间的严重共线性。主成分回归的思想来自主成分分析（PCA），是对一组变量降维的统计学方法，即用少量独立变量来代替大量的有相关性的变量的一种方法，这些新的变量是由原始变量的简单线性组合而成。PCA 的具体计算过程大体分三步：首先，奇异值分解，特征值维数的选择，因子旋转（一般采用 varimax 旋转，即方差最大正交旋转）；然后，选取主成分各因子的因子得分作为自变量对预报量 y 进行逐步回归分析，再按照各主成分贡献率的高低，依次选取各主成分中负载较高的变量代表此主成分；最后，将以上选取出来的主要变量再次对预报量 y 进行逐步回归分析后，变量个数减少，但相关系数变化不大且各自变量的方差膨胀因子减小很多，可以很好地解决共线性问题。

4.1.3　基于逐步回归的统计预报方法

　　（1）基本思路

　　本节以长沙为例，进一步说明基于动态逐步回归的空气污染统计预报模型的构建方法。基于 T213 数值预报产品，选取对空气污染物浓度影响较大的相关时次的要素值或要素统计值作为预报因子，以某观测点某种空气污染物浓度经过一定时间后的增量作为预报对象，利用最近一定样本容量的预报因子和预报对象建立逐步回归动态方程组，预报未来的空气质量。

　　由于污染源分布和强度的变化会直接影响预报的准确程度，为了排除或减少干扰，在建立预报方程时，不使用固定相关因子的多元回归，而使用可以取舍相关因子的动态逐步回归。选用近期足够样本的 n 个相关气象要素因子的数值预报值 $(X_1, X_2, \cdots, X_n)$ 和某种污染物浓度的日平均值 Y_d 相对于预报日前一天的平均值或到预报当日内某一时刻 t 时的日平均值 Y_t 的增量 Y 建立逐步回归方程组。代入前一天 20 时的 T213 数值预报产品对应预报因子值，算出 Y，即可以得到 Y_d。

（2）气象要素因子的选择

综合考虑气象要素的影响特征和数据可得性，基于 T213 数值预报产品，选择以下主要气象因子。

逆温层：大气逆温层通过抑制污染物的扩散空间和扩散速率，对污染物浓度产生重要影响。本案例选用不同等压面层的气温差来反映逆温层的情况，如使用 850 hPa 层气温与 1000 hPa 层气温差来作为一个预报因子。

风速：风对污染物起着输送和稀释作用，风的输送可将污染物由一处移至另一处，稀释作用可使污染物浓度逐渐降低，污染范围逐渐扩大。一般情况下，风速与大气中污染物浓度成反比，风速越大污染物扩散和稀释就越快，浓度越低。在数值预报产品中，选用近地面层南北、东西风速分量，并计算全风速，作为预报因子。

大气湍流：大气湍流对污染物的稀释作用很大，湍流越强，污染物就扩散得越快。选择反映湍流的上升运动作为影响因子，如 1000 hPa 层、925 hPa 层、850 hPa 层、700 hPa 层的垂直速度。

湿度、降水：大气湿度不仅影响污染物的扩散，也能影响污染物的生消。降雨对大气污染物具有显著的清除作用。本案例选用部分等压面层的湿度、每 3 h 降水量及累计值作为预报因子。

气压、锋面：在高气压控制时，通常天气晴朗、干燥，有下沉运动，近地面层易出现逆温，风速变小，污染加重。当冷锋过境时，北风加大，并有较强的下沉运动从而加大地面风速，有利于污染减轻。本案例选用 24 h 变压来反映气压变化及锋面的影响。

（3）T213 数值预报资料处理

选取 T213 数值预报产品局部场（107°—117°E、23°—33°N）的 11×11 共 121 个格点值。首先，应用线性内插值法，分别将距预报站点最近的 4 个格点值插值到长沙市 6 个环境观测站点上；然后，进行全风速、逆温、总降水等因子的计算。

线性内插值法如下：

当 $R_i < R$ 时，权重函数为：

$$W_i = C_q(R - R_i) \tag{4.9}$$

当 $R_i > R$ 时，权重函数为：

$$W_i = 0 \tag{4.10}$$

式中，R 为影响半径，在格点场中，设定固定格点数参加插值计算，很容易确定其影响半径，因选用最近的 4 个点，那么选用第 5 个最近点的距离作为影响半径。R_i 为第 i 个格点到插值点的距离。

设 m 为参加插值格点数（下同），则有：

$$C_q = \left[\sum_{i=1}^{m} (R - R_i) \right] - 1 \tag{4.11}$$

设 Q 代表要素值，Q_0 为插值点的要素值，Q_i 为各格点要素值，则有：

$$Q_0 = \sum_{i=1}^{m} W_i Q_i \tag{4.12}$$

（4）回归方程的计算与检验

全部选定因子参与逐步回归，选定样本容量的起止日期，选定显著性检验 F 值，得出回归方程组,再将前一天预报因子代入,算出后一天预报对象结果,加上前一天实况得出后一天预报值,存入结果文件。同时可以进行回代运算,结果存入文件,以便进行分析。

关于 F 检验,选定信度 $\alpha = 0.10$,逐步回归中自由度 $f_1 = 1$,$f_2 = N - m - 1$。N 为样本容量,m 为引进因子个数,检验 F 值可根据通过 $F(f_1, f_2)$ 数组自动调用。默认固定临界值 F_a 值通过调试方程,根据复相关系数结果及引入因子个数进行适度调整。

4.1.4　逐步回归方法的应用案例

2004 年 5 月 1 日以前,长沙市共有 5 个观测点,观测 SO_2、NO_2、PM_{10} 三种污染物浓度,选用 2003 年 11 月 21 日—2004 年 2 月 2 日共 74 个样本,建立以 20 时—次日 20 时的日平均增量为预报对象的 15 个逐步回归预报方程,预报值与实况值的平均绝对误差和平均误差见表 4.1,相关系数与引入因子个数见表 4.2。

表 4.1　预报值与实况值的平均绝对误差和平均误差(单位:10^{-6} g/m³)

站点	平均绝对误差			平均误差		
	SO_2	NO_2	PM_{10}	SO_2	NO_2	PM_{10}
火车站	51.0	7.2	48.7	3.8	0.0	−1.5
雨花区	31.0	9.7	45.4	−0.3	0.4	2.8
师大	19.1	8.3	24.4	0.0	0.0	0.0
伍家岭	29.3	9.1	24.0	−0.6	−0.7	−0.7
马坡岭	15.7	4.8	38.6	−3.0	−0.5	0.6
平均	29.2	7.8	36.2	0.0	−0.2	0.3

表 4.2　各预报方程的复相关系数与引入因子个数

站点	复相关系数			引入因子个数		
	SO_2	NO_2	PM_{10}	SO_2	NO_2	PM_{10}
火车站	0.7711	0.8511	0.8237	11	7	7
雨花区	0.8332	0.8456	0.8822	12	9	14
师大	0.8939	0.9019	0.9258	11	10	16
伍家岭	0.7706	0.9234	0.9194	11	13	17
马坡岭	0.8665	0.8842	0.8451	13	12	13

可以看出:PM_{10} 的平均绝对误差值最大,SO_2 次之,NO_2 最小,这与 3 种污染物在长沙市浓度值大小不同有一定关系;火车站的主要污染物平均绝对误差明显高于其他站,说明所选气象因子对其影响能力的可预报性要比其他站小。

以下以马坡岭测站为例,列出各污染物的回归方程以及预报与实况值的对比。

(1)马坡岭 3 种污染物日平均 48 h 增量预报回归方程

SO_2 预报方程表达式,各系数放大 1000 倍:

$Y = 152.294 - 0.053 \times c009 - 0.121 \times c014 - 0.563 \times c040 - 1.235 \times c097 + 4.044 \times c117 + 9.401 \times c130 - 9.793 \times c140 - 13.190 \times c154 - 7.789 \times c175 + 13.012 \times c184 - 3.758 \times c227 + 14.608 \times c233 + 9.816 \times c234$

因子说明：

$c009$	700 hPa 上升运动速度	$c014$	700 hPa 上升运动 30 h 预报

$c009$　700 hPa 上升运动速度　　　$c014$　700 hPa 上升运动 30 h 预报

$c040$　1000 hPa 上升运动 24 h 预报　$c097$　925 hPa 相对湿度

$c117$　850 hPa 温度 12 h 预报　　　$c130$　925 hPa 温度 36 h 预报

$c140$　1000 hPa 温度 42 h 预报　　　$c154$　925 hPa 南北风 18 h 预报

$c175$　850 hPa 东西风 36 h 预报　　$c184$　925 hPa 东西风 36 h 预报

$c227$　850 hPa 24 h 变温　　　　　$c233$　1000 hPa 24 h 变温

$c234$　1000 hPa 未来 24 h 变温

NO_2 预报方程表达式，各系数放大 1000 倍（因子说明略）：

$$Y = -9.585 - 0.043 \times c013 - 0.016 \times c015 + 0.032 \times c032 + 0.082 \times c034 + 0.472 \times c064 - 1.142 \times c146 - 1.979 \times c164 - 2.014 \times c173 + 1.095 \times c216 + 0.290 \times c224 + 2.903 \times c235 + 1.702 \times c271$$

PM_{10} 预报方程表达式，各系数放大 1000 倍（因子说明略）：

$$Y = -131.588 - 0.113 \times c009 + 0.464 \times c030 - 0.491 \times c031 + 0.535 \times c032 - 0.373 \times c033 + 0.503 \times c034 - 1.116 \times c040 - 0.482 \times c094 - 19.075 \times c165 - 11.590 \times c173 + 17.257 \times c235 - 46.210 \times c253 + 28.873 \times c266$$

（2）马坡岭 PM_{10} 预报增量与实况增量的对比

从图 4.1 曲线图中可以看出，马坡岭 PM_{10} 的浓度增量预报值与实况值的变化趋势基本一致，表明拟合较理想，能很好地反映污染物浓度的变化情况。

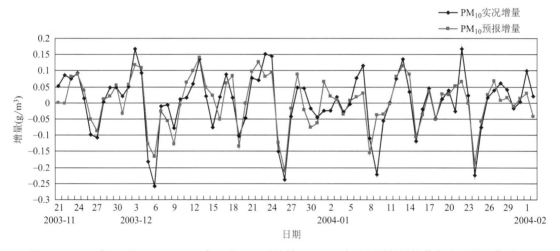

图 4.1　2003 年 11 月 21 日—2004 年 2 月 2 日马坡岭 PM_{10} 逐步回归预报增量值与实况增量值对比

4.2　人工神经网络模型

4.2.1　人工神经网络的基本概念

人工神经网络理论是 20 世纪 80 年代中后期出现的一种人工智能理论。人工神经网络

(artificial neural network，ANN)，简称神经网络(NN)，是一种应用类似于大脑神经突触连接的结构进行信息处理的模型。神经网络是由大量的简单处理单元组相互连接构成的非线性动力学系统，它具有自学习、自组织、自适应以及高度的非线性、较强的容错性等特点，是描述和刻画非线性现象的一种有效的工具，已经广泛应用于信号处理、目标跟踪、模式识别、预测、运输与通信等众多领域。神经网络模型的预测效果通常优于许多传统的统计模型，如多元线性回归、分类回归树、自回归等。1992 年在美国 Santa Fe 研究所举行的时间序列预报竞赛中，神经网络的预报结果被一致公认为是最优的。神经网络的实现方法主要有软件和硬件两种，其中，软件是比较常用的方法，特别是一些仿真语言和工具(如 MATLAB)的出现，提高了软件实现的效率。

在实际应用中，使用最多的人工神经网络模型是基于误差反向传播算法的 B-P 网络模型。1986 年，Rumelhart 和 McCelland 领导的科学家小组在《并行分布式处理》一书中，对具有非线性连续变换函数的多层感知器的误差反向传播(error back proragation，BP)算法进行了详尽的分析，实现了 Minsky 关于多层网络的设想。由于多层感知器的训练经常采用误差反向传播算法，人们也常把多层感知器直接称为 BP 网络。

BP 神经网络算法的基本思想如图 4.2 所示，学习过程由信号的正向传播和误差的反向传播两个过程组成。正向传播是将输入样本从输入层传入，经隐含层处理后，传向输出层。若输出层的实际输出与期望的输出不符，则转入误差反向传播阶段。误差反传是将输出误差以某种形式通过隐含层向输入层逐层反传，并将误差分摊给各层的所有单元，从而获得各层单元的误差信号，此误差信号即作为修正各单元权值的依据。这种信号正向传播与误差反向传播的各层权值调整过程，是周而复始的进行的。权值不断调整的过程，就是网络的学习训练过程。

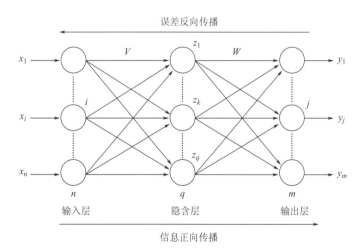

图 4.2　BP 神经网络(3 层)基本算法示意图

4.2.2　BP 神经网络的一般结构与训练过程

BP 神经网络一般由大量的节点(或称"神经元""单元")互相连接构成。每个节点代表一种特定的输出函数，称为激励函数(activation function)。每两个节点间的连接都代表一个对于通过该连接信号的加权值，称为权重(weight)。网络的输出依网络的连接方式、权重值和激励函数的不同而不同。网络自身通常都是对自然界某种算法或者函数的逼近，也可能是对一种逻辑策略的表达。在空气污染预报的实际应用中,BP 神经网络以单隐层结构最为普遍,即具有三层感知器,包括输入层、隐含层和输出层,如图 4.3 所示。

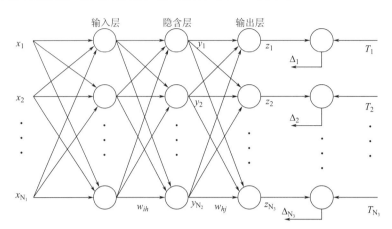

图 4.3　BP 神经网络模型的一般结构

如前所述,BP 算法基本原理是利用输出后的误差来估计输出层的直接前导层的误差,再用这个误差估计更前一层的误差,如此一层一层地反传下去,就获得了所有其他各层的误差估计。一般都使用 S 型函数作为 BP 网络的激活函数,此时 BP 网络输入与输出关系如下:

输入: $net = x_1w_1 + x_2w_2 + \cdots + x_nw_n$

输出: $y = f(net) = \dfrac{1}{1 + e^{-net}}$

输出的导数: $f'(net) = \dfrac{1}{1 + e^{-net}} - \dfrac{1}{(1 + e^{-net})^2} = y(1 - y)$

神经网络的学习过程也就是网络在外界输入样本的刺激下不断改变网络的连接权值,以使网络的输出不断地接近期望的输出,其本质是对各连接权值 w_i 的动态调整。权值调整规则就是在学习过程中网络中各神经元的连接权变化所依据的一定的调整规则。

假设网络结构为:输入层有 n 个神经元,隐含层有 p 个神经元,输出层有 q 个神经元。那么定义如下变量:

输入向量: $x = (x_1, x_2, \cdots, x_n)$

隐含层输入向量: $h_i = (h_{i1}, h_{i2}, \cdots, h_{ip})$

隐含层输出向量: $h_o = (h_{o1}, h_{o2}, \cdots, h_{op})$

输出层输入向量: $y_i = (y_{i1}, y_{i2}, \cdots, y_{iq})$

输出层输出向量: $y_o = (y_{o1}, y_{o2}, \cdots, y_{oq})$

期望输出向量: $d_o = (d_1, d_2, \cdots, d_q)$

输入层与中间层的连接权值: w_{ih}

隐含层与输出层的连接权值: w_{ho}

隐含层各神经元的阈值: b_h

输出层各神经元的阈值: b_o

样本数据个数: $k = 1, 2, \cdots, m$

激活函数: $f(net)$

误差函数：$e = \dfrac{1}{2} \sum\limits_{o=1}^{q} \left[d_o(k) - yo_o(k) \right]^2$

神经网络的训练过程如下。

第一步，给各连接权值分别赋一个区间 $(-1, 1)$ 内的随机数，设定误差函数 e，给定计算精度值和最大学习次数 M。

第二步，随机选取第 k 个输入样本及对应期望输出：

$$x(k) = \left[x_1(k), x_2(k), \cdots, x_n(k) \right]$$
$$d_o(k) = \left[d_1(k), d_2(k), \cdots, d_q(k) \right]$$

第三步，计算隐含层各神经元的输入和输出：

$$hi_n(k) = \sum_{i=1}^{n} w_{ih} x_i(k) - b_h \qquad (h = 1, 2, \cdots, p)$$
$$ho_h(k) = f\left[hi_n(k) \right] \qquad (h = 1, 2, \cdots, p)$$
$$yi_o(k) = \sum_{h=1}^{p} w_{ho} ho_h(k) - b_o \qquad (o = 1, 2, \cdots, q)$$
$$yo_o(k) = f\left[yi_o(k) \right] \qquad (o = 1, 2, \cdots, q)$$

第四步，利用网络期望输出和实际输出，计算误差函数对输出层的各神经元的偏导数。

第五步，利用隐含层到输出层的连接权值、输出层的偏导数和隐含层的输出计算误差函数对隐含层各神经元的偏导数。

第六步，利用输出层各神经元的偏导数和隐含层各神经元的输出来修正连接权值 $w_{ho}(k)$。

第七步，利用隐含层各神经元的偏导数和输入层各神经元的输入修正连接权 $w_{ih}(k)$。

第八步，计算全局误差：

$$E = \dfrac{1}{2m} \sum_{k=1}^{m} \sum_{o=1}^{q} \left[d_o(k) - y_o(k) \right]^2$$

第九步，判断网络误差是否满足要求。当误差达到预设精度或学习次数大于设定的最大次数，则结束算法。否则，选取下一个学习样本及对应的期望输出，返回到第三步，进入下一轮学习。

在构建模式的过程中，优化输入层、隐含层和输出层节点数，不断优化调整网络模式本身，以更好地应用到重污染天气预报中。

4.2.3　人工神经网络的应用现状

自 20 世纪 90 年代初，BP 神经网络开始应用于环境空气污染预报领域，目前已成为最常用的环境空气污染统计预报方法之一，相对于多元回归等传统的统计预报模型，它具有优异的非线性关系处理和表征能力，可以较好地反映各种因素对环境空气质量的影响。

李祚泳和邓新民（1997）分析了某市 SO_2 浓度与工业耗煤量、人口密度、交通密度、生活服务等因子的相关性，建立了带有 4 个输入节点、3 个隐节点、1 个输出节点的 SO_2 浓度预报的 BP 网络。研究结果表明：只要学习样本具有代表性，网络经训练后就能自动获得预测因子和预测量之间的合理规则。Mok 和 Tam（1998）建立了 3 层 BP 网络用于澳门短期 SO_2 浓度预测，两个测试期模型的误差分别为 14.45% 和 13.71%，结果表明，即使使用非常有限的训练数据，仍可得到较准确的预测结果。

Sang 等(2000)以 BP 网络为统计模型预报首尔大气中 O_3 浓度,以 8 项指标的时间序列共 30 个变量作为输入,未来时间序列(6 个时刻)的 O_3 浓度作为输出,设计 1 个隐含层(50 个节点),对该地区 O_3 浓度时间变化趋势作模拟,实现了首尔各分区 O_3 浓度时间及空间上的精确预报。王俭等(2002b)根据沈阳市 1999 年秋季 NO_x 与气象要素的关系建立了 NO_x 小时预报的 BP 网络,网络的输入因子为大气稳定度、进行观测的北京时间、温度、云量、风向、风速、前一时刻 NO_x 含量,网络的隐含层节点个数为 11,预报试验表明该网络能够很好捕捉气象要素与空气污染物之间内在的规律性,BP 模型应用于大气污染预报具有较高的预测精度和良好的泛化能力。

万显列等(2003)建立了大连市 BP 网络进行 O_3 浓度的预报,网络的输入因子为风速、风向、相对湿度、云量、平均气温、最高气温,网络的隐含层节点数为 5,输出层节点数为 1;网络的预测值与实测值的平均相对误差为 21.49%,相关系数为 0.837。马雁军等(2003)用本溪市 1995 年和 1996 年冬季的数据建立了冬季总悬浮颗粒物(TSP)和 NO_x 浓度日均值预报的 BP 网络,网络的输入因子为源强、初始浓度、风速、风向、天气云况、日照、温度、相对湿度,隐含层含有 8 个神经元;采用 1997 年的数据进行预报试验,TSP 和 NO_x 的计算值与监测值的相关系数分别为 0.768 和 0.785。杨树平等(2003)分别建立了 SO_2、NO_2 和 PM_{10} 的 BP 网络,网络的输入层节点数、隐含层节点数、输出层节点数分别为 10、5、1。将 BP 网络的预测值与实测值进行比较后发现二者具有较高的逼近精度,SO_2、NO_2 和 PM_{10} 平均绝对误差分别为 0.006、0.004、0.009。

针对传统 BP 网络存在训练速度较慢、局部极值以及最佳网络结构无法准确确定的问题,王俭等(2002a)对传统 BP 网络进行了改进研究,即采用变步长和加动量项的方法来加速网络的收敛和避免振荡现象,采用遗传算法来确定最佳网络结构,并根据沈阳市 1999 年冬季的气象数据和污染物浓度数据建立改进的 BP 网络,得到了令人满意的结果。Heo 和 Kim(2004)将模糊专家系统与 ANN 结合起来预报韩国首尔 4 个监测点日最大 O_3 浓度,其中模糊专家系统用以预报第二日高 O_3 浓度($\geqslant$80 ppb)的可能性;用 ANN 预报第二日最大日臭氧浓度;系统还包括了一个修正函数以便于条件改变时更新系统;结果表明预报精度可以不断提高。周秀杰等(2004)在确定了空气污染指数影响因子的基础上,综合考虑 BP 网络的逼近能力和泛化能力,提出空气污染指数 BP 网络,并将 BP 网络和逐步回归法进行对比试验,结果表明:BP 网络的预报准确度明显高于逐步回归法,特别是对骤升骤降趋势也能得到准确度较高的预报结果。Jiang 等(2004)采用即时训练、较小的学习率以及使用验证数据组来改进传统 BP 网络,应用改进后的 BP 网络预报上海市 TSP、SO_2 和 NO_x 的污染指数,发现经改进后的 BP 网络的预报效果大大提高。张宏伟等(2005)以华北某市 1986—2000 年各季度的降尘月均值监测数据为例,采用最优化理论将灰色模型、时间序列分析法和神经网络模型的预测结果结合起来,进行加权组合,求出最优加权系数,建立了大气质量中长期预测最优化组合预测模型。

黄世芹(2005)用泛化改进后的 BP 网络分别建立贵阳市 4 个季节的 SO_2、NO_2、PM_{10} 日均浓度预报模式,结果表明:该方法很好地解决了在传统 BP 网络训练误差很小时,一个新的输入与对应的目标输出具有较大误差的问题。吴小红等(2005)针对大气环境参数预测精确性和可靠性的要求提出一种基于 BP 网络快速收敛算法,该算法根据学习误差、误差梯度及梯度率自动适时地调节动量因子 α 的值,使得过去权重的变化对当前权重变化的影响程度实现自适应,仿真试验表明该算法切实可行。

苏静芝等(2008)以 $PM_{2.5}$ 为例,采用伦敦市 $PM_{2.5}$ 的小时平均浓度数据,使用传统的 BP 神经网络建立预报模型,定量预测伦敦市 $PM_{2.5}$ 的小时平均浓度,探讨了大气污染预报网络的建模过程中,扩大样本集、去除样本集数据噪声和在输入向量中加入气象变量等因素对建模所产生的影响。于文革等(2008)将基于主成分分析(PCA)的 BP 神经网络预报方法引入大气污染预报,建立 SO_2 浓度预报模型,得到较好的预报效果,并且比一般的 BP 神经网络模型具有较高的拟合和预报精度。武常芳等(2008)将 BP 神经网络应用于西安市环境空气中 PM_{10} 浓度预测,对网络结构和算法进行了优化,建立了 PM_{10} 浓度预测模型。郭庆春等(2011)以北京市为例,综合考虑 BP 网络的逼近能力和泛化能力,将时间序列作为 BP 神经网络的输入,对空气污染指数的预测做了建模研究,具有良好的预报效果。姚达文等(2015)建立了基于 BP 神经网络的 $PM_{2.5}$ 质量浓度预报模型,对广州市 5 个监测点 2012 年 6 月—2013 年 5 月的 $PM_{2.5}$ 质量浓度日均值进行预报,结果表明 BP 神经网络模型对 $PM_{2.5}$ 预报结果稳定。

4.2.4　神经网络方法的应用案例

(1)案例概况与神经网络的构建

基于神经网络的空气污染统计预报模式已成功应用于 2013 年的亚青会和 2014 年青奥会的空气质量保障工作。选取南京市城区作为研究对象。预报的污染因子包括二氧化硫(SO_2)、二氧化氮(NO_2)、一氧化碳(CO)、可吸入颗粒物(PM_{10})、细颗粒物($PM_{2.5}$)和臭氧(O_3)六种基本污染物的小时平均浓度和日平均浓度(O_3 为日最大 8 小时平均浓度),并在此基础上,计算空气质量指数(AQI),具体确定方法参见《环境空气质量指数(AQI)技术规定》(HJ 633—2012)。

采用三层 BP 神经网络,收集近三年(2011—2013 年)南京市气象观测资料、天气形势资料、空气质量监测资料、污染指数资料以及污染源资料等。根据有关研究文献以及神经网络的运算与比较,经综合分析,筛选出主要气象因子作为 BP 神经网络输入,包括风速、气温、湿度、云量、太阳辐射、气压、降水等。另外,根据气象资料估算大气稳定度、混合层厚度等综合性因子,也同时作为 BP 神经网络的输入。

不同季节的气象条件通常存在系统性的差异,为了在一定程度上考虑宏观天气系统对空气污染的影响,本研究按春(3、4、5 月)、夏(6、7、8 月)、秋(9、10、11 月)、冬(12、1、2 月)四个季节分别训练并构建神经网络。

对不同的污染因子来说,其污染源的类型、排放方式、时空分布以及在大气中所经历的物理化学过程等往往存在较大差异,为了在一定程度上反映以上因素对预报区域空气质量的影响,本研究针对不同污染因子分别训练并构建神经网络。

根据上述思路和方法,利用近三年的历史资料对 BP 神经网络进行训练,经过调整与优化,最终构建出针对不同季节、不同污染因子的预报模型。实际预报应用中,气象要素的数值来源于气象预报结果,可以是常规气象报告,或数值预报产品,也可以是两者的结合。本案例研究中,气象要素来源于中尺度气象模式(WRF)的预报结果。为了满足模型输入的要求,根据具体预报产品的情况,需要进行必要的预处理,如对部分气象要素进行估算、时间插值等。在此基础上,即可实现对未来一段时间内污染物浓度的预报。本研究的预测时段为三天,每天08:00 发布未来三天(共 72 h)的预报结果,每天的起始时间按自然日计算,第一天(24 h)为当天 00:00—24:00,第二天(48 h)、第三天(72 h)依次类推。

(2)案例预报结果及与实测的对比

以下给出青奥会前后(2014 年 8 月 7—31 日)基于神经网络的部分预报结果及与实际观

测结果的对比。图 4.4 分别给出了 PM_{10}、$PM_{2.5}$、NO_2、O_3 四种污染物日均浓度（24 h）预报值
与监测值的对比。图 4.5 分别给出了空气质量指标（AQI）在三天（24 h、48 h、72 h）的预报值
与监测值的对比。

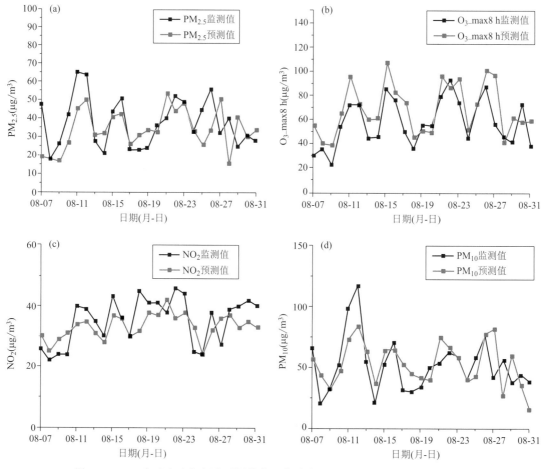

图 4.4　2014 年青奥会期间主要污染物日均浓度（24 h）预报值与监测值的对比
(a)$PM_{2.5}$;(b)$O_{3\_}$max8 h;(c)NO_2;(d)PM_{10}

可以看出,预报值和监测值的变化趋势具有较好的一致性,但部分因子和部分时段的预报
结果还存在较大误差。预报误差可能主要来源于两个方面:一方面是气象预报的不确定性,目
前气象要素主要基于中尺度气象模式,初步比较发现,气象预报结果与实际情况还存在较大误
差,特别是对降雨的预报准确度更低,如何提高气象要素预报的准确度是提高空气质量预报的
关键;另一方面,统计预报模型还不能较好反映极端天气状况,特别是对于突发性重污染的特
殊天气过程及其影响因素的把握还不够全面。

表 4.3 给出了案例研究期间(2014 年 8 月 7 日—31 日)AQI(日均)在三个时阶段(24 h、
48 h、72 h)预报结果统计指标。可以看出,尽管 AQI 日均值的预测值与监测值存在较大的差
异,如图 4.5 所示,但案例研究期间,对于 24 h 预报(25 d)、48 h 预报(24 d)、72 h 预报(23 d)
的总体平均来说,预报结果与监测结果基本相当。预报结果的标准差相对较小,但预报模型对
于较极端污染过程还存在一定的不足。

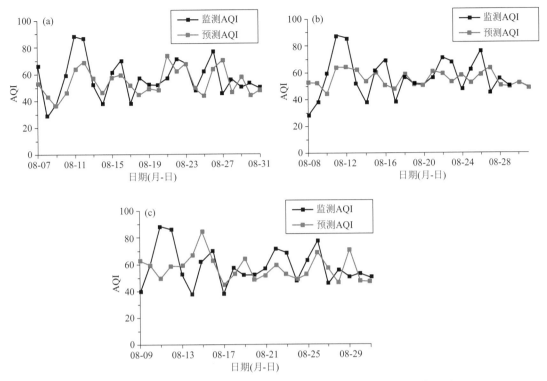

图 4.5　2014 年青奥会期间基于神经网络的 AQI 预报值及与监测值的对比

(a)24 h;(b)48 h;(c)72 h

另外,根据 AQI 将空气质量分为不同的等级,分别为严重、重、中、轻、良、优(具体参见 HJ 633—2012 的有关规定),基于预报和监测结果,统计了不同等级的预报准确率。可以看出,三个预报时段污染等级的预报准确率均可达 80% 以上。尽管该准确率随着预报时效(24 h、48 h、72 h)从小到大呈下降趋势,但下降幅度相对较小。

总体来说,本研究建立的基于 BP 神经网络的空气污染预报模型取得了较好的预报效果,可以满足城市地区(特别是中小城市)空气污染预报的一般需求。

表 4.3　南京青奥会期间 BP 神经网络预报模式 AQI 预报效果评价表

预报时效	天数(d)	预测平均值	监测平均值	预测值标准差	监测值标准差	污染等级准确率(%)
24 h	25	54.6	56.7	10	14.8	84.0
48 h	24	55.3	56.3	5.5	15.0	83.3
72 h	23	57.8	57.6	9.1	14.0	82.6

4.3　天气形势相似法

4.3.1　基本思路

空气污染与天气形势、气象条件密切相关。国内王建鹏和卢西顺(2001)分析了空气污染物浓度与气象条件之间的相关性,指出西安空气污染不仅与大尺度天气条件密切相关,而且与当地的气象条件、地形及当地的人类活动密切相关。王红斌和陈杰(2002)利用元素分析方法得知各元素浓度随时间变化主要受气象条件的影响,降水对空气颗粒物各元素浓度有明显清除作用。杨义彬(2004)对成都市大气污染及气象条件影响进行了分析,张蔷等(2002)研究了北京地区低空风、温度层结对大气污染物垂直分布影响。

天气形势也称为天气型或大气环流型,它是高低空大气扩散能力和稳定程度的综合表征。不同天气型主导下近地面的气象条件存在显著差异,进而对污染物的排放、输送、扩散、化学反应以及干湿沉降等大气过程产生不同的影响,因而在大气霾、光化学污染的形成、发展和维持中能够起到重要的作用。对天气形势进行分类,即天气分型,比较不同天气型下污染物浓度特征差异是常用于研究天气形势对大气污染影响的方法。

天气分型通常包括两个步骤,一是天气型的定义,二是将不同个例归纳分配到相应天气型中,因此分型方法可分为主观方法、客观方法(计算机辅助或自动化)和混合方法(如主观定义天气型,依据客观标准进行分类)(Huth et al.,2008)。Philipp 等(2014)总结了欧盟 COST733 项目开发的天气分型软件中 33 种方法,包括:①主观法,如 Hess 和 Brezowsky(1952)和 Lamb(1972)方法;②阈值法,如 Jenkinson 和 Collison(1977)基于主观方法定义典型天气形势的类型,根据阈值标准进行归类;③基于主成分分析(principal component analysis,PCA)的分型方法,如 T-mode/S-mode PCA(Huth,1993);④基于 leader 算法的分型方法(即相关性方法),如 Lund(1963)基于相关系数的方法、Kirchhofer(1974)方差法;⑤层次聚类分析;⑥优化算法,如 k-means(Yarnal,1993)、自组织映射(SOM)(Michaelides et al.,2007);⑦混合模型方法;⑧基于随机过程的方法。

主观天气分型主要依据天气图特征(如地面气压场、海平面气压场、850 hPa 高度场),基于主观经验进行判断和分类。基于主观分型方法,Zheng 等(2015)探讨了中国东部大气环流型和区域霾污染的关系,指出天气系统能够调节气流的空间格局和大气扩散条件进而造成 AOD 的空间差异。Bei 等(2016)研究发现冬季关中盆地天气形势中北部低压、东南槽、过渡型、内陆高压型有利于污染物累积,易导致盆地重污染天气。孟燕军和程丛兰(2002)研究指出,受低压类天气形势控制时,北京地区易出现污染物汇聚和累积。戴竹君等(2016)提出江苏秋冬季重度霾过程发生时的地面天气形势可分为均压区型、冷锋前部型和低压倒槽型。

相比主观分型,客观天气分型基于数学统计方法,不依赖于个人主观经验,便于处理大量数据,且不同方法之间可以进行比较(Huth et al.,2008)。Huth(1996)比较了相关性方法、主成分分析法、层次聚类分析法等 5 种天气分型方法,指出 T-mode PCA 在捕捉原始数据潜在物理性质方面(再现典型天气型的结构)表现最好。Santurtún 等(2015)基于 Jenkinson 和 Collison(1977)阈值法探讨了西班牙 O_3 污染与天气型的关系;Liao 等(2017)采用相同方法研究了长三角地区天气型对近地面 $PM_{2.5}$ 和 O_3 污染的影响,指出反气旋型控制下受下沉气流和远距离传输影响 $PM_{2.5}$ 浓度最高,而西风型主导下 O_3 污染最重。孙彧等(2015)基于层次聚类分析方法统计发现华北地区发生霾天气时近地面主要环流形势包括低压槽底型、宽广槽区底部、鞍型场、弱高压以及高压脊后型,低压槽底型是霾天气出现最多的环流形势。Zhang 等(2013)采用一种半客观分型方法研究发现中国香港受西北太平洋台风影响时 O_3 浓度最高,夏季风偏南气流影响下 O_3 浓度最低。Leung 等(2018)基于 PCA 方法诊断了中国重点城市群主导天气型下典型气象模态,并指出天气型能解释 20%～40% 的 $PM_{2.5}$ 的逐日变化。Liao 等(2018)采用 SOM 方法研究了北京地区不同大气边界层形势与近地面污染的关系,结果表明边界层稳定性增加会导致 $PM_{2.5}$、NO_2 和 CO 浓度增加,但 O_3 浓度反而会下降。

总体而言,国内针对天气型与大气污染关系的研究起步较晚,且以往研究集中在天气型与霾(孙彧等,2015;戴竹君等,2016)、PM_{10}(王喜全等,2007;谢付莹等,2010)、$PM_{2.5}$(Bei et al.,2016;Miao et al.,2017;Liao et al.,2017;Leung et al.,2018)、AOD(Zheng et al.,2015)、大气污染指数 API(王健等,2013;Zhang et al.,2016b)或空气质量指数 AQI(杨旭等,2017)等关系方面上,天气型与 O_3 污染关系的相关研究则集中在珠三角、中国香港、中国台湾等 O_3 污染较重的地区(Cheng et al.,2001;Huang et al.,2005,2006a;Zhang et al.,2013),其他地区较少(Zhang et al.,2016b;Liao et al.,2017,2018),对比而言,欧美等国家针对 O_3 污染与天气型关系的研究开展较早且更成熟(Dayan and Levy,2002;Hegarty et al.,2007,2009;Tang et al.,2009;Santurtún et al.,2015;Pope et al.,2016)。同时,国内已有研究主要针对典型污染个例依据主观经验进行分型(Zheng et al.,2015;戴竹君等,2016),而客观分型方法的应用较少(Leung et al.,2018;Liao et al.,2018)。

当天气形势发生变化时,例如:在强锋面过境的几小时内,大气的扩散稀释能力增强 10 倍以上。在另一些稳定的天气条件下,一个地区能连续数天维持着不利于扩散稀释的气象条件,只要有足够污染源的排放,就会造成严重的空气污染事件。若能事先预计到可能出现这种情况并发布预报,采取适当的措施,就可防止大气污染或减轻污染的程度。可见,天气形势的变化与空气质量的变化有着非常密切的联系,因此可以利用统计学原理,采用天气形势相似方法对空气质量作出预报,即从历史气象数据库中找出预报日天气形势最相似的一天,根据这一天的空气质量情况进行预报(喻雨知等,2007)。

4.3.2　基于天气形势相似法的空气污染预报案例

4.3.2.1　资料收集与数据库构建

(1)代表站的选取

为了节约计算资源、缩短计算时间、延长预报可用时效,选取芷江、郑州、汉口、重庆、贵阳、福州、上海 7 个站作为天气形势的代表站。其中重庆、芷江、贵阳在长沙的西面,能反映西风带系统的影响;汉口、郑州在长沙的北面,能反映中路冷空气的影响;福州、上海在长沙的东面,能反映东风带系统和东路冷空气的影响。由上可知,选取的 7 个站的天气形势能较好地代表天气背景和代表站的天气要素变化,能在一定程度上反映大气环流形势的变化。

(2)采用相关分析方法选因子

利用各代表站 2001 年 6 月 5 日—2003 年 12 月 15 日逐日 08 时气象要素和次日空气质量数据进行相关分析,选取相关系数大的因子作为预报因子。通过计算、选优得出以下 10 个预报因子:位势高度(500 hPa、850 hPa)(hPa)、温度(500 hPa、850 hPa、地面)(℃)、24 h 变压(Pa)、地面 24 h 变温(℃)、地面气压(Pa)、08 时—次日 08 时降水(mm)、能见度(m)。

(3)建立历史资料数据库

将上述 10 个因子的逐日(2001 年 6 月 5 日—2003 年 12 月 15 日)资料以及长沙市环保局 5 个监测站的逐日(2001 年 6 月 5 日—2003 年 12 月 15 日)资料建立历史资料数据库,供计算和历史资料查询使用。

① 气象资料:日期(20031009);站号;500 hPa 位势高度、温度(一位小数);850 hPa 位势

高度、温度;24 h 变压;24 h 变温;地面气压、温度;08 时—次日 08 时降水;08 时能见度。

　　② 环保资料:日期;站名 1;SO_2、NO_2、PM_{10} 的浓度值;站名 2;SO_2、NO_2、PM_{10} 的浓度值;站名 3;SO_2、NO_2、PM_{10} 的浓度值;站名 4;SO_2、NO_2、PM_{10} 的浓度值;站名 5;SO_2、NO_2、PM_{10} 的浓度值。

4.3.2.2　相似时段和相似日期的确定

　　不同的季节、不同的时段有不同的天气、气候特点,不同的季节时段在天气形势相同的前提下,次日的天气一般不同。为此,我们提出相似时段、相似日期和相似度的概念。

　　(1)定义

　　相似时段:制作预报的日期在历年的前后 10 d 这个时段为相似时段。比如:2004 年 2 月 15 日制作预报,那么 2002 年 2 月 5—25 日和 2003 年 2 月 5—25 日均为相似时段。

　　相似度:指相似时段中的某一天与制作预报当天天气形势的相似程度。

　　相似日期:在相似时段中的每一天所对应的日期均为相似日期。

　　(2)确定相似时段

　　在往年找相似:制作预报日期前后 10 d 共计 21 d 为相似时段;

　　在当年、当月找相似:当天日期前 21 d 为相似时段。

　　(3)优化相似日期

　　如果做预报的前一天 08 时至当天 08 时有(无)雨,则在相似时段中挑选出有(无)雨的日期加上 1 d(注:此处要注意月份转换,如 2 月 28 日加 1 d 后应该是 3 月 1 日而不是 2 月 29 日),得到一组日期,用这组日期作为计算样本;如果预报(省气象台 08 时预报)次日有(无)雨,则在相似时段中挑选出有(无)雨的日期,作为计算样本。

　　若选出来的天数 $n>3$ 或为 0,则进行下一步(计算天气形势相似度);若选出来的天数 $n\leqslant 3$,则用选出来的日期利用所对应的环保局的资料直接计算环保局 6 个站点次日 SO_2、NO_2、PM_{10} 的浓度值(将各项按天数做算术平均)。

　　(4)计算相似度

　　定义:

　　① 相似度 S:$0\leqslant S\leqslant 10$;

　　② $Y=ABS[Y_t-Y_i]$:Y_t 指做预报当天的要素,Y_i 指相似时段中某一天的要素,Y 指两要素差值的绝对值。

　　对各要素在相似度方面做如表 4.4 规定(各要素均取整数)。

表 4.4　各要素相似度规定

标准	$Y=0$	$Y=1$	$Y\geqslant 2$	$Y\geqslant 5$	$0\leqslant Y<5$	$Y\geqslant 50$	$0\leqslant Y<50$
位势高度 S_1	10	5	0	—	—	—	—
温度 S_2	—	—	—	0	10-2Y	—	—
24 h 变压 S_3	10	5	0	—	—	—	—
变温 S_4	—	—	—	0	10-2Y	—	—
地面气压 S_5	10	5	0	—	—	—	—
能见度 S_6	—	—	—	—	—	0	10-Y/10

逐站算出某一天各站点相似度 $S_i=(S_1+S_2+S_3+S_4+S_5+S_6)/6$，这一天的总体相似度 $S=$ 各站点相似度的算术平均；挑选出总体相似度最大的 3 d，得到 3 个相似日。用相似日所对应的次日污染物资料计算 6 个站点次日 SO_2、NO_2、PM_{10} 的浓度值（将各项按天数算术平均）。

4.3.2.3　污染物浓度预报

当天的天气形势与次日的空气质量实况相对应，3 个相似日期对应次日的 3 组空气质量数据，用选出来的相似日期（如 20031009）加上 1（20031010）（注：此处要注意月份转换，如 2 月 28 日加 1 d 后应该是 3 月 1 日而不是 2 月 29 日），利用所对应的环保局的 3 组数据资料直接计算（将各项按天数做算术平均）得出结果作为预报值，并按相关规定转换为污染等级。预报结果用表格形式表示。

第 5 章　基于 WRF-Chem 的空气质量和霾天气数值预报

WRF-Chem 是美国 NCAR 和 NOAA 发展的新一代气象-化学研究预报模式,该模式的最大特点是实现了气象模式和化学模式的在线耦合,考虑了物理和化学过程之间的反馈作用。通过对 WRF-Chem 的改进,构建了城市空气质量和霾天气数值预报系统,并在城市空气污染和环境气象预报中加以应用。本章重点介绍 WRF-Chem 的模式构成及其在空气质量和霾天气预报中的应用实例。

5.1　系统框架

WRF-Chem 空气质量预报模式系统的整体框架如图 5.1。总共分为气象场数据自动下载、排放源处理、模式预报和产品输出四个部分,其中模式预报又分为 GFS 资料预处理、WRF-Chem 初始化和 WRF-Chem 运行三个步骤。根据框架所建立的目录结构如下:Data 为系统数据目录,包含三个子目录 GFS、WRFout 和 Products;Scripts 为系统运行脚本目录;NJpost 为后处理目录;WPS 为 WRF 预处理目录;WRFV3 为 WRF-Chem 主目录;setpath 为系统环境变量设置。

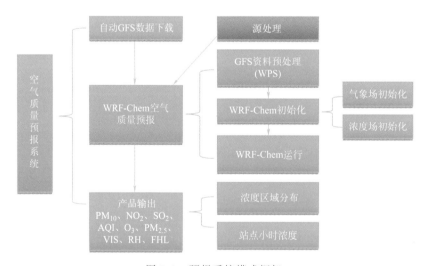

图 5.1　预报系统模式框架

5.2　WRF-Chem 模式介绍

WRF-Chem 模式(Grell et al. ,2005)是由美国 NOAA 预报系统实验室(FSL)开发的,气

象模式(WRF)和化学模式(Chem)在线完全耦合的新一代的区域空气质量模式。

WRF-Chem 包含了一种全新的大气化学模式理念,即基于一种气象过程和化学过程同时发生、相互耦合的全新的大气化学模式理念而设计的,也就是它的气象模式和化学模式完全耦合、同时运行,它的化学和气象过程使用相同的水平和垂直坐标系和相同的物理参数化方案,不存在时间上的插值。并且它能够考虑化学对气象过程的反馈作用,气象因子变化能及时地影响化学过程,化学过程也能立刻对气象过程进行反馈。有别于这之前的大气化学模式,如 SAQM 模式、CALGRID 模式、Model-3/CMAQ 模式等,它们的气象过程和化学过程是分开的,一般先运行中尺度气象模式,得到一定时间间隔的气象场,然后再提供给化学模式使用。这样分开处理以后存在一些问题:首先,由于通常气象模式和化学模式使用的坐标系不同,利用这样的气象场驱动化学过程就需要时间和空间上的插值;其次,它丢失了一些小于气象模式输出间隔的气象过程,如一次短时间的降水等,而这些过程对化学过程来说可能是很重要的;再次,气象模式和化学模式使用的物理参数化方案可能是不一样的;最后,它不能考虑化学过程对气象过程的反馈作用。事实上,在实际大气中化学和气象过程是同时发生的,并且能够互相影响,比如气溶胶能影响地气系统辐射平衡,气溶胶能作为云凝结核影响降水,反之气温、云和降水对化学过程也有非常强烈的影响。因此,WRF-Chem 能够模拟再现一种更加真实的大气环境。

5.2.1　化学模块

化学模式 Chem 包括了污染物的传输和扩散、干湿沉降、气相化学反应、源排放、光分解、气溶胶动力学和气溶胶化学(包括无机和有机气溶胶)等比较全面的过程,模式中每一个过程都是高度模块化的,有利于模式的扩展和维护,也有利于用户选择最适合自己的方案。以下对各部分的处理作一个简单介绍。

5.2.1.1　输送

WRF-Chem 使用的是质量坐标框架,平流输送的处理保持质量和标量的守恒,空间上采用 5 阶或 6 阶差分,时间上采用 3 阶 Runge-Kutta 分裂显式差分方法。湍流输送使用 2.5 阶的 Mellor-Yamada 闭合方案。

5.2.1.2　干沉降

WRF-Chem 中各种痕量气体和气溶胶的干沉降通量的计算使用三层阻力(空气动力学阻抗、次表层阻抗和表面阻抗)模型。表面阻抗的参数化使用了 Wesely 提出的方案。在这种参数化方案中,表面阻抗主要来自土壤和植被表面,植被特性由使用的下垫面类型资料和季节决定。此外,表面阻抗也依赖于扩散系数、活性气体的可溶性和化学活性。

硫酸盐的干沉降使用了不同的方案,模式中假定硫酸盐都以气溶胶态的形式存在,干沉降使用了 Erisman 提出的方案。

5.2.1.3　气溶胶方案

WRF-Chem 目前包含了两个气溶胶计算方案,分别为 MADE/SORGAM 和 MOSAIC。

欧洲气溶胶动力学模式 MADE 是由区域颗粒物模式 PPM 发展而来的,能够提供详细的关于粒子化学组成、尺度分布以及影响粒子数浓度的动力学过程的信息。早期版本的 MADE

仅限于亚微米量级的无机盐和水组成的气溶胶,进一步改进引入了 Models/CMAQ 模式系统的气溶胶部分,使得 MADE 包含了粗模态粒子及更详细的细颗粒化学组成的描述,利用热力学平衡的方法来计算硫酸盐/硝酸盐/铵盐/水气溶胶的化学组成。其中最重要的形成过程是在硫酸-水系统中的均相核化,计算采用 Kulmala 等(1998)给定的方法。粒子的凝结增长分为两步:一是化学反应产生可凝结的蒸汽,二是挥发性物种在气溶胶表面的凝结和蒸发。在 MADE 中忽略了开尔文效应,对于连续的和自由分子的机制,允许 M_k 随时间变化的计算。MADE 中假定在粒子碰并过程中,粒子仍然满足对数正态分布。此外,仅仅考虑了由于布朗运动引起的碰并。

后来把二次有机气溶胶(SOA)加入到了 MADE 中,即二次有机气溶胶模式(SORGAM)。SORGAM 中假定 SOA 之间相互作用,使用了一种准理想的处理方法。气粒转化使用了 Odum 的参数化方法。由于缺乏活度系数的信息,所有的活度系数都假定为 1。SORGAM 分别考虑人为源和自然源产生的前体物对 SOA 的贡献,它是为 RACM 气相化学机制设计的。如果采用 RADM2 机制,自然源 SOA 以及对应的前体物浓度则设定为 0。

另外一个气溶胶模式是 MOSAIC,采用分段的方法来处理气溶胶的尺度分布,尺度分段的数目是灵活可变的,WRF-Chem 中目前分 8 个或 4 个谱段来表征气溶胶粒子的尺度分布,表 5.1 为 8 个尺度段干气溶胶的尺度范围。

表 5.1　8 个尺度段干气溶胶的空气动力学直径范围

尺度段	直径下界(μm)	直径上界(μm)
1	0.0390625	0.078125
2	0.078125	0.15625
3	0.15625	0.3125
4	0.3125	0.625
5	0.625	1.25
6	1.25	2.5
7	2.5	5.0
8	5.0	10.0

MOSAIC 中包含了硫酸盐、硝酸盐、铵盐、钠盐、氯盐、其他无机盐、有机碳、元素碳、水以及钙盐等气溶胶,它使用气溶胶多组分平衡方法(MESA)和多组分的泰勒扩展方法(MTET)来模拟硫酸盐、硝酸盐、铵盐、钠盐、钙盐、氯盐和水气溶胶的热力学平衡。气相到颗粒相的质量输送和凝结采用的是自适应时间分裂式欧拉方法(ASTEEM),它是一种动态的方法,不同粒子尺度段或尺度群粒子的气粒转化的时间特征量相近。通常解气粒转化微分方程使用一种有效的时间分裂方法,这种方法不需要体积平衡假定或混合处理。

MOSAIC 目前没有包含粒子核化、碰并和 SOA 形成等过程,它认为在短时间尺度模拟过程中,碰并过程是不重要的。尽管同质核化在新气溶胶粒子形成过程中是一个很重要的过程,但是目前对同质核化的机制及其核化率是不确定的。

5.2.1.4 　气溶胶光学特性

WRF-Chem 模式的一个重要部分是气溶胶化学特性和光学特性的关系。气溶胶光学特性包括气溶胶消光系数 b_{ext}、单次散射反照率 w_0 和不对称因子 g,它们是波长 λ 和三维位置 X 的函数。在 WRF-Chem 中考虑了所有气溶胶成分对辐射的影响,每一种气溶胶成分对应一个复折射指数。在每一个尺度段,假定所有气溶胶成分以内部混合(以黑碳为核心,其他气溶胶成分包裹在黑碳表面)的方式存在,内部混合气溶胶的折射指数根据不同成分的体积分数进行加权,然后根据米理论计算气溶胶的消光效率 Q_e、散射效率 Q_s 和中间不对称因子 g',它们是尺度参数 $x=2\pi r/\lambda$ 的函数,这里 r 是湿粒子半径。效率因子的定义如下:从通量密度为 I 的入射波中消失的能量为 $\pi r^2 Q_e I$,其中 Q_e 是消光效率;因粒子散射而消失的能量为 $\pi r^2 Q_s I$,其中 Q_s 是散射效率;单次散射反照率 w_0 是因粒子散射辐射而消失的能量与入射波消失的总能量的比值;非对称因子 g 是散射辐射的散射角的余弦的平均或统计期望值。气溶胶总的光学特性为每个尺度段粒子光学特性的和。

5.2.1.5 　气溶胶-云-辐射的相互作用

WRF-Chem 中气溶胶-云-辐射相互作用主要包括气溶胶的活化,云滴数浓度对短波辐射方案的影响(第一间接效应)及其对云微物理方案的影响(第二间接效应)。Chapman 等(2009)介绍了 WRF-Chem 中气溶胶-云-辐射的相互作用方案,其中气溶胶的活化方案和 MI-GRAGE 大气环流模式中所采用的方案类似,它应用了 Abdul-Razzak 和 Ghan(2000)的多模态气溶胶活化参数化方案。气溶胶活化的参数化方案决定了每一个模态粒子质量浓度和数浓度的活化,然后它们被用来确定云滴成核速率。经过气溶胶活化过程,气溶胶颗粒可以转换为云滴。而那些没有活化成云滴,仍然留在间隙空气中的气溶胶颗粒被称为间隙气溶胶。气溶胶从间隙状态向云核活化的过程依赖于最大过饱和度 S_{max},这个过饱和度取决于气流上升速度的高斯频谱和每个尺度段气溶胶的内部混合属性。

5.3 　预报思路

预报思路可由图 5.2 加以说明。即把整个积分时段分成两部分,从前一天 20 时开始到当日 12 时为预积分时段,而从当日 12 时开始之后的 24 h 为当日的正式预报时间。这样经过预积分时段的充分调整,保证模式在正式积分时段有良好表现。

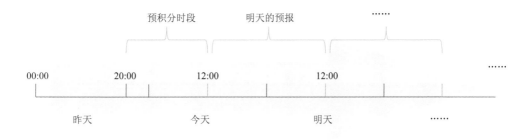

图 5.2 　预报思路示意图

5.4 在上海世博会的应用

5.4.1 模式设置

模式在水平方向上设定为四层嵌套网格,如图 5.3 所示,有关嵌套网格的具体信息见表 5.2。模式在垂直方向上分为 24 层,模式顶为 100 hPa。对于模式的光化学机制与气溶胶方案,则应用 WRF-Chem 模式自带的各种光化学机制进行试验,通过不同方案的耗时比较,并与实测的污染物数据进行对比,如图 5.4 所示,选择 RADM2 机制,并配合 MADE/SORGAM 气溶胶模块作为选择方案。在排放源方面,对于人为源排放,选择分辨率为 0.5°的 Streets 等 (2006)清单和分辨率为 1 km 的上海本地源排放清单。在自然源方面,由 Gunther 方案通过在线计算方式得到。

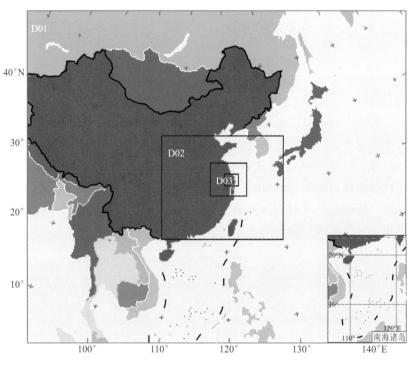

图 5.3 嵌套网格示意图

表 5.2 嵌套网格信息

网格	格点数	格距(km)
D01	88×75	81
D02	85×70	27
D03	76×67	9
D04	88×73	3

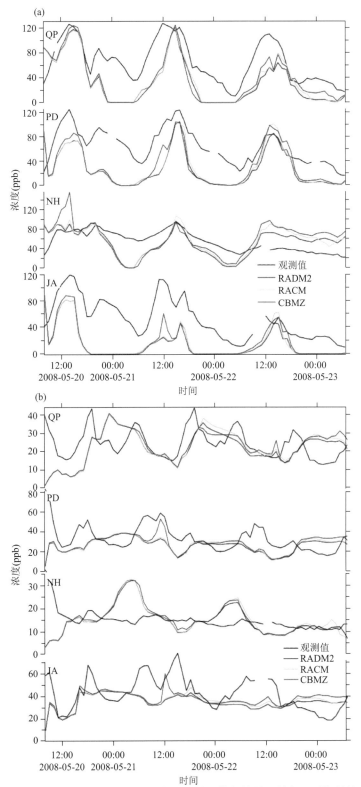

图 5.4　RADM2、RACM、CBMZ 光化学机制的模拟结果及其与观测资料的比较

(a)O$_3$；(b)NO$_2$

　　图 5.5 显示了长三角地区大气污染排放源的空间分布。由图可知,CO 与有机碳(OC)的大值区主要分布在长江以北的地区,来源于农田和秸秆燃烧;NO_x 与 SO_2 的大值区在长江两岸均有分布,与长三角地区的城市和工业区等有较好的对应关系;VOC 和颗粒物没有较为明显的大值中心,在整个区域中的排放较为平均。

　　图 5.6、5.7、5.8 分别给出了上海地区大气污染点源、面源、线源排放的空间分布。表 5.3 给出了上海源排放清单和 Streets(2006)排放清单的统计比较。

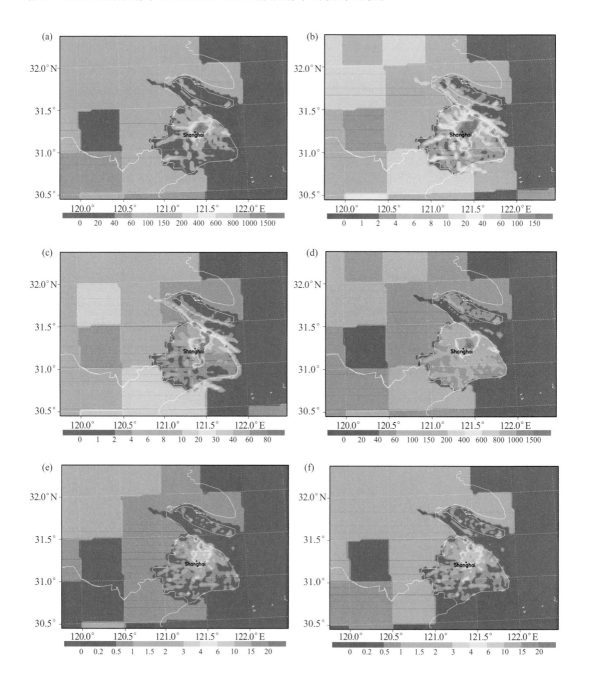

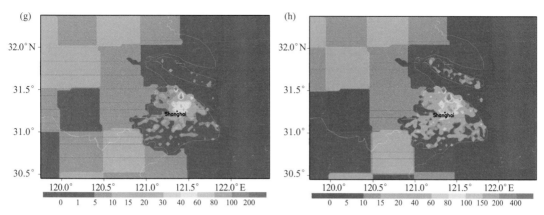

图 5.5 长三角地区排放源分布(单位:g/(s·m²))

(a)CO;(b)NO$_x$;(c)SO$_2$;(d)VOC;(e)BC;(f)OC;(g)PM$_{2.5}$;(h)PM$_{10}$

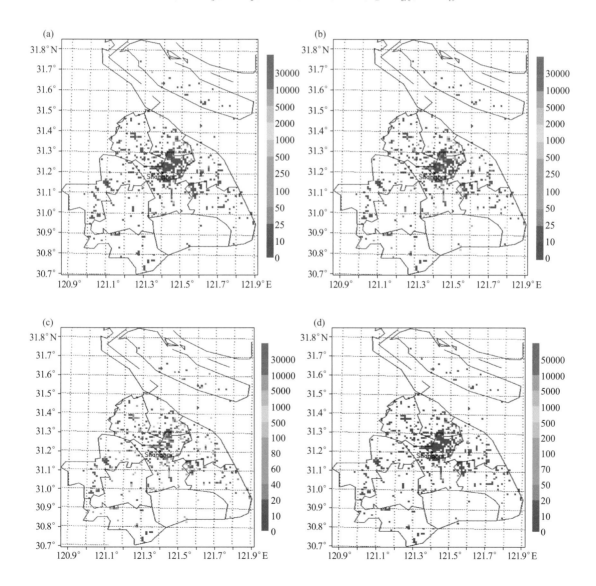

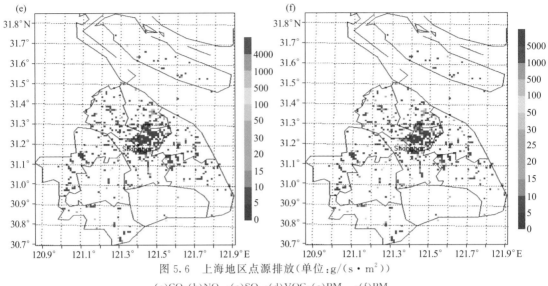

图 5.6　上海地区点源排放(单位:g/(s・m²))

(a)CO;(b)NO$_x$;(c)SO$_2$;(d)VOC;(e)PM$_{2.5}$;(f)PM$_{10}$

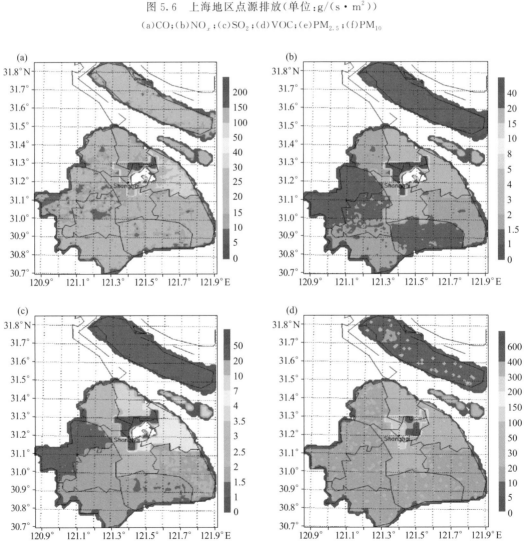

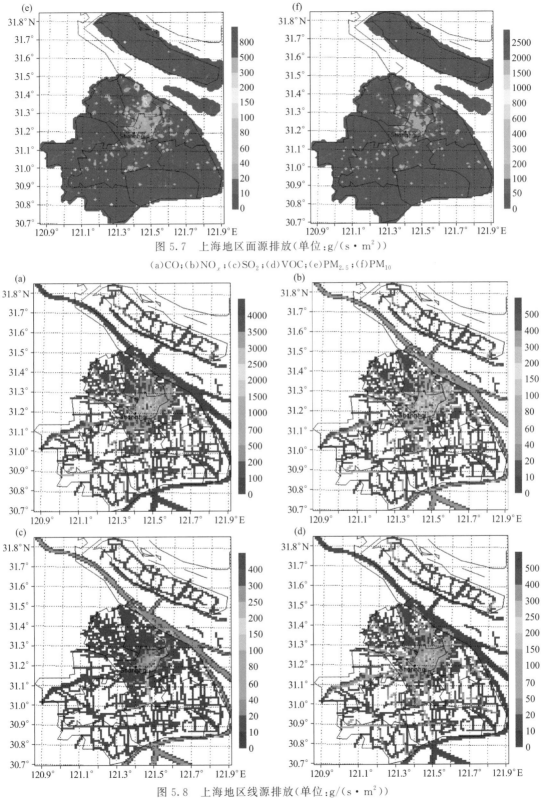

图 5.7　上海地区面源排放（单位：g/(s·m²)）

(a)CO；(b)NO$_x$；(c)SO$_2$；(d)VOC；(e)PM$_{2.5}$；(f)PM$_{10}$

图 5.8　上海地区线源排放（单位：g/(s·m²)）

(a)CO；(b)NO$_x$；(c)SO$_2$；(d)VOC

表 5.3　上海源排放清单和 Streets(2006)排放清单的统计比较(面源＋线源)

物种	上海本地源清单(t/a)	Streets(2006)清单(t/a)	比值
SO_2	72995.91	143042.73	0.51
NO_x	150970.61	346934.12	0.44
CO	795650.62	1724807	0.46
VOC	310907.94	490900.5	0.63
$PM_{2.5}$	60594.41	70255.17	0.86
PM_{10}	174085.42	97161.41	1.79

5.4.2　综合性能评估

用 WRF-Chem 模式对 2009 年 5 月—2010 年 3 月的上海空气质量预测结果进行综合评估(见表 5.4—5.10 和图 5.9—5.13)。可见,近一年的评估时段内空气污染等级的平均预报准确率为 71%,其中 NO_2 的准确率高达 89%,PM_{10} 达到 79%,SO_2 也能达到 66%。总体而言,24 h 的预报结果优于 48 h 的预报结果。

表 5.4　等级预报准确度

月份	SO_2		NO_2		PM_{10}		Max	
	24 h	48 h	24 h	48 h	24 h	48 h	24 h	48 h
2009 年 5 月	0.50	0.44	0.89	0.94	0.83	0.81	0.83	0.75
2009 年 6 月	0.75	0.65	0.92	0.87	0.75	0.78	0.75	0.78
2009 年 7 月	0.81	0.52	0.96	0.96	0.70	0.63	0.70	0.63
2009 年 8 月	0.76	0.42	1.00	0.96	0.52	0.58	0.52	0.50
2009 年 9 月	0.41	0.27	1.00	1.00	0.52	0.35	0.56	0.38
2009 年 10 月	0.34	0.21	0.89	0.89	0.79	0.66	0.76	0.71
2009 年 11 月	0.70	0.37	0.75	0.79	0.60	0.63	0.60	0.58
2009 年 12 月	0.79	0.62	0.72	0.79	0.62	0.41	0.62	0.41
2010 年 1 月	0.60	0.80	0.90	0.93	0.73	0.63	0.73	0.63
2010 年 2 月	0.75	0.46	1.00	1.00	0.50	0.54	0.50	0.54
2010 年 3 月	0.90	0.65	0.90	0.90	0.60	0.60	0.60	0.60
平均	**0.66**	**0.49**	**0.90**	**0.91**	**0.65**	**0.60**	**0.65**	**0.59**

表 5.5　预报与实测的相关性

月份	SO_2		NO_2		PM_{10}		Max	
	24 h	48 h	24 h	48 h	24 h	48 h	24 h	48 h
2009 年 5 月	0.52	0.61	0.71	0.62	0.53	0.41	0.53	0.50
2009 年 6 月	0.70	0.59	0.78	0.63	0.66	0.64	0.66	0.63
2009 年 7 月	0.39	0.25	0.66	0.36	0.49	0.43	0.50	0.22
2009 年 8 月	0.45	0.46	0.61	0.81	0.67	0.55	0.67	0.49
2009 年 9 月	0.30	0.01	0.69	−0.33	0.36	−0.01	0.38	−0.04

月份	SO_2		NO_2		PM_{10}		Max	
	24 h	48 h	24 h	48 h	24 h	48 h	24 h	48 h
2009 年 10 月	0.39	0.34	0.66	0.59	0.53	0.51	0.52	0.49
2009 年 11 月	0.57	0.49	0.78	0.50	0.73	0.71	0.73	0.70
2009 年 12 月	0.64	0.33	0.41	0.43	0.63	0.53	0.62	0.52
2010 年 1 月	0.63	0.57	0.48	0.54	0.61	0.63	0.61	0.63
2010 年 2 月	0.47	0.33	0.40	0.36	0.20	0.18	0.20	0.18
2010 年 3 月	0.51	0.69	0.42	0.50	0.50	0.62	0.50	0.62
平均	**0.51**	**0.42**	**0.60**	**0.46**	**0.54**	**0.47**	**0.54**	**0.45**

表 5.6 预报与实测的偏差(预报—实测)

月份	SO_2		NO_2		PM_{10}		Max	
	24 h	48 h	24 h	48 h	24 h	48 h	24 h	48 h
2009 年 5 月	9	22	−2	2	0	1	0	4
2009 年 6 月	7	18	1	5	−9	−7	−9	−7
2009 年 7 月	17	22	8	9	9	7	9	9
2009 年 8 月	16	28	10	13	8	10	8	12
2009 年 9 月	34	40	6	8	11	7	13	14
2009 年 10 月	28	38	−2	0	−1	0	−1	0
2009 年 11 月	17	24	−8	−6	9	10	9	11
2009 年 12 月	0	16	−9	−6	2	12	2	12
2010 年 1 月	−2	10	−4	−2	6	12	6	11
2010 年 2 月	11	23	3	4	19	24	18	24
2010 年 3 月	6	14	−3	−2	10	12	10	12
平均	**13**	**23**	**0**	**2**	**6**	**8**	**6**	**9**

表 5.7 SO_2 各月份预报的平均情况

月份	观测平均	预报平均		相关性		平均偏差	
		24 h	48 h	24 h	48 h	24 h	48 h
2009 年 5 月	34.20	41.17	43.22	0.16	0.21	7.00	9.97
2009 年 6 月	31.20	34.86	32.31	0.34	0.32	4.29	1.70
2009 年 7 月	24.71	40.31	36.71	0.21	0.08	15.40	11.45
2009 年 8 月	21.01	35.25	41.45	0.16	0.19	14.46	20.30
2009 年 9 月	18.15	55.67	49.41	0.09	0.05	37.57	31.51
2009 年 10 月	28.11	60.25	61.94	0.19	0.17	32.04	33.63
2009 年 11 月	39.78	48.47	45.12	0.18	0.24	12.99	12.21
2009 年 12 月	60.43	51.32	60.06	0.27	0.20	−6.17	0.46

月份	观测平均	预报平均		相关性		平均偏差	
		24 h	48 h	24 h	48 h	24 h	48 h
2010 年 1 月	48.99	45.29	48.64	0.19	0.21	−3.55	−0.35
2010 年 2 月	28.22	36.01	39.16	0.20	0.18	7.70	10.96
2010 年 3 月	41.93	33.52	33.12	0.17	0.24	−8.37	−8.71
平均	**34.25**	**43.83**	**44.65**	**0.20**	**0.19**	**10.31**	**11.20**

表 5.8　NO_2 各月份预报的平均情况

月份	观测平均	预报平均		相关性		平均偏差	
		24 h	48 h	24 h	48 h	24 h	48 h
2009 年 5 月	54.39	49.09	52.37	0.33	0.34	−3.86	−1.26
2009 年 6 月	48.48	44.92	48.20	0.41	0.33	−3.08	3.44
2009 年 7 月	40.47	51.12	52.61	0.33	0.21	10.14	11.59
2009 年 8 月	32.28	45.28	50.51	0.22	0.42	14.41	19.25
2009 年 9 月	39.21	47.72	48.86	0.21	0.00	7.92	9.28
2009 年 10 月	56.85	50.59	54.13	0.39	0.42	−6.20	−2.67
2009 年 11 月	61.00	49.52	49.80	0.31	0.25	−12.32	−10.52
2009 年 12 月	67.15	52.45	56.69	0.24	0.23	−12.49	−8.57
2010 年 1 月	57.89	47.64	51.58	0.23	0.25	−10.17	−6.23
2010 年 2 月	43.23	44.98	46.40	0.28	0.21	1.74	3.22
2010 年 3 月	51.78	44.49	46.14	0.29	0.30	−7.15	−5.39
平均	**50.25**	**47.98**	**50.66**	**0.29**	**0.27**	**−1.91**	**1.10**

表 5.9　PM_{10} 各月份预报的平均情况

月份	观测平均	预报平均		相关性		平均偏差	
		24 h	48 h	24 h	48 h	24 h	48 h
2009 年 5 月	81.91	60.69	65.73	0.11	0.14	−25.44	−22.56
2009 年 6 月	90.35	52.37	52.45	0.35	0.33	−35.92	−34.47
2009 年 7 月	56.85	66.68	75.29	0.17	0.10	9.35	18.06
2009 年 8 月	56.44	63.88	83.46	0.16	0.20	8.66	26.96
2009 年 9 月	51.35	68.93	68.42	0.06	−0.01	17.53	18.32
2009 年 10 月	92.98	81.70	83.90	0.25	0.26	−10.97	−8.83
2009 年 11 月	84.00	91.05	88.75	0.30	0.33	5.03	9.38
2009 年 12 月	119.61	108.57	128.66	0.27	0.28	−7.56	10.53
2010 年 1 月	90.67	95.93	107.80	0.31	0.37	5.46	17.23
2010 年 2 月	56.54	82.43	91.77	0.09	0.09	25.71	35.07

续表

月份	观测平均	预报平均		相关性		平均偏差	
		24 h	48 h	24 h	48 h	24 h	48 h
2010 年 3 月	87.16	81.76	86.09	0.10	0.13	−5.23	−0.73
平均	**78.90**	**77.63**	**84.76**	**0.20**	**0.20**	**−1.22**	**6.27**

表 5.10　O₃ 各月份预报的平均情况

月份	观测平均	预报平均		相关性		平均偏差	
		24 h	48 h	24 h	48 h	24 h	48 h
2009 年 5 月	76.86	59.79	67.26	0.31	0.07	−17.07	−9.60
2009 年 6 月	68.83	62.60	67.52	0.14	0.49	−6.24	−1.32
2009 年 7 月	127.69	110.39	132.43	0.21	0.22	−17.30	4.75
2009 年 8 月	97.95	101.12	104.78	0.29	0.35	3.17	6.83
2009 年 9 月	100.44	89.04	101.59	0.25	0.32	−11.41	1.15
2009 年 10 月	125.40	90.61	98.19	0.00	−0.07	−34.79	−27.21
2009 年 11 月	75.04	85.12	81.58	−0.16	−0.08	10.08	6.54
2009 年 12 月	49.94	71.41	66.13	0.22	0.34	21.47	16.19
2010 年 1 月	59.32	74.60	73.34	0.11	0.06	15.28	14.02
2010 年 2 月	79.99	73.84	78.30	0.36	0.26	−6.15	−1.69
2010 年 3 月	87.61	75.05	79.10	0.35	0.37	−12.57	−8.51
平均	**86.28**	**81.23**	**86.38**	**0.19**	**0.21**	**−5.05**	**0.11**

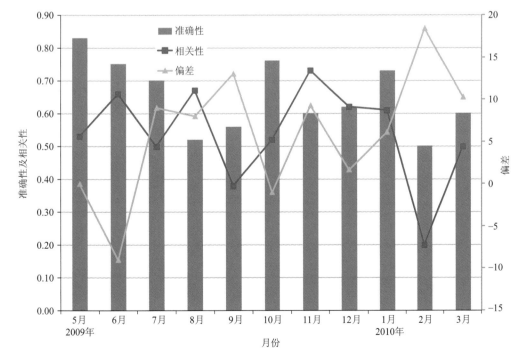

图 5.9　各月份 24 h 预报评估

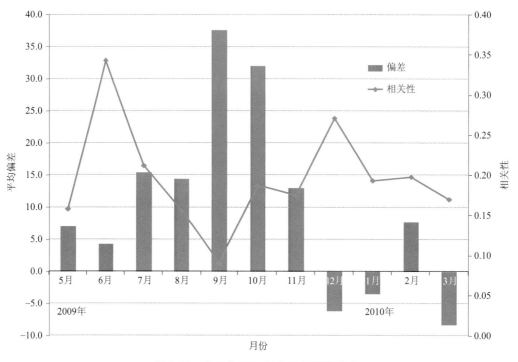

图 5.10　各月份 SO_2 24 h 浓度预报评估

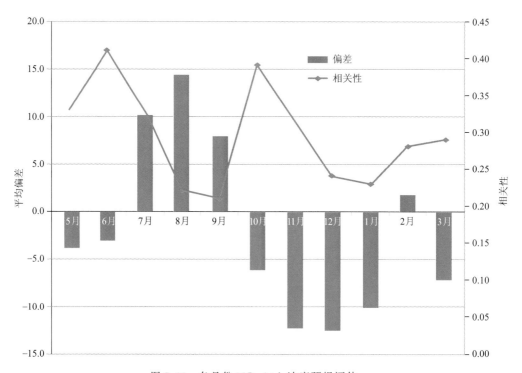

图 5.11　各月份 NO_2 24 h 浓度预报评估

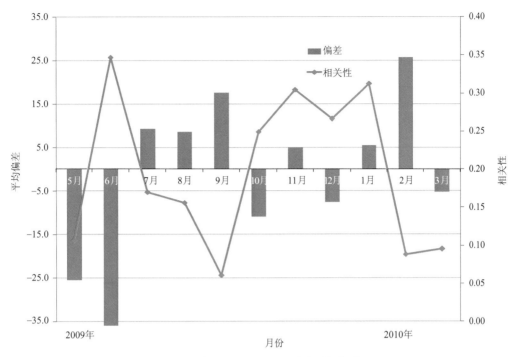

图 5.12　各月份 PM_{10} 24 h 浓度预报评估

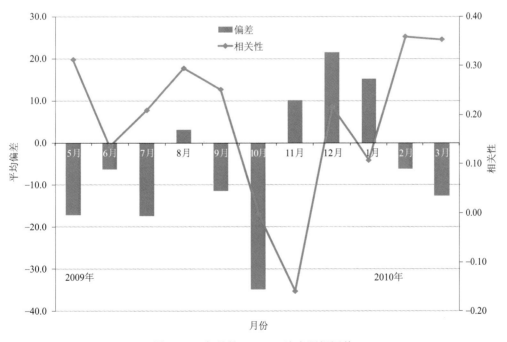

图 5.13　各月份 O_3 24 h 浓度预报评估

5.5　在南京青奥会的应用

5.5.1　模式设置

在模式的网格设置上,水平方向设定四层嵌套网格,如图 5.14 所示。在垂直方向上分为 24 层,模式顶为 100 hPa。对于模式的光化学机制与气溶胶方案,则应用 WRF-Chem 模式自带的各种光化学机制进行试验,通过比较不同方案的耗时,以及模拟结果与实测污染物数据对比,选择 RADM2 机制,配合 MADE/SORGAM 气溶胶模块作为最终方案。

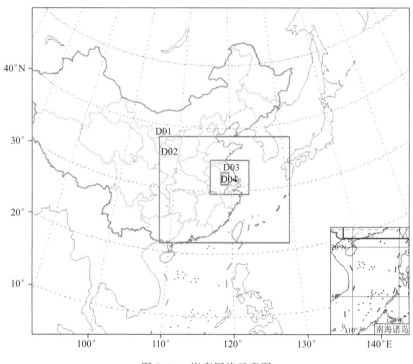

图 5.14　嵌套网格示意图

5.5.2　预报产品

预报产品包括逐时 SO_2、NO_2、PM_{10}、CO、O_3、$PM_{2.5}$ 浓度,空气质量指数 AQI,能见度 VIS,相对湿度 RH,霾天气等级 HWL 的空间分布和城市关心点位 48 h 预报结果的时间变化。图 5.15 和图 5.16 给出了南京市各参数的预报结果。

5.5.3　预报结果检验

青奥会期间空气质量数值预报采用了 WRF-Chem 模式预报和模式输出再统计(MOS)技术。图 5.17 给出了青奥会期间(8 月 15—28 日)主要污染物浓度及 AQI 的预报结果,及其与观测结果的对比。可以看出,模式预报结果较好地抓住了各污染物的变化趋势,总体与观测结果保持一致,采用 MOS 技术后,预报结果有明显改善。

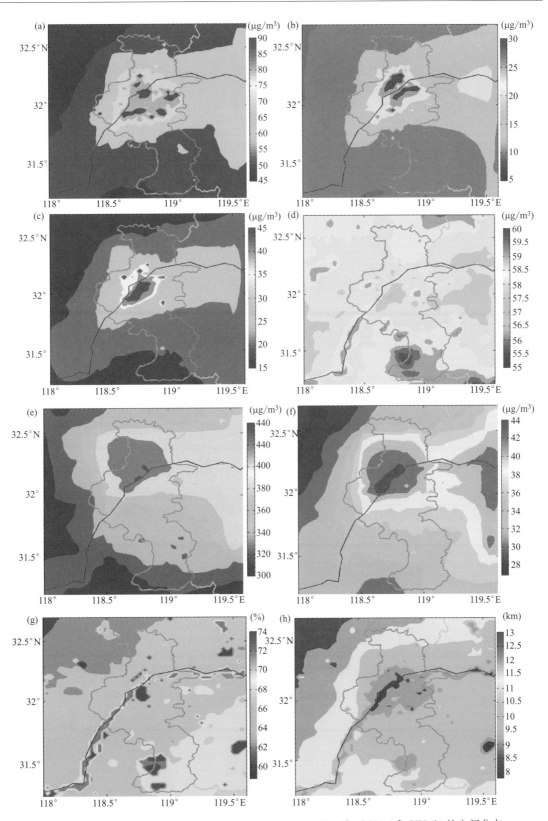

图 5.15　PM$_{10}$(a)、SO$_2$(b)、NO$_2$(c)、O$_3$(d)、CO(e)、PM$_{2.5}$(f)、RH(g)和 VIS(h)的空间分布

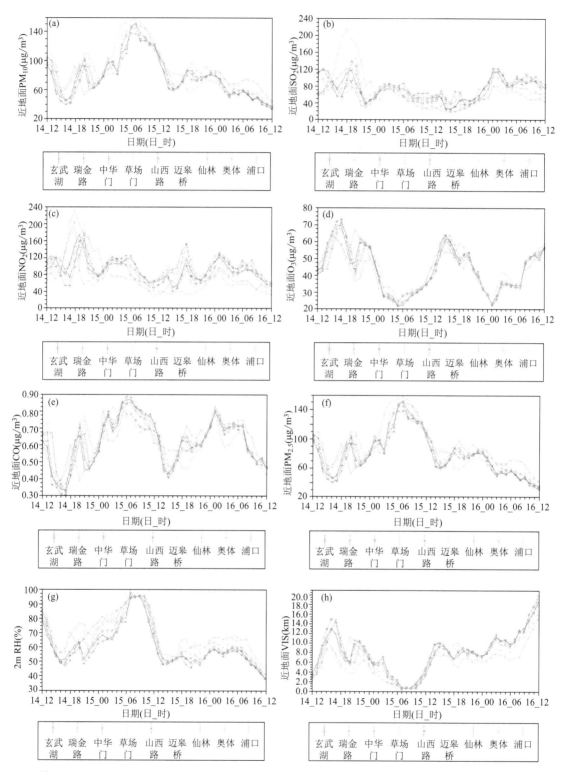

图 5.16　PM$_{10}$(a)、SO$_2$(b)、NO$_2$(c)、O$_3$(d)、CO(e)、PM$_{2.5}$(f)、RH(g)和 VIS(h)的 48 h 预报结果

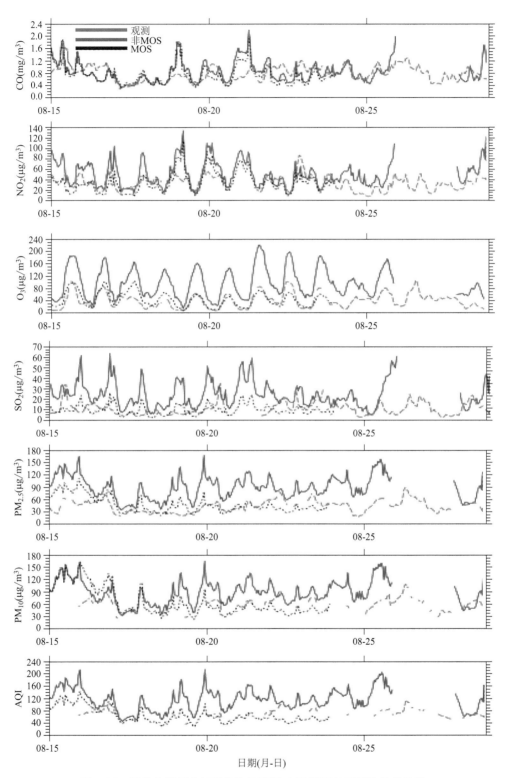

图 5.17　青奥会期间大气污染物浓度及 AQI 预报与预测结果的比较
（分别给出了采用 MOS 与否的预报结果）

如表 5.11 给出了青奥会期间,采用 MOS 技术后,主要污染因子预报结果与观测结果的统计对比。可见,除 PM_{10} 外,观测与预报结果的偏差均控制在 15% 以内,特别是 CO,9 个国控点平均偏差仅为 3%。除 SO_2 外,各污染物的观测与预报结果均有较好的相关性,其中 O_3 在 9 个国控点的观测平均值与预报值相关系数达到 77%。

表 5.11　南京市 9 个国控点污染物浓度预报与观测结果的比较

污染物		玄武湖	瑞金路	中华门	草场门	山西路	迈皋桥	仙林	奥体	浦口	9 个点平均
CO	观测平均	0.63	0.89	0.83	0.93	1.16	0.67	0.81	0.75	0.68	0.82
	观测方差	0.32	0.32	0.24	0.29	0.37	0.31	0.32	0.22	0.32	0.24
	预报平均	0.56	0.86	0.67	0.91	1.16	0.56	0.81	0.87	0.5	0.77
	预报方差	0.26	0.44	0.32	0.4	0.61	0.26	0.63	0.35	0.23	0.31
	相关系数	0.2	0.26	0.24	0.26	0.12	0.4	0.31	0.09	−0.01	0.26
	偏差	−0.08	0.01	−0.19	−0.03	−0.06	−0.11	0.13	0.17	−0.15	−0.03
NO_2	观测平均	34.24	37.91	44.03	41.51	42.8	40.81	15.93	17.94	26.57	33.68
	观测方差	23.3	19.66	21.77	17.32	19.51	18.53	7.59	9.17	14.99	13.66
	预报平均	48.67	49.44	50.21	54.41	51.66	53.58	49.18	50.17	41.03	49.82
	预报方差	25.76	28.39	28.16	27.4	27.23	27.3	32.57	28.04	23.6	23.88
	相关系数	0.3	0.37	0.39	0.51	0.43	0.29	0.45	0.38	0.25	0.52
	偏差	0.44	0.3	0.12	0.32	0.17	0.3	2.07	1.81	0.6	0.48
O_3	观测平均	38.84	34.54	36.71	38.89	45.87	29.61	37.52	38.15	46.91	38.57
	观测方差	26.67	25.28	24.55	21.17	27.08	24.29	23.86	27.95	23.08	23.77
	预报平均	96.59	94.41	95.16	96.71	96.76	94.47	92.73	94.68	98.07	95.51
	预报方差	48.55	49.06	50.02	49.12	48.61	47.32	48.31	49.11	47.04	48.06
	相关系数	0.81	0.84	0.84	0.84	0.79	0.8	0.85	0.85	0.82	0.87
	偏差	1.48	1.74	1.6	1.48	1.15	2.16	1.5	1.5	1.08	1.48
PM_{10}	观测平均	48.64	54.8	48.47	62.77	54.12	52.58	47.46	47.44	62.18	52.08
	观测方差	18.28	19.33	15.36	21.62	23.4	19.84	20.2	16.12	25.19	17.64
	预报平均	86.54	84.96	85.07	88.73	86.04	92.32	91.25	84.93	87.91	87.53
	预报方差	33.46	32.84	30.46	30.2	31.45	40.42	49.58	30.14	30.97	29.3
	相关系数	0.43	0.31	0.38	0.29	0.37	0.37	0.39	0.33	0.14	0.42
	偏差	0.82	0.6	0.79	0.44	0.63	0.81	0.91	0.87	0.47	0.72
$PM_{2.5}$	观测平均	39.12	43.19	33.28	36.51	38.76	42.72	38.13	38.18	42.59	39.24
	观测方差	16.46	15.47	16.03	12.64	17.49	16.7	18.27	14.02	15.4	14.44
	预报平均	83.34	82.22	82.15	84.65	83.36	87.98	88.38	82.53	85.52	84.46
	预报方差	31.6	31.54	29.72	29.32	30.46	36.74	46.59	29.72	29.35	28.55
	相关系数	0.38	0.32	0.35	0.4	0.43	0.34	0.15	0.34	0.17	0.39
	偏差	1.16	0.93	1.52	1.38	1.16	1.1	1.38	1.21	1.05	1.19

续表

污染物		玄武湖	瑞金路	中华门	草场门	山西路	迈皋桥	仙林	奥体	浦口	9个点平均
SO₂	观测平均	13.34	11.94	14.86	12.92	14.66	14.35	4.13	3.8	11.42	11.31
	观测方差	9.06	6.95	8.1	8.43	9.63	8.52	2.84	1.75	7.51	5.81
	预报平均	24.63	24.35	25.14	27.29	24.75	25.8	24.16	24.4	19.84	24.48
	预报方差	13.06	14.94	13.76	13.52	13.41	12.97	15.19	13.56	9.63	11.98
	相关系数	0.02	−0.05	−0.03	0.02	0.01	0	0.11	−0.01	0.08	0.02
	偏差	0.87	1.07	0.7	1.12	0.69	0.78	4.7	5.43	0.73	1.17

表 5.12 给出了空气质量指数（AQI）预报准确率的统计结果。其中 Pr 为空气污染与否的准确度，Ar 为各等级预报的准确度。从 9 个站点的预报结果来看，采用 MOS 技术后，小时污染与否的预报准确率达到 89%，小时 AQI 等级预报准确率达到 53%，日均 AQI 等级预报准确率达到 70%。

表 5.12　青奥会期间南京 9 个国控点空气质量指数（AQI）预报及与观测的比较

站点	观测 AQI 等级次数						预报 AQI 等级次数						小时污染与否预报准确率(Pr)	小时等级预报准确率(Ar)
	1	2	3	4	5	6	1	2	3	4	5	6		
玄武湖	64	217	3	0	0	0	108	85	22	1	0	0	0.89	0.53
瑞金路	41	225	8	0	0	0	62	116	34	4	0	0	0.82	0.54
中华门	120	186	4	0	0	0	102	104	10	0	0	0	0.96	0.54
草场门	46	260	1	0	0	0	43	165	8	0	0	0	0.96	0.72
山西路	57	180	3	0	0	0	94	102	18	2	0	0	0.92	0.53
迈皋桥	56	227	11	0	0	0	73	119	20	2	2	0	0.87	0.54
仙林	97	191	10	0	0	0	121	83	8	0	2	2	0.97	0.53
奥体	71	216	5	0	0	0	100	105	11	0	0	0	0.95	0.55
浦口	29	227	7	0	0	0	54	121	36	5	0	0	0.78	0.48
9个点平均	127	194	4	0	0	0	96	95	25	0	0	0	0.89	0.53

第6章　基于 WRF-CMAQ 的空气质量和
霾天气数值预报

　　WRF-CMAQ 是美国国家环境保护局发展的空气质量模式,目前广泛应用于区域和城市的空气质量业务预报当中。为了增强 WRF-CMAQ 在我国城市空气质量和霾天气方面的预报能力,对 WRF-CMAQ 加以必要的改进,在此基础上构建了空气质量和霾天气数值预报系统,并在城市环境气象预报中加以应用。本章重点介绍 WRF-CMAQ 模式的构成及其在空气质量和霾天气预报中的应用实例。

6.1　WRF-CMAQ 模式介绍

　　WRF-CMAQ 模式包括 WRF 和 CMAQ 两个部分。CMAQ 目前的公开版本提供对中尺度气象模式 MM5 和 WRF 的支持,并且通过气象-化学接口模块 MCIP 进行气象模式输出结果的格式转换。WRF(Chen et al.,2007)是美国国家大气研究中心(NCAR)和美国国家海洋大气局(NOAA)等联合开发的新一代中尺度预报模式和同化系统。WRF 可用来进行 1～10 km 内高分辨率气象场的模拟,同时也可以为诸如业务单位正规预报、区域气候模拟、空气质量模拟等其他应用提供支持,具有广阔的应用前景。CMAQ(Eder and Yu,2007)是美国国家环境保护局(USEPA)开发的第三代区域空气质量模式。CMAQ 模式秉承"一个大气(one atmosphere)"的理念,将对流层大气作为一个整体,使用一套各个模块相容的大气控制方程,对环境大气中的物理、化学过程以及不同物种的相关作用过程进行周密的考虑,适用于光化学烟雾、区域酸沉降、大气颗粒物污染等多尺度多物种的复杂大气环境的模拟,为空气质量预报、区域环境规划调控提供支持。

　　图 6.1a 为各个版本的 CMAQ 发布时间。美国国家环境保护局(USEPA,United States Environmental Protection Agency)在 2019 年 8 月发布了 CMAQ(community multiscale air quality modeling system)5.3 版本,并于 2019 年 12 月进行了 5.3.1 版本的更新。

　　CMAQ 模式结构见图 6.1b,主要包含六个功能模块,即气象场处理模块(MCIP)、源排放处理模块(ECIP)、初始/边界条件模块(ICON/BCON)、光解率模块(JPROC)以及化学传输模块(CCTM)。

　　MCIP 模块主要用来将中尺度气象模式(WRF 或 MM5 等)输出的结果转换为 CMAQ 模式可用的文件。WRF 模式是美国国家大气研究中心和美国国家环境预报中心(NCEP)等联合开发的新一代中尺度预报和资料同化模式。重点考虑从云尺度到天气尺度等有限区域的天气预报和模拟,水平分辨率则重点考虑 1～10 km。不仅可用于真实天气的个案模拟,也可以用其包含的模块组作为基本物理过程探讨的理论依据。此外,WRF 模式还具有多重嵌套和方便定位不同地理位置的能力。

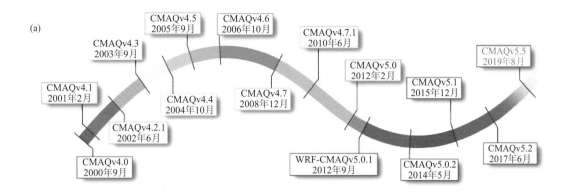

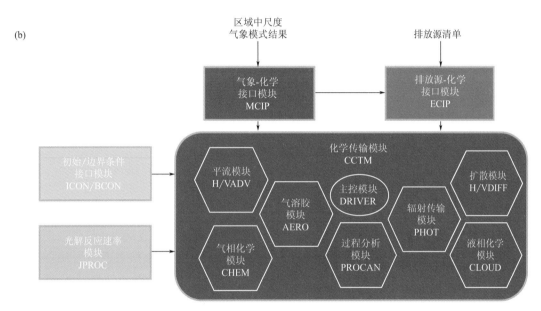

图 6.1　(a)CMAQ 各版本发布时间；(b)CMAQ 模式结构

ECIP 模块负责为 CMAQ 提供高时空分辨率的源排放清单。

ICON/BCON 模块则是用于提供 CCTM 模块所需的初始/边界条件。一般以全球模式的结果文件，结合 ICON/BCON 模块生成 CMAQ 模式第一层区域所需的初始场和边界场。

JPROC 模块通过查找分子吸收截面和量子产率等数据来计算每日晴空光解速率，以及气候衍生臭氧柱和光化学厚度。

CCTM 模块为 CMAQ 的核心模块，通过将上述各模块输出的结果集成后进行空气质量模拟。化学传输模块 CCTM 主要用于对主要的大气化学转化、物种输送、沉降等过程的模拟。上述过程最终统一于模拟物种的扩散方程中：

$$\frac{\partial(\overline{\varphi_i}J_\xi)}{\partial t} + m^2 \, \boldsymbol{\nabla}_\xi \left(\frac{\overline{\varphi_i}J_\xi \overline{\hat{V}_\xi}}{m^2}\right) + \frac{\partial(\overline{\varphi_i}J_\xi \overline{\hat{v}^3})}{\partial \hat{x}^3} - m^2 \frac{\partial}{\partial \hat{x}^1}\left[\frac{\overline{\rho}J_\xi}{m^2}\left(\hat{K}^{11}\frac{\partial \overline{q_i}}{\partial \hat{x}^1}\right)\right] -$$

$$m^2 \frac{\partial}{\partial \hat{x}^2} \left[\frac{\overline{\rho} J_\xi}{m^2} \left(\hat{K}^{22} \frac{\overline{\partial q_i}}{\partial \hat{x}^2} \right) \right] - m^2 \frac{\partial}{\partial \hat{x}^1} \left[\frac{\overline{\rho} J_\xi}{m^2} \left(\hat{K}^{13} \frac{\overline{\partial q_i}}{\partial \hat{x}^3} \right) \right] - m^2 \frac{\partial}{\partial \hat{x}^2} \left[\frac{\overline{\rho} J_\xi}{m^2} \left(\hat{K}^{23} \frac{\overline{\partial q_i}}{\partial \hat{x}^3} \right) \right] -$$

$$\frac{\partial}{\partial \hat{x}^3} \left[\overline{\rho} J_\xi \left(\hat{K}^{31} \frac{\overline{\partial q_i}}{\partial \hat{x}^1} + \hat{K}^{32} \frac{\overline{\partial q_i}}{\partial \hat{x}^2} \right) \right] - \frac{\partial}{\partial \hat{x}^3} \left[\overline{\rho} J_\xi \hat{K}^{33} \frac{\overline{\partial q_i}}{\partial \hat{x}^3} \right]$$

$$= J_\xi R_{\varphi_i} (\overline{\varphi_1}, \cdots, \overline{\varphi_n}) + J_\xi Q_{\varphi_i} + \left[\frac{\partial (\varphi_i J_\xi)}{\partial t} \right]_{cld} + \left[\frac{\partial (\varphi_i J_\xi)}{\partial t} \right]_{aero} \tag{6.1}$$

在 CCTM 内部,针对不同过程设置了不同的模块进行处理,以下重点介绍与大气光化学反应以及非均相化学过程有关的模块。

CMAQ v5.3 进行了一系列的更新,其主要特性包括以下几点。

(1)提供了更详细的 PM 特性:CMAQ v5.3 改进了 PM 组成、尺寸分布和光学特性的建模(Pye et al.,2017),通过新的实验室和观测数据改进了人为有机气溶胶的模拟(Pye et al.,2019)。

(2)从全球到区域尺度扩展了 O_3 和 PM 形成的化学机制:CMAQ v5.3 更新了大气和云层中化学反应相互作用的机理(Fahey et al.,2017;Luecken et al.,2019;Sarwar et al.,2019)。这些改进的化学过程在全球广泛的气候条件下更加贴近实际大气中的反应。

(3)提供了更复杂的陆地和大气相互作用用以进行空气质量和生态系统应用:CMAQ v5.3 更新了两个用于模拟陆地和大气之间污染物交换的新方案,改进了 CMAQ 在生态系统方面的应用(Bash et al.,2018;Pleim et al.,2019)。

(4)更加重视通过长距离输送的污染物:CMAQ v5.3 可更好地模拟海洋活性化学物质的影响,能更准确地模拟通过长距离大气传输的污染物(Mathur et al.,2017;Hogrefe et al.,2018)。

(5)提高了气象和化学模型之间的科学一致性:随着气象模型的发展,CMAQ 也进行了更新,以尽可能一致地表达模型之间的大气过程。CMAQ 使用的气象模型通过增加科学复杂性、合并新的数据源和改变对流层上空大气的表示方式进行了更新。通过这次更新,能更好地表达高浓度 O_3 通过对流层顶间歇性地注入低层大气的物理过程。

(6)提高了 CMAQ 的灵活性用以支持更多的用途:CMAQ v5.3 版本的一些模块已经进行了重组,可供使用者和开发人员更容易地进行扩展。例如:CMAQ v5.3 增加了一个新的排放接口模块,允许对排放污染源进行灵活的映射、缩放和质检,可以极大简化减排方案设计的流程。

6.1.1 与大气光化学反应有关的模块

CMAQ v4.7 之前的版本没有在线计算光解反应速率的模块,CCTM 在气相化学计算时所用到的数值是通过 JPROC 模块生成的晴空光解反应速率表进行查表得到的。CMAQ v4.7 之后的版本在 CCTM 内部增加了 phot-inline 模块,该模块包含辐射传输模式 Fast TUV,利用二流近似(two stream)的方法求解辐射传输方程,可以在线计算光解反应速率系数;另外还沿用 OPAC 软件包中不同类型气溶胶和云光学特性的数据库,同样基于米(Mie)散射理论计算气溶胶颗粒物的光学参量,能够有效描述气溶胶颗粒物和云对光解反应速率的影响,相关信息参见表 6.1。利用该模块可以探讨大气颗粒物与 O_3 基于光化学反应的相互作用。

表 6.1　CMAQ 模式中的辐射波段与颗粒物复折射指数

波段（nm）	颗粒物复折射指数	
	可溶性颗粒物	1.5
295、303、310、316、333、380、574	黑碳颗粒物	1.85-0.71i
	沙尘颗粒物	1.53-0.01i
	海盐颗粒物	1.5

6.1.2　与非均相化学过程有关的模块

CMAQ 的气溶胶模块 AERO 基于气溶胶模式 RPM，气溶胶颗粒物的谱分布同样满足对数正态分布，共分为三模态：核模态、积聚模态和粗模态。$PM_{2.5}$ 由核模态（粒径～0.1 μm）和积聚模态（粒径 0.1～2.5 μm）组成，粗模态（粒径 2.5～10 μm）对应海盐等粗颗粒。AERO 主要处理粒子的凝结增长、硫酸液滴的均值核化、二次无机气溶胶的生成和二次有机气溶胶（SOA）的生成等过程。非均相化学过程也包括在内，并调用 AERO 里各模态的总表面积计算非均相化学反应的反应速率；反应产物反馈到热力学平衡模式中，与二次无机气溶胶的生成相连接。

CMAQ v4.7 之后的版本中的非均相化学反应处理方式同样参照 Jacob（2000）的工作，但所考虑的物种仅仅包含 N_2O_5。本研究对 CMAQ 中的非均相化学过程进行改进，将非均相化学模块移植入 AERO 模块内部，扩充了该模块功能，利用该模块可以探讨大气颗粒物与 O_3 基于非均相化学反应的相互作用。

6.1.3　排放源

人为源清单的准确性直接决定了空气质量模式对大气污染成分的浓度和分布的模拟和预报水平。选用 Zhang 等（2009）所建立的 INTEX-B 东亚地区人为污染物排放清单以及 MEIC 中国排放清单为 CMAQ 提供源排放数据，分辨率为 $0.5° \times 0.5°$。另外，针对长三角地区，还在人为排放源中增加了邓君俊（2011）所建立的长三角地区江苏、上海、浙江三省铺装道路扬尘的排放清单。针对城市，应用本地化的高分辨率排放清单。

6.2　预 报 思 路

预报思路可由图 6.2 加以说明。即把整个积分时段分成两部分，从前一天 20 时开始到当

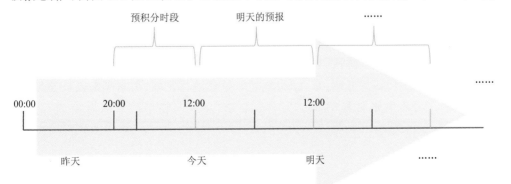

图 6.2　预报思路示意图

日 12 时为预积分时段,而从当日 12 时开始之后的 24 h 为当日的正式预报时间。这样经过预积分时段的充分调整,保证模式在正式积分时段有良好表现。

6.3 系统框架

WRF-CMAQ 空气质量预报模式系统的整体框架如图 6.3 所示。总共分为气象场数据自动下载、排放源处理、模式预报和产品输出四个部分,其中模式预报又分为 GFS 资料预处理、WRF-CMAQ 初始化和 WRF-CMAQ 运行三个步骤。根据框架所建立的目录结构如下:Data 为系统数据目录,包含三个子目录 GFS、WRFout 和 Products;Scripts 为系统运行脚本目录;NJpost 为后处理目录;WPS 为 WRF 预处理目录;WRFV3 为 WRF-CMAQ 主目录;setpath 为系统环境变量设置。

图 6.3 预报系统模式框架

6.4 在青岛的应用

6.4.1 参数设置

在模式的网格设置上,水平方向设定四层嵌套网格,如图 6.4 所示。青岛市网格中心经纬度 37.0°N、120.0°E,使用兰勃特(Lambert)地图投影,在垂直方向上分为 23 层,模式顶为 100 hPa。预报模型采用四层嵌套:东北亚、华北平原及周边区域、山东半岛及周边区域、青岛及周边区域,水平分辨率分别为 81 km、27 km、9 km、3 km,格点数分别为 88×75、85×70、94×64、58×73。

6.4.2 方案选择

通过不同方案的比较,并与实测的污染物数据进行对比。WRF-CMAQ 模拟方案如表 6.2 和表 6.3 所示。WRF 选择 RRTM 长波辐射方案、Dudhia 短波辐射方案、Noah 陆面过程

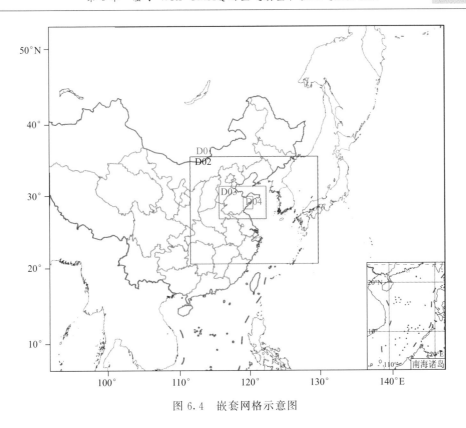

图 6.4　嵌套网格示意图

方案、Betts-Miller-Janjic 积云参数化方案。CMAQ 选择 CB05 光化学机制、AERO4 气溶胶方案、Photolysis-inline 光解率方案、PPM 平流方案、ACM2 扩散方案等。

表 6.2　WRF 模式的参数化方案

方案	说明
微物理过程方案	WSM6 类冰雹防范方案
长波辐射方案	RRTM 方案
短波辐射方案	Dudhia 方案
近地面层方案	MYJMonin-Obukhov 方案
陆面过程方案	Noah 陆面过程方案
边界层方案	Eta Mellor-Yamada-Janjic TKE(湍流动能)方案
积云参数化方案	Betts-Miller-Janjic 方案

表 6.3　CMAQ 模式的参数化方案

方案	说明
光化学机制	CB05
气溶胶方案	AERO4
光解率方案	Photolysis-inline
平流方案	PPM
扩散方案	ACM2

6.4.3　模式产品

系统自动化通过所需的控制脚本,实现了系统每日自动化稳定运行,自动生成业务预报所需图片和文本文件,每日定期备份了关键数据,并且清理模式计算产生的临时文件。

预报系统提供文本数据、平面分布图及从地面到高空共 23 层的逐小时 netCDF 格式数据三种形式的模式输出结果。文本数据实现自动化提取,包括风、温、湿、压等常规气象要素的小时变化和垂直变化,以及相应站点 SO_2、NO_2、PM_{10}、$PM_{2.5}$、CO、O_3 等污染物的小时浓度和 AQI 指数。空气质量预报输出产品符合国家新空气质量标准,污染物包括 O_3、$PM_{2.5}$、PM_{10}、CO、NO_2、SO_2 等,提供 168 h 平均值预报和逐小时预报(图 6.5 和图 6.6)。

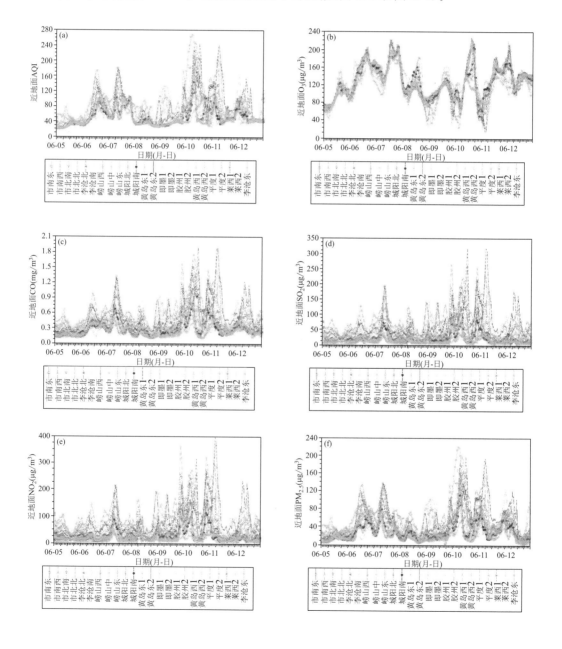

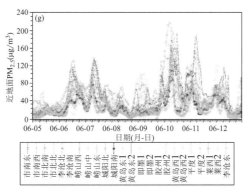

图 6.5　2018 年 6 月 5—13 日青岛市 24 站点 AQI(a)、O_3(b)、CO(c)、
SO_2(d)、NO_2(e)、PM_{10}(f)、$PM_{2.5}$(g)预报折线图

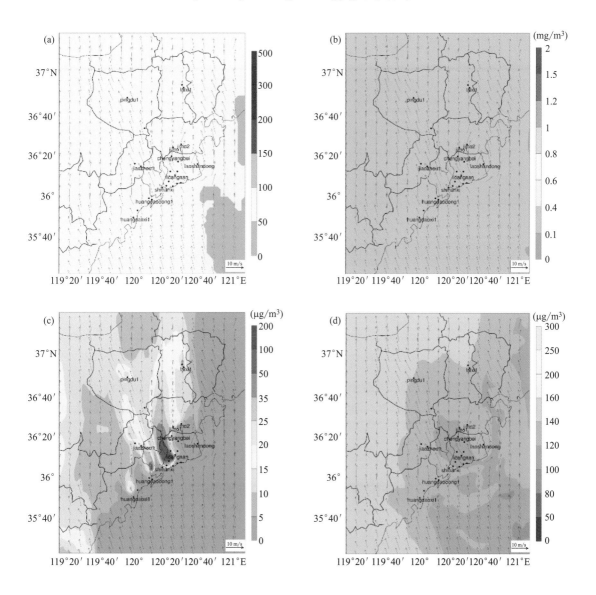

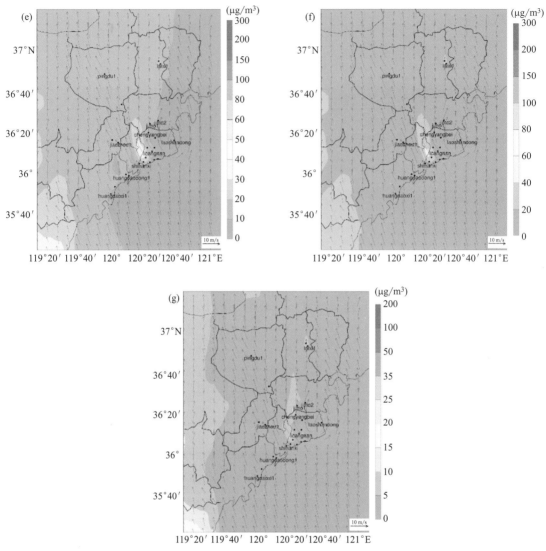

图 6.6　2018 年 6 月 5 日青岛市 AQI(a)、CO(b)、NO₂(c)、O₃(d)、PM₂.₅(e)、
PM₁₀(f)和 SO₂(g)预报浓度图

基于预报结果和观测数据,获取再分析数据、制作再分析资料集和订正的模式关键参数。实现基于准实时再分析数据的空气质量预报,每次预报青岛及周边区域未来 168 h 的空气质量。

6.4.4　模式检验

针对 2018 年 5 月 30 日—6 月 11 日在青岛的应用结果,进行模式检验。如表 6.4 所示,CMAQ 模式 AQI 预报趋势基本正确,对于 24 h 和 48 h 预报,多数时候都能预报正确的污染等级。针对 6—8 日的一次污染过程,CMAQ 模式从 2 日开始就给出了预警,5 日的预报能够基本正确预报污染等级及变化过程。

表 6.4　CMAQ 模式对 5 月 30 日—6 月 11 日的 AQI 日报与观测对比(国控 8 站点平均)(日期格式:月-日)

预报 起报日	05-30	05-31	06-01	06-02	06-03	06-04	06-05	06-06	06-07	06-08	06-09	06-10	06-11
观测	87	79	92	82	84	82	59	118	150	97	97	71	84
05-28	52	70	45	36	35	35							
05-29	75	73	38	38	36	35	37						
05-30	73	79	90	144	134	62	36	52					
05-31		76	82	83	71	48	41	54	46				
06-01			46	69	59	43	48	56	106	91			
06-02				47	45	71	128	124	110	92	94		
06-03					41	74	122	144	137	101	84	68	
06-04						85	150	179	162	110	84	66	38
06-05							59	109	132	115	68	101	101
06-06								80	128	131	112	88	77
06-07									139	137	97	88	86
06-08										53	50	44	64
06-09											40	62	52
06-10												48	79
06-11													68

　　从图 6.7—6.9 可以看出,模式对于城市的污染物浓度有着较好的模拟能力,AQI 时报基本可以还原趋势,AQI 日报预报结果偏低,但 6 月 6—9 日的污染过程模拟的较为准确。O_3 的小时浓度预报偏低,但趋势模拟的较为准确,特别是 6 月 6—8 日的污染过程。颗粒物 $PM_{2.5}$ 的小时浓度预报上,虽然浓度值有所低估,但基本上能抓住日变化和日际变化。

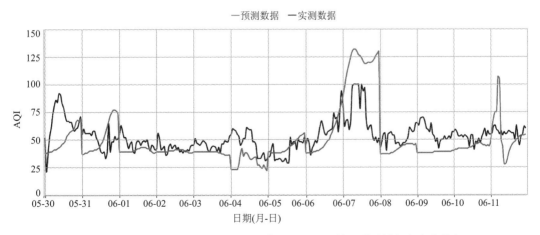

图 6.7　CMAQ 5 月 30 日—6 月 11 日期间的 AQI 时报预报效果(市南东站点)

　　WRF-CMAQ 具有模拟 O_3 重污染的能力,6 月 8—9 日 O_3 重污染主要是外部输送导致,可能的机制是上游高空的高浓度 O_3 沿气团轨迹传输,随下沉气流聚集在青岛西南部海面,随

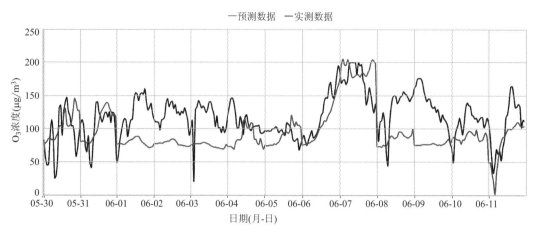

图 6.8　CMAQ 5 月 30 日—6 月 11 日期间的 O₃ 小时浓度预报效果(市南东站点)

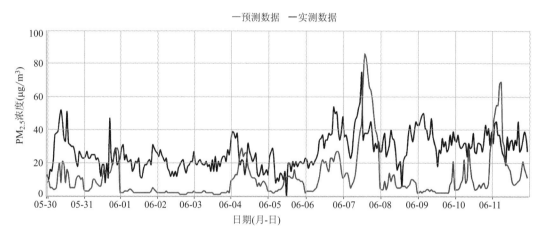

图 6.9　CMAQ 5 月 30 日—6 月 11 日期间的 PM₂.₅ 小时浓度预报效果(市南东站点)

后由近地层西南向海风水平输送至青岛沿岸。本次 O₃ 污染期间,青岛大部分时间都处于前体物非敏感区,且覆盖范围广。2017 年 6 月 1—11 日青岛沿海地区的 O₃ 污染事件大部分归因于区域传输,因此,应该加强区域联防联控,减少区域传输对城市 O₃ 浓度的影响(杨帆等,2019)。

6.5　在辽宁的应用

6.5.1　参数设置

图 6.10 所示为 WRF 模式的区域设置情况。在该模式的网格设置上,水平方向设定三层嵌套网格。可以看到,最外层区域包括了中国大部分地区,包含京津冀、长三角和珠三角三大城市群区,第二层区域含有东北大部分地区和华北部分地区,第三层区域则覆盖了整个辽宁省区域。第一层至第三层区域的水平网格数分别为 88×75、85×70 和 55×61,对应网格距分别为 81 km、27 km 和 9 km。WRF 模式在垂直方向上分为 30 层,模式顶为 50 hPa。

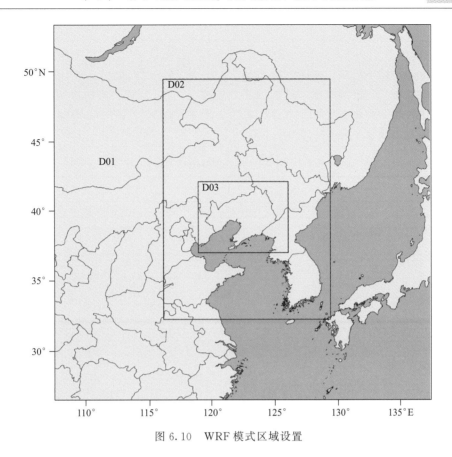

图 6.10　WRF 模式区域设置

6.5.2　方案选择

　　表 6.5 所示为 WRF 模式中涉及的相关参数化方案。模式中云微物理过程采用 WSM 5-class 方案。该方案考虑了水汽、云水、雨水、云冰和雪,水、冰可以共存,同时过冷水也可以存在,而且在冰相部分,霰的下落过程中考虑了相应的熔解过程以及冰的沉淀作用。长波、短波辐射过程分别选用 RRTM 方案和 Goddard 方案,其中 RRTM 方案考虑了云和辐射的相互作用,Goddard 方案考虑了散射和太阳直接辐射。边界层过程选用 YSU 方案,该方案是第二代的 MRF 边界层方案,适用于解析度较高的边界层,通过共轭梯度以及 K 剖面来进行相关计算。

表 6.5　WRF 模式中参数化方案设置

设置	说明
垂直分层	30 层
云微物理方案	WSM 5-class 方案
长波辐射方案	RRTM 方案
短波辐射方案	Goddard 方案
表面层方案	Monin-Obukhov 方案
陆面方案	Unified Noah land-surface model 方案
边界层方案	YSU 方案
积云参数化方案	Kain-Fritsch(new Eta)方案

表 6.6 所示为 CMAQ 模式中的方案设置情况。CMAQ 模式的网格系统设置与 WRF 模式完全一致,仅在水平边界上各少 3 个格点,故 CMAQ 模式的第三层区域对应网格数为 52×58。模式设定的光化学机制为 CB05,该机制更利于 O_3、颗粒物、能见度、酸沉降及其他大气中有害物质的模拟研究。气溶胶模块选取的是 AERO4 方案;光解率所用方案为 Photolysis-inline,通过在该模块中添加颗粒物间接作用参数方案来探讨颗粒物与 O_3 的相互作用。平流和扩散方案分别选用的是 PPM 和 ACM2-inline 方案。

表 6.6　CMAQ 模式中参数化方案设置

模式	设置	说明
CMAQ	光化学机制	CB05
	气溶胶方案	AERO4
	光解率方案	Photolysis-inline
	平流方案	PPM
	扩散方案	ACM2-inline

6.5.3　模式产品

基于搭建的辽宁省空气质量预报系统 WRF-CMAQ,从 2015 年 11 月开始进行逐日实时预报。以下给出该模式系统相关的预报产品,对 2016 年 9 月 4 日—10 月 30 日预报结果进行分析,并利用空气质量指数(AQI)和大气污染物浓度资料进一步检验预报系统的性能。

WRF-CMAQ 模式系统能够给出辽宁省未来 72 h 六种主要污染物 SO_2、NO_2、CO、$PM_{2.5}$、PM_{10} 和 O_3 逐小时的浓度分布特征(图 6.11)以及未来 3 d 各污染物日均浓度分布特征(图 6.12)。进一步,模式系统给出了辽宁省空气质量指数(AQI)的逐小时和日平均分布特征(图 6.13),为空气质量预报预警提供依据。

6.5.4　性能验证

为检验预报系统对于大气污染物的预报能力,选取辽宁省国控监测站点,将 2016 年 8 月

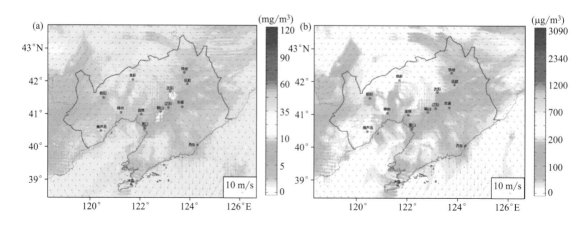

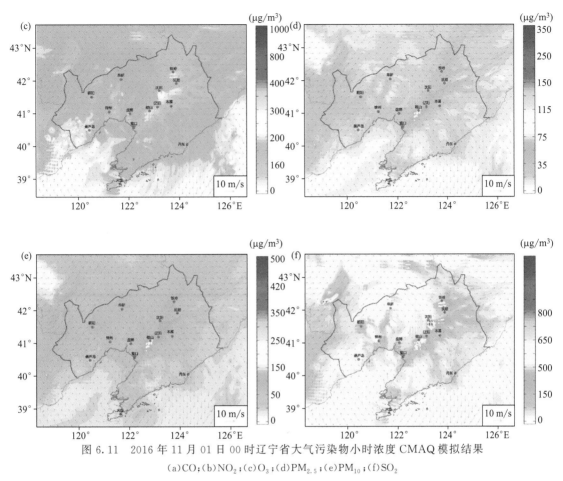

图 6.11　2016 年 11 月 01 日 00 时辽宁省大气污染物小时浓度 CMAQ 模拟结果

(a)CO；(b)NO$_2$；(c)O$_3$；(d)PM$_{2.5}$；(e)PM$_{10}$；(f)SO$_2$

13 日—9 月 20 日逐日污染物浓度的 CMAQ 模式预报值与实测数据相比较，结果如图 6.14 所示。绿色实线表示实际观测值，红色实线表示 MOS 订正后的预报值。结果表明，预报系统基本可以准确预报出各污染物的变化趋势。从图中可以看出，经过 MOS 订正后，预报结果和观测结果比较吻合。

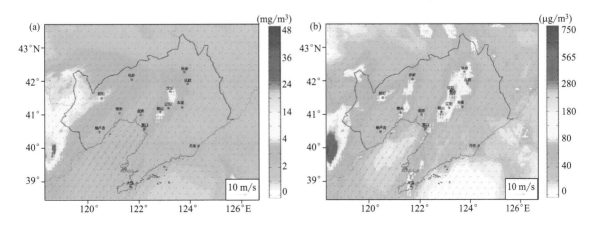

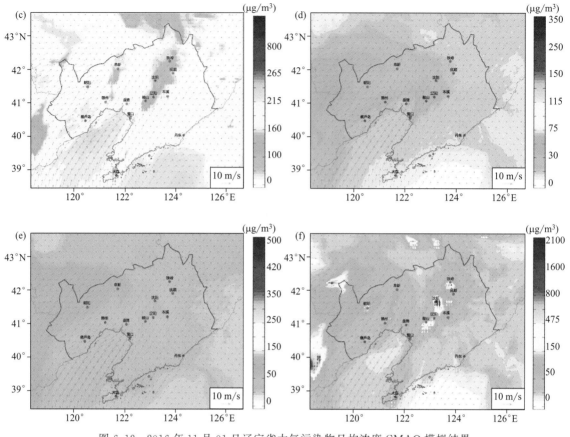

图 6.12　2016 年 11 月 01 日辽宁省大气污染物日均浓度 CMAQ 模拟结果

(a)CO;(b)NO$_2$;(c)O$_3$;(d)PM$_{2.5}$;(e)PM$_{10}$;(f)SO$_2$

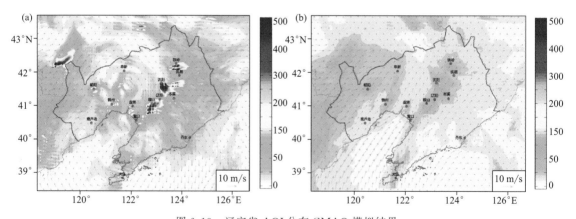

图 6.13　辽宁省 AQI 分布 CMAQ 模拟结果

(a)逐小时(2016 年 11 月 01 日 00 时);(b)日平均(2016 年 11 月 01 日)

为检验预报系统对于空气质量指数(AQI)的预报能力,选取辽宁省国控监测站点,将 2016 年 8 月 13 日—9 月 20 日逐日空气质量指数 CMAQ 模式预报值与实测数据相比较,结果如图 6.15 所示。绿色实线表示实际观测值,红色实线表示 MOS 订正后的预报值。从图中可

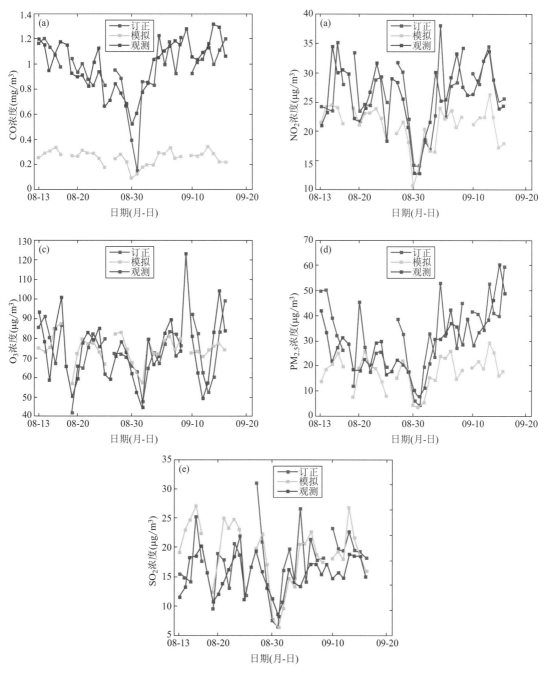

图 6.14　辽宁省大气污染物浓度模拟与观测比较

(a)CO；(b)NO$_2$；(c)O$_3$；(d)PM$_{2.5}$；(e)SO$_2$

以看出，MOS 订正后预报结果和观测结果较为吻合。预报系统可以准确预报出空气质量指数的变化趋势，并将 AQI 高值日均准确预报出，整体性能均通过检验。

对辽宁省国控监测站点污染物日均浓度以及空气质量指数预报结果与观测值做相关性分析和统计分析，如表 6.7。经 MOS 订正后的相关系数均在 0.3 以上，最高达 0.48，平均偏差和

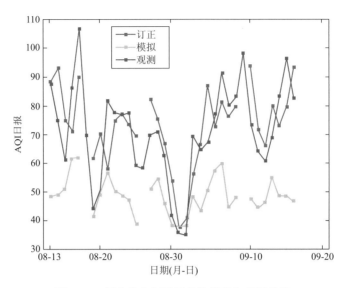

图 6.15　辽宁省空气质量指数模拟与观测比较

表 6.7　2016 年 8—9 月辽宁省 CMAQ 模式预报统计

污染物	订正前			订正后		
	MB	RMSE	Corr	MB	RMSE	Corr
AQI	21.87	32.01	0.43	−2.29	25.01	0.46
SO_2	−3.59	13.14	0.33	−2.42	10.17	0.31
NO_2	4.66	12.82	0.32	−0.84	11.12	0.38
CO	0.73	0.80	0.32	0.03	0.35	0.47
O_3	−1.21	23.48	0.46	0.00	20.45	0.47
$PM_{2.5}$	10.53	18.63	0.34	−4.73	18.60	0.48

均方根误差控制在较小范围内,平均预报效果提升。

　　进一步分析 CMAQ 模式系统的预报成功率,如表 6.8 所示。模式系统 24 h 的预报成功率达到 0.7,具有较理想的预报能力。相比较而言,模式系统 24 h 的预报效果比 24 h 之后的预报效果好,并且 48 h 及更长时间的模拟也具有一定的参考价值。CMAQ 模式系统不仅具有较强的模拟短期空气质量的能力,而且对于中期空气质量预报预警具有一定的指导意义。

表 6.8　2016 年 8—9 月辽宁省 CMAQ 模式预报成功率

预报时效	订正前预报成功率	订正后预报成功率	参与统计的天数
24 h 预报	0.4	0.7	32
48 h 预报	0.6	0.6	31
72 h 预报	0.6	0.5	30

第 7 章　基于 RegAEMS 的空气质量和
霾天气数值预报

RegAEMS(regional atmospheric environment modeling system)是南京大学发展的区域大气环境模拟系统,包括中尺度气象模式(WRF/MM5/TAPM)和区域大气环境模式(RAEM)两个部分,气象模式输出的气象要素场提供给大气环境模式,大气环境模式则考虑了影响大气污染物分布的排放、输送、沉降、转化等复杂的大气物理和化学过程,可以实现对大气复合污染的模拟和预测。本章重点介绍 RegAEMS 模式的构成及其在空气质量和霾天气预报中的应用实例。

7.1　系统框架

区域大气环境模拟系统 RegAEMS 经历了三个发展阶段,其前身是 NJURADM、RegA-DMS。NJURADM 是用于酸雨模拟的数值模式,包括气象模式和酸雨模式两个部分,气象模式输出的气象要素场提供给酸雨模式,酸雨模式则可以输出 SO_2、NO_x、SO_4^{2-}、NO_3^- 等大气污染物浓度和酸沉降量。气象模式采用美国 PSU/NCAR 的中尺度气象模式 MM4,酸雨模式考虑了影响酸雨形成的排放、输送、沉降、转化等复杂的物理化学过程,可以进行酸雨的个例模拟。RegADMS 是在 NJURADM 基础之上进一步对化学过程作合理简化,建立不同条件下 SO_2、NO_x 转化率的数据库,直接为欧拉模式调用,并对液相化学和湿清除过程进行了参数化处理,气象模式采用 MM5。这样得到的工程模式既考虑了大气化学过程的非线性,又具有较高的计算效率,可以用来模拟计算季或年等较长时间尺度的区域大气污染物浓度和酸沉降分布。RegAEMS 在 RegADMS 基础之上又加入了无机气溶胶、海盐气溶胶、二次有机气溶胶、沙尘气溶胶、扬尘排放模块,能够进行多层网格嵌套,并支持 MM5、WRF、TAPM 多种气象模式资料接口。为了实现对区域和城市空气质量和霾天气的预报,对 RegAEMS 加以完善,建立了相应的数值预报系统。RegAEMS 模式系统的总体框架见图 7.1。

7.2　气象模式

WRF(weather research forecast)(Skamarock et al.,2008)是美国国家大气研究中心(NCAR)、美国国家海洋大气局-预报系统实验室(NOAA/FSL)、美国国家环境预报中心(NCEP)等联合开发的新一代中尺度预报模式和同化系统,是一个可用来进行 $1\sim10$ km 内高分辨率模拟的数值模式,同时,也是一个应用广泛的数值模式,例如:业务单位正规预报、区域气候模拟、空气质量模拟、理想个例模拟。试验表明,WRF 模式系统在预报各种天气中都有较好的性能,具有很好的应用前景。

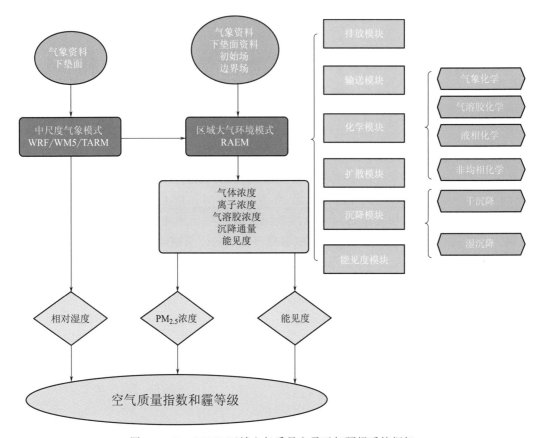

图 7.1　RegAEMS 区域空气质量和霾天气预报系统框架

WRF 模式采用高度模块化和分层设计,分为驱动层、中间层和模式层,用户只需与模式层打交道;在模式层中,动力框架和物理过程都是可插拔式的,为用户采用各种不同的选择、比较模式性能和进行集合预报提供了极大的便利。它的软件设计和开发充分考虑适应可见的并行平台在大规模并行计算环境中的有效性,可在分布式内存和共享内存两种计算机上实现加工的并行计算,模式的耦合架构容易整合进入新地球系统模式框架中。

WRF 模式重点考虑从云尺度到天气尺度等重要天气的预报,水平分辨率重点考虑 1～10 km。因此,模式包含高分辨率非静力应用的优先级设计、大量的物理选择、与模式本身相协调的先进的资料同化系统。WRF 模式有两个版本,一个是在 NCAR 的 MM5 模式基础上发展,另一个是由 NCEP Eta 模式发展而来。两个方案的主要不同之处在于垂直坐标和格点格式的选择,通量的空间差分 NCAR 方案精度更高,但需要的计算时间也要多一些。物理方案两者虽然有所不同,但都是互有物理接口,因此从总体来说两者的物理方案是兼容的。

WRF 模式中除了动力过程之外,另一个重要部分即为模式的物理参数化部分。在模拟实际天气时,有几项最重要的物理过程必须被考虑进来,例如:辐射、边界层、地面过程、积云对流、湍流和云微物理等过程。表 7.1 给出了现在 WRF 模式中可供选择的物理参数化选项。

表 7.1　WRF 物理参数化方案

物理过程	选项
微物理	Kessler 方案、Lin 方案、WSM3、WSM5、WSM6、Eta 微物理方案、Goddard 微物理方案、Thompson 方案、Morrison 方案
长波辐射	RRTM 方案、GFDL 方案、CAM 方案
短波辐射	Dudhia 方案、Goddard 短波方案、GFDL 短波方案、CAM 方案
地面层	MM5 相似理论方案、Eta 相似理论方案、Pleim-Xiu 方案
陆面	5 层热力扩散方案、Noah 陆面模式、RUC 陆面模式、Pleim-Xiu 陆面模式
边界层	YSU 方案、MYJ 方案、MRF 方案、ACM 方案
积云对流	Kain-Fritsch 方案、Betts-Miller-Janjic 方案、Grell-Devenyi 方案、Grell 3D 方案、旧的 Kain-Fritsch 方案
城市冠层	单层模式、多层模式

7.3　区域大气环境模式 RAEM

区域大气环境模式(RAEM)是一个三维时变的欧拉型模式,它考虑了影响大气污染物分布和酸雨形成的排放、输送、沉降、转化等复杂的物理和化学过程。该模式可以输出二氧化硫(SO_2)、氮氧化物(NO_x)、臭氧(O_3)、硫酸盐(SO_4^{2-})、硝酸盐(NO_3^-)、铵盐(NH_4^+)、二次有机气溶胶、黑碳(BC)、有机碳(OC)、沙尘、海盐等大气污染物的浓度和沉降量。

在模式中污染源考虑了全国人为源 SO_2、NO_x、CO、NH_3、VOC、PM_{10}、$PM_{2.5}$ 排放,自然源 NO_x、VOC、CH_4 排放、沙尘与海盐排放,采用三层阻力模型计算气态物和颗粒物的干沉降速度,气相化学考虑了 60 个反应和 30 个物种,并耦合 ISORROPIA 热力学平衡模式(Nenes et al.,1998)描述二次无机盐和 SORGAM 热力学平衡模式(Schell et al.,2001)描述二次有机盐的形成过程。

对于输送物种,模式用完整的平流扩散方程来描述:

$$\frac{\partial C_i^*}{\partial t} + m^2 \left[\frac{\partial(uC_i^*/m)}{\partial x} + \frac{\partial(vC_i^*/m)}{\partial y}\right] + \frac{\partial(\sigma C_i^*)}{\partial \sigma}$$

$$= m\left[\frac{\partial(mKx\partial C_i^*/\partial x)}{\partial x} + \frac{\partial(mKy\partial C_i^*/\partial y)}{\partial y}\right] + \left(\frac{g}{p^*}\right)^2 \frac{\partial(\rho^2 Kz\partial C_i^*/\partial \sigma)}{\partial \sigma} + \quad (7.1)$$

$$\frac{\partial C_i^*}{\partial t}\bigg|_{chm} + \frac{\partial C_i^*}{\partial t}\bigg|_{dry} + \frac{\partial C_i^*}{\partial t}\bigg|_{cld} + \frac{\partial C_i^*}{\partial t}\bigg|_{ran} + S$$

式中,$C_i^* = C_i p^*$,$p^* = p_s - p_t$,$\sigma = (p - p_t)/(p_s - p_t)$,其中 C_i 为物质浓度,p_s、p_t 分别是模式底层和顶层气压,σ 为 σ 坐标系中的垂直速度,m 代表 Lambert 地图投影因子,S 是源排放率,$\partial C_i^*/\partial t|_{chm}$、$\partial C_i^*/\partial t|_{dry}$、$\partial C_i^*/\partial t|_{cld}$、$\partial C_i^*/\partial t|_{ran}$ 分别表示气相化学、干沉积、云中物理化学过程、雨中物理化学过程引起的浓度变化。式(7.1)是一组非常复杂的偏微分方程,采用有限差分时间分裂法进行求解。

7.3.1　平流输送

尺度分析表明,当模拟区域的水平尺度达到上千千米时,平流输送的作用占据主导地位,所以能否准确模拟该项是远距离输送模式的关键。对于欧拉型模式,处理平流输送面临两大挑战:一是要求气象资料有较高的分辨率,而一般常规资料并不能满足;二是平流项差分近似带来的"伪扩散"将导致数值计算的不稳定。为解决这两个问题,平流项采用 Smolarkiewicz 的有限正定上游差分方法,该方案具有形式简单、数值扩散小和计算效率高的优点。

7.3.2　湍流扩散

污染物浓度的垂直分布主要取决于铅直湍流扩散系数 K_Z 的垂直结构。考虑到边界层以内和边界层以上的湍流发生机制不同,边界层以内主要是机械和热力湍流引起的,具有连续性的特征,而边界层以上自由对流层的湍流则主要由风切变引起的,模式采用了分层的铅直扩散系数 (Carmichael and Peters,1986)。远距离输送模式在处理水平涡旋扩散时一般不十分严格,有时甚至忽略该项的贡献,原因有二:一是进入区域尺度以后,水平扩散的作用比平流项要小得多;二是处理平流项的许多差分格式都存在不同程度的人工扩散,在数值解中有时无法区分水平扩散和人工扩散的差别。但是为了克服非线性不稳定和混淆误差,模式仍保留了此项。铅直扩散的差分采用显式克兰克-尼科尔森(Crank-Nicolson)方案,水平扩散项采用中心差分方案。

7.3.3　干沉积

在气体和气溶胶粒子的远距离传输过程中,干沉积是主要的物理机制之一。随着输送距离的增大,干沉积过程可以在时间和空间上不断积累,因而不容忽视。处理干沉积过程的常用方法是引入干沉积速率(以 V_d 表示),它被定义为沉积通量和污染物的浓度之比。由于现有 V_d 的实测资料非常有限,远不能满足区域模式的时空分辨要求,因此在阻力模式(Walcek et al.,1986)基础上,利用中尺度模式输出的气象资料和地表状况资料计算区域干沉积速率时空分布式。

7.3.4　气相化学

在碳键机理(William,1986)和现有化学反应动力学资料的基础上建立了一个简单而又能反映实质的气相化学模式。该气相化学模式包含 30 个物种和 60 个反应,其中 9 个光解反应包括了大气中的硫化学、氮化学、有机化学和光化学反应,具体参见表 7.2。

表 7.2　气相化学反应机理

气相化学反应	速率常数(298 K)	$-E/R^a$
(G1)$NO_2+h\nu\rightarrow NO+O$	$0.1\times10^{-1}J^b$	
(G2)$HNO_2+h\nu\rightarrow NO+OH$	$0.19\,J^b$	
(G3)$H_2O_2+h\nu\rightarrow 2OH$	$7.0\times10^{-4}J^b$	
(G4)$CAR+h\nu\rightarrow 0.5CH_3COO_2+0.5HO_2+0.5CO$	$6.0\times10^{-3}J^b$	
(G5)$O+O_2\rightarrow O_3$	4.2×10^6	650

续表

气相化学反应	速率常数(298 K)	$-E/R^a$
(G6) $O_3 + NO \rightarrow NO_2 + O_2$	0.252×10^2	-1370
(G7) $O + NO_2 \rightarrow NO + O_2$	0.134×10^5	
(G8) $O_3 + NO_2 \rightarrow NO_3 + O_2$	0.5×10^{-1}	-2450
(G9) $NO_3 + NO \rightarrow 2NO_2$	0.13×10^5	122
(G10) $NO_3 + NO_2 + H_2O \rightarrow 2HNO_3$	$0.166 \times 10^{-2} \, RH^c$	
(G11) $HO_2 + NO_2 \rightarrow HNO_2 + O_2$	0.2×10^2	
(G12) $NO_2 + OH \rightarrow HNO_3$	0.9×10^4	560
(G13) $NO + OH \rightarrow HNO_2$	0.9×10^4	610
(G14) $CO + OH + O_2 \rightarrow HO_2 + CO_2$	0.206×10^3	
(G15) $HO_2 + NO \rightarrow OH + NO_2$	0.2×10^4	240
(G16) $HO_2 + HO_2 \rightarrow H_2O_2 + O_2$	0.4×10^4	800
(G17) $PAN \rightarrow CH_3COO_2 + NO_2$	0.2×10^{-1}	-1.33×10^4
(G18) $OLE + OH \rightarrow CAR + CH_3O_2$	0.38×10^5	500
(G19) $OLE + O + O_2 \rightarrow CH_3COO_2 + CH_3O_2$	0.53×10^4	
(G20) $OLE + O_3 + O_2 \rightarrow 0.67CH_3COO_2 + 0.67CAR + 0.67OH$	0.1×10^{-1}	-2000
(G21) $PAR + OH \rightarrow CH_3O_2 + H_2O$	0.13×10^4	-500
(G22) $PAR + O + O_2 \rightarrow CH_3O_2 + OH$	0.2×10^2	
(G23) $CAR + OH \rightarrow CH_3COO_2 + H_2O$	0.1×10^5	
(G24) $ARO + OH + O_2 \rightarrow CAR + CH_3O_2$	0.8×10^4	810
(G25) $ARO + O + O_2 \rightarrow CH_3COO_2 + CH_3O_2$	0.37×10^2	
(G26) $ARO + O_3 + O_2 \rightarrow CH_3COO_2 + CAR + OH$	0.2×10^{-2}	
(G27) $ARO + NO_3 \rightarrow$ 产物	0.5×10^2	
(G28) $CH_3O_2 + NO \rightarrow NO_2 + CAR + HO_2$	0.2×10^4	
(G29) $CH_3COO_2 + NO + O_2 \rightarrow NO_2 + HO_2 + CO_2$	0.2×10^4	
(G30) $CH_3COO_2 + NO_2 \rightarrow PAN$	0.15×10^3	
(G31) $CH_3O_2 + HO_2 \rightarrow CH_3O_2H + O_2$	0.4×10^4	
(G32) $CH_3COO_2 + HO_2 \rightarrow CH_3COOOH + O_2$	0.4×10^4	
(G33) $SO_2 + OH + H_2O \rightarrow SO_4^{2-}$	$0.1 \times 10^4 RH^c$	
(G34) $SO_2 + O \rightarrow SO_3$	0.487×10^2	
(G35) $SO_2 + HO_2 \rightarrow SO_3 + OH$	1.48×10^{-3}	
(G36) $SO_2 + CH_3O_2 \rightarrow SO_3 + CH_3O$	7.06×10^{-3}	
(G37) $SO_3 + H_2O \rightarrow SO_4^{2-}$	$1.33 \times 10^3 RH^c$	
(G38) $O_3 + h\nu \rightarrow O(^1D) + O_2$	^{d}	
(G39) $O(^1D) + H_2O \rightarrow 2OH$	2.2×10^{-10}	
(G40) $O(^1D) + N_2 \rightarrow O + N_2$	$1.8 \times 10^{-11} \times e^{(110/T)}$	
(G41) $O(^1D) + O_2 \rightarrow O + O_2$	$3.2 \times 10^{-11} \times e^{(70/T)}$	

续表

气相化学反应	速率常数(298 K)	$-E/R^a$
(G42)$HO_2+O_3\rightarrow OH+2O_2$	$1.1\times10^{-14}\times e^{(-500/T)}$	
(G43)$OH+O_3\rightarrow HO_2+O_2$	$1.6\times10^{-12}\times e^{(-940/T)}$	
(G44)$H_2O_2+OH\rightarrow HO_2+H_2O$	$2.9\times10^{-12}\times e^{(-160/T)}$	
(G45)$OH+HO_2\rightarrow H_2O+O_2$	$4.8\times10^{-11}\times e^{(250/T)}$	
(G46)$OH+OH\rightarrow H_2O+O$	$4.2\times10^{-12}\times e^{(-240/T)}$	
(G47)$OH+OH+M\rightarrow H_2O_2+M$	4.6×10^{-12}	
(G48)$CH_4+OH\rightarrow CH_3+H_2O$	$2.9\times10^{-12}\times e^{(-1820/T)}$	
(G49)$CH_3+O_2+M\rightarrow CH_3O_2+M$	2.6×10^{-31}	
(G50)$CH_3O_2H+h\nu\rightarrow CH_3O+OH$	d	
(G51)$CH_3O_2H+OH\rightarrow CH_3O_2+H_2O$	$3.8\times10^{-12}\times e^{(200/T)}$	
(G52)$CFCl_3+h\nu\rightarrow CFCl_2+Cl$	1.69×10^{-6}	
(G53)$CFCl_3+O(^1D)\rightarrow CFCl_2+ClO$	2.3×10^{-10}	
(G54)$CF_2Cl_2+h\nu\rightarrow CF_2Cl+Cl$	1.84×10^{-8}	
(G55)$CF_2Cl_2+O(^1D)\rightarrow CF_2Cl+ClO$	1.4×10^{-10}	
(G56)$N_2O+h\nu\rightarrow N_2+O(^1D)$	6.9×10^{-8}	
(G57)$N_2O+O(^1D)\rightarrow 2NO$	6.7×10^{-11}	
(G58)$N_2O+O(^1D)\rightarrow N_2+O_2$	4.9×10^{-11}	
(G59)$Cl+O_3\rightarrow ClO+O_2$	$2.8\times10^{-11}e^{-257/T}$	
(G60)$ClO+O\rightarrow Cl+O_2$	$4.7\times10^{-11}e^{-50/T}$	

注:a:$K_T=K_{298}\exp[(1/298-1/T)E/R]$,一级反应 min^{-1},二级反应 $ppm^{-1}\cdot min^{-1}$,三级反应 $ppm^{-2}\cdot min^{-1}$,$ppm=10^{-6}$;

b:J 是光解系数;

c:RH 是相对湿度;

d:具体计算见文献 Hertel (1993)

7.3.5 无机气溶胶化学

相对于硫酸盐气溶胶而言,硝酸盐气溶胶具有挥发性。对于挥发性的气溶胶物种,由于它们的生成反应是可逆的,并且反应速度也很难确定,由动力学观点出发的方法很难处理这个问题,准确的气溶胶含量就无法得到。因此必须从化学热力学的观点出发,求得不同相态物种的平衡状态及在此状态下的平衡浓度。

为了描述无机气溶胶化学,采用了 Nenes 等(1998)开发的热力学平衡模式 ISORROPIA,该模式目前在计算气溶胶辐射强迫等方面的研究中得到了广泛的应用(Liao et al.,2003,2004;Wang et al.,2010),研究的对象主要包括:

气相:NH_3、HNO_3、HCl、H_2O;

液相:NH_4^+、Na^+、H^+、Cl^-、NO_3^-、HSO_4^-、OH^-、H_2O;

固相:(NH_4)$_2SO_4$、NH_4HSO_4、(NH_4)$_3H$(SO_4)$_2$、NH_4NO_3、NH_4Cl、$NaCl$、$NaNO_3$、$NaHSO_4$、Na_2SO_4、H_2SO_4。

模式的输入值包括总的 Cl、Na、NH_3、HNO_3、H_2SO_4 的浓度以及环境相对湿度和温度。

7.3.6　二次有机气溶胶化学

二次有机气溶胶(SOA)模拟包括 SORGAM 和 VBS(volatility basis set)两种方案。

VBS 方案中把 SOA 分成 4 个等级(bin),其在 300 K 时的有效饱和浓度分别为 1、10、100 和 1000 $\mu g/m^3$。模式中考虑了目前已知的 11 类 VOC 物种,对于每种 VOC,分别计算产生的 SOA。大气中的 VOC 被 OH 自由基、O_3 以及硝酸基(NO_3)氧化后生成有机气溶胶:

$$VOC^t \xrightarrow{\text{氧化}} \sum_{n=1}^{4} \alpha_n^t P_n^t$$

式中,P_n^t 为生成的二次有机物,α_n^t 为对应的产率,计算如下:

$$\alpha_n^t = B\alpha_n^{i,\text{高}} + (1-B)\alpha_n^{i,\text{低}}$$

SOA 的产率在高 NO_x 和低 NO_x 条件下分别采用不同的值,见表 7.3。

表 7.3　不同条件下的 SOA 产率

VOC	高 NO_x 条件				低 NO_x 条件			
	1	10	100	1000	1	10	100	1000
HC5	0.0000	0.0375	0.0000	0.0000	0.0000	0.0750	0.0000	0.0000
HC8	0.0000	0.1500	0.0000	0.0000	0.0000	0.3000	0.0000	0.0000
OLT	0.0008	0.0450	0.0375	0.1500	0.0045	0.0090	0.0600	0.2250
OLI	0.0030	0.0255	0.0825	0.2700	0.0225	0.0435	0.1290	0.3750
TOL	0.0030	0.1650	0.3000	0.4350	0.0750	0.2250	0.3750	0.5250
XYL、CSL	0.0015	0.1950	0.3000	0.4350	0.0750	0.3000	0.3750	0.5250
ISO	0.0003	0.0225	0.0150	0.0000	0.0090	0.0300	0.0150	0.0000
SESQ	0.0750	0.1500	0.7500	0.9000	0.0750	0.1500	0.7500	0.9000
API、LIM	0.0120	0.1215	0.2010	0.5070	0.1073	0.0918	0.3587	0.6075

根据不同的 VOC 来源,生成的 SOA 被分为人为源 SOA 和生物源 SOA 两部分,如植被排放的异戊二烯生成的 SOA 属于生物源 SOA。另外,VBS 方案中还考虑了氧化过程的光化学老化过程。

7.3.7　海盐气溶胶

模式中海盐气溶胶排放采用挪威 OSLO CTM2 中的海盐气溶胶模式,该模式关于影响海盐浓度的主要过程考虑了海盐的生成和吸湿增长。模式采用 Monahan(1968)提出的经验公式(Foltescu et al.,2005)来模拟海盐通量。由于在实际海洋边界层内,相对湿度的变化范围比较大,模式采用 Zhang 等 (2005)提出的海盐通量吸湿增长公式对 Monahan 等提出的经验公式进行修正,以考虑海盐的吸湿增长作用。

7.3.8　沙尘气溶胶

沙尘气溶胶起沙是在一定气象条件下从沙源地发生的,只有当风速大于一定的临界风速或摩擦速度大于地面临界摩擦速度时才有可能起沙。模式中沙尘气溶胶的起沙方案采用

Gillette 和 Passi(1988)方案、Marticorena 和 Bergametti(1995)方案、GOCART 方案(Chin et al.,2002)、Shaw(2008)方案和 GEATM 方案(罗淦和王自发,2006)等几种起沙方案。

7.3.9　大气多相化学

发生在大气中的多相化学过程(包括非均相化学过程和液相化学过程)不但会改变大气中一些重要微量气体(如 SO_2、NO_x 和 O_3)的浓度分布,而且会影响大气气溶胶(如硫酸盐、硝酸盐、铵盐和二次有机气溶胶)的成分和浓度分布。多相化学过程对大气中细颗粒物组分和浓度的改变会直接对霾天气的形成和强度造成影响。多相化学模块可以更好地模拟大气中各种成分尤其是细颗粒物的浓度水平及分布,进而提高空气质量和霾天气的预报水平。具体处理方法见王体健等(2017)。

7.3.10　能见度计算

能见度是霾天气的重要指标之一,大气中的颗粒物和气体会通过吸收和散射太阳可见光辐射而降低大气能见度。在区域大气环境模拟系统中引入了大气能见度的计算方案,根据 Koschmieder (1924)的研究,大气能见度可以通过以下公式来计算:

$$V = K/\beta_{ext} \tag{7.2}$$

式中,V 是大气能见度,K 是常数,β_{ext} 是大气消光系数。

利用 IMPROVE(interagency monitoring of protected visual environments)研究计划发展的参数化方案(Malm et al.,1994;Watson,2002)和 Groblicki 等(1981)的研究来确定长三角地区大气中颗粒物和 NO_2 对大气消光的贡献。

$$\beta_{ext}(M/m) = 3f(RH)[Sulfate] + 3f(RH)[Nitrate] +$$
$$4[Organic] + 1[Soil] + 0.6[CoarseMass] +$$
$$10[EC] + 0.175[NO_2] + 10 \tag{7.3}$$

式中,$f(RH)$ 是相对湿度的经验函数,[Sulfate]是硫酸盐浓度,[Nitrate]是硝酸盐浓度,[Organic]是有机碳浓度,[Soil]是土壤扬尘浓度,[CoarseMass]是粗颗粒物($PM_{2.5\sim10}$)浓度,[EC]是黑碳浓度,[NO_2]是 NO_2 的浓度。

从能见度、相对湿度和细颗粒物浓度出发,将霾天气的判别标准定为:能见度小于 10 km,相对湿度小于 80%,细颗粒物 $PM_{2.5}$ 浓度大于 75 $\mu g/m^3$。根据水平能见度,建立霾的分级指标:超重度霾(能见度小于 2 km)、重度霾(能见度大于 2 km 且小于 4 km)、中度霾(能见度大于 4 km 且小于 7 km)和轻霾(能见度大于 7 km 且小于 10 km)。

7.4　在长三角霾天气预报中的应用

7.4.1　模式设置

以长三角为例,利用 RegAEMS 开展 2009 年空气质量和霾天气回顾预报,研究区域包含了整个江苏全省及周边浙江、安徽、上海三省市小部分地区。水平网格数为 180×168,网格大小为 3 km×3 km。图 7.2 是三层嵌套网格示意图。预报系统的气象模式 WRF 的垂直分层为 28 层,模式顶层气压为 100 hPa,各层的 sigma 值分别为 1、0.99、0.98、0.96、0.93、0.89、

0.85、0.80、0.75、0.70、0.65、0.60、0.55、0.50、0.45、0.40、0.35、0.30、0.25、0.20、0.15、0.10、0.05、0，积分时间步长为 360 s。气象模式的物理参数化方案对预报结果有重要影响，WRF 模式所采用的物理参数化方案具体见表 7.4。区域大气环境模式（RAEM）的垂直分层为 10 层，模式顶层气压为 100 hPa，各层的 sigma 值分别为 1、0.99、0.97、0.93、0.85、0.75、0.6、0.45、0.3、0.15、0，将气象模式输出的三维气象数据提供给大气环境模式，大气环境模式的积分时间步长为 60 s。

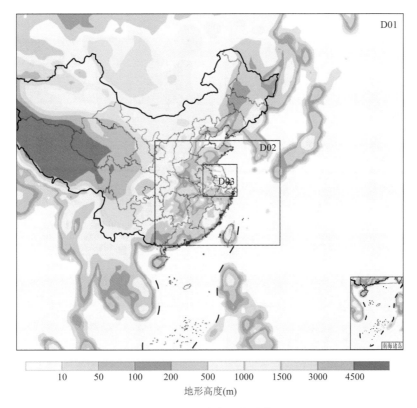

图 7.2 三重嵌套网格示意图

表 7.4 WRF 模式物理参数化方案选择

参数化方案条目	方案选项
微物理方案	WSM 3-class simple ice(Hong et al. ,2004)
长波辐射方案	RRTM(Mlawer et al. ,1997)
短波辐射方案	Dudhia (Dudhia,1989)
表层方案	Monin-Obukhov (Janjic Eta)(Monin and Obukhov,1954;Janjic,2002)
城市表面方案	Single-layer UCM(Kusaka et al. ,2001;Kusaka and Kimura,2004)
陆面方案	unified Noah land-surfacemodel(Chen and Dudhia,2001)
行星边界层方案	Mellor-Yamada-Janjic (Eta) TKE (Janjic,2002)
积云参数化方案	Kain-Fritsch (new Eta)(Kain and Fritsch,1990,1993)
四维同化方案	Gridnudging(Stauffer and Seaman,1990)

人为源排放来自 Zhang 等（2009）建立的分辨率为 $0.5° \times 0.5°$ 的 2006 年污染物排放清

单,该清单除去人为源的生物质燃烧,几乎包含了所有的人为活动所产生的大气污染物排放,与以前的人为源清单(Streets et al.,2003)相比,采用了一系列改进的算法,对大气污染物的排放估计会更加准确,尤其是对于中国地区。详细的模式设置可以参考 Wang 等(2012)。

7.4.2　预报产品

预报产品包括小时 SO_2、NO_2、CO、O_3、$PM_{2.5}$、PM_{10} 浓度,空气质量指数,能见度,相对湿度,霾天气等级(如图 7.3)。

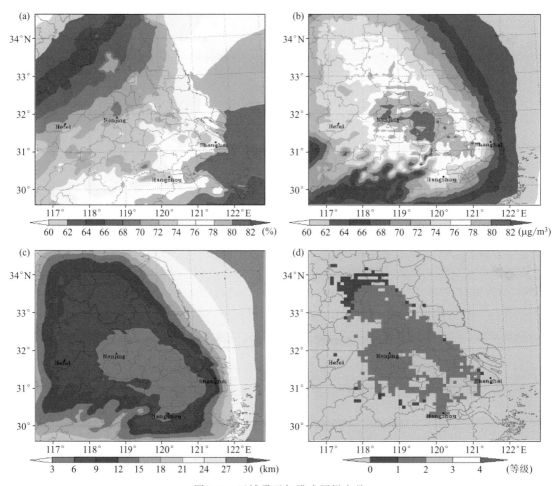

图 7.3　区域霾天气模式预报产品

(a)RH;(b)$PM_{2.5}$;(c)VIS;(d)霾天气等级

7.4.3　效果检验

7.4.3.1　气象要素评估

气象场可以通过影响大气污染物的输送扩散、光化学反应和气溶胶过程等方式改变大气污染物的浓度分布,而相对湿度更是判别霾天气的关键性指标,因此,对预报的气象场进行评估是非常必要的。选取了长三角地区的五个气象观测站点(南京、合肥、杭州、上海浦东和虹

桥)2009 年小时温度、相对湿度和风速资料对预报的气象要素进行了评估,小时观测数据来自
美国怀俄明大学的气象数据监测网 http://www. weather. uwyo. edu/surface/meteogram。

　　图 7.4 给出了南京、合肥、杭州、上海浦东和虹桥五站点预报和观测的日均气温和相对湿
度的时间序列的对比。从图 7.4a 中可以看出,模式对气温的预报性能总体很好,在所有站点,
模式很好地抓住了气温的逐日变化趋势,且预报值在全年中的绝大多数时段与观测结果比较
接近。图 7.4b 说明预报系统能够很好地反映出相对湿度的时间变化特征,在春、夏两季,模式
对相对湿度的预报存在一定的低估。

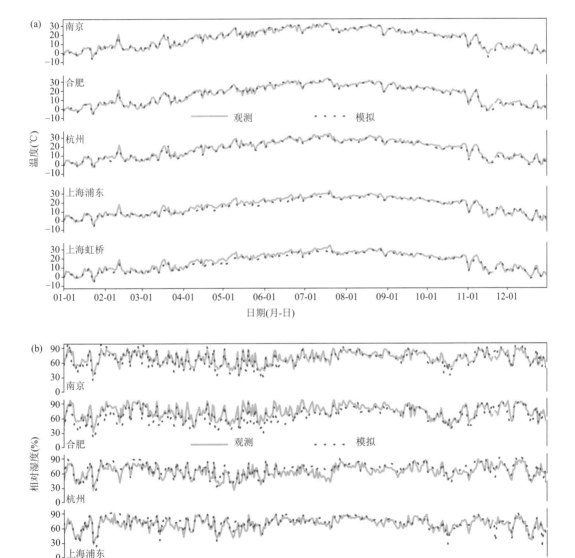

图 7.4　长三角地区预报和观测日均温度(a)和相对湿度(b)对比

从各站点预报和观测的日均风矢对比(图7.5)可见,模式能够较好地再现出风随时间的变化趋势,在大多数时段对风向的预报效果较好。但是预报的风速与观测值相比存在偏高的现象,对风速的高估在夏、秋两个季节表现得更为明显;模式对静风和小风天气的预报能力相对较差,这可能与中尺度模式对城市下垫面以及城市冠层的描述不够精确有关。

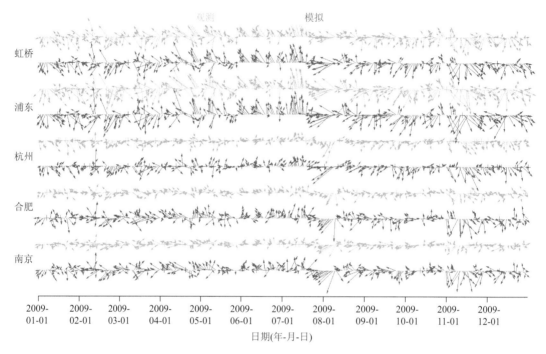

图7.5　长三角地区预报和观测日均风速与风向对比

表7.5给出了2009年五个站点年平均气温、相对湿度和风速的模式与观测值的统计结果。总体看来,对气温而言,各站点的预报值与观测值都有非常好的一致性,相关系数都在0.97以上,预报值比观测值都略低,平均偏差范围为 $-1.7 \sim -0.5$ ℃,模式对内陆城市合肥的温度预报效果最好。对相对湿度而言,各站点的预报与观测值间也有很好的一致性,相关系数为 $0.76 \sim 0.82$,南京和合肥的预报值比观测值低,而杭州、浦东和虹桥的预报值较观测值更高,平均偏差范围为 $-7.7\% \sim 4.8\%$ 。风速的预报结果与观测值也存在较好的一致性,在浦东和虹桥比观测结果略低,在南京和合肥比观测值高,平均偏差范围为 $-0.1 \sim 1.0$ m/s。总体而言,模式预报的气象场和真实气象场的时间变化趋势具有较好的一致性。

表7.5　预报和观测的气象要素的比较结果

站点	温度(℃)				相对湿度(%)				风速(m/s)			
	观测	预报	平均偏差	相关系数	观测	预报	平均偏差	相关系数	观测	预报	平均偏差	相关系数
南京	16.4	15.8	−0.6	0.98	70.4	68.8	−1.6	0.82	3.0	3.8	0.8	0.61
合肥	16.5	16.0	−0.5	0.98	75.5	67.8	−7.7	0.81	2.6	3.6	1.0	0.64
杭州	18.0	16.6	−1.4	0.98	67.5	72.3	4.8	0.78	3.3	3.3	0	0.64
浦东	17.0	15.9	−1.1	0.97	74.7	77.1	2.4	0.76	5.0	4.9	−0.1	0.75
虹桥	17.8	16.1	−1.7	0.98	70.5	74.2	3.7	0.80	4.2	4.1	−0.1	0.69

为检验系统预报的全年气象要素的空间分布与实况的差异,将预报的气象场与 1°×1° 的 NCEP 再分析资料(http://www.ncep.noaa.gov/)进行对比。分别取 1 月、4 月、7 月和 10 月代表冬季、春季、夏季和秋季,图 7.6 给出了预报的平均表面气压场和风场与 NCEP 结果的对比,图 7.7 则给出了预报的平均温度场和相对湿度场与 NCEP 结果的对比。由于空间分辨率的原因,NCEP 再分析资料经过插值处理。

由图 7.6 可以看出,预报的表面气压场与观测资料较为接近,1 月与 4 月的模拟效果要好于 7 月和 10 月;预报的风场总体上与观测结果也比较接近,在部分地区预报结果与观测值之间的差异较大,风场在 7 月的预报效果相对其他月份较差,这和夏季较强的海陆风有一定的关系。

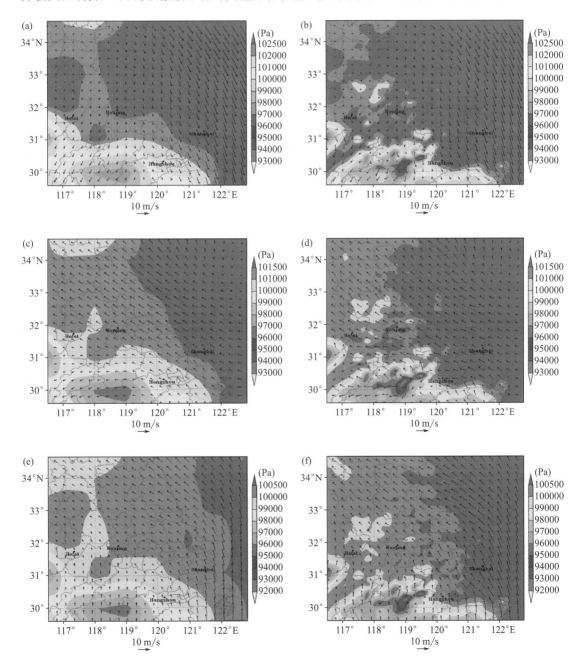

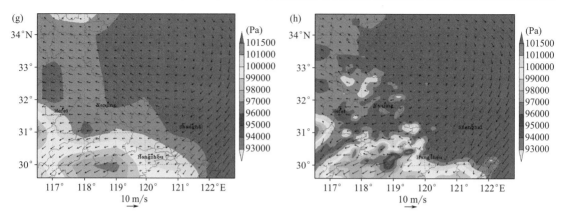

图 7.6　预报的长三角地区表面气压场(Pa)和风场(m/s)与 NCEP 资料的比较

(a)1 月观测;(b)1 月预报;(c)4 月观测;(d)4 月预报;(e)7 月观测;(f)7 月预报;(g)10 月观测;(h)10 月预报

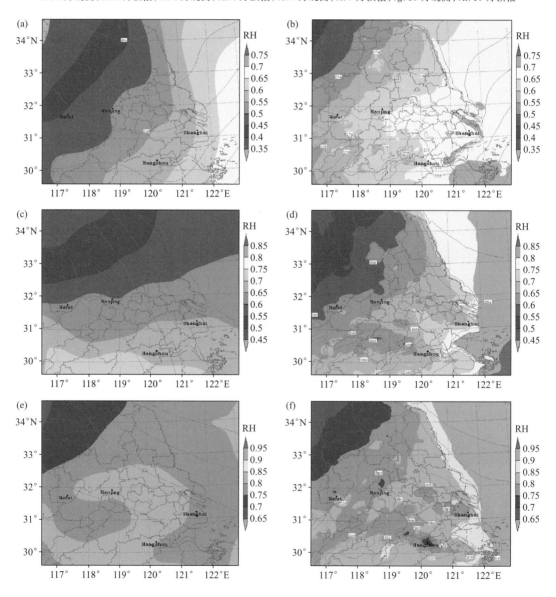

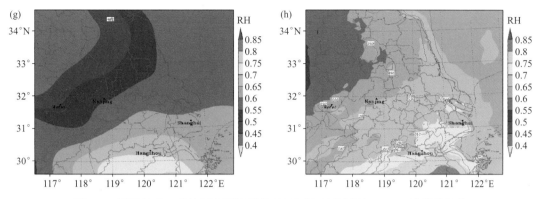

图 7.7　预报的长三角地区表面温度场(K)和相对湿度场与 NCEP 资料的比较

(a)1 月观测；(b)1 月预报；(c)4 月观测；(d)4 月预报；(e)7 月观测；(f)7 月预报；(g)10 月观测；(h)10 月预报

从图 7.7 中可以看出,模式能够较好地反映出温度场的大致分布。预报的相对湿度在内陆地区与观测值较为接近,在海上普遍要高于观测值。模式对相对湿度的预报效果在 1 月和 10 月要好于 4 月和 7 月。

根据上述分析可知,总体来说,气象模式能够相对较好地预报长三角地区各气象要素的分布。

7.4.3.2　颗粒物浓度评估

颗粒物尤其是细颗粒物 $PM_{2.5}$ 是大气中的主要污染物之一,又是决定大气消光能力的最重要因素,同时也是判断霾天气的主要指标,因此模式对颗粒物浓度的预报能力直接决定了对霾天气的预报能力。为了评估霾天气预报系统对颗粒物的预报性能,分别对预报的 PM_{10} 和 $PM_{2.5}$ 浓度与观测资料进行了比较。

图 7.8 显示了 2009 年南京、上海、合肥和杭州四个城市日均 PM_{10} 浓度观测值和预报值的对比。如图所示,南京、上海、合肥和杭州分别位于长三角地区的中部、东部、南部和西部,因而能在一定程度上反映模式在不同区域对 PM_{10} 的预报状况。这四个城市的 PM_{10} 浓度都是从日均空气质量指数(API)推演而来,从国家环保部的网站下载得到的 API 数据,根据 API 与 PM_{10} 浓度的对应关系反推各城市的日均 PM_{10} 浓度。需要指出的是,所有的首要污染物为非 PM_{10} 的数据均已被剔除。

从图 7.8 中可以看出,四个站点预报的 PM_{10} 浓度与观测值都具有较好的一致性。总体说来,模式能够很好地再现 PM_{10} 的季节变化特征,也大致能够体现出区域内不同城市之间的差异。平均来看,模式预报的 PM_{10} 浓度比观测值要偏低,这可能与模式的分辨率以及污染源排放的精度有关系,也与气象模式对风速和风向预报的不确定性有关。而在夏季,预报值相对观测值偏高,这可能是因为模式对降水的预报效果偏低,以至于低估了 PM_{10} 的湿清除。从时间上看,模式在冬季的预报效果相对其他季节要差,这可能与采暖季人为源排放的低估有关。

由图 7.8 中可以看出,1 月下旬南京、上海和杭州等地的 PM_{10} 浓度都观测到了一个非常高的峰值,日均 PM_{10} 浓度为 $250\sim400\ \mu g/m^3$,5 月下旬合肥出现了一个峰值,日均 PM_{10} 浓度超过 $550\ \mu g/m^3$,而 10—12 月南京、上海和杭州等地陆续出现了一系列的高值,日均 PM_{10} 浓度最大值都超过了 $300\ \mu g/m^3$,而在此期间模式预报的 PM_{10} 浓度较观测值偏低。上述 PM_{10}

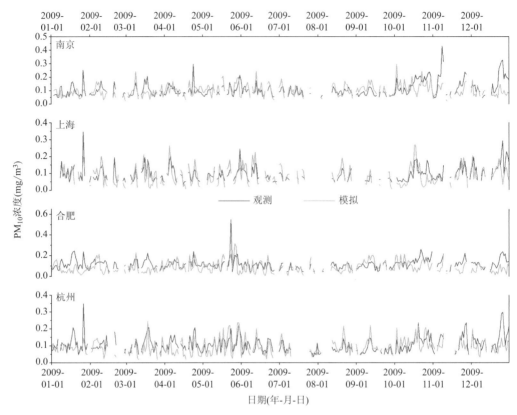

图 7.8　2009 年长三角观测和预报的 PM_{10} 日均浓度对比

高浓度导致的重污染天气可能与冬春季节北方沙尘的远距离输送和夏收与秋收后长三角及其周边地区的秸秆集中焚烧导致的气溶胶及其前体物的大量排放有关。然而模拟区域中并未包含塔克拉玛干沙漠以及中国北方戈壁这两个中国沙尘排放的主要源区，因此未能体现北方沙尘长距离输送的影响。此外，源排放清单中并未包含秸秆焚烧所产生的非常规污染源排放，因此对此类事件所导致的颗粒物污染的预报能力也较弱。

表 7.6 给出了 2009 年预报和观测的年均 PM_{10} 浓度比较的统计结果。相比而言，上海 PM_{10} 的预报值和观测值更为一致，相关系数为 0.513，平均偏差为 $-8.3\ \mu g/m^3$，绝对偏差为 $38.3\ \mu g/m^3$。合肥预报值和观测值的偏差最大，特别在秋冬季节，预报的年均 PM_{10} 浓度比观测值偏低 $28.2\ \mu g/m^3$，相关系数为 0.305，绝对偏差高达 $63.2\ \mu g/m^3$。除了观测数据本身存在一定的误差之外，城市之间预报效果的差异可能是由于各地区源排放的季节变化并不一致，而模式采用的却是相同的季节变化系数。另外，人为源排放清单在某些地区可能存在的较大不确定性也会对模式系统的预报性能造成影响。

表 7.6　2009 年四个城市观测和预报 PM_{10} 浓度比较的统计结果（单位：$\mu g/m^3$）

统计量	南京	上海	合肥	杭州
观测平均	112.8	98.8	122.5	108.9
预报平均	105.7	90.5	94.3	96.5
相关系数	0.339	0.513	0.305	0.422

续表

统计量	南京	上海	合肥	杭州
平均偏差	−7.1	−8.3	−28.2	−12.4
绝对偏差	42.4	38.3	63.2	38.1

图 7.9a 给出了 2009 年南京的草场门(CCM)、仙林(XL)以及上海的徐汇(XH)、普陀(PT)站的预报和观测的日均 PM_{10} 浓度的对比,其中上海两个观测站的 PM_{10} 资料自 5 月 1 日开始。图 7.9b 给出了草场门和仙林站的预报和观测的日均 $PM_{2.5}$ 浓度的比较。南京草场门和仙林站的 PM_{10} 和 $PM_{2.5}$ 资料由南京市环境监测中心站提供,而上海徐汇和普陀站的 PM_{10} 资料则来自上海市环境监测中心。

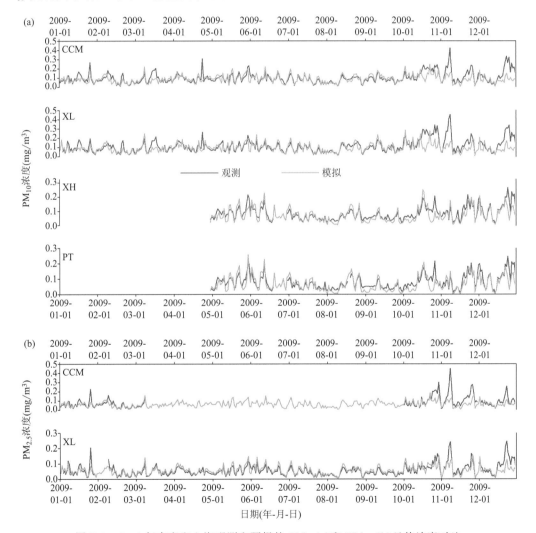

图 7.9 2009 年南京和上海观测和预报的 PM_{10}(a)和 $PM_{2.5}$(b)日均浓度对比

从图 7.9a 可以看出,总体而言,四个站点预报的 PM_{10} 浓度与观测结果都具有较好的一致性,模式基本上都反映出了 PM_{10} 浓度的变化趋势,草场门、仙林、徐汇和普陀四个站 PM_{10} 日均浓度预报值和观测值的相关系数分别为 0.283、0.302、0.553 和 0.489,上海站点的预报效果较南京站点更好。表 7.7 给出了四个站点 PM_{10} 月均浓度的观测值与预报值的对比,可以看出,预报的 PM_{10} 浓度总体上较观测值低,草场门、仙林、徐汇和普陀 PM_{10} 浓度预报值和观测值的平均偏差分别为 $-10.5 \ \mu g/m^3$、$-18.3 \ \mu g/m^3$、$-10.4 \ \mu g/m^3$ 和 $-10.2 \ \mu g/m^3$,上海两个站点的偏差小于南京。模式在 10—12 月的预报值要明显小于观测值。

表 7.7　2009 年南京与上海观测和预报的月均 PM_{10} 浓度比较(单位:$\mu g/m^3$)

月份	草场门		仙林		徐汇		普陀	
	观测	预报	观测	预报	观测	预报	观测	预报
1 月	93.9	78.6	91.4	79.3				
2 月	82.1	75.4	82.7	75.8				
3 月	91.5	82.7	99.2	86.2				
4 月	101.8	97.5	109.1	101.1				
5 月	103.9	115.1	105.5	110.1	92.3	80.1	87.7	82.7
6 月	100.3	97.9	102.4	103.9	95.8	88.9	89.2	85.9
7 月	76.6	86.5	80.5	87.2	59.9	68.0	61.1	67.6
8 月	74.4	75.3	87.0	78.1	62.0	60.6	63.7	59.3
9 月	87.2	102.6	93.8	105.4	57.9	45.9	53.2	40.1
10 月	156.3	135.2	198.3	136.9	98.0	78.0	93.6	72.0
11 月	129.7	81.9	149.6	80.3	92.2	81.5	84.8	76.7
12 月	139.9	82.9	147.6	83.6	126.6	95.7	122.4	89.7
平均	103.1	92.6	112.3	94.0	85.2	74.8	81.9	71.7

从图 7.9b 可以看出,两个站点预报的 $PM_{2.5}$ 浓度与观测值具有较好的一致性,模式基本再现了 $PM_{2.5}$ 浓度的时间变化趋势。$PM_{2.5}$ 的预报值在冬季比观测值偏低许多,而在其他季节部分时段要略高于观测值。与 PM_{10} 类似,对某些时段出现的 $PM_{2.5}$ 浓度极大值预报能力较弱。把缺少 $PM_{2.5}$ 浓度观测值的样本剔除后,表 7.8 给出了草场门和仙林两个站预报和观测的 $PM_{2.5}$ 平均浓度比较的统计结果。统计表明,草场门和仙林预报与观测的平均偏差分别为 $-21.2 \ \mu g/m^3$ 和 $0.5 \ \mu g/m^3$,绝对偏差分别为 $34.4 \ \mu g/m^3$ 和 $17.3 \ \mu g/m^3$,仙林的预报值和观测值更为一致。草场门和仙林两个站 $PM_{2.5}$ 日均浓度预报和观测的相关系数分别为 0.318 和 0.269。

表 7.8　2009 年观测和预报 $PM_{2.5}$ 浓度比较的统计结果(单位:$\mu g/m^3$)

统计量	观测平均	预报平均	相关系数	平均偏差	绝对偏差
草场门	89.0	67.8	0.318	-21.2	34.4
仙林	59.0	59.5	0.269	0.5	17.3

7.4.3.3　能见度评估

大气能见度是判断霾天气的关键因子之一,同时也是对霾天气进行等级预报的唯一指标,因此模式对能见度的预报能力对霾天气的预报水平显得尤为重要。由于能见度同时受气溶胶浓度及其成分和相对湿度等因素的影响,因此对它的预报相对更为困难。

为了评估霾天气预报系统对能见度的预报性能,对预报的 2009 年小时能见度与观测资料进行了比较。由于能见度的观测资料较难获得,这里只选择了南京、上海、合肥和杭州的观测资料对能见度的预报结果进行验证,能见度小时观测资料从美国怀俄明大学的气象数据网站(http://www.weather.uwyo.edu/surface/ meteogram)下载。需要指出的是,观测数据认为能见度大于 10 km 都是优良,记录为 10 km。为方便比较,模式输出的小时能见度预报值在与观测值比较前也做相同处理。

图 7.10 给出了南京、上海、合肥和杭州四站点预报和观测的 2009 年全年小时能见度对比。可以看出,四个站点预报的能见度和观测结果都具有较好的一致性,南京、上海、合肥和杭州预报和观测的能见度的相关系数分别为 0.404、0.417、0.412 和 0.440。

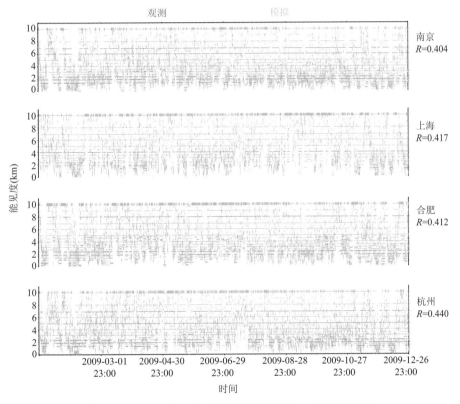

图 7.10　2009 年长三角地区观测和预报的小时能见度序列

将能见度分为五个等级:等级 1(<2 km)、等级 2(2~4 km)、等级 3(4~7 km)、等级 4(7~10 km)、等级 5(>10 km)。表 7.9a、b、c 和 d 分别给出了南京、上海、合肥和杭州观测和预报的能见度等级比较的统计结果。表格中黑体部分表示观测与预报的能见度均为低能见度(<10 km),斜体部分表示观测与预报的能见度等级相同。

统计发现,南京、上海、合肥和杭州能见度等级预报和观测结果的相关系数分别为 0.395、0.404、0.399 和 0.439,模式预报的能见度等级的准确率分别为 33.9%、34.1%、30.6% 和 33.9%。此外,根据能见度分级结果可以得到四个站点各等级能见度的预报性能,结果如下:对于南京,对等级 1、等级 2、等级 3、等级 4 和等级 5 能见度预报的准确率分别为 49.8%、30.7%、28.8%、15.3% 和 26.8%，对低能见度预报的准确率为 90.3%。对于上海，对等级 1、等级 2、等级 3、等级 4 和等级 5 能见度预报的准确率分别为 63.0%、25.9%、20.3%、11.4% 和 40.3%，对低能见度预报的准确率为 85.2%。对于合肥，对等级 1、等级 2、等级 3、等级 4 和等级 5 能见度预报的准确率分别为 39.1%、25.1%、22.6%、16.0% 和 56.3%，对低能见度预报的准确率为 74.8%。对于杭州，对等级 1、等级 2、等级 3、等级 4 和等级 5 能见度预报的准确率分别为 45.8%、25.0%、28.8%、25.4% 和 37.0%，对低能见度预报的准确率为 88.6%。

通过上述结果可看出，模式对低能见度的预报效果较好，各站的准确率都超过 70%，但对分等级的能见度预报性能有待提高。

表 7.9(a)　2009 年南京观测和预报的小时能见度等级比较($N=8585, R=0.395$)

观测	预报				
	等级 1	等级 2	等级 3	等级 4	等级 5
等级 1	*1109*	**586**	**306**	**105**	119
等级 2	**541**	*600*	**483**	**205**	126
等级 3	**399**	**613**	*703*	**361**	362
等级 4	**31**	**66**	**95**	*46*	62
等级 5	143	292	481	305	446

表 7.9(b)　2009 年上海观测和预报的小时能见度等级比较($N=8635, R=0.404$)

观测	预报				
	等级 1	等级 2	等级 3	等级 4	等级 5
等级 1	*230*	**72**	**41**	**13**	9
等级 2	**413**	**255**	**169**	**63**	83
等级 3	**489**	**532**	*415*	**231**	382
等级 4	**40**	**50**	**55**	*27*	65
等级 5	507	770	937	770	*2017*

表 7.9(c)　2009 年合肥观测和预报的小时能见度等级比较($N=8495, R=0.399$)

观测	预报				
	等级 1	等级 2	等级 3	等级 4	等级 5
等级 1	*535*	**340**	**247**	**81**	164
等级 2	**486**	*444*	**323**	**180**	338
等级 3	**441**	**629**	*748*	**478**	1016
等级 4	**51**	**101**	**143**	*112*	293
等级 5	35	119	234	200	*757*

表 7.9(d) 2009 年杭州观测和预报的小时能见度等级比较($N=8615,R=0.439$)

观测	预报				
	等级 1	等级 2	等级 3	等级 4	等级 5
等级 1	782	469	266	105	86
等级 2	427	386	401	147	181
等级 3	424	611	708	357	358
等级 4	30	69	96	88	64
等级 5	136	372	658	459	955

此外,为了定量给出模式对能见度的预报性能,引进在预报检验中常用的评分方法——TS 评分,其定义如下:

$$TS = \frac{报对次数}{报对次数 + 空报次数 + 漏报次数} \tag{7.4}$$

$$TSS = \frac{空报次数}{报对次数 + 空报次数} \tag{7.5}$$

$$TTS = \frac{漏报次数}{报对次数 + 漏报次数} \tag{7.6}$$

上述公式中,TS 为准确率,TSS 为空报率,TTS 为漏报率。

根据 TS 评分方法,分别对南京、上海、合肥和杭州的预报小时能见度进行评估。首先对不分等级的低能见度的预报结果进行评分,分别定义观测与预报同为低能见度或同为优良能见度为报对,观测为低能见度而预报为高能见度为漏报,观测为高能见度而预报为低能见度则为空报,结果见表 7.10。然后对分等级能见度的预报结果进行评分,分别定义预报的能见度等级等于观测的能见度等级为报对,预报的能见度等级高于观测的能见度等级为漏报,预报的能见度等级低于观测的能见度等级为空报,结果见表 7.11。

表 7.10 不分等级的能见度预报 TS 评分(%)

城市	TS	TSS	TTS
南京	78.0	15.4	9.1
上海	59.2	36.9	9.5
合肥	71.8	8.8	22.9
杭州	73.1	20.5	9.9

表 7.11 分等级的能见度预报 TS 评分(%)

城市	TS	TSS	TTS
南京	33.8	50.5	48.3
上海	34.1	60.8	27.7
合肥	30.6	48.4	57.1
杭州	33.7	53.1	45.6

从表 7.10 可见,在能见度不分等级的情况下,预报系统对不同站点小时能见度具有较高的 TS 评分,为 $59.2\%\sim78.0\%$,四个站点的空报率为 $8.8\%\sim36.9\%$,漏报率为 $9.1\%\sim22.9\%$。从表 7.11 可见,在能见度分级的情况下,系统对不同站点小时能见度的 TS 评分较不分级的情况显著降低,仅为 $30.6\%\sim34.1\%$,空报率和漏报率相对较高。

7.4.3.4 霾天气预报性能评估

定义满足以下条件为霾天气:$PM_{2.5}$ 小时浓度大于 $75~\mu g/m^3$,小时能见度小于 $10~km$,相对湿度不大于 80%。同时,根据能见度值进一步将霾天气分为四个等级:超重度霾(能见度<$2~km$)、重度霾(能见度介于 $2\sim4~km$)、中度霾(能见度介于 $4\sim7~km$)、轻度霾(能见度介于 $7\sim10~km$)。表 7.12 分别给出了南京观测和预报的霾天气等级比较的统计结果。表格中黑体部分表示观测与预报的能见度均为霾天气(能见度<$10~km$),斜体部分表示观测与预报的霾天气等级相同。

统计发现,对南京的等级预报的准确率为 70.8%。此外,根据霾天气分级结果可以得到南京超重度霾、重度霾、中度霾、轻度霾和非霾天气预报的准确率分别为 8.2%、13.4%、18.9%、11.8% 和 79.0%,对所有霾天气的不分等级预报的准确率为 44.1%。

表 7.12 2009 年南京观测和预报的霾天气等级比较

观测	预报				
	超重度霾	重度霾	中度霾	轻度霾	非霾
超重度霾	**4**	**9**	**8**	**1**	27
重度霾	**33**	**58**	**52**	**34**	257
中度霾	**13**	**49**	**57**	**21**	161
轻度霾	**8**	**28**	**47**	**28**	126
非霾	166	445	555	311	*5543*

由于霾天气的空间差异性很大,即使在同一个城市的不同地区也会经常存在等级上的差别,因此,针对分等级霾天气的预报,引入"可接受预报"的概念,定义可接受预报为:若实况为霾天气,预报结果也为霾天气,且预报与实况霾天气相差不超过一个等级。例如:当实况为中度霾天气时,若预报结果为重度霾或轻度霾,则认为预报结果是可以接受的。根据上述方法分别可以得到南京超重度霾、重度霾、中度霾、轻度霾和非霾天气的可接受预报准确率分别为 26.5%、32.9%、42.2%、31.6% 和 79.0%。

根据 TS 评分方法,分别对南京春季、夏季、秋季、冬季和全年霾天气的预报结果进行评估。首先对不分等级的霾天气(即仅分霾天气和非霾天气)的预报结果进行评分,分别定义观测与预报同为霾天气或同为非霾天气为报对,观测为霾天气而预报为非霾天气为漏报,观测为非霾天气而预报为霾天气则为空报,结果见表 7.13。然后对分等级的霾天气的预报结果进行评分,分别定义预报的霾天气等级等于观测的霾天气等级为报对,预报的霾天气等级高于观测的霾天气等级为漏报,预报的霾天气等级低于观测的霾天气等级为空报,结果见表 7.14。最后对分等级的霾天气的可接受预报结果进行评分,结果见表 7.15。

表 7.13　不分等级的霾天气预报 TS 评分(%)

时间	TS	TSS	TTS
春季	71.1	25.4	6.2
夏季	77.9	18.0	6.0
秋季	69.6	23.5	11.4
冬季	74.0	10.9	18.6
全年	73.2	20.1	10.3

表 7.14　分等级的霾天气预报 TS 评分(%)

时间	TS	TSS	TTS
春季	67.9	27.9	7.9
夏季	74.7	20.0	8.1
秋季	66.2	25.8	14.0
冬季	72.0	11.3	20.7
全年	70.2	22.0	12.5

表 7.15　分等级的霾天气可接受预报 TS 评分(%)

时间	TS	TSS	TTS
春季	94.1	0.8	5.2
夏季	93.9	0.8	5.4
秋季	90.2	0.5	9.4
冬季	82.7	0	17.3
全年	90.6	0.6	8.9

从表 7.13 可见,在霾天气不分等级的情况下,系统对霾天气的预报效果具有很高的 TS 评分,不同季节的 TS 评分为 69.6%～77.9%,夏季的预报效果最好,秋季最差,全年的 TS 评分超过 70%。

从表 7.14 可见,在霾天气分级的情况下,系统在各个时段的 TS 评分较不分级的情况都略有降低,但评分仍然较高,为 66.2%～74.7%,同样是夏季预报效果最好,秋季最差,全年的 TS 评分也超过了 70%。

从表 7.15 可见,当采用"可接受预报"的标准时,分等级的霾天气预报的 TS 评分在各个时段有了显著的提高,为 82.7%～94.1%,春季预报效果最好,冬季最差,全年的 TS 评分超过了 90%。同时,空报率显著降低,漏报率也略有降低。

以上 TS 评分结果表明,在霾天气分级或不分级的情况下,模式对长三角地区的霾天气具有一定的预报性能,冬季的漏报率较空报率更高,而其他季节空报率较漏报率更高。

7.4.3.5　长三角地区霾天气的时空分布特征

图 7.11a、b、c 和 d 分别给出了 2009 年长三角地区年均相对湿度、近地面 $PM_{2.5}$ 浓度、

大气水平能见度和霾天气的分布。可以看出,相对湿度呈自西北向东南逐渐升高的趋势,绝大部分内陆城市的平均相对湿度都在80%以下,这为霾天气的形成提供了有利的气象条件。$PM_{2.5}$的浓度呈现由中心向外围区域逐渐减小的趋势,高浓度(>100 $\mu g/m^3$)主要集中在南京、镇江、扬州和泰州等江苏中、南部城市,这些地区也是人为源排放较大的区域。江苏大部分地区和安徽东部地区的$PM_{2.5}$浓度都大于75 $\mu g/m^3$,这为霾天气的形成提供了有利的污染条件。能见度的分布则与$PM_{2.5}$的分布表现明显相反的特征。霾天气的分布特征与$PM_{2.5}$类似,主要分布在泰州、扬州和苏州等地区,最严重的平均霾天气等级能达到中度霾。

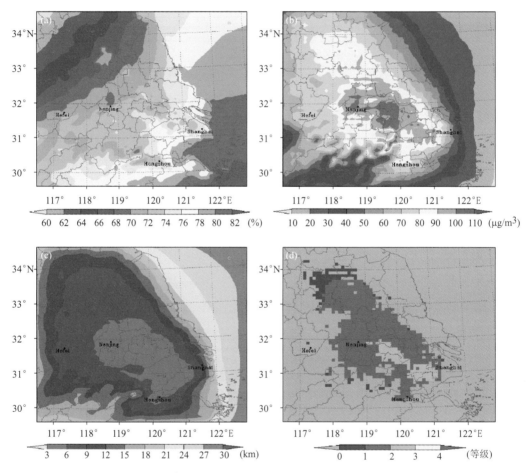

图 7.11　2009 年长三角地区 RH(a)、$PM_{2.5}$ 浓度(b)、能见度(c)和霾天气(d)分布

图 7.12a、b、c 和 d 分别给出了模拟区域 2009 年四个季节霾天气的分布。可以看出,长三角地区的霾天气分布呈现明显的季节变化特征。秋季的霾天气最为严重,出现霾天气的区域范围也最广,江苏中南部、安徽东北部和杭州等地区都出现较为严重的霾天气,最严重的区域出现在江苏中南部地区。夏季的霾天气强度最小,范围也较小。霾天气呈现的这种季节变化特征与人为源排放的季节变化有关,同时各季节的天气形势也存在差异,导致大气中的细颗粒物浓度存在差异。

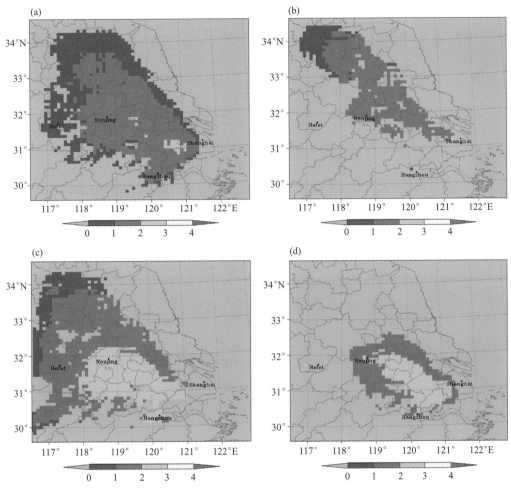

图 7.12　2009 年不同季节长三角地区霾天气分布
(a)春季；(b)夏季；(c)秋季；(d)冬季

7.5　在杭州空气质量预报中的应用

7.5.1　模式设置

　　RegAEMS 模式系统还在杭州空气质量预报中得到应用。采用四层嵌套方案(图 7.13)，分辨率分别为 81 km、27 km、9 km 和 3 km，最外层覆盖了整个中国和部分东亚国家，第四层覆盖了整个杭州地区，网格数为 90×60，水平分辨率为 3 km，采用地形跟随坐标系，模式顶层气压设置为 100 hPa。

　　模式中采用了适合杭州地区的参数设置(表 7.16)，其中平流项采用 Smolarkiewicz 的有限正定上游差分方法，垂直扩散项采用显式克兰克-尼科尔森(Crank-Nikson)方案，水平扩散项采用中心差方案，采用改进的三层阻力模型计算干沉降速率，并考虑了次网格过程的影响。

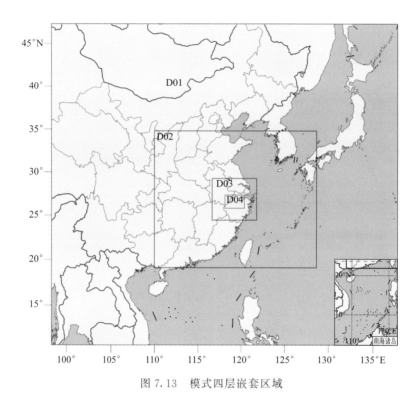

图 7.13 模式四层嵌套区域

气相化学共考虑了 60 个反应和 30 个物种，包括了大气中的硫化学、氮化学、有机化学和光化学反应，并耦合 ISORROPIA 模式描述的二次无机盐的形成过程，耦合 SORGAM 模式描述的二次有机盐的形成过程，液相化学和湿清除部分包含了气体的液相吸收和氧化过程以及云内和云下清除过程。

表 7.16 模式各关键参数的选择

参数项	采用方案
平流输送	Smolarkiewicz 有限正定上游差分
湍流扩散	显式克兰克-尼科尔森（Crank-Nikson）方案
气相化学方案	Wang et al.，1999
气溶胶方案	ISORROPIA/SORGAM
干沉降方案	三层阻力模型

模式需要的气象资料来自 GFS 数据，所用的排放清单分别考虑了工业、农业、电厂、交通和生活五类排放源的贡献，其中前三层采用清华大学开发的中国多尺度排放清单模型（multi-resolution emission inventory for China），分辨率为 $0.5° \times 0.5°$；第四层采用分辨率较高的杭州市排放源清单，分辨率为 9 km × 9 km。图 7.14、7.15、7.16、7.17 和 7.18 分别给出了第四层农业、工业、电厂、生活和交通五类排放源的分布特征。

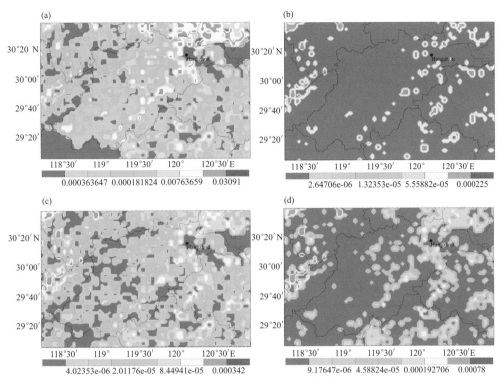

图 7.14　杭州市农业排放源分布(单位:kg/s)

(a)NH$_3$;(b)NO$_x$;(c)PM$_{2.5}$;(d)VOC

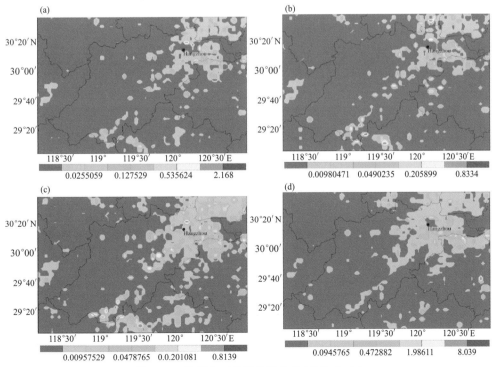

图 7.15　杭州市工业排放源分布(单位:kg/s)

(a)NO$_x$;(b)PM$_{2.5}$;(c)SO$_2$;(d)VOC

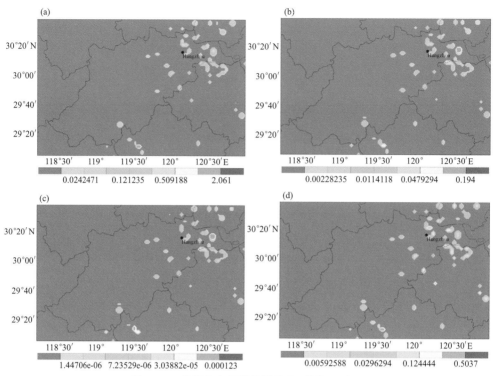

图 7.16　杭州市电厂排放源分布(单位:kg/s)

(a)NO$_x$;(b)PM$_{2.5}$;(c)BC;(d)SO$_2$

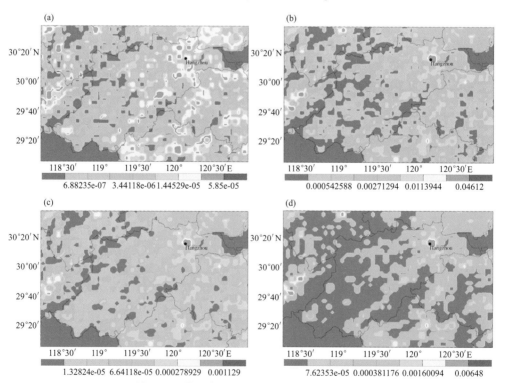

图 7.17　杭州市生活排放源分布(单位:kg/s)

(a)BC;(b)CO;(c)PM$_{2.5}$;(d)SO$_2$

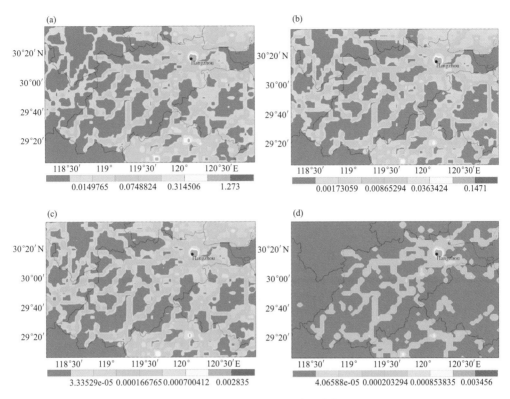

图 7.18　杭州市交通排放源分布

(a)CO；(b)NO$_x$；(c)PM$_{2.5}$；(d)SO$_2$

7.5.2　预报产品

基于搭建的杭州市空气质量预报系统 RegAEMS，从 2016 年 8 月 1 日开始进行逐日实时预报。对 2016 年 9 月 4 日—10 月 30 日预报结果进行分析，利用空气质量指数（AQI）和大气污染物浓度资料检验预报系统的性能。

RegAEMS 模式系统能够给出杭州市未来 7 d SO$_2$、NO$_2$、CO、PM$_{2.5}$、PM$_{10}$ 和 O$_3$ 逐小时的浓度分布特征（图 7.19），并能提供未来 7 d 各污染物日均浓度分布特征（图 7.20），还给出了杭州市 11 个国控监测点（滨江 BJ、西溪 XX、千岛湖 QDH、下沙 XS、卧龙桥 WLQ、浙江农大 ZJND、朝晖五区 ZHWQ、和睦小学 HMXX、临平镇 LPZ、城厢镇 CXZ 和云栖 YQ）不同污染物未来 7 d 逐小时的时间序列（图 7.21）。

7.5.3　结果验证

为检验预报系统对于大气污染物的预报能力，选取杭州市 11 个国控监测站点，将 2016 年 9 月 4 日—10 月 30 日逐日污染物浓度预报值与实测值相比较，结果如图 7.22 所示。绿色实线表示实际观测值，红色实线表示 MOS 订正后的预报值。从图中可以看出，RegAEMS 基本可以预报出各污染物的变化趋势，经过 MOS 订正后，预报值和观测值比较吻合。

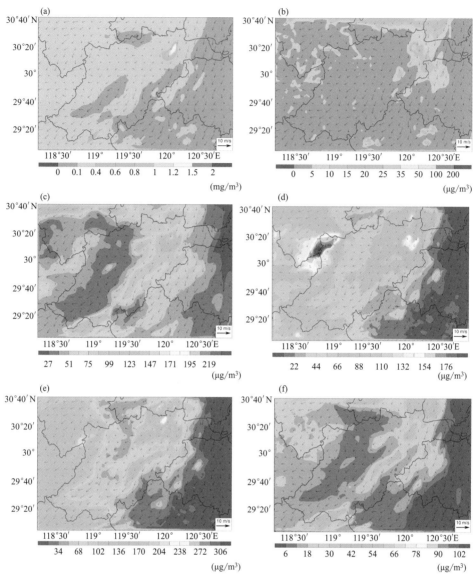

图 7.19 杭州市大气污染物小时平均浓度模拟结果

(a)CO；(b)NO$_2$；(c)O$_3$；(d)PM$_{2.5}$；(e)PM$_{10}$；(f)SO$_2$

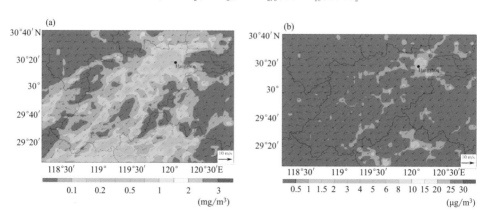

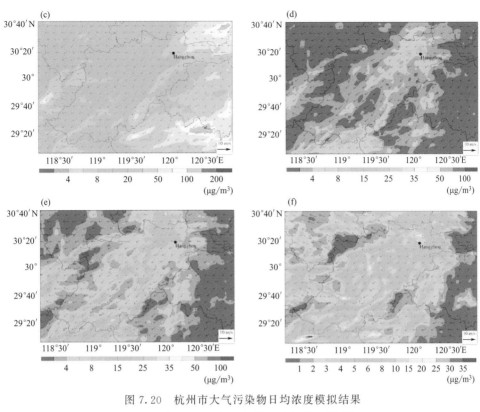

图 7.20 杭州市大气污染物日均浓度模拟结果

(a)CO;(b)NO$_2$;(c)O$_3$;(d)PM$_{2.5}$;(e)PM$_{10}$;(f)SO$_2$

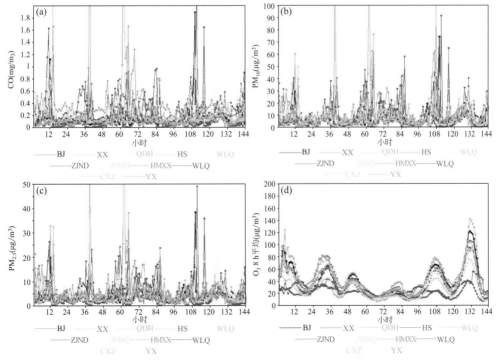

图 7.21 杭州市国控监测点大气污染物浓度模拟时间序列

(a)CO;(b)PM$_{10}$;(c)PM$_{2.5}$;(d)O$_3$

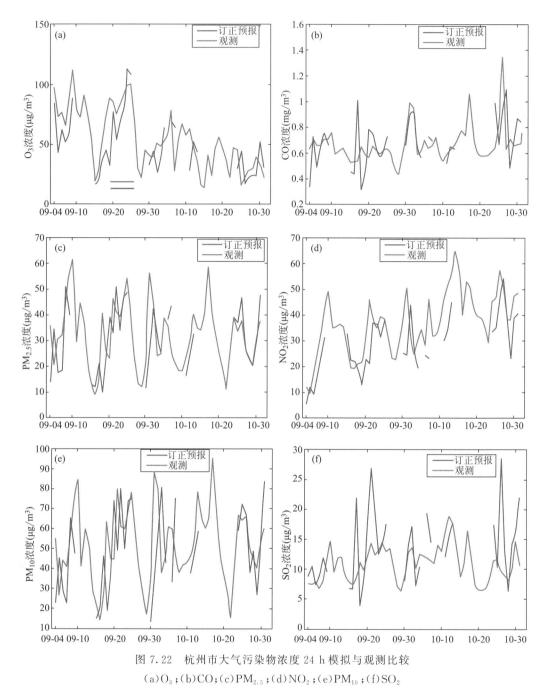

图 7.22　杭州市大气污染物浓度 24 h 模拟与观测比较

(a)O₃；(b)CO；(c)PM₂.₅；(d)NO₂；(e)PM₁₀；(f)SO₂

　　为检验预报系统对于空气质量指数（AQI）的预报能力，选取杭州市滨江、西溪、千岛湖站等 11 个国控监测站点，将 2016 年 9 月 4 日—10 月 30 日逐日空气质量指数预报值与实测数据相比较，结果如图 7.23 所示。绿色实线表示实际观测值，红色实线表示 MOS 订正后的预报值。从图中可以看出，MOS 订正后预报结果和观测结果较为吻合，RegAEMS 可以较好预报出空气质量指数的变化趋势，整体性能均通过检验。

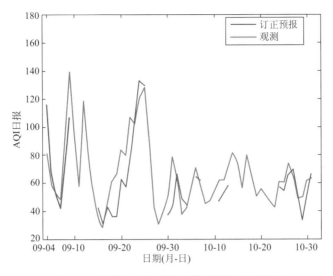

图 7.23　杭州市空气质量指数模拟与观测比较

对滨江、西溪等 11 个国控监测站点污染物日均浓度以及空气质量指数 24 h 预报结果与观测值做相关性分析和统计分析,结果如表 7.17 所示。经 MOS 订正后的相关系数均在 0.35 以上,最高达 0.71,平均偏差和均方根误差控制在较小范围内,平均预报效果提升。

表 7.17　2016 年 9—10 月杭州市 RegAEMS 模式 24 h 预报统计

	订正前			订正后		
	MB	RMSE	Corr	MB	RMSE	Corr
AQI	50.83	60.12	0.09	3.12	26.69	0.63
SO_2	4.49	6.92	−0.02	−2.52	7.24	0.35
NO_2	35.39	38.08	0.16	6.56	12.97	0.69
PM_{10}	47.59	52.48	0.34	3.08	26.55	0.44
CO	0.49	0.53	0.36	−0.01	0.27	0.35
O_3	35.29	46.12	0.29	4.50	25.53	0.71
$PM_{2.5}$	29.24	31.88	0.50	1.53	14.11	0.49

进一步分析 48 h、72 h、96 h 模式系统的预报能力,如表 7.18、7.19、7.20 所示,比较而言,虽然模式系统 24 h 的预报效果明显较好,但 48 h 及更长时间的模拟也具有一定的参考价值。

表 7.18　2016 年 9—10 月杭州市 RegAEMS 模式 48 h 预报统计

	订正前			订正后		
	MB	RMSE	Corr	MB	RMSE	Corr
AQI	42.71	59.10	0.28	7.51	41.05	0.40
SO_2	4.56	7.14	−0.04	−4.49	11.04	0.27
NO_2	35.98	38.42	0.10	15.99	21.84	0.39
PM_{10}	49.34	53.74	0.18	13.64	35.29	0.26

	订正前			订正后		
	MB	RMSE	Corr	MB	RMSE	Corr
CO	0.48	0.53	0.12	0.08	0.36	0.21
O_3	30.50	46.93	0.25	17.30	44.10	0.20
$PM_{2.5}$	30.48	33.03	0.30	7.06	21.74	0.22

表 7.19　2016 年 9—10 月杭州市 RegAEMS 模式 72 h 预报统计

	订正前			订正后		
	MB	RMSE	Corr	MB	RMSE	Corr
AQI	46.58	59.94	0.24	16.43	47.67	0.23
SO_2	5.04	7.02	0.04	−6.21	13.13	0.20
NO_2	36.12	38.39	0.05	18.15	23.57	0.30
PM_{10}	50.49	54.23	0.25	13.55	37.41	0.17
CO	0.48	0.52	0.32	0.07	0.36	0.21
O_3	32.24	47.78	0.26	20.04	47.78	0.17
$PM_{2.5}$	31.17	33.50	0.35	6.69	23.66	0.11

表 7.20　2016 年 9—10 月杭州市 RegAEMS 模式 96 h 预报统计

	订正前			订正后		
	MB	RMSE	Corr	MB	RMSE	Corr
AQI	42.09	61.45	0.09	13.69	53.76	−0.04
SO_2	4.90	6.23	0.22	−7.77	13.96	0.21
NO_2	35.95	37.83	0.12	19.15	23.95	0.26
PM_{10}	48.40	51.80	0.27	11.97	38.28	0.05
CO	0.45	0.48	0.04	0.02	0.37	−0.01
O_3	27.32	45.95	0.27	15.96	50.12	0.09
$PM_{2.5}$	29.95	32.36	0.37	4.98	25.19	−0.05

第8章 空气质量预报产品展示平台

空气质量预报一般选用中尺度气象模式提供气象场驱动,基于高分辨率的源排放清单数据以及精确的环境气象初始场数据,集成多种国内外主流的空气质量数值模型,实现大气污染物浓度和气象场三维高分辨率的预报。空气质量预报平台主要用于分析大气污染的变化特征,通过不同形式展示未来多天的空气质量预报以及大气污染来源解析结果,评估大气污染控制措施的效果,为空气质量管理提供支撑。

8.1 平台技术特色

合肥中科光博量子科技有限公司于2018年开发了城市空气质量预报平台,该平台包括立体监测网络、精细化本地源清单、多模式预报平台、重污染天气预警平台、城市大气环境智慧决策平台和基础支撑平台6个部分,具体构架如图8.1所示。

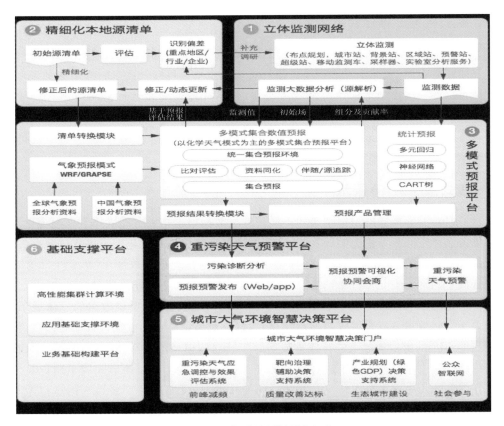

图8.1 空气质量预报平台架构

该平台具有界面直观、操作简单、视觉效果强等特点，具有如下功能和特色。

8.1.1　多模式预报数据的实时解析

为了保证平台中模式数据查看与展示的响应速度，以及平台相关功能使用的流畅性，需要对模式输出结果数据文件进行解析，并对解析后的模式数据进行细化保存。平台支持对多模式预报的结果数据进行实时解析，在预报结果数据文件生成以后及时进行数据读取与解析，并采用多线程技术来缩短模式数据解析的时间消耗，保证数据解析的时效性。平台支持解析所有模式数据包括气象预报模式数据、空气质量模式预报数据、统计预报与集成预报数据等多种模式输出文件，保证数据解析的完整性。

平台可以对已有模式的多层嵌套网格、多种预报因子以及不同时间点和高度层的数据进行解析，并可对相关因子进行合并计算，最终对模式的解析结果进行保存。

8.1.2　模式数据的 GIS 动态展示

平台可以对预报结果的网格点数据进行数据平滑处理，以形成不同因子的区域空气质量分布图，并结合二维 GIS 在电子地图中进行展示，同时可对模式数据形成的空气质量分布图，按照小时或日均进行动态播放展示以观察区域空气质量的变化情况。

平台支持对已有模式的多层嵌套网格、多种预报因子以及不同时间点和高度层数据的区域空气质量分布图的 GIS 查看和动态播放。

8.1.3　模式数据三维综合展示

预报结果的解析数据可结合 Web 三维 GIS 在虚拟地球中进行展示，同时可对模式数据形成的空气质量分布图，按照小时进行动态播放展示以观察区域空气质量的变化情况。

同时可以在三维虚拟地球中叠加气流轨迹（包括气流前向轨迹和后向轨迹）进行综合展示，直观地展示大气污染的变化情况和气团运动情况。

平台使用的三维虚拟地球技术基于 WebGL 技术实现，支持在 Web 浏览器中直接使用，无须安装第三方 3D 显示插件。

8.1.4　模式数据的 4D 展示分析

平台可以对所有模式的预报结果的不同高度层数据根据相关空间立体数据融合算法进行区域污染的立体空间分布情况的计算，并在三维虚拟地球中进行真正的三维立体数据展示，同时系统能够根据预报的时间点对模式的三维立体数据进行动态播放展示，形象生动直观明了地展现区域空间的污染立体分布情况以及污染在立体空间的变化迁移情况。

同时平台可以实现在三维 GIS 的虚拟地球上进行模式的空间单层数据的立体展示，并实现对该单层空间数据进行等值线叠加功能展示，以及对该单层空间数据进行动态播放展示；可实现在三维 GIS 的虚拟地球上进行模式数据的三维立体模型的垂直切割的切面展示，垂直切割的曲线路径可由用户在界面中进行自定义，最终实现以垂直切面的形式展示用户自定义路径的垂直面上的污染因子分布情况及其随时间变化情况；可实现在三维 GIS 的虚拟地球上对各个模式各嵌套层级的立体风场的三维动画展示，风场线条自身运动流向表示风向且风场整体可随时间演化进行动态播放展示。

　　平台采用相关立体数据渲染技术,通过 OpenGL 编程技术直接利用客户端机器的图形处理器(GPU)资源进行三维空间数据的实时渲染显示,充分利用客户端机器的显示资源,极大地提高了在浏览器中立体数据的渲染效率和展示效果,能够实现在浏览器中流畅平滑地对模式数据进行 4D 动态展示。

　　平台采用相关流媒体网络传输技术,通过向客户端机器传输高压缩率的视频流的方式将大数据量的模式空间立体数据高效稳定地通过浏览器传输到客户端机器,有效地保证了三维空间数据的实时渲染显示,同时满足动态播放的速度和时间响应要求,从而解决了模式数据4D 展示的大数据量的网络传输问题。

　　该功能基于 WebGL 技术实现,支持在 Web 浏览器中直接使用,无须安装第三方 3D 显示插件。

8.2　平台示范应用

8.2.1　框架及功能模块说明

　　该平台在城市空气质量预报中得到初步应用。城市空气质量预报平台功能分成七大模块:系统首页、实况分析、模式预报、来源解析、4D 分析、应急管控和分析研判模块。

　　首先需要登录 Web 平台,在浏览器中输入平台网址访问,会跳转到登录页面,然后输入后台设置好的账号和密码,点击登录按钮即可登入系统平台。

8.2.2　系统首页

　　平台首页(图 8.2)可展示多种功能,首页分为两个部分,左侧为实况数据的展示,在地图

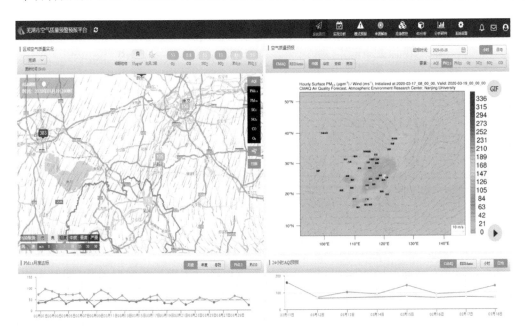

图 8.2　首页默认设置

中展示全国的城市和国控监测站点的监测数据以及气象风场动态数据,右侧为预报图的切换展示区域,可选择切换模式、因子、区域。

首页左侧地图默认在当前城市所在区域,右侧默认 CMAQ 的中国区域预报图,左下方展示 $PM_{2.5}$ 的月度达标、年度达标以及冬防达标的情况,右下方展示当前城市的最近 7 d 的预报评估情况和未来 3 d 的预报情况。

首页右侧切换华东区域预报(图 8.3),同样可以查询历史的预报图片信息,还可以切换小时和日均。

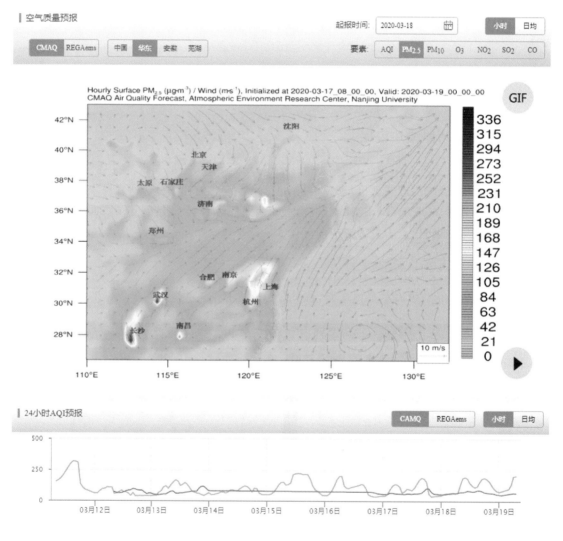

图 8.3　首页右侧华东区域预报分布图

首页左侧点击站点图标(图 8.4),可查看该站点的各监测因子的实时数据,同时可以展示该站点最近和未来 24 小时的曲线图。

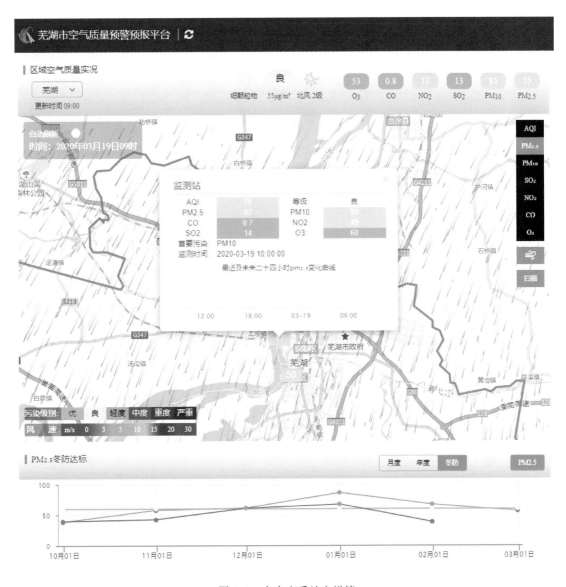

图 8.4　点击查看站点详情

8.2.3　实况分析

此模块主要是通过多种方式(图表、GIS)展示实际监测的整体数据。具体可分为:区域实况、全国实况、卫星实况以及详细数据分析。

(1)区域实况

区域实况(图 8.5)整个界面分为左、中、右三个模块,左侧为所有站点的信息列表并展示每个站点 AQI 信息和站点类别,中间为整体地图数据信息展示,可在地图中叠加各种污染因子的图标信息(以不同颜色表示污染严重程度),并且可以叠加气象风场信息。地图中的图标有常规和直观两种方式,右侧可展示城市整体天气和空气质量情况,也可展示具体某个站点的详细变化情况。

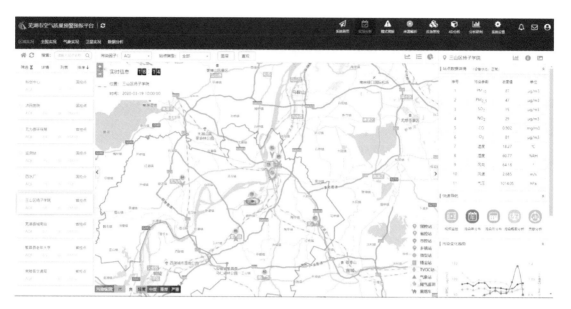

图 8.5　区域实况

通过不同的图标来标明相对应的站点类型,包括国控点、省控点、市控点、乡镇站、微型站、扬尘站、TVOC 站等。同时在地图的右上角有三个子功能,分别为:站点数据趋势、实时数据排名、实时数据报表。

图 8.6 中,通过当前区域内的所有监测点位数据插值出相应范围的污染趋势图,并叠加相应时刻的气象风场。

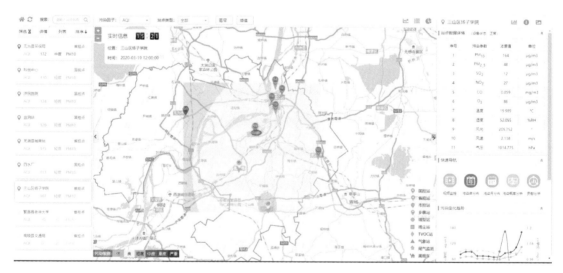

图 8.6　叠加风场和插值图

图 8.7 中,点击地图上方第一个站点趋势图标会弹出一个界面,展示当前城市的站点整体数据变化趋势,同时可以切换不同因子进行查看。

(2)全国实况

对全国范围的所有城市和城市中的国控点位的实时监测数据在地图中展示,见图 8.8,同

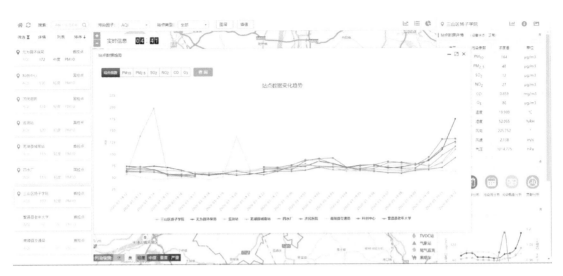

图 8.7　站点数据趋势

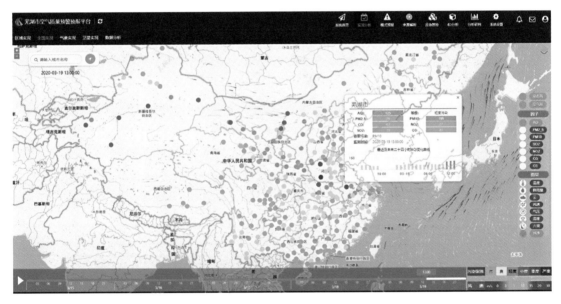

图 8.8　全国实况

时会展示相应时刻的气象因子,包括温度、降雨、湿度、气压等气象图片数据。

如图 8.9 所示,展示同时叠加温度气象预报图片的内容。

(3)气象实况

在气象数据方面,实时展示中央气象台和韩国气象厅发布的相关气象数据,用以辅助得出预报结论。

图 8.10 中,展示中央气象台的气象实况图,包含的气象因子有:地面天气图、500 hPa 天气图、能见度、降水、气温、风等,每个因子均可进行轮播展示。

图 8.11 中,展示韩国气象厅的气象实况图,包含的气象因子有:地面分析图、沙尘实况图等,每个因子均可进行轮播展示。

图 8.9　同时叠加温度层和风场

图 8.10　中央气象台气象实况图

图 8.11　韩国气象厅气象实况图

（4）卫星实况

在图 8.12 中，对卫星监测数据进行展示，在地图中可查看不同卫星监测因子的图片，包括边界层、云、沙尘、NO_2、火点。

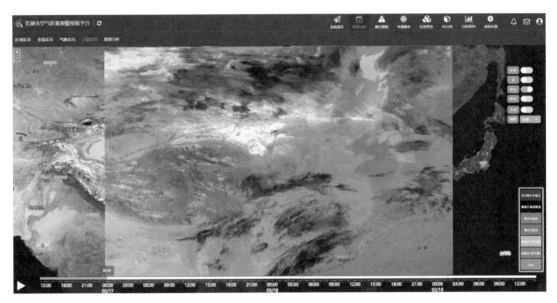

图 8.12　卫星沙尘图

如图 8.13 所示，展示在卫星云图上直接叠加火点信息，同时可以轮播展示。

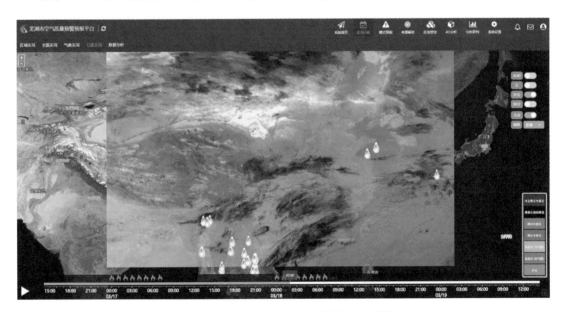

图 8.13　同时叠加沙尘和火点的卫星云图

（5）数据分析

如图 8.14 所示，对城市的所有站点数据进行详细的图表分析，包括查询统计分析、污染刷色表、气象关联分析、污染形势分析等。相关表格数据均可导出为 Excel 形式。

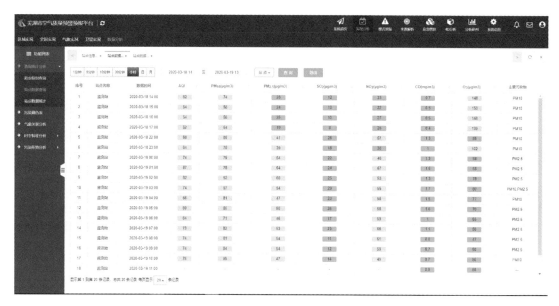

图 8.14　站点数据查询

如图 8.15 所示,同时对站点数据进行统计得出小时、日均、月均以及自定义时间段的均值。

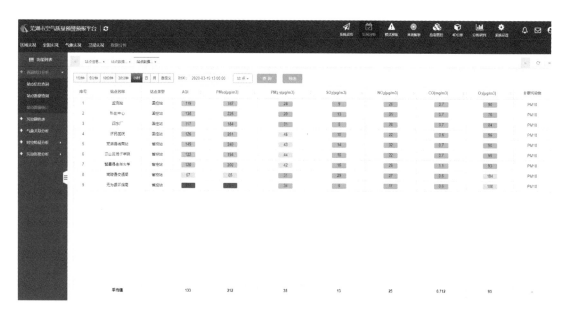

图 8.15　站点数据统计

如图 8.16 所示,展示省内城市自定义时间范围内不同因子的日均刷色表。

由于不同气象因子可能会对不同的污染因子造成影响,该功能(气象关联分析见图 8.17)通过折线图形式,清晰表达了污染因子和气象因子变化趋势的相关性。

如图 8.18 所示,该平台还通过日历表的形式清晰明了展示截至当前时刻的污染因子的日历变化情况,并根据国家标准用不同颜色表达污染严重程度。

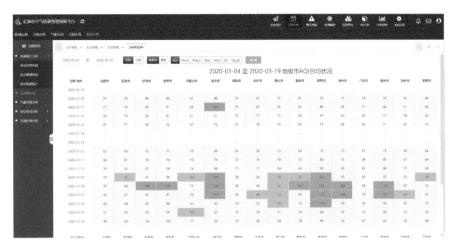

图 8.16　污染刷色图

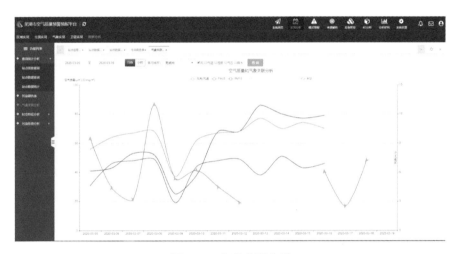

图 8.17　气象关联分析

图 8.18　站点污染月历

如图 8.19 所示,展示当前城市的站点污染数据年历。

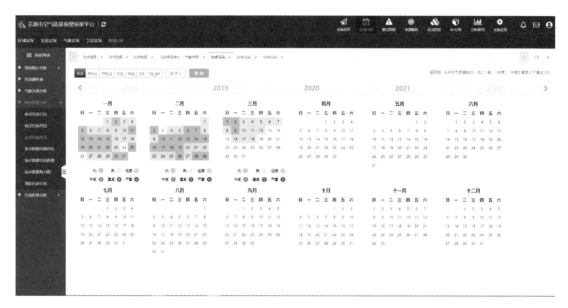

图 8.19 站点污染年历

如图 8.20 所示,该平台采用热力图的形式来展示横向日变化、纵向小时变化的趋势。

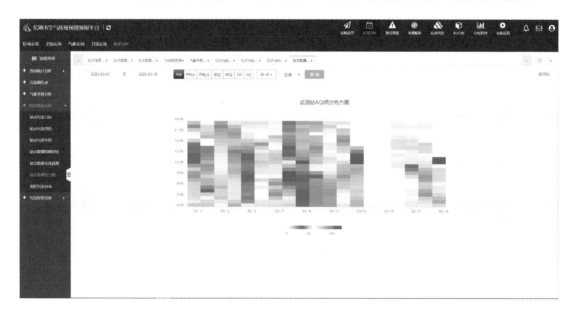

图 8.20 站点数据热力图

如图 8.21 所示,展示当前城市的区县和站点的污染超标数据统计信息。

8.2.4 模式预报

此模块主要是通过多种方式(图表、GIS)展示模式预报的整体数据。具体可分为:综合预报、区域预报、城市预报、站点预报、气象预报、预报会商、分析评估以及外源预报。

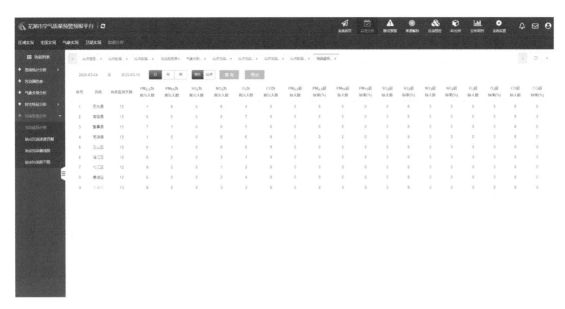

图 8.21　污染超标分析

（1）综合预报

如图 8.22 所示，对污染因子和气象因子的预报数据动态的在地图中展示。风的数据以流场的形式展示。

图 8.22　综合预报

如图 8.23 所示，同时展示风场的流向及风速大小的预报图。

（2）区域预报

通过两种形式展示区域的污染变化形式，第一种为带有地理信息的预报图片单独展示，可轮播；第二种为在地图中贴入展示。两种方式均包含四层嵌套，分别为：中国、大区、省级、所在

图 8.23　风的流向和速度的预报图

城市区域;同时第一种的图片颜色分为两种:渐变色(图 8.24)、标准色(图 8.25)。

图 8.24　模式预报图展示(渐变色)

如图 8.26 所示,展示预报图片叠加在地图上的效果,可以选择不同层级和不同因子的预报图,并可以轮播展示。

(3)城市预报

如图 8.27 所示,通过表格的形式对该城市以及城市参与预报的站点数据进行展示,包括小时和日均,同时以数值的形式展示出一天范围内的小时最大值和最小值,还展示多种模式的预报结果。

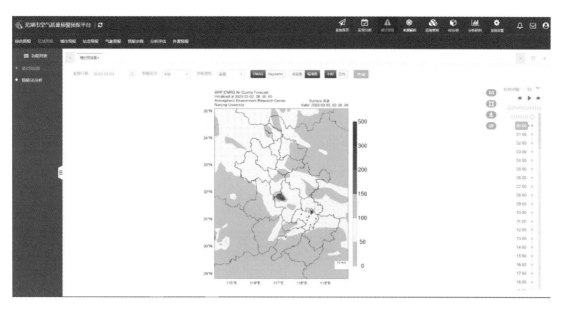

图 8.25 模式预报图展示(标准色)

图 8.26 预报图 GIS 分析(华东区域)

(4)站点预报

如图 8.28 所示,在地图中直接标出相应预报站点的位置以及具体数值信息并可以播放变化。同时可以切换修正前和修正后。

对城市日均值进行列表展示(图 8.29),根据国家统一标准对不同数值标注相应的背景颜色。

对单个站点的不同因子在同一个图表当中用折线图表示(图 8.30),可以直观地看出各因子之间的联系和相关性。

图 8.27　城市预报

图 8.28　模式点位预报

图 8.29　日均预报刷色表

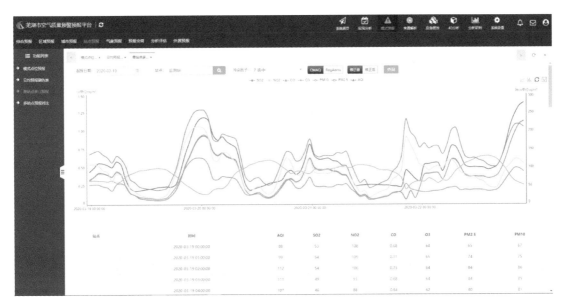

图 8.30　单站点多日预报

（5）气象预报

对 WRF 气象模式输出的气象预报图进行展示（图 8.31），同时输出的气象数值预报信息用图表展示（图 8.32），该模块还包含中央气象台（图 8.33）、韩国气象厅（图 8.34）的气象预报内容展示。

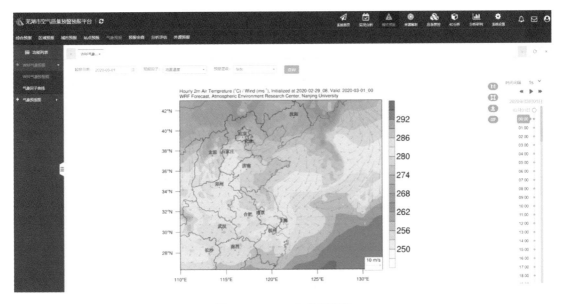

图 8.31　WRF 气象预报图

（6）预报会商

对于城市预报每天会有一个平台会商过程，在该模块中根据预报产品中的污染因子预报

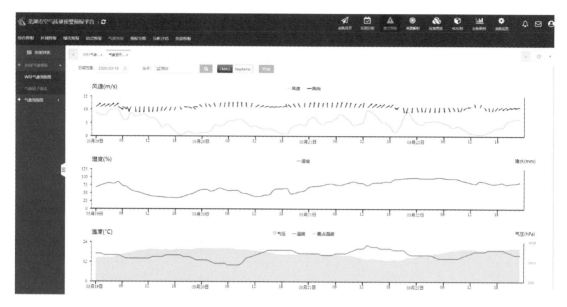

图 8.32　气象因子曲线

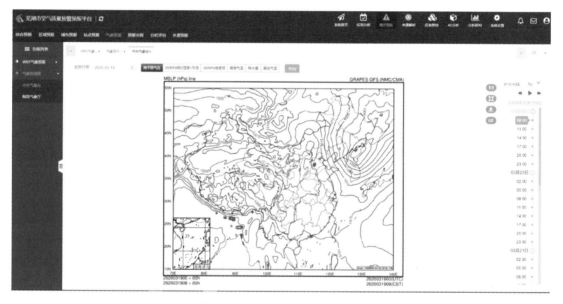

图 8.33　中央气象台气象预报图

图、气象预报图、城市和站点预报数值以及权威部门发布的区域预报总结信息得出最终会商结果,会商结果主要包括未来 3 d 的 AQI 数值范围和 AQI 污染等级以及首要污染物。

第一步,初步预报(图 8.35),主要分析模式输出的各个因子的预报污染分布图,并带入区域预报总结信息和气象预报总结信息。

第二步,环保气象会商(图 8.36),结合环保和气象信息以及模式输出的城市和站点预报数值,给出最终的会商结果。

第三步,会商结果展示(图 8.37),预报文字总结和数值预报结果展示。

图 8.34　韩国气象厅气象预报图

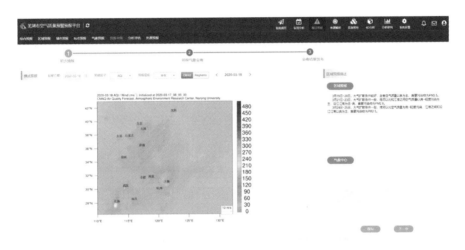

图 8.35　预报会商（初步预报）

图 8.36　预报会商（环保气象会商）

图 8.37　预报会商(会商结果发布)

(7)分析评估

评估模块是对模式预测结果进行评估并展示,通过历史预报数据与历史实测数据比较来判别模式预报的准确度,会对模式调优提供可靠依据。该模块分为单项评估对比(图 8.38)、多项评估对比(图 8.39)、模式评估梯度图(图 8.40)、城市预报评估(图 8.41)、预报评估统计等。

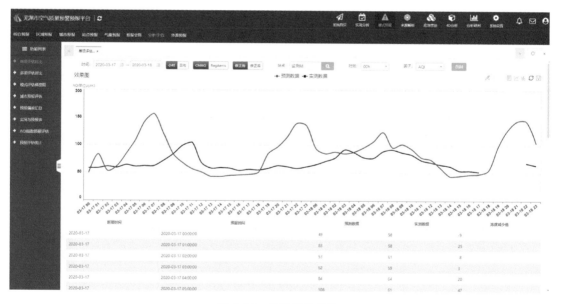

图 8.38　单项评估对比

多项评估对比,可以同时展示多模式的预测结果与实测数据的比较效果,同样可以选择时效性,如图 8.39 所示。

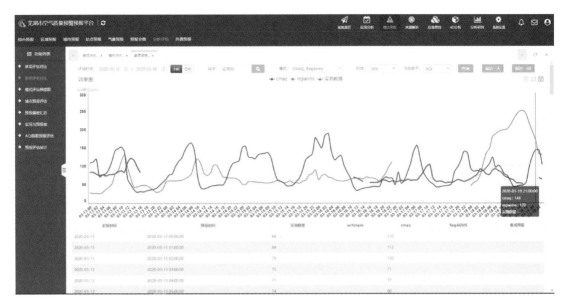

图 8.39　多项评估对比

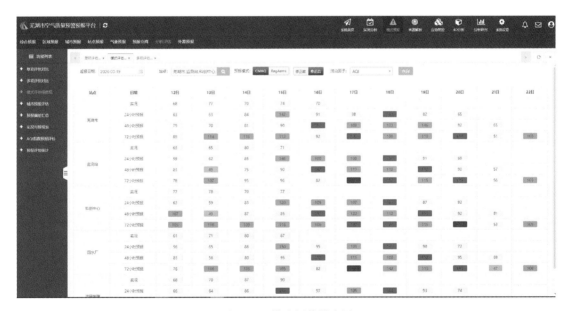

图 8.40　模式评估梯度图

如图 8.41 城市预报评估,该模块对模式和会商的结果,通过三种方式:污染等级、AQI 范围准确率、首要污染物准确率来进行城市的预报效果评估。

(8)外源预报

该模块主要对第三方预报数据进行展示,包括总站预报、省站预报、知名 APP 预报结果。它分为省级预报总览(图 8.42)、全国预报总览(图 8.43)、城市预报刷色表(图 8.44)三个小模块。

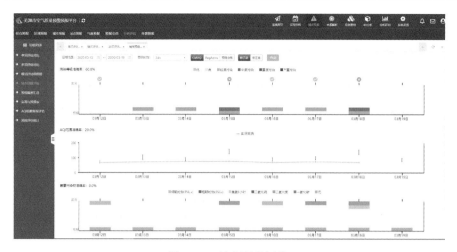

图 8.41　城市预报评估

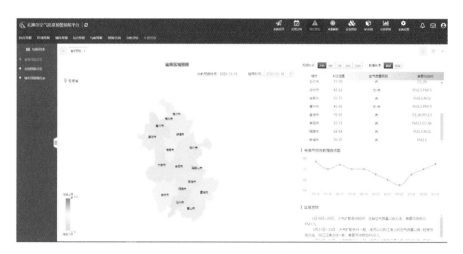

图 8.42　省级预报总览

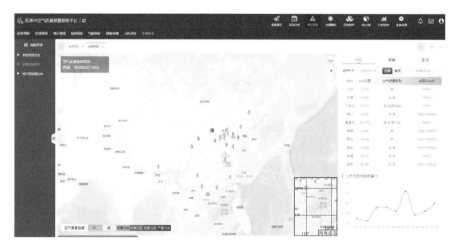

图 8.43　全国预报总览

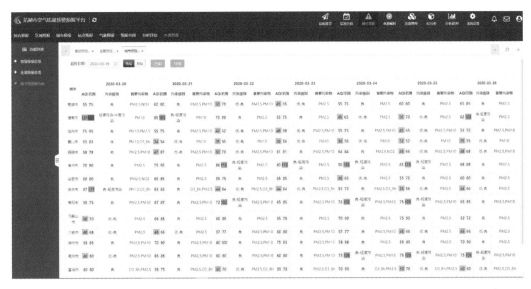

图 8.44　城市预报刷色表

省级预报总览,数据来源分为省站预报发布和总站预报发布。左侧为地图区域刷色展示,右侧为表格、图表以及当前省份的总结信息的展示。

全国预报总览,该功能通过地图点位标准,不仅可以切换全国和省级的区域预报,同时可以查看当前的实况数据,并可以同时查看全国、当前城市所在大区以及当前区域所在省份的预报总结信息(图 8.45)。

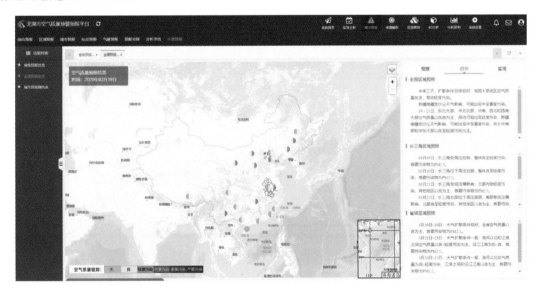

图 8.45　全国预报总览(趋势预报总结)

8.2.5　来源解析

在地图中用箭头和动态流向图来表示区域源解析的结果,同时在右侧以饼图的形式展示所选日期的行业和区域源解析,如图 8.46 所示。

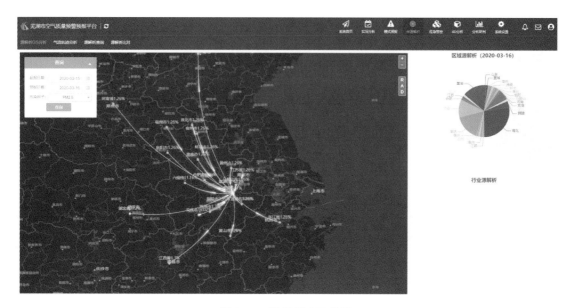

图 8.46　源解析 GIS 分析

　　如图 8.47 所示,气流轨迹分析,对当前城市前向、后向的气流轨迹进行动态展示,包括高空 100 m、500 m、1000 m,效果直观。

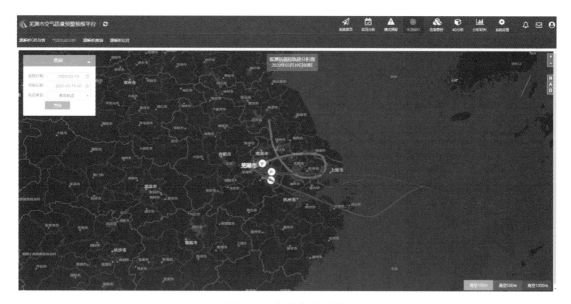

图 8.47　气流轨迹分析

　　如图 8.48 所示,同时查看 4 d 的源解析情况,可以随时间轴进行播放展示。

8.2.6　应急管控

　　如图 8.49 所示,针对当前城市每天采取两种减排方案措施,该措施可在平台中每天进行

图 8.48　源解析查询

修改，或者每天定时生成。模式每天通过读取生成的减排方案得出管控之后的预报结果。管控结果可与基准预报结果进行比较，可以看出管控的效果如何。

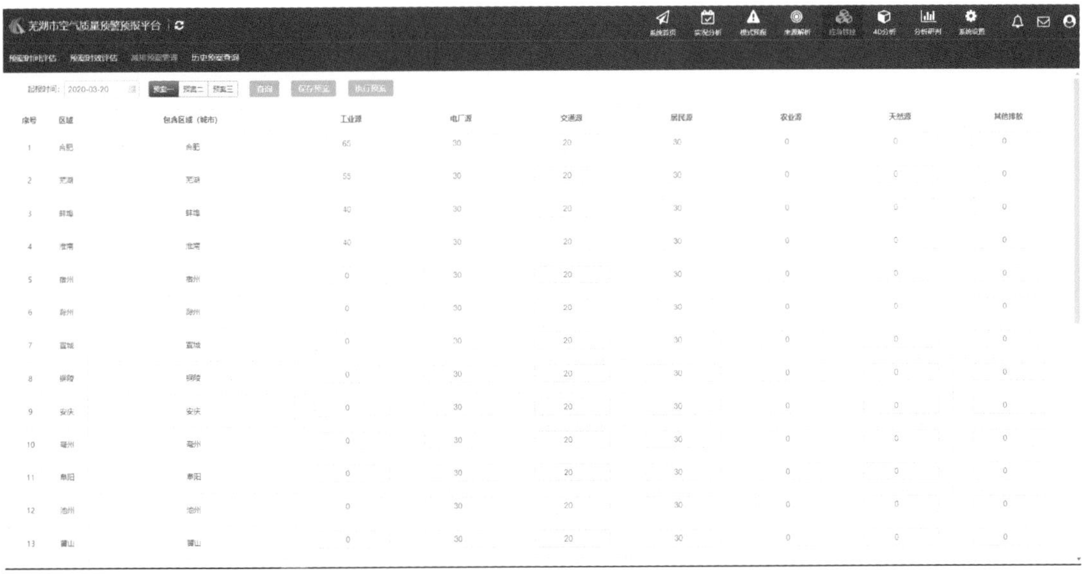

图 8.49　减排预案管理

　　预案时间评估(图 8.50)，该功能通过表格和折线图的方式展示未来几天连续预报的基准、管控的比较情况，同样可以查看每个预案的具体减排信息。

　　预案时效评估(图 8.51)，该功能同样通过表格和折线图的形式展示历史、基准和减排在不同时效下的评估结果。

　　预案空间评估(图 8.52)，该功能把基准预报图与采取多种减排措施之后的预报图在同一界面进行比较，可以同时播放相应预报图片。

图 8.50　预案时间评估

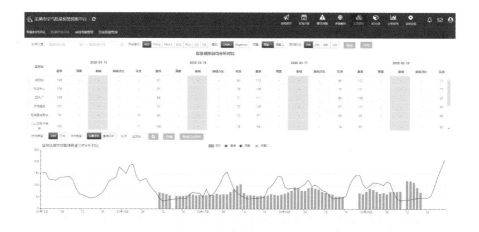

图 8.51　预案时效评估

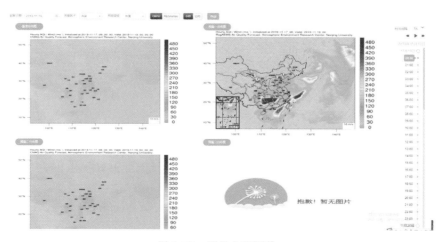

图 8.52　预报空间评估

8.2.7　4D 分析

4D 分析模块采用国内顶尖的 4D 立体技术,在空间维度和时间维度上都可以流畅的播放展示。通过采用新颖的交互式展示方法,更直观体现污染物在不同高度不同时间的演变特征,更有助于预报未来污染走势。

4D 分析具体主要包括垂直切片、水平切片、等压分布、立体风场等。平台可以展示多种分辨率的模拟结果(可选:中国、华东、山东、青岛),如图 8.53—8.58 所示。

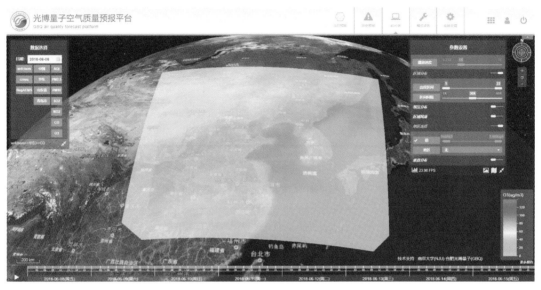

图 8.53　华东区域空间分布

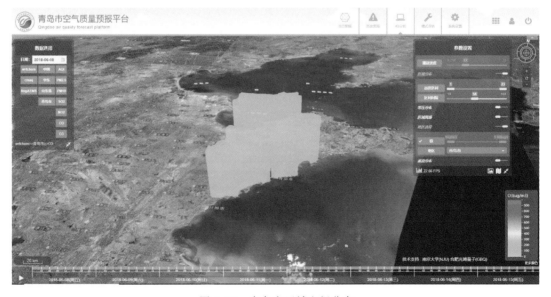

图 8.54　青岛市区域空间分布

图 8.55　水平地面与垂直切片同时展示

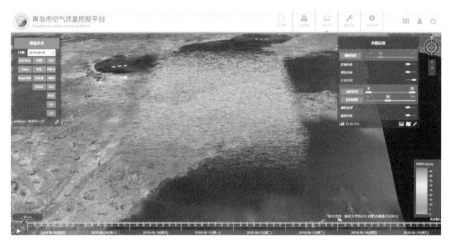

图 8.56　多层风场展示

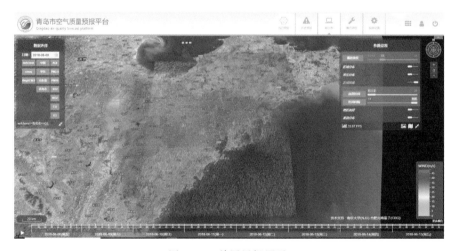

图 8.57　单层风场展示

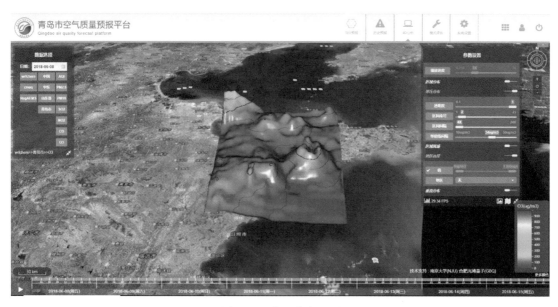

图 8.58　等压分布展示

8.2.8　分析研判

（1）区域一张图

如图 8.59 所示，该模块是对监测数据进行更深程度的分析，分为以下几个模块：区域一张图、排名达标分析、省内数据分析、城市数据分析。

对于当前城市进行更细致的数据分析，细化到城市的每个区县，进行趋势、统计、月历、地图展示、排名超标等方面的展示。

图 8.59　区域一张图

（2）排名达标分析

排名达标分析中，包括排名趋势分析（图8.60）、城市空气质量排名（图8.61）等。

图8.60　排名趋势分析

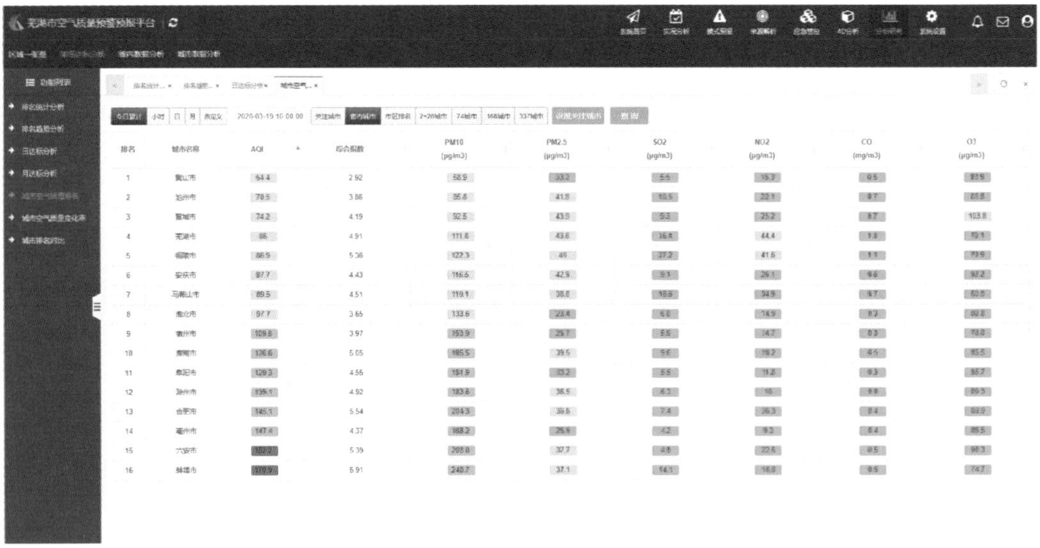

图8.61　城市空气质量排名

（3）省内数据分析

省内数据分析中，包含城市污染统计（图8.62）、城市超标统计（图8.63）、重污染天气统计（图8.64）等。

（4）城市数据分析

城市数据分析中，包含城市污染数据分析（图8.65）、城市污染日历（图8.66）、城市历史变化趋势（图8.67）、气象相关性分析（图8.68）。

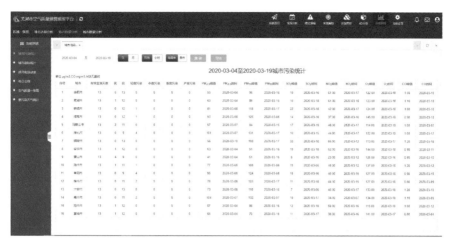

图 8.62　城市污染统计

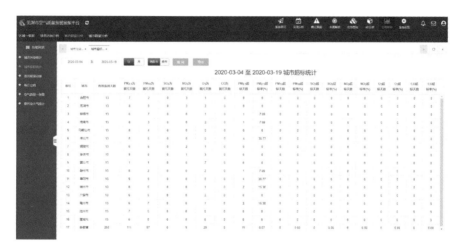

图 8.63　城市超标统计

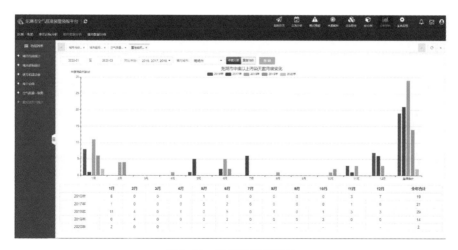

图 8.64　重污染天气统计

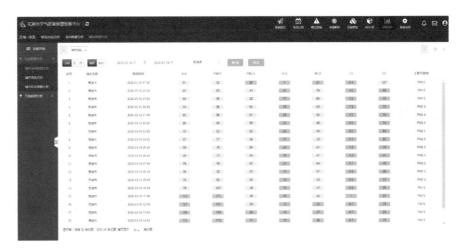

图 8.65　城市污染数据分析

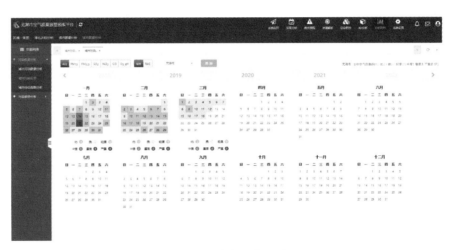

图 8.66　城市污染日历

图 8.67　城市历史变化趋势

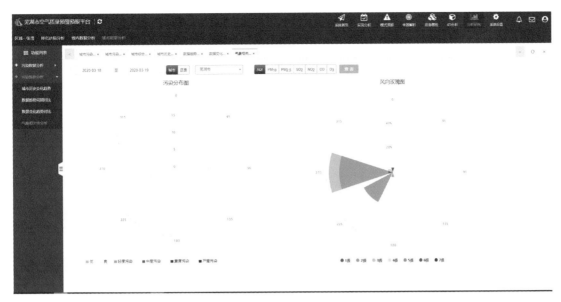

图 8.68　气象相关性分析

8.3　本章小结

合肥中科光博量子科技有限公司所开发的空气质量预报平台采用数值预报模式（WRF-Chem、CMAQ、CAMx、RegAEMS 等），应用领先 GIS 技术，能实现空气质量预报预警、区域污染源解析和减排效果动态评估，服务于生态环境部门的重污染应急减排与大气污染防治，为改善空气质量提供技术支撑。

该平台主要分为 7 个功能模块：系统首页、实况分析、来源解析、模式预报、应急管控、4D 分析和分析研判，系统地从高空到地面，从轨迹来源、剖面分析、4D 立体，多维度多角度展现空气质量的历史记录、当天状况和未来趋势，实现了模式历史状况的评估，当前空气质量预报预警判别和制定长期环境质量达标规划，最终达成准确的预报预警及长远有效的决策规划目标。

该平台融合各类不同类型的空气质量监测、不同预报系统的产品数据以及基础辅助数据。从多模式集合预报支撑高性能预报预警分析，从多维度历史污染过程和天气形势自动化分析支撑重污染过程研判。通过在青岛市环境保护监测中心的长期应用和重要活动保障，证明了平台的高性能、稳定性和实用性。

第 9 章　提高空气质量预报水平的关键技术

空气质量预报的准确性依赖于气象模式、空气质量模式和污染源排放清单,总体预报精度取决于三者组成的综合系统的性能。事实上,预报结果总是与人们的期待有一定的差距,甚至带有明显的系统性偏差。利用现有的观测资料,可以对模式的预报过程进行干预。基于模式预报和观测数据的比较,找出误差的规律,从而应用到模式的预报过程中,来降低预报误差。这些手段根据其产生作用的方式,可以分为前端和后端两种。前端技术应用在模式启动之前,用于提高输入模式的数据的精确性;后端技术应用在模式运行之后,用于改进模式输出数据的精确性。本章重点介绍提高空气质量预报水平常用的资料同化和污染源反演(前端技术)以及集合预报和模式输出再统计技术(后端技术),并介绍这些技术在空气质量预报中的实际应用。

9.1　气象资料同化

气象资料同化是分析处理随空间和时间分布的观测资料为数值预报提供初始场的一个过程,具体包括两层基本含义:①合理利用各种不同精度的非常规观测资料,把它们与常规观测资料融合为有机的整体,为数值预报提供更好的初始场。②综合利用不同时次的观测资料,将这些资料中所包含的时间演变信息转化为要素场的空间分布状况。资料同化是 20 世纪 60 年代初随着气象领域数值计算和数值预报业务的发展而发展起来的一种能够将观测数据和理论模型相拟合的方法,可以最大限度地提取观测数据所包含的有效信息,提高和改进分析与预报系统的性能。资料同化的思想和方法源于 Panofsky(1949)的研究工作,他于 1949 年首先利用多项式插值法得到观测数据的客观分析场,从而摒弃了以往的手工主观分析方法;丑纪范(1961)认为数值天气预报不是简单的初值问题,必须在数值预报中使用过去多时刻的气象观测,被认为是国内资料同化的开创性工作;Charney 等(1969)给出了使用模拟方法研究资料同化的结果,被认为是资料同化的开门之作。之后,资料同化不断得到发展和完善,逐渐由理论走向实际应用,为数值模式的发展和应用开辟了新的途径,已经广泛地应用在气象、海洋等领域。

9.1.1　资料同化的主要方法

9.1.1.1　经验性同化方法

（1）逐步订正法(SCM)

逐步订正法是由 Bergthorsson 和 Doos(1955)以及 Cressman(1959)所提出的,该方法首先给出背景场(初始估计场),然后将格点上的背景场插值到观测站,计算观测站的观测值与背景场的偏差,即观测增量;然后以某格点影响半径范围内各个观测站上观测增量的加权平均值作为该格点的分析增量;最后再用格点上的分析增量对背景场进行订正。不断缩小影响半径,逐次订正,每次订正后的分析场用作下一次订正的背景场,直到观测增量小于某一确定值。由于该方法具有简单、计算量小等优点,因此,在客观分析上得到广泛应用。

但是,在实际应用中逐步订正法并没有取得令人满意的结果,原因是它无法很好地解决以下三个方面的问题:当初始估计场的质量高于观测场的质量时,再用观测值来取代估计值已经失去意义;一个观测站的权重主要取决于观测站相对于格点的位置或距离,权重函数的选取带有一定的经验性,同时,对于距离格点较远的观测,如何来确定权重函数的结构;没有考虑实际系统中所应包含的基本特性(如区域间的平滑、各变量间的平衡和约束关系等)。

(2)牛顿张弛逼近法(Nudging)

Hoke 和 Anthes(1976)提出了牛顿张弛逼近法,该方法在预报开始之前的一段时间内,通过在一个或几个预报方程中增加一个与预报和实况的差值成比例的虚假倾向项,在可使用观测资料的时段内,使模式解逼近实测资料,并使变量之间达到动力协调。用这样的模式解作为预报初值,以提高模式预报效果。例如:对于水平风速的预报方程可写成:

$$\frac{\partial u}{\partial t}=-v\ \mathbf{\nabla}\ u+fu-\frac{\partial \varphi}{\partial x}+\frac{u_{obs}-u}{\tau_u} \tag{9.1}$$

张弛时间尺度 τ 一般是基于经验考虑和根据变量来进行选择的。如果 τ 取得很小,方程的解就会快速逼近观测值,导致没有足够的时间进行动力调整;如果 τ 取得太大,在 Nudging 发挥作用之前,模式误差就会变得很大。Hoke 和 Anthes(1976)指出,张弛时间尺度 τ 的选择应当使方程的最后一项在量级上与次支配项相同。常用的 Nudging 方法有两种:一种是格点分析场的 Nudging,这种方法比较适用于空间分辨率较高的情况;另外一种是站点 Nudging,这种方法可用于时间分辨率较高及非常规资料的情况。由于 Nudging 同化方法比较简单,易于实现任何时空分布与模式变量相对应的资料,因此得到广泛的应用,但它的一个最大缺点是不能同化非模式变量的观测资料。

9.1.1.2　多元统计插值同化

气象学家一直在探索对进入分析系统的资料(包括观测值、初猜值和系统的物理特性)最优的使用方法,但由于没有直接的方法来定义这种最优权重,所以只能寻求实现分析值与真值之差的平均意义上最小的算法。统计方法的引入,成为资料同化方法发展道路上的一个重要里程碑。

(1)最优统计插值法(OI)

Gandin(1965)通过引入统计方法,推导出多元最优插值方程,提出了最优统计插值法(OI)。Rutherford(1973)和 Schlatter(1975)将该方法扩展到位势高度和风场的多元分析。Rutherford(1976)在没有完全考虑高度场、温度场和风场三维结构的情况下,分别对它们进行了水平和垂直方向上的分析。Bergman(1979)对温度场和风场进行了三维最优统计插值分析。Lorenc(1981)则用矩阵的形式提出了包括高度场、风场和厚度场在内的真正意义上的三维最优插值方案,并最终在欧洲中期数值预报中心得以实现。随后,最优插值法在世界各个气象中心得到了广泛应用。最优插值的一般形式为:

$$x_a=x_b+K(y-H_{xb})$$
$$K=\boldsymbol{B}H^{\mathrm{T}}(H\boldsymbol{B}H^{\mathrm{T}}+\boldsymbol{R})^{-1} \tag{9.2}$$

式中，x_a 表示同化后的分析场；x_b 表示背景场，一般取为上个时刻的模式预报值；y 表示观测场；H 为线性观测算子，表示从模式空间到观测空间的转换；B 表示背景误差协方差矩阵；R 表示观测误差协方差矩阵，观测误差包含了观测资料的代表性误差。上标"T"和"−1"分别表示矩阵的转置和逆。直接通过上面两式来计算分析值较为困难，因为这涉及 B 矩阵的求逆。对于高分辨率模式来说，B 矩阵是一个巨维矩阵，直接求逆并不现实。但是上面两式可以通过最小化以下代价函数 J 而得到：

$$J = \frac{1}{2}(x - x_b)^{\mathrm{T}} \boldsymbol{B}^{-1}(x - x_b) + \frac{1}{2}(y - Hx)^{\mathrm{T}} \boldsymbol{R}^{-1}(y - Hx) \tag{9.3}$$

令 $X = x - x_b$，$Y = y - Hx_b$，代入上式，并利用线性观测算子假设，可得到：

$$J = \frac{1}{2}X^{\mathrm{T}} \boldsymbol{B}^{-1} X + \frac{1}{2}(HX - Y)^{\mathrm{T}} \boldsymbol{R}^{-1}(HX - Y) \tag{9.4}$$

式中，X 表示分析场与背景场的差，又称分析增量；Y 表示观测场与背景场的差。资料同化即通过数学手段（如迭代法）寻找一个恰当的分析场，使得泛函 J 最小。

最优插值法与逐步订正法一样，也是用观测站上的观测增量插值到格点上的分析增量，只是它的权重函数是由大气的统计结构和观测误差所决定出的统计意义上的最佳权重，可保证分析误差的方差达到最小。由于最优权重和观测误差有关，最优插值可以处理不同观测系统收集到的气象资料；它还可以通过利用多种气象要素的观测值共同估计某一要素的分析值，来同时分析多种气象要素场。最优插值方法的不足之处在于，分析过程中，假定水平和垂直方向相互独立的相关系数的计算并没有实际的物理依据；观测资料是以线性的形式来影响分析，而实际情况却是非线性的。

随着大气探测手段的不断发展，不仅有来自全球各地的探空站、地面站、测风等的大量常规观测资料，而且还越来越多地收集到非常规观测资料，如飞机、气象卫星、雷达等不同类型的定时、非定时探测资料，这些资料对提高数值天气分析和预报起着至关重要的作用。考虑到单时次的、常规的观测资料不能很好地提供给所有用于描述大气状态的模式变量参数，人们就希望用多时次的观测资料来弥补空间观测资料的不足，用非常规资料来弥补常规观测资料的不足。为了充分利用这些气象资料，20 世纪 80 年代中期，变分同化得以兴起，并逐渐成为资料同化的主流。

（2）三维变分（3D-Var）同化方法

在 OI 方法中，通过最小化分析误差方差，利用最小二乘法来求取最优权重。而 3D-Var 同化方法则是求解一个分析变量，使得一个测量分析变量与背景场和观测场距离的代价函数达到最小值。Lorenc(1986)曾指出，OI 和 3D-Var 是在解相同的问题。三维变分同化可以由下式表示：

$$J(x) = \frac{1}{2}(x - x_b)^{\mathrm{T}} \boldsymbol{B}^{-1}(x - x_b) +$$
$$[H(x) - y_o]^{\mathrm{T}} \boldsymbol{O}^{-1}[H(x) - y_o] \tag{9.5}$$

式中，x 是分析变量，x_b 是背景场，y_o 是观测值，y 是由分析变量导出的观测值，B 是背景误差协方差，O 是观测误差协方差，H 称为观测算子，O^{-1} 为相应矩阵的逆，O^{T} 为相应矩阵的转置。

相对 OI 来说，3D-Var 具有非常明显的优势：在实际运用中，OI 要求引入许多近似，例如分析的区域解(逐点的或是逐个小区域的),这就需要设定"影响半径"和选取与分析格点相近的区域或位置,而 3D-Var 是通过代价函数求解全局的最小化,因此可以不用 OI 中的这些简化近似,避免了在不同的区域之间,由于选取不同的观测点而出现的跳跃现象;3D-Var 可以很好地处理观测算子的非线性,而 OI 则很难做到这一点,这也是 3D-Var 逐步取代 OI 的一个主要原因。

(3)物理空间分析系统(PSAS)

Da Sila 等(1995)针对 3D-Var 和 OI 中的最小化问题,提出了不在模式空间实施最小化的方法,而在观测的物理空间来完成。它所构造的代价函数的形式为:

$$J(w) = \frac{1}{2} w^{\mathrm{T}} (\boldsymbol{R} + \boldsymbol{HBH}^{\mathrm{T}}) w - w^{\mathrm{T}} [y_o - H(x_b)] \tag{9.6}$$

式中,$w = (\boldsymbol{R} + \boldsymbol{HBH}^{\mathrm{T}})^{-1} \delta y_o$, $\delta y_o = y_o - H(x_b)$。如果观测资料的数量远少于模式的自由度的数量,该方法则是十分有效的。因此,物理空间分析系统更适合于海洋资料的分析。

9.1.1.3　四维资料同化的主要方法

(1)卡尔曼滤波法

20 世纪 60 年代初,卡尔曼和 Bucy 在对随机过程状态进行估计时首次提出了卡尔曼滤波思想。此后,该方法被广泛地应用到海洋、大气、雷达跟踪、卫星轨道确定等众多领域。

卡尔曼滤波法的基本思想是:首先进行模式状态的预报,接着引入观测数据,然后根据观测数据对模式状态进行重新分析。随着模式状态预报的持续进行和新的观测数据的连续输入,这个过程可以不断向前推进,方程(9.7)—(9.13)是标准卡尔曼滤波过程的数学表达形式:

$$\boldsymbol{\Phi}_n^f = \boldsymbol{A} \boldsymbol{\Phi}_{n-1}^a \tag{9.7}$$

$$\boldsymbol{\Phi}_n^f = \boldsymbol{A} \boldsymbol{\Phi}_{n-1}^t + v_n \tag{9.8}$$

$$\boldsymbol{P}_n^f = \boldsymbol{A} \boldsymbol{P}_{n-1}^a \boldsymbol{A}^{\mathrm{T}} + Q_n \tag{9.9}$$

$$d_n = \boldsymbol{H}_n \boldsymbol{\Phi}_n^t + w_n \tag{9.10}$$

$$\boldsymbol{\Phi}_n^a = \boldsymbol{\Phi}_n^f + \boldsymbol{K}_n (d_n - \boldsymbol{H}_n \boldsymbol{\Phi}_n^f) \tag{9.11}$$

$$\boldsymbol{K}_n = \boldsymbol{P}_n^f \boldsymbol{H}_n^{\mathrm{T}} (\boldsymbol{H}_n \boldsymbol{P}_n^f \boldsymbol{H}_n^{\mathrm{T}} + \boldsymbol{R}_n)^{-1} \tag{9.12}$$

$$\boldsymbol{P}_n^a = (\boldsymbol{I} - \boldsymbol{K}_n \boldsymbol{H}_n) \boldsymbol{P}_n^f \tag{9.13}$$

式中,上标 f、a、t 分别表示"预报""分析""真实",上标 T、-1 分别表示矩阵求转置、矩阵求逆,下标 n 表示"时刻",$\boldsymbol{I}$ 为单位矩阵,$\boldsymbol{\Phi}$、v、$\boldsymbol{A}$、$\boldsymbol{P}$、d、$\boldsymbol{H}$、w、$\boldsymbol{K}$ 分别代表模式状态向量、模式误差、状态转换矩阵、模式误差协方差矩阵、观测数据向量、观测转换矩阵、观测误差、卡尔曼盈余矩阵。

标准卡尔曼滤波法的优点是可以提供一个系统最佳状态的顺序估计和系统误差的信息,适合将实时观测资料同化到预报模式中,只需要存储前一时刻的变量值,在实际工程应用中非常有效,可以显式地计算出预报误差的协方差的演化。缺点是只适用于线性模式,计算量非常大,计算资源需求昂贵。

针对标准卡尔曼滤波法存在的上述问题,研究出了一些次优化的卡尔曼滤波算法,如简化卡尔曼滤波法、集合卡尔曼滤波法(EnKF)等。简化卡尔曼滤波法是通过了解模式中物理过程的内在规律,抓住模式的动力学特征,将模式的转移矩阵简化,使简化后模式的维数大大低于原模式;EnKF 则是将模式的误差协方差矩阵用样本的误差协方差矩阵代替,避免了矩阵求逆等大运算量的操作,可以用于非线性模式。

(2)四维变分同化(4D-Var)

4D-Var 是 3D-Var 在时间维上的拓展,实际上就是考虑了在一个时间间隔中观测资料的分布,其表达式可以表示为:

$$J(x) = \frac{1}{2}(x - x^b)^{\mathrm{T}} \boldsymbol{B}_0^{-1}(x - x^b) +$$

$$\frac{1}{2} \sum_{i=0}^{x} [\boldsymbol{H}(x_i) - y_1]^{\mathrm{T}} \boldsymbol{R}_t^{-1} [\boldsymbol{H}(x_i) - y_t^o] \tag{9.14}$$

各量的物理意义与 3D-Var 表达式中的相同(x^b 等同于 x_b,y_i^o 等同于 y_o),方程右边第 1 项表示控制变量到初始时刻背景场的距离,第 2 项表示模式积分到观测时刻代价函数对于所有观测增量进行计算的总和。与 3D-Var 相比,4D-Var 具有自身的一些特点:①4D-Var 以模式的动力方程为强约束条件,因而隐含了"模式完美"的假定;②它采用伴随模式,这意味着当预报模式复杂的时候,计算量将会非常巨大;③在整个同化过程中,由分析变量 x 作为预报初始场所获得的预报,将完全同模式方程和观测的四维分布一致,因此,4D-Var 非常适合数值预报;④即使在 $\boldsymbol{B}_0$ 并不理想的情况下,4D-Var 也可以充分地利用一切观测资料,而计算代价要比另一同化方法卡尔曼滤波法小得多。其中,如果在假定模式完美和初始时刻误差协方差 $\boldsymbol{B}_0$ 正确的条件下,4D-Var 所取得的结果与扩展卡尔曼滤波法所分析的结果相同,这也就意味着 4D-Var 能够不断地订正预报误差协方差。

9.2 大气化学资料同化

空气质量数值模型在研究大气污染演变规律、制定空气质量管理对策方面开始发挥越来越重要的作用。空气质量模式在我国各个城市的业务预报工作中已得到广泛的应用,但数值模式仍然存在很多不确定性因素。其预报不确定性主要来源于排放源清单的不确定性、气象模式的不确定性和空气质量模式的不确定性。

(1)排放源清单的不确定性来源于污染物排放量、时间分配、空间分配、物种分配等的误差。

(2)气象模式的不确定性主要来源于边界层、风向风速、温度、辐射强度等的不确定性。

(3)空气质量模式的不确定性来源于大气化学机制、化学反应速率、初始边界条件和物理过程及模式参数等。

为了降低模式预报的不确定性,特别是初始场和排放源等输入的不确定性,需要用到各种资料同化方案,对实时观测与相应的初始模式输入进行融合,使得模式输入更加贴近真实情况,降低模式预报的误差,提高预报准确率。资料同化可以改进模式输入,包括且不仅限于初始气象场、边界气象场、初始污染物浓度、边界污染物浓度、污染物排放源强。

资料同化在空气质量预报中的应用研究始于 20 世纪 70 年代初,研究内容主要是针对与空气质量数值预报相关的浓度初始值、边界值、排放清单、模型参数、气象场等方面展开的,旨在提高空气质量预报的准确程度。Desalu 等(1974)最先将卡尔曼(Kalman)滤波法应用于空气质量预报中,Fronza 等(1979)实现了卡尔曼滤波法对空气质量的实时预报;针对卡尔曼滤波法计算量和计算需要内存都很大的问题,一些学者尝试了减秩平方根(PRSQRT)滤波法、集合卡尔曼滤波法等次优化的卡尔曼滤波法。随着观测手段的不断提高和计算机技术的不断发展,松弛逼近、变分分析等方法逐渐引入空气质量预报中。松弛逼近和变分分析是连续四维资料同化中两种主要的方法,Stauffer 和 Seaman(1990)开始了空气质量模型系统中松弛逼近法的应用和研究;Elbern 和 Schmidt(1999)首次将四维变分法成功地应用于欧拉化学传输模型中。相对于国外,国内关于资料同化在空气质量预报中的研究较少,开始于 21 世纪初,所采用的方法主要是卡尔曼滤波法,研究的内容主要是由卡尔曼滤波法建立可变的预报递推模型,根据新增加的资料不断修正模型参数以提高预报的准确率。但是,不论国内还是国外,目前所进行的同化实验都是方法的尝试性应用,对于方法本身并没有做较深入的研究,而且所采用的方法也不是最优的资料同化方法。

9.2.1　基于三维变分(3D-Var)的同化

三维变分同化的本质与最优插值(OI)一样,都是求解代价函数的最小值。但与最优插值不同的是,它通过梯度下降等数值方法寻求代价函数的局地最小值,而不像最优插值一样直接代数求解。实际使用的代价函数为:

$$J(x) = \frac{1}{2}(x - x_b)^{\mathrm{T}} \boldsymbol{B}^{-1}(x - x_b) + \frac{1}{2}(Hx - y)^{\mathrm{T}} \boldsymbol{R}^{-1}(Hx - y) \tag{9.15}$$

式中,x_b 是背景场,H 是观测算子,y 是观测资料,$\boldsymbol{B}$ 和 $\boldsymbol{R}$ 分别是背景误差和观测误差的协方差矩阵。背景误差协方差矩阵一般来自 NMC 方法的统计,即利用同一时间不同积分长度的模式预报结果作差,从而产生模式背景误差,对其进行统计就可以获得背景误差协方差矩阵,不过由于一般 $\boldsymbol{B}$ 的维度太大,所以都会采用一定的预条件方法来降低其维度。观测误差协方差 $\boldsymbol{R}$ 由观测误差方差($\boldsymbol{R}$ 的对角线元素)和观测误差协方差($\boldsymbol{R}$ 的非对角线元素)构成;一般观测误差方差由观测类型和观测代表性来决定;观测误差协方差一般设零,当观测间的协方差无法忽略时,一般会对观测数据进行线性变换来消除观测间的相关。实际寻找代价函数最小值的过程如图 9.1 所示。

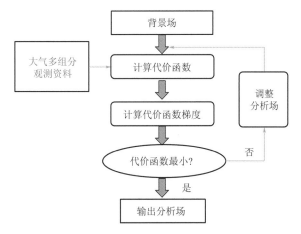

图 9.1　3D-Var 中寻找代价函数最小值的过程

9.2.2　基于集合卡尔曼滤波(EnKF)的资料同化

在空气质量预报的资料同化中,集合卡尔曼滤波(EnKF)也同样适用。EnKF 通过构造预报集合,利用蒙特卡罗的方式模拟背景误差 $\boldsymbol{B}$ 的分布形式,从而实现给背景误差 $\boldsymbol{B}$ 引入更贴近实际的流依赖(flow dependent)特性,使得来自观测的信息可以更好地被分布到模式空间。

由于传统的 EnKF 中需要对观测进行扰动以模拟观测误差,这一扰动在集合成员数过少的情况会引入额外分析误差,所以目前业务使用的 EnKF 都是经过修改的变种。集合调整卡尔曼滤波法(EAKF)作为 EnKF 的一个变种,其通过规避 EnKF 中对观测数据的随机扰动操作,大幅减小了取样不足引发的误差,被广泛应用于以集合滤波为基础的同化研究和业务系统中。其主要的计算公式如下:

$$\overline{z^u} = \boldsymbol{\Sigma}^u \left[(\boldsymbol{\Sigma}^p)^{-1} \overline{z^p} + H^T \boldsymbol{R}^{-1} y^o \right] \tag{9.16}$$

$$\boldsymbol{\Sigma}^u = \left[(\boldsymbol{\Sigma}^p)^{-1} + H^T \boldsymbol{R}^{-1} H \right]^{-1} \tag{9.17}$$

$$z_i^u = \boldsymbol{A}^T (z_i^p - \overline{z^p} + \overline{z^u}) \quad (i = 1, \cdots, N) \tag{9.18}$$

式中,$\overline{z^u}$ 是分析场的集合平均,$\overline{z^p}$ 是背景场的集合平均,z_i^p 是背景场集合的第 i 个成员,z_i^u 是分析场集合的第 i 个成员,y^o 是观测。H 是观测算子,$\boldsymbol{R}$ 是观测的误差协方差矩阵,$\boldsymbol{\Sigma}^p$ 是背景场的误差协方差,$\boldsymbol{\Sigma}^u$ 是分析场的误差协方差。$\boldsymbol{A}$ 是任意一个满足 $\boldsymbol{\Sigma}^u = \boldsymbol{A} \boldsymbol{\Sigma}^p \boldsymbol{A}^T$ 的矩阵,理论上 $\boldsymbol{A}$ 并不唯一,根据 $\boldsymbol{A}$ 的计算方法的不同,EAKF 可以衍生出多个变种。

理论情况下,一个完整的同化步骤开始时,设定作为输入的背景场集合成员 $z_i^p, i = 1, \cdots, N$;然后根据背景集合成员可以统计出其应有的集合平均 $\overline{z^p}$ 以及协方差矩阵 $\boldsymbol{\Sigma}^p$。然后,把需要同化进去的观测以矢量 y^o 的方式写出,设置好观测数据对应的误差协方差矩阵 $\boldsymbol{R}$,还有相应的连接背景场和观测变量的观测算子 H,就可以根据式(9.16)、(9.17)、(9.18)计算出同化的结果,即分析场集合 $z_i^u, i = 1, \cdots, N$ 以及分析场误差协方差 $\boldsymbol{\Sigma}^u$。在获得新的分析场集合后,一般可以代入模式重新积分到下一个时次,将积分所得的集合作为新的背景场集合代入本时次的 EAKF 同化中,从而形成同化和模式积分的循环。如果误差设置得当,理论上随着循环次数的增多,获得的分析场集合以及误差协方差 $\boldsymbol{\Sigma}^u$ 将逐渐逼近真实值,从而作为同化系统的产品输出。

基于集合调整卡尔曼滤波(EAKF)的 DART(data assimilation research testbed)同化系统,可以使用 WRF-Chem 作为产生积分背景场的模式,利用多平台多物种的大气化学成分和气象要素观测资料,开展化学初始场的资料同化、排放源强度的资料同化、气象要素和大气化学成分的耦合同化等研究。

DART 是由美国国家大气研究中心(NCAR)下属的资料同化研究组(DARes)开发和维护的一个用于开发基于集合同化系统的软件和函数库平台,具有极强的可扩展性,通过增加和修改相应的模块,可以比较容易添加新的观测数据同化能力,或者兼容新的背景场模式。DART 的公开发行版本已经可以支持 WRF、CAM 等多种模式,以及 MODIS AOD、MOPPIT CO、NCEP Prebufr 等多种观测资料。图 9.2 是 DART 的运转流程,图中的方框代表数据,含黑色边框的方框代表集合数据,椭圆代表操作,粗箭头代表集合数据的流程,细箭头代表非集合数据的流程。

根据同化时 z_i^p 和 $\boldsymbol{\Sigma}^p$ 的构成的不同,EAKF 可以实现化学初始场、排放源强度以及气象要素之间独立亦或是耦合的同化。根据 H 和 y^o 的不同选择,又可以实现使用不同平台亦或是不同变量的观测数据的同化。

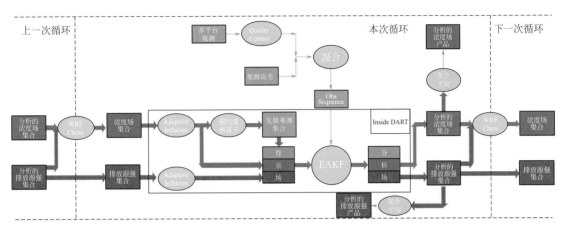

图 9.2　DART 运转流程图

（1）化学初始场的资料同化

在化学初始场的资料同化中，$z^p=[(z_c^p)^T]^T$，其中 z_c^p 是一个含有多个化学变量浓度的三维场的矢量，即其中的元素 $z_c^p=\{z_{c;i,j,k,vc}^p\}$，$(i,j,k)$ 是空间的三维的下标，vc 代表不同的大气化学变量。

对于背景集合的生成采用如下方式：初始的化学浓度场集合平均可以来自全球模式的结果，然后根据预先设置的协方差矩阵，扰动生成具有高斯分布的误差项集合，将其加到全球模式提供的集合平均上从而生成初始化学浓度场集合。这个化学浓度场集合会被代入空气质量模式积分一段时间，从而产生具有合理的协方差结构的背景场集合 z_i^p，$i=1,\cdots,N$。

模式积分需要的人为排放源强和自然排放源强都会进行高斯型的随机扰动后代入不同集合成员的积分。同样，空气质量模式的积分还需要化学边界场，不同集合成员的化学边界场来自全球模式的扰动。需要的气象初始场和边界场来自全球模式输出的气象预报或者再分析资料，将这些输出利用软件工具扰动成为集合后代入模式积分。

同化中使用的 $y^o=[(y_s^o)^T,(y_{mo}^o)^T,(y_l^o)^T,\cdots]^T$，不同的下标代表不同的观测类型，如 y_s^o 是卫星的观测，y_{mo}^o 是国控点监测站的观测，y_l^o 是激光雷达的观测等等。

（2）排放源强度的资料同化

在排放源强度的资料同化实验中，$z^p=[(z_c^p)^T,(z_e^p)^T]^T$，其中 $z_e^p=\{z_{e;i,j,k,ve}^p\}$，与 z_c^p 一样是不同物种的排放源强的三维场构成的矢量。但是与 z_c^p 不同的是，$z_{e;i,j,k,vc}^p$ 是可以直接输入模式的化学物种浓度值，而 $z_{e;i,j,k,ve}^p$ 则是一个排放源强的调整系数。实际输入模式的排放源强 $P_{e;i,j,k,ve}^p=P_{e;i,j,k,ve}^o\exp\{z_{e;i,j,k,ve}^p\}$，其中 $P_{e;i,j,k,ve}^o$ 代表排放源物种 ve 在 (i,j,k) 位置处的原始排放源强。这样做可以保证排放源相关的背景场变量 z_e^p 具有高斯形式的误差结构。

生成背景场集合的方式与化学初始场中的方式相似，唯一不同的地方是对于 z_e^p 的处理。在生成初始集合时，按照一定预设的误差结构，扰动产生初始的 z_e^p 的集合，然后利用 P_e^o 和 z_e^p 生成的 P_e^p 集合作为排放源强输入模式。在利用模式积分 z^p 时，z_c^p 按照正常的模式积分进行，而对于 z_e^p 则认为其不随模式的积分变化。在生成的背景场集合中包含排放源强和化学物种浓度的相关性信息，这些相关体现在 Σ^p 中。通过这些相关，可以将观测资料的信息引入排放源强中。

因为增加排放源强相关的背景场变量不会影响到观测数据的使用,所以这里使用的观测数据矢量 y^o 和观测算子 H 与初始场同化中的基本一致。

(3)气象要素和大气化学成分的耦合同化

在气象要素和大气化学成分的耦合同化中,$z^p = [(z_c^p)^T, (z_m^p)^T]^T$,其中 $z_m^p = \{z_{m;i,j,k,vm}^p\}$,代表不同气象要素的三维场分布的矢量。根据模式的不同,这些气象要素一般指{u 分量场,v 分量场,位势高度场,位温场,水汽浓度场}或者{流函数场,势函数场,位势高度场,位温场,水汽浓度场}。

生成背景场集合的方式与化学初始场中的方式相似,只不过为了更好地反映气象要素和大气化学成分之间的相互关系,通常需要更大的集合,集合成员数需要在 $O(10^2)$ 量级。

观测向量 $y^o = [(y_s^o)^T, (y_{mo}^o)^T, (y_l^o)^T, (y_{me}^o)^T, \cdots]^T$ 比化学同化多出了 y_{me}^o 项,即气象观测的矢量。考虑到气象要素和大气化学成分之间的联系较为复杂,目前的很多研究都还停留在探讨气象要素和大气化学成分的耦合同化对各种要素带来的影响。

(4)资料同化模块的验证

资料同化模块的合理性和可靠性验证可以分为个例分析和长期预报两步。

在个例分析中,一般挑选观测资料较为密集,最好是有非常规观测资料的区域和时间段来运行模块。在同时同化气象观测和多平台的大气化学组分观测的基础上,产生模式预报所需的气象要素和大气化学组分的分析场,以及反演的排放源强。将产生的产品与观测资料进行对比从而验证同化模块运行的合理性,即同化模块是否有能力减小初始场与观测的差距。验证时选用的观测资料一般要选择没有进入过同化模块的非常规资料(比如无人机、气球探空),也可以随机将部分常规资料从同化的观测中移除,只用于验证,以保证验证的独立性。

将资料同化的产品放入模式进行预报,然后将预报结果与观测资料对比可以验证同化模块的可靠性,即同化出的产品是否有能力提高模式的预报能力。在这一点上,观测资料以及评价标准的选择会倾向于日常业务使用的标准,比如空气质量指数、首要污染物、预报成功率等。

在完成个例分析、解决其中可能暴露出的问题后,验证工作可以转入长期预报验证,可以挑选污染较为典型的季节,选择更大范围或者几个重点关注的城市,以接近业务预报的方式运行同化模块和预报模式(常见的是同化每 6 h 进行一次;每次同化的结果都会被用于初始化下一次的预报和同化;每次向后预报 72~96 h),通过观察预报结果与观测的长期比较结果,来进一步评估资料同化模块的可用性。

同时包含大气化学组分和气象要素的多平台多变量的观测数据的协同同化是未来再分析技术发展的必然趋势,而在同化过程中同时调整排放源等模式参数也是目前为止最为有效的提升模式预报能力的手段之一。开展研究多种观测变量如何在同化过程中相互影响,气象要素和大气化学变量之间的耦合方式如何在同化过程中正确体现等研究在未来将非常有意义。

9.2.3 基于牛顿张弛逼近方法(Nudging)的模型化学反应参数同化

该方法首先进行参数敏感性实验,确定模型内部的化学反应敏感参数,之后使用"Nudging"方法对敏感参数进行优化,修正模型内部自带化学反应参数,使其更为接近实际化学反应,以提高模拟精度。

牛顿张弛逼近法是一种简单易行、稳定有效并被广泛用在空气质量数值预报以及同化模拟中的方法。基于牛顿张弛逼近方法(Nudging)的模型化学反应参数优化方法为:假设模型模拟结果和观测值之间的偏差完全是由模型内部化学反应参数的非客观性造成,根据模拟和观测污染物浓度的比例构成化学反应参数的"Nudging"倾向项,进行化学反应参数的修正,并进行多次迭代,当模型模拟结果与观测数据相关性达到阈值时,迭代停止,此时参数即和实际参数接近。

对于任一空气质量模型,其预报方程可描述为:

$$\frac{\partial S_t}{\partial t} = s_{i0} + F(VS_i, k \nabla S_i, P_i, L_i, R_i, C_i) \tag{9.19}$$

式中,污染物浓度 S_t 的变化是由初始场 s_{i0}、风场输送 VS_i、湍流扩散 $k\nabla S_i$、化学反应产生 P_i、化学反应消耗 L_i、干湿沉降 R_i、排放源清单 C_i 等共同作用产生的。空气质量模型的空气质量预报效果取决于空气质量模型对上述过程及其相互作用的描述能力,假设模型预报误差完全由化学反应产生 P_i 和化学反应消耗 L_i 产生,则可将此式描述为:

$$\frac{\partial S}{\partial t} = s_0 + F[VS, k \nabla S, Y(P_0, L_0), R, C] \tag{9.20}$$

式中,$Y(P_0, L_0)$ 为参数优化牛顿张弛逼近方案修正项,P_0、L_0 为空气质量模型参数默认值。

针对 $Y(P_0, L_0)$,有:

$$\frac{\partial a}{\partial t} = KF(a, x, t) \tag{9.21}$$

式中,a 为预报变量,t 为时间,x 为空间变量,K 为构造的张弛逼近项。根据(9.20)式对 $Y(P_0, L_0)$ 进行迭代计算,即:

$$\frac{\partial S_{n+1}}{\partial t} = s_0 + F[VS_n, k \nabla S_n, Y(P_n, L_n), R, C] \tag{9.22}$$

优化后参数 $P_n = Y(P_{n-1})$,$L_n = Y(L_{n-1})$,通过迭代计算逐步使污染物浓度预报值 S_n 逐渐接近于污染物浓度观测值 S^*,当 S_n 趋向于 S^* 时,P_n、L_n 也逐渐趋向于 P^*、L^*,此时,P^*、L^* 即为实际化学反应参数。

参数优化主要分为两个部分,分别是参数敏感性测试和模型参数优化,流程如图 9.3 所示。

在参数敏感性测试部分,首先将 i_1 至 i_n 参数调整矩阵代入空气质量模型 CMAQ 中,运行 CMAQ 模型,得出参数调整后污染物浓度数据 $\tilde{S}_k$,结合参数为默认值 $\tilde{I}_0$ 时 CMAQ 模型所得污染物浓度预报矩阵,分别计算出各参数敏感度函数 $\tilde{J}$,根据各参数敏感度,得出敏感参数 i_m,针对此敏感参数 i_m,进行下一步的参数优化实验。

在参数优化部分,使用牛顿张弛逼近(Nudging)方案,将参数敏感性测试实验中得出的敏感性参数 i_m 代入 CMAQ 模型,针对此敏感性参数做出扰动,根据扰动后的污染物浓度数据与站点观测数据构造倾向项 K,根据倾向项 K 优化参数 i_m 后,判断优化参数后 CMAQ 运行所得污染物浓度数据是否达到判别条件,若未达到,则进行下一轮迭代实验,若达到,则定义此时参数为优化后参数 i^*。

9.2.4　资料同化在空气质量模式中的应用

资料同化在空气质量预报的应用研究中,经过同化后的气象场作为空气质量预报模型的输入以及污染物浓度初始场的改进对空气质量预报的影响仍是研究的两个主要方向。

崔应杰等(2006)利用嵌套网格空气质量预报模式(MM5-NAQM),对上海市环境监测中

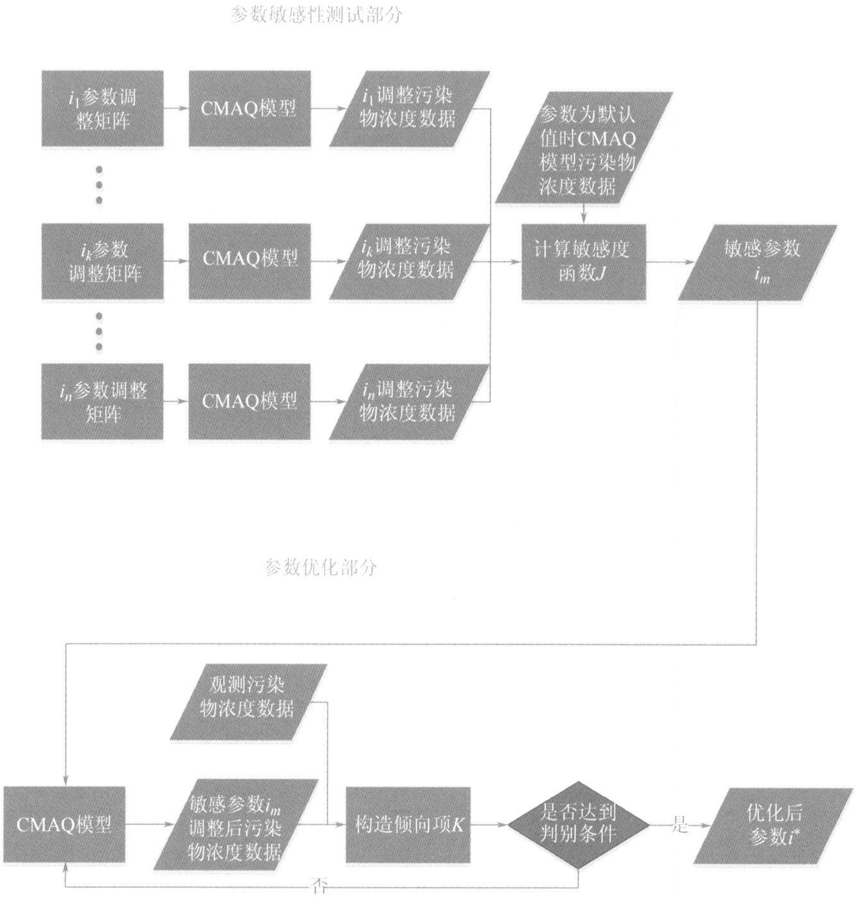

图 9.3　模型参数优化流程

心提供的观测数据进行必要的质量控制后,采用最优插值方法对可吸入颗粒物(PM_{10})、二氧化氮(NO_2)和二氧化硫(SO_2)进行资料同化。NAQM 为空气污染预报系统,其为三维欧拉输送模式,主要包括污染物之排放、平流输送、扩散、气相、液相及非均相反应,干沉降以及湿沉降等物理与化学过程。光化学采用碳键(CBM-IV)反应机制。液相过程则采用改进的 RADM2 的液相化学反应机制。垂直坐标采用地形追随坐标。水平结构为多重嵌套网格,采用单向、双向嵌套技术,水平分辨率为 3～81 km,垂直方向不等距分为 18 层。污染物包括 SO_2、NO_x、VOC、O_3、CO、NH_3 和 PM_{10} 等。同化的区域是模式的第 4 层,该区域包括了中国上海市,其水平分辨率为 3 km。

选取 2004 年 8 月 1—20 日作逐日同化试验的结果表明,无论是 PM_{10}、NO_2 还是 SO_2,其同化偏差平均值均在 20 $\mu g/m^3$ 以下,比同化前减少了至少 50%(图 9.4);3 种污染物的同化偏差小于其未同化偏差的天数均在 16 d 以上。在大气清洁和污染两种情况下,分别对 PM_{10} 作 10 d 的同化试验表明,同化后的均方根误差均小于同化之前(图 9.5)。此同化方法能利用观测数据较好地修正空气质量模式预报场,从而为模式提供与实际更加接近的初始场。

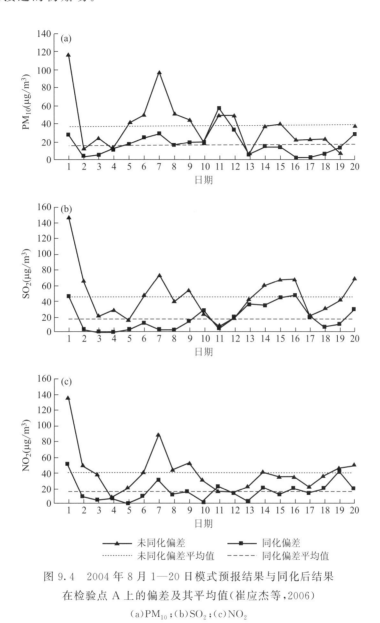

图 9.4　2004 年 8 月 1—20 日模式预报结果与同化后结果
在检验点 A 上的偏差及其平均值(崔应杰等,2006)
(a)PM_{10};(b)SO_2;(c)NO_2

　　Van Loon 等(2000)利用长期臭氧模拟模式 LOTOS,采用集成卡尔曼滤波的方法对欧洲的臭氧观测资料进行了数值同化研究。LOTOS 是欧拉格点模式,采用 70×70 的等距格点,模拟区域包含了[10°W—60°E]×[35°—70°N],适用于欧洲地区短期或长期的臭氧浓度模拟计算。该模式垂直方向分为 3 层,其中混合层为一层,混合层上面两层,模式顶高度为 2～3 km,混合层高度是随空间和时间变化的。模式包含了水平和垂直对流和扩散、干湿沉降及化学过程,化学机制采用 CBM-IV。

　　应用卡尔曼滤波法最重要的是确定模式预报和观测的误差。假定模式的不确定性全部来自输入源排放资料的不确定性。某一区域 i 物种 j 的源排放由下式计算:

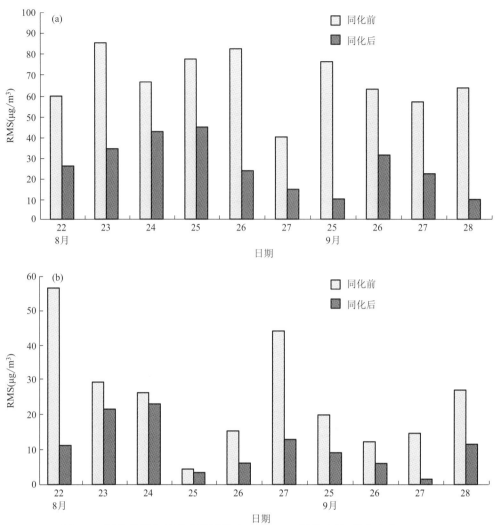

图 9.5 污染状况和清洁状况同化前后的 RMS 误差比较(崔应杰等,2006)

(a)污染状况;(b)清洁状况

$$\mathrm{emis}_{ij}^k = \mathrm{emis\_db}_{ij}^k (1.25)^{w_{ij}^k} \tag{9.23}$$

式中,$\mathrm{emis\_db}_{ij}^k$ 是指源排放清单确定的排放量,k 为时间,w_{ij} 是一个扰动量,满足高斯分布,各区域的扰动量 w_{ij} 是各自独立的,但同一个区域的 w_{ij} 满足下式:

$$\langle w^k w^{k+1} \rangle = \exp(-0.1) \tag{9.24}$$

这个限制使得相邻 2 个小时的源排放的变化限制在 $-25\% \sim +25\%$ 以内。臭氧的观测资料假定存在 10% 的标准偏差,但最大不超过 3 ppb,最小不低于 0.5 ppb。

利用了 42 个站点的臭氧观测资料,其中 21 个站点的资料做同化,另外 21 个站点的资料做诊断比较。图 9.6 为同化前后各站点平均残数的比较,平均残数定义为模拟时段内各小时的模拟值和观测值绝对差异的平均值。可以看出,采取同化以后,不管是做了同化的站点还是未做同化站点,平均绝对差异都有较明显的降低。臭氧资料同化对其他污染气体模拟的影响不是很明显,NO 的平均残数略有降低,但 NO_x 和 SO_2 反而明显增大。从某一站点的时序图

(图 9.7)上也可以看出,采用臭氧资料同化以后,臭氧模拟状况明显变好,如 8 月 8—9 日及 13—14 日,未作资料同化前,臭氧浓度明显高估了,但进行了资料同化以后,模拟值和观测值更接近。

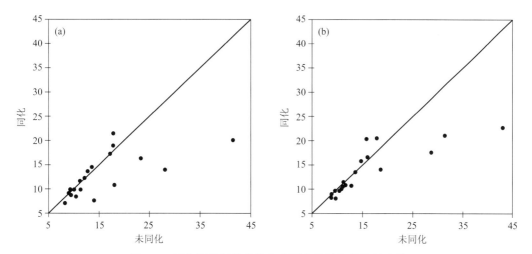

图 9.6　同化后的平均残数和未同化的平均残数的比较

(Van Loon et al.,2000)

(a)做同化的站点;(b)未做同化站点

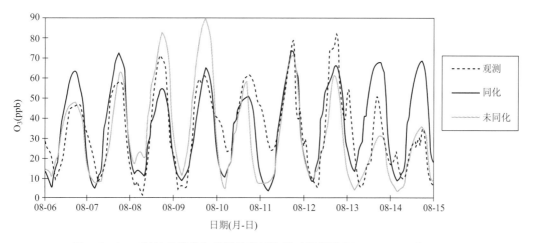

图 9.7　1997 年站点模拟和观测的臭氧浓度时间序列(Van Loon et al.,2000)

9.3　集合预报技术

随着数值天气预报的发展,集合预报技术也不断发展。近年来,为了解决模式预报不确定性的问题,集合预报技术也被引入到空气质量模式预报中,一些针对污染扩散的集合预报技术方法不断涌现。集合预报的发展,主要来自天气预报。用于天气预报的数值预报是大气控制方程的初值问题,预报误差来源于两方面,一是离散化的模式大气与真实大气的误差;二是模式初值与真实大气状态的误差,模式初始场是通过插值方法和客观分析将非均匀分布的、非常稀疏的气象要素值插值到规则网格点上,这仅是真实大气状态的一个近似值,以此为初值的数值模式解仅仅是实际情况的一个可能解。而大气的高度非线性使大气系统具有混沌特性，这使得数值模式对初值误差具有高度敏感性。因此，模式的误差、初值的误差及大气的混沌特性使数值预报存在不确定性。

9.3.1　集合预报的定义

由于初始场的不确定和模式的不确定，形成集合预报的技术方案有两种，一种假设数值模式是"完美的"，集合成员由不同的模式初值积分得到，另一种方案认为数值模式也是不确定的，对模式加以扰动，从不同的初值和不同的模式积分得到预报结果。与传统的"单一"确定性数值预报不同的是，模式初值不止"一个"或者模式也不止一个，因此，预报结果不是"一个"而是"一组"。将这组预报与未受扰动的控制预报的全体称为集合预报。由于模式不同或积分初始条件不同，每个集合成员在相空间中的演变轨迹也不同。

要做好集合预报需要解决初值扰动生成、数值模式的运用和预报集合中信息的提取三大问题。首先，一个好的集合预报系统一定是建立在好的数值模式基础上。其次，扰动初值的质量好坏直接影响到预报的质量，目前用到的初值扰动生成方法主要有三类：即 ECMWF 使用的奇异向量法(singular vector)，它是通过伴随算子法得到的，因此需要花费大量的计算时间。NCEP 使用的是增长模繁殖法(breeding of growing mode，BGM)，此法模拟了目前气象分析资料处理的过程，既考虑了实际资料中可能出现的误差，同时又考虑了快速增长的动力学结构。加拿大气象中心(CMC)使用的扰动观测技术 POT(perturbed observations technique)，该方法对每一个扰动的分析，运行一个独立的分析循环，其中对所有的观测都能代表观测中误差的随机噪音进行扰动。如何从大量的预报结合中提取有用的信息也是集合预报系统应用的一个关键问题，目前较常用的方法有 Ward 的聚集法、瑞典气象局使用的神经元法、法国气象局的管子法及根据位移和最大相关距离对预报成员自动划分的方法等。这些为集合预报系统的产品释用提供了一种简捷、有效的方法，给出了某种天气形势可能发生的概率。

9.3.2　集合预报的发展

集合预报与资料同化、耦合模式、高分辨率模式一起被 WMO 列为未来数值预报领域的四个发展战略之一，显示出强大的生命力。集合预报思想由 Epstein(1969)和 Leith(1974)首先提出，经历了三个发展阶段。第一阶段是 20 世纪 70—80 年代，主要集中于集合预报的理论研究和数值实验上；第二阶段是进入 20 世纪 90 年代后，随着大规模并行计算机的发展，1992年集合预报系统在美国国家环境中心(NCEP)和欧洲中期天气预报中心(ECMWF)投入业务运行，集合预报系统成为这两个中心数值天气预报的重要组成部分；第三阶段是 20 世纪 90 年代末以来，集合预报广泛应用于日常预报中，研究也更加深入，开始研究模式的扰动问题、多模式多分析初值的超级集合预报问题和热带地区集合预报问题。集合预报的主要特点包括：领域正在拓宽；集合预报将进入高分辨率模式，多成员时代集合预报的下一步是进入利用高分辨率、多集合成员的时代。集合预报的解释应用和产品主要有以下几类。

(1)集合平均图(ensemble mean)是集合预报成员的数学平均。集合平均可以过滤掉每个成员的不可预报因素，给出总体的预报趋势。但由于平滑作用，集合平均不能预报极端天气，也不代表模式的相空间轨迹，它同样包含了模式扩散和大气演变。

(2)集合预报离散度(ensemble spread)是集合预报不确定性的量度指标。它可用各成员同控制预报场的均方差(RSM)量度,也可用各成员同总体平均场的距平相关系数(ACC)平均值量度。离散度在一定程度上可代表模式的预报技巧,一般来说,离散度小,预报技巧较高,预报可信度高;但离散度大,预报技巧不一定低,预报可信度也不一定很低。

　　(3)概率烟羽图:计算某一点上预报成员对各预报值范围出现的概率,绘制集合成员对预报对象的预报概率分布的时间演变图。不同的预报对象可设计不同的烟羽图。

　　(4)天气要素预报概率图:假定每个集合预报成员是等权重的,对降水、气温、风等天气要素,计算某区域内不同量级或大小范围出现的预报概率分布图。

　　(5)面条图:选取一条特征等值线(如 500 hPa 图上 5640 gpm 等值线),把所有成员中预报的该等值线绘制在同一张图上。一般来说等值线的发散程度大致反映出预报的可信度,越是集中时可信度越大。

9.3.3　集合预报在大气环境中的应用

　　经过不断的发展和评估检验,大气化学传输模式已经取得了很大的发展,预报的精度越来越高。尽管如此,大气化学传输模式的不确定性仍是空气质量预报的一个主要问题。这个不确定性来源于模式输入场的不确定性(排放、沉降速度、地表资料、气象场等)和模式本身的问题。不确定性问题的存在,已经影响到了空气质量预报的准确性,需要对大气化学传输模式的输出和结果的可信度进行细致的评估。因此,近年来,源于数值天气预报的集合预报理念也被用于大气化学传输模式。

　　在集合预报的应用中,Straume 等(1998)、Dabberdt 和 Miller(2000)、Galmarini 等(2004)、Straume(2001)和 Warner 等(2002)等分别用集合预报评估了大气扩散模式的不确定性。为了研究 O_3 排放,Hanna 等(1998)、Beekmann 和 Derognat(2003)通过用 Monte Carlo 模拟检查排放减少效率的方法(efficiency of emission reduction)解释了模式输入场的不确定性。Hanna 等(2001)、Hanna 和 Davis(2002)以及 Mallet 和 Sportisse(2006)分别用 Monte Carlo 模拟和多模式方法来估计光化学过程预报的不确定性。

　　Mallet 和 Sportisse(2006)研究了集合技术改善 O_3 预报的潜在可能,他们尝试用 Polyphemus 模式系统计算了 48 个成员(模式),各个成员的主要区别在于它们的物理参数化过程、数值近似和输入资料(图 9.8)。每一个成员(模式)对 2001 夏季(4 个月)中欧洲 3 个 O_3 观测网几百个观测站进行了评估。对比结果表明,模式的几种线性组合方法有可能明显提高模式预报的效果,每个模式成员的最佳权重随着时间和空间的变化并不稳定,因此,用这些权重预报需要相应的方法,例如:选择足够多的训练资料,或特定的训练方法。对预报显著提高起到重要作用的是对预报结果的组合,该方法的检验表明对 O_3 日峰值预报的均方根误差可以减少 10%,而逐小时的 O_3 浓度预报也有明显的提高。

　　关于逐日光化学过程的预报,只有少量的研究涉及预报的不确定性或者解决过程或资料不确定性造成的局限。对空气质量预报模式改进的方法,主要涉及模式本身的发展、输入资料的调整完善和计算资源的增加。但不幸的是,通过这些改进方法后的提高并不明显。一种可能的解释是高不确定性来源于模式本身,或者模式常常被微调到提供满意的预报结果。考虑到这些不确定性可以帮助提高预报。一个可能的技术就是运行集合预报并综合各个集合成员的结果。

　　Delle Monache 和 Stull(2003)、McKeen 等(2005)提出了一个强制约束方案(brute force

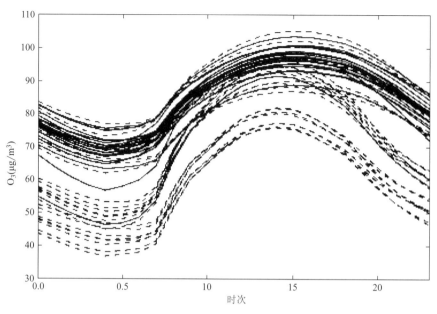

图 9.8　48 个成员(模式)预报的臭氧浓度日变化廓线(127 d 平均)(Mallet and Sportisse,2006)

approach),即使用集合平均的方法,该方法是建立在这样一些强制假设下的:认为集合方法提供的是一个对输出污染物浓度概率密度函数非常精确的估计,同时,还假定这个概率密度函数是接近于真实状态的。但是,由于模式数量的限制和不确定性的描述不够接近真实,实际情况很难接近于这个第一假定。另外,对于第二假定,还没有相关的研究来支撑。还有其他一些成熟的技术用于集合预报,如 Pagowski 等(2005)在 O_3 预报中的应用。

Polyphemus 是一个空气质量模式系统,具有多种配置功能的集合预报功能。这些配置定义了几乎所有模式的组成,所以每一种配置相当于一个新的模式。Polyphemus 模式主要由一个物理参数化方案库(包括资料处理)——AtmoData、一个化学传输模式——Polair3D(其气相转换建立在一个反应-扩散方程的数值解的基础上)和一系列的调用程序用于调用 AtmoData 将资料输入大气化学传输模式。

McKeen 等(2005)对北美东部实时运行的 7 个臭氧预报模式在 2004 年夏季的集合预报结果进行了评估,这些模式都是空气质量预报模式(AQFMs)。利用 2004 年夏季 53 d 的 O_3 观测与模式预报进行了统计评估。其中,第一套实时运行的臭氧集合预报系统采用等权重法集合了七个不同的模式预报结果。统计对比的方法包括:标准统计测量、阈值统计、差异分析、均方根误差(RMSE)和技巧评分也被用于对比检验。总体统计分析表明,集合平均预报特别是误差修订集合预报,对某类特定的模式敏感。与单个模式的对比表明,集合预报的结果与实况更为接近,具有较高相关系数、较低 RMSE、较好阈值统计成绩。Van Noije 等(2006)对 2000 年全球臭氧监测试验(GOME)的三次反演过程,利用 17 个全球大气化学模式,对对流层 NO_2 进行了模拟预报,并用集合技术对各个预报进行了系统对比。

9.4　污染源反演技术

污染源排放清单是空气质量模式的重要输入数据,排放源的不确定性是影响当前空气质量模式结果准确性的主要因素之一。这是因为大气成分的预报对模式初始状态并不敏感,多数大气污染物的浓度在初始时刻不论有多大的变化,在 $1\sim2$ d 的模式积分后,这种变化都会消失,而准确的污染源排放清单对污染源的调控产生较大影响。近年来排放源源反演模型等间接源排放估算方法成为定量计算污染源排放量及其时空变化规律的主要研究方向之一,它们可以为空气质量模式提供高时空分辨率、多排放参数的污染源排放清单。

污染源反演中需要将排放源强和实际污染物浓度之间的关系建立起来,根据关系建立方式的不同,实际的方法可以分为三个大类。第一种是根据经验的物理关系,比如局地排放和浓度间的质量守恒;第二种是在 EnKF 方法中,通过构造排放集合和浓度集合间的集合相关来寻找排放和浓度的关系;第三种是在 4D-Var 中,通过伴随模式获得浓度和排放间的敏感性关系。

基于排放和浓度间的质量守恒的方法通常不通过空气质量模型来构造浓度-排放关系,而是假设所研究物种是惰性的,其浓度变化只来自排放和传输,那么物种的浓度和排放间就存在近似的质量守恒关系,所以这些方法通常只被应用在 CO、CO_2、CH_4 等长寿命物种,或者小范围内的一次污染物。根据假设的程度,实际的方法有很多,如 Barkley 等(2017)使用的 model optimization 方法和 aircraft mass balance 方法,Cusworth 等(2018)使用的基于轨迹模式的排放敏感性的方法。除此之外,徐祥德等(2002)等提出了 CMAQ 模式迭代器源修正反演模型,即在空气质量预报方程中加入排放源的"张弛调整项"以减少模式预报结果与实测污染物浓度的误差。程兴宏等(2010)基于这一方法对 SO_2 和 NO_2 的源进行修正后明显减小 SO_2、NO_2 浓度的预报误差。

EnKF 等方法的主要思想就是对已知、但不准确的污染源排放清单进行一组扰动,然后将这组扰动逐一代入模式,因此得到一组污染物浓度模式输出结果。有了这输入和输出样本,可以统计出在观测点处模式污染物浓度变化和污染源排放变化的关系。有了这个关系就可以根据污染物浓度观测对已知的、不准确的污染源排放清单进行改进。运用该反演方法进行敏感性试验的结果表明在观测间隔小和观测误差小的情况下,集合卡尔曼平滑(EnKS)和集合卡尔曼滤波(EnKF)都可以有效地反演随时间变化的污染源排放;当观测误差增大时,EnKF 和 EnKS 效果都有一定降低,但是反演误差的增加少于观测误差的增加,同时 EnKS 观测误差比 EnKF 更为敏感;当观测时间间隔较大时,由于 EnKF 不能估计没有观测时刻的污染源排放,因此仅能够对有观测时的污染源排放进行较好的反演。由于 EnKS 可以利用观测对观测时刻前的污染源排放进行反演,因此其效果一般好于 EnKF,在观测时间间隔较大的情况下依然可以较好地反演出污染源排放;污染源排放的先验误差估计对反演的结果有较大影响。如朱江和汪萍(2006)将资料同化中的集合平滑、集合卡尔曼平滑和集合卡尔曼滤波应用在污染源反演问题中。

基于 4D-Var 的方法由于要构造伴随模式,所以涉及的工作较少。通过伴随模式,可以直接给出模式输出相对输入之间的理论的一阶导数,所以也就可以获得输出(污染物浓度)和输入(排放源强)间的关系。伴随模式的构造和解释是比较复杂的工作,有兴趣的读者可以参考基于 GEOS-Chem 伴随模式的 Zhang 等(2015)和 EURAD 模式的 Elbern 等(2007)的工作。

9.5 模式输出统计技术

模式输出统计(model output statistics,MOS)是由美国 Glahn 和 Lowry(1972)提出并在气象预报中逐步取代完全预报成为美国国家气象中心的指导预报,随后成为许多国家的气象业务预报方法。我国 MOS 应用方法起步并不晚,中国气象局 1982 年决定在广大台站推广 MOS 方法。

Galanis 等(2002)指出模式的预报结果总是不可避免地存在误差,其中系统误差部分多来自以下三个方面:①模式本身对于物理过程的描述不够准确;②对于次网格过程模式所采用了参数化的方法;③模式的结果往往要经过插值才能得到能与观测站比较的结果,这一过程会引入插值误差。对于大气污染物的预报,污染源的不确定性也是造成预报系统结果误差的重要原因。然而,上述原因所造成的系统误差往往具有较强的规律性,在一定程度上可以从以前的预报与观测数据中,通过统计的方法将规律估计出来。将估计出的规律应用到未来的模式预报输出上,就可以减少预报误差,使预报结果更准确。这一过程常常被称为模式输出误差订正。

MOS 预报方法的基本思想是当时天气情况取决于当时环流背景,因而在建模过程中预报量与预报因子的统计关系具有一致性。具体做法是先从数值模式的回算资料中选取合适的预报因子,然后与预报量的历史实况资料一起建立预报方程,预报时代入所用模式的预报因子,就可以得到所要预报的要素值。MOS 方法对模式的系统性误差有明显的订正能力,不要求模式有很高的精度,只要模式预报误差特征稳定,就可以得到比较好的 MOS 预报结果,从而提高预报准确率。由于用 MOS 方法制作气象要素预报要求所采用的模式必须一致,即不能随时更换模式,以保持系统的稳定性,因此需要累计一定时间同一版本模式逐日的预报场和分析场,或用当前版本模式反算出前期逐日的预报场和分析场。同时累计相应时段的所要预报地点(可以为多个地点)不同时次、不同地面气象要素的实况资料。根据需要,可以分季度或分月份进行资料累积。MOS 预报方法在气象预报中应用的比较成熟,在空气质量预报中应用的相对较少。

9.5.1 自适应偏最小二乘回归(APLSR)

由于模式结果与观测值之间的函数关系通常具有比较强的非线性,所以统计中最常使用的基于多元线性回归的最小二乘法往往效果不佳。但是,根据泰勒公式可以知道,任何连续可导的非线性函数在自变量小范围变化的情况下都可以用线性函数近似。根据这种思想,就产生了自适应偏最小二乘回归(adaptive partial least square regression)。

对于一个传统的统计预报问题,首先要有一个训练样本 $X_t(n,p)$,$Y_t(n,q)$。其中 X 是预报因子矩阵,共 p 个预报因子,n 个样本;Y 是预报量矩阵,共 q 个预报量,与 X_t 对应的 n 个样本。然后在预报时,我们有一个预报样本 $X_f(m,p)$,和训练样本对应的有 p 个预报因子,m 为预报样本的样本数量。我们的目的就是从 X_t 和 Y_t 中寻找关系,再将这一关系作用到 X_f 上,从而得到预报结果 $Y_f(m,q)$。$Y_f(m,q)$ 和 Y_t 对应有 q 个预报量,与 X_f 对应有 m 个样本。具体到 MOS 问题,预报因子就是模式输出的结果,预报量就是观测结果。具体来说就是 X_t 和 Y_t 分别为过往的模式预报结果和过往相应时次的观测结果,X_f 为未来的模式预报结果,Y_f

为希望能够得到的模式后误差校正后的结果。MOS 就是在过往的预报与观测间找出关系,将这一关系作用到未来的预报结果上,从而估计出想要的未来的观测结果。

对于 APLSR,上述对于预报问题的描述可以进一步简化,对于 $X_f(m,p)$ 可以让 $m=1$,问题变为由 $X_f(1,p)$ 得到 $Y_f(1,q)$。当有多个样本需要预报时,可以逐个对 X_f 中的 m 个样本采用 APLSR 预报,结果再合成为 $Y_f(m,q)$。对一个样本的预报时,APLSR 的算法大致可以归纳为以下几步。

(1)决定 X_t 中 n 个样本与 X_f 的距离

由于要采用局地线性展开代替非线性的函数,所以自变量距离展开点越近,误差越小。换到 APLSR 中,X_f 就是函数的展开点,要想得到尽可能精确的 X_f 与 Y_f 的线性关系,应在 X_t 中挑选与 X_f 尽可能接近的样本点来参与回归。这一过程物理上直观的解释就是:在过往发生的案例中,寻找与要预报的案例情形最为接近的案例,比如具有相似的大气环流背景和局地气象条件等等。所以,效果较好的 APLSR 总是希望 X_t 能够尽可能均匀广泛地覆盖 p 维自变量空间。在实际操作中,往往人为的给距离一个数学上的定义,以方便编程计算。比如最常用的就是欧式距离:

$$ED_i = \sqrt{\sum_{j=1}^{p}(xf_j - xt_{ij})^2} \tag{9.25}$$

式中,ED_i 表示第 $i(i=1\sim n)$ 个 X_t 样本与 X_f 的欧式距离。

(2)决定权重矩阵 W

$W(n,n)$ 是一个对角矩阵,其对角线上的元素 w_i 代表第 i 个训练样本在本次回归中的权重。根据局地线性展开代替非线性的思想,距离 X_f 越近的样本其权重应该越大。w_i 的取法有很多种,其中常用的一种如下。

首先计算每一个样本的相似度 $SD_i=1/ED_i$;然后将 n 个样本根据各自的 SD_i 大小从大到小排序,记第 i 个样本在这次排序中的序号为 SN_i($SN_i=1\sim n$);最后,根据 SN_i 给每一个 w_i 赋值如下:

$$w_i = \begin{cases} 1 & (SN_i \leqslant m) \\ 0 & (SN_i > m) \end{cases} \tag{9.26}$$

式中,m 为一个先验的经验系数,$m=1\sim n$,即表示相似度排在前 m 位的样本权重为 1,参与运算,相似度在前 m 位之外的权重为 0,不参与运算。

(3)加权回归

类似于普通的多元线性回归 $Y=XB+E$ 中寻找使 E 最小的 B,这里我们给 X_t 和 Y_t 加权,变为 $WY_t = WX_tB+E$,即 X 变为 WX_t,Y 变为 WY_t,同样去寻找一个线性变换矩阵 B,然后将 B 作用到 X_f 上来求得 Y_f。但是由于与 X_f 距离较近的样本往往本身预报因子之间具有较强的共线性,这就使得常用的最小二乘法常常会因为协方差矩阵病态而无法求解,所以这里的回归方法不使用最小二乘法,而采用偏最小二乘法。

(4)偏最小二乘回归

偏最小二乘回归类似于主分量回归,不同的是它同时对预报因子 X 和预报量 Y 提取相互正交的分量,并且在提取过程中充分考虑 X 和 Y 之间的关系,使得提取出的分量间具有最好的相关性。偏最小二乘回归最常用的算法是 NIPALS 算法,算法中需要确定提取分量的阶数,这一阶数可以凭经验确定,也可以使用 F 检验的方法客观得到。

自适应偏最小二乘回归法具有较强的非线性表达能力,能根据预测对象在自变量空间中的位置,自适应分析各样本的预测能力,为它们分配回归权值,又考虑到变量间存在交互作用,实施加权的偏最小二乘回归,以建立针对该预测对象预报性能良好的软测量模型。该方法在石油化工、生物制药、医药及通信等领域得到广泛应用。

一般使用上,训练样本采用前 30 d 模式输出的日平均地面气温、海平面气压、U 风速、V 风速、垂直风速、相对湿度,以及 SO_2、NO_2、CO、PM_{10}、$PM_{2.5}$、O_3 浓度 12 个因子作为预报因子构成 $\boldsymbol{X}_t(30,12)$;相应的污染物浓度日平均浓度观测值作为 $\boldsymbol{Y}_t(30,1)$。利用未来一天模式输出的相应的 12 种日平均值作为 $\boldsymbol{X}_f(12,1)$,对 SO_2、NO_2、CO、PM_{10}、$PM_{2.5}$、O_3 六种污染物浓度分别作校正得到六个 $\boldsymbol{Y}_f(1,1)$。

9.5.2　一维卡尔曼滤波

卡尔曼滤波最早由 R. E. Kalman,于 20 世纪 60 年代提出,是用在电子信号降噪上的一个技术。在卡尔曼滤波中首先假设存在信号 $x(t)$ 是由白噪声驱动的一阶自递归过程,即 $x(t)=F(t)x(t-1)+w(t)$,上式也叫系统的演变方程,其中,$x(t)$ 是随时间变化的信号向量,$F(t)$ 是描述 $x(t)$ 变化的演变矩阵,$w(t)$ 是信号演变过程中掺杂进的白噪声向量。然后假设对于 $x(t)$ 信号存在一个量测系统,该系统线性地测量 $x(t)$ 后得到测量的结果 $y(t)$,即 $y(t)=H(t)x(t)+v(t)$,上式也叫系统的量测方程,其中 $H(t)$ 是量测矩阵,$v(t)$ 是量测过程中掺杂进去的白噪声。当我们只能用量测的结果 $y(t)$ 估计信号的真值 $x(t)$ 时,可以证明,当 $v(t)$ 和 $w(t)$ 满足理想的白噪声假设($v(t)$ 中的各分量之间不相关和 $v(t)$ 与 $v(t-1)$ 的各个分量之间不相关对所有的 t 适用,$w(t)$ 也是一样;进一步还要求 $w(t)$ 的分量与 $v(t)$ 的分量也总是不相关)时,存在一种对 $x(t)$ 的估计 $\tilde{x}(t)$,使得 $[\tilde{x}(t)-x(t)]^2$ 的期望最小。这一估计表示如下:

$$\tilde{x}(t)=F(t)\tilde{x}(t-1)+K(t)[y(t)-H(t)F(t)\tilde{x}(t-1)]\cdots\cdots k_1$$
$$K(t)=P_1(t)H^{\mathrm{T}}(t)[H(t)P_1(t)H^{\mathrm{T}}(t)+V(t)]-1\cdots\cdots k_2 \qquad (9.27)$$
$$P_1(t)=F(t)P(t-1)F^{\mathrm{T}}(t)+W(t)\cdots\cdots k_3$$
$$P(t)=P_1(t)-K(t)F(t)P_1(t)\cdots\cdots k_4$$

式中,$V(t)$ 是 $v(t)$ 的协方差矩阵,$W(t)$ 是 $w(t)$ 的协方差矩阵,在已知 $v(t)$ 和 $w(t)$ 是白噪声的前提下,实际上 $V(t)$ 和 $W(t)$ 是两个对角阵,对角线上的元素为 $v(t)$ 和 $w(t)$ 各分量自身的分布方差。在已知 $\tilde{x}(t-1)$ 与 $P(t-1)$ 的前提下,首先通过 k_3 式得到 $P_1(t)$,然后由 k_2 式得到 $K(t)$,用 $K(t)$ 在 k_1 式中求出 $\tilde{x}(t)$,最后用 k_4 式更新 $P(t-1)$ 到 $P(t)$,进入下一次迭代。可见,只要有 $\tilde{x}(0)$ 和 $P(0)$,就可以一直重复迭代下去,得到整个 $\tilde{x}(t)$ 序列。

目前在气象领域,卡尔曼滤波已经在气温、湿度和风速的校正上得到了成功的运用,它能够较好地移除预报的系统误差且计算量小,结果稳定可靠,被广泛应用在业务模式结果校正上。当卡尔曼滤波被用于气象领域的 MOS 上时,信号 $x(t)$ 一般表示大气状态真值与对应的模式预报结果之间的差值或者比值。而 $y(t)$ 就代表真值的替代物(比如各种观测结果)与对应的模式预报结果之间的差值或者比值。此时 $F(t)\equiv1$,$H(t)\equiv1$,整个计算过程中所有的矢量和矩阵都退化为标量,所以也叫一维卡尔曼滤波。实际使用中,对于 $W(t)$ 和 $V(t)$ 的估计采用前 7 d 的 $\tilde{x}(t)-\tilde{x}(t-1)$ 和 $y(t)-\tilde{x}(t)$ 代替,所以这前 7 d 的数据就成了实际意义上的训练样本,然后让 $\tilde{x}(0)=0$ 表示初始模式结果与真实大气没有任何误差,$P(0)=4$ 表示不相信

$\tilde{x}(0)$ 的估计。在得到 $\tilde{x}(t)$ 后,直接假设 $\tilde{x}(t+1)=\tilde{x}(t)$,然后用 $t+1$ 时次的预报值结合 $\tilde{x}(t+1)$ 得到校正的结果。

一般对 SO_2、NO_2、PM_{10}、CO、O_3、$PM_{2.5}$ 的浓度分别实行卡尔曼滤波,并且将小时时间序列拆分成 24 个日时间序列,每个日时间序列代表每天同一时刻该物种的浓度序列。以 CO 的 12 时序列为例,设到了某一天时,有观测浓度序列 $O_i:i=1,2,\cdots,t$,有模式的 24 h 预报序列 $f_i^{24}:i=1,2,\cdots,t+1$、48 h 预报序列 $f_i^{48}:i=1,2,\cdots,t+2$ 以及 72 h 预报序列 $f_i^{72}:i=1,2,\cdots,t+3$,希望获得订正后的 $\tilde{f}_{t+1}^{24}$、$\tilde{f}_{t+2}^{48}$、$\tilde{f}_{t+3}^{72}$。 此时,假设前一天迭代已经让我们获得 24 h 的校正序列 $\tilde{f}_i^{24}:i=1,2,\cdots,t$、48 h 的校正序列 $\tilde{f}_i^{48}:i=1,2,\cdots,t+1$、72 h 的校正序列 $\tilde{f}_i^{72}:i=1,2,\cdots,t+2$。 在 24 h 的序列校正中,令卡尔曼滤波中的待测信号 $x(i)=O_i-f_i^{24}:i=1,2,\cdots,t$,其演变方程为 $x(i)=x(i-1)+w(i)$;量测值 $y(i)=O_i-f_i^{24}:i=1,2,\cdots,t$,信号的量测方程为 $y(i)=x(i)$,即认为 $v(t)=0$,测量是完全精准的,或者说观测值即为大气的真实状态;用这种设置经过一次迭代得到 $\tilde{x}(t)$,再假设 $\tilde{x}(t+1)=\tilde{x}(t)$,于是 $\tilde{f}_{t+1}^{24}=f_{t+1}^{24}+\tilde{x}(t+1)$。 之后进行 48 h 的校正,同样令卡尔曼滤波中的待测信号 $x(i)=O_i-f_i^{48}:i=1,2,\cdots,t$,其演变方程为 $x(i)=x(i-1)+w(i)$;量测值为 $y(i)=\tilde{f}_i^{24}-f_i^{48}:i=1,2,\cdots,t+1$,量测方程为 $y(i)=x(i)+w(i)$,即认为用 24 h 预报的校正值与 48 h 预报的差距作为观测值与 48 h 预报的差距的测量;通过这种设置迭代可得到 $\tilde{x}(t+1)$,进一步可以得到 $\tilde{f}_{t+2}^{48}$。 与 48 h 的校正一样,72 h 预报的校正中,待测信号为 $x(i)=O_i-f_i^{72}:i=1,2,\cdots,t$,演变方程为 $x(i)=x(i-1)+w(i)$;量测值为 $y(i)=\tilde{f}_i^{48}-f_i^{72}:i=1,2,\cdots,t+2$,量测方程为 $y(i)=x(i)+w(i)$;迭代可得到 $\tilde{x}(t+2)$,进一步可以得到 $\tilde{f}_{t+3}^{72}$。在实际运用中,除了常见的令待测信号为观测与模拟的差值,还会同时计算以观测与模拟的比值作为待测信号的校正序列。试验发现,差值校正序列容易出现异常小值,比值序列容易出现异常大值,所以实验中,将以比值序列为准,但将出现的超过观测年平均值的订正结果用差值序列的对应值替代,以得到最合理的订正序列。

9.5.3　极端随机树方法

基于极端随机树方法的 MOS 统计修正模型方法的思路为:结合预报气象要素、观测污染物浓度数据、模型预报污染物浓度数据,使用极端随机树方法,修正由于模型非客观因素引起的预报偏差。传统的使用多元线性回归方法的基于预报气象要素的 MOS 模型计算公式如下:

$$\boldsymbol{X}_{t|t-t_0}=\widetilde{\boldsymbol{G}}_{m_{t|t-t_0}}+\widetilde{\boldsymbol{S}}_{N+L_{t|t-t_0}}\times\widetilde{\boldsymbol{A}}_{m}^{N+L}{}_{t|t-t_0} \tag{9.28}$$

$$\boldsymbol{S}_{t+t_1|t}=\widetilde{\boldsymbol{G}}_{m_{t|t-t_0}}+\widetilde{\boldsymbol{S}}_{N+L_{t+t_1/t}}\times\widetilde{\boldsymbol{A}}_{m}^{N+L}{}_{t|t-t_0} \tag{9.29}$$

式中,$\boldsymbol{X}_{t|t-t_0}$ 代表 $t-t_0$ 时刻到 t 时刻某种污染物的浓度观测值矩阵,$\widetilde{\boldsymbol{G}}_{m_{t|t-t_0}}$ 代表 $t-t_0$ 时刻到 t 时刻常数矩阵,$\widetilde{\boldsymbol{S}}_{N+L_{t|t-t_0}}$ 代表 $t-t_0$ 时刻到 t 时刻大气要素预报值、空气质量模型污染物

浓度模拟值，$\tilde{\boldsymbol{A}}_{m\ t|t-t_0}^{N+L}$ 为 $t-t_0$ 时刻到 t 时刻系数项矩阵，根据式（9.28），求得 $\tilde{\boldsymbol{G}}_{m\ t|t-t_0}$ 和 $\tilde{\boldsymbol{A}}_{m\ t|t-t_0}^{N+L}$ 后代入式（9.29）。在式（9.29）中，$\boldsymbol{S}_{t+t_1|t}$ 为 t 时刻到 $t+t_1$ 时刻某种污染物的预报浓度值矩阵，本系统中，取 t_0 为 1×24 h，取 t_1 为 1×24 h，$\tilde{\boldsymbol{S}}_{N+L_{t+t_1|t}}$ 代表 t 时刻到 $t+t_1$ 时刻大气要素预报值、空气质量模型污染物浓度模拟值。

Geurts 等（2006）提出了极端随机树方法（extremely randomized trees）。根据经典的自上而下的方法，极端随机树构建了一系列"自由生长"的回归树集合。与随机森林方法相似，极端随机树方法也是由多棵决策树构成，但与随机森林方法不同在于，极端随机树方法是完全随机的得到分叉值，从而进行对回归树的分叉，不同于随机森林的在一个随机子集内得到最佳分叉属性。除此之外，极端随机树方法中的每一棵回归树用的都是全部训练样本。实现流程如下。

（1）建立随机拆分 (S,a)

计算 S 的最大值和最小值，分别记为 $a_{\max}^s$ 和 $a_{\min}^s$；选择均匀切点为 $[a_{\min}^s,a_{\max}^s]$ 中的 a_c；返回拆分 $[a<a_c]$

（2）建立一棵极端随机树 t

当以下三种情况时，返回叶子结点：①$|S|<n_{\min}$；②S 中包含了所有的候选属性；③S 中包含了输出变量。除此之外，运行流程如下：在所有的属性中选择互不相同的随机 K 属性 $\{a_1\cdots a_K\}$；利用随机拆分 (S,a_t)，构建 K 拆分 $\{S_1\cdots S_K\}$；选择拆分 S_*，其中，$Score(S_*,S)=\max_{i=1,\cdots,K} Score(S_*,S)$；根据 S_*，在分叉 S_l 和 S_r 中进行切片 S；分叉 S_l 和 S_r 中分别形成下一步的回归树 t_l 和 t_r；创建分叉点 S_*，将 t_l 和 t_r 作为左右子树并返回树 t。

（3）建立极端随机树集合

根据（2）构建极端回归树集合 $T=\{t_1,\cdots,t_M\}$。

由式（9.28）和（9.29）可知，使用 MOS 统计修正模型综合考虑了污染物浓度观测数据、大气要素观测数据、预报气象数据和模型预报数据进行污染物浓度预报，全面考虑了动力作用、化学作用和污染物排放对污染物各过程的影响。理论上其预报效果会比未经 MOS 模型优化的空气质量模型更好。

图 9.9 所示为结合预报气象要素的 MOS 模型运行流程，模型分为模拟阶段和预报阶段。模拟阶段，模型读取 $T-1$ 时间段观测气象数据、T 时间段空气质量模型预报污染物浓度数据、T 时间段空气质量模型预报污染物浓度数据、T 时间段预报气象数据、T 时间段观测污染物浓度数据建立基于极端随机树的矩阵方程，其中，观测气象要素数据为 4×25 的矩阵，4 列分别为观测温度、观测湿度、观测气压、观测风速；预报气象要素数据为 4×25 的矩阵，4 列分别为预报温度、预报湿度、预报气压、预报风速；空气质量模型预报污染物浓度数据为 7×25 的矩阵，7 列分别为 AQI、$PM_{2.5}$、PM_{10}、CO、NO_2、O_3、SO_2 的模型模拟值；观测污染物浓度数据为 7×25 的矩阵，7 列分别为 AQI、$PM_{2.5}$、PM_{10}、CO、NO_2、O_3、SO_2 的观测值，各矩阵行数相同，其 25 行均为从 $T-1$ 时间段至 T 时间段或 T 至 $T+1$ 时间段的 25 h 时间序列。通过以上数据组成基于极端随机树模型，将所得模型代入预报阶段中，得到 $T+1$ 时间段 MOS 模型污染物预报浓度值，为 7×25 的矩阵，7 列分别为 AQI、$PM_{2.5}$、PM_{10}、CO、NO_2、O_3、SO_2 的污染物浓度预报值。

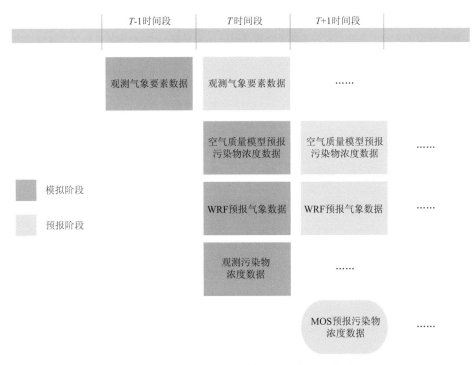

图 9.9　结合预报气象要素的 MOS 模型运行流程

9.6　资料同化和模式输出统计的应用实例

9.6.1　基于 EnKF 的化学初始场同化

Ma 等(2020)利用 EnKF 和 WRF-Chem/DART 在两个时期(相对干净的 2018 年 6 月 2—9 日和相对污染的 11 月 23—30 日)进行了三种观测资料(MODIS 气溶胶光学厚度 AOD、地基激光雷达的气溶胶消光系数 AEXT 廓线以及国控点的颗粒物质量浓度)的立体数据同化,用于优化模式化学初始场中气溶胶的空间分布。同时设计了多个对照试验,同时和分别同化这三种资料,通过将产生的分析场和 6 h 预报场(背景场)与各种观测进行比对,来评估同化不同观测的效果。

表 9.1 给出了两个研究时期(6 月和 11 月)整个模拟区域的来自不同资料同化实验的背景场(6 h 预报)和各个观测资料集之间的均方根误差。同化经过了偏差订正,参与表中交叉验证的每一个观测至少在其中一个实验中被同化了。所有的值都按照 $V(E)$ 的形式给出,其中 V 是 RMSE,E 是用来做显著性检验误差值。对于两个值 $V_1(E_1)$ 和 $V_2(E_2)$,当 $\mathrm{abs}(V_1^2 - V_2^2) > \sqrt{E_1^4 + E_2^4}$ 时,V_1 在 90% 的显著性水平上与 V_2 显著的不同。

表 9.2 给出了两个研究时期(6 月和 11 月)整个模拟区域的来自不同资料同化实验的分析场和各个观测资料集之间的均方根误差。同化经过了偏差订正,参与表中交叉验证的每一个观测至少在其中一个实验中被同化了。所有的值都按照 $V(E)$ 的形式给出,其中 V 是 RMSE,E 是用来做显著性检验误差值。对于两个值 $V_1(E_1)$ 和 $V_2(E_2)$,当 $\mathrm{abs}(V_1^2 - V_2^2) >$

$\sqrt{E_1^4+E_2^4}$时,V_1 在 90% 的显著性水平上与 V_2 显著的不同。

表 9.1　整个模拟区域的来自不同资料同化实验的背景场(6 h 预报)和各个观测资料集之间的均方根误差

类型	近地面 $PM_{2.5}$ ($\mu g/m^3$)		近地面 $PM_{2.5-10}$ ($\mu g/m^3$)		MODIS AOD		激光雷达 AEXT (1/km)	
	6 月	11 月	6 月	11 月	6 月	11 月	6 月	11 月
没有同化	19.01 (3.50)	59.45 (10.86)	45.00 (12.46)	81.41 (18.84)	0.255 (0.061)	0.357 (0.068)	0.361 (0.111)	0.868 (0.240)
同化近地面 $PM_{2.5}$	17.03 (3.26)	41.30 (8.29)	38.38 (11.62)	58.01 (16.42)	0.252 (0.060)	0.281 (0.054)	0.362 (0.111)	0.766 (0.214)
同化 MODIS AOD	19.45 (3.50)	51.47 (9.76)	45.02 (12.44)	80.53 (18.80)	0.200 (0.048)	0.243 (0.050)	0.347 (0.108)	0.775 (0.218)
同化激光雷达 AEXT	18.91 (3.49)	53.60 (10.19)	44.97 (12.47)	81.86 (18.90)	0.257 (0.052)	0.307 (0.060)	0.252 (0.092)	0.602 (0.181)
同化三种观测	17.27 (3.27)	41.38 (8.31)	38.36 (11.66)	57.81 (16.38)	0.195 (0.046)	0.197 (0.042)	0.241 (0.089)	0.547 (0.166)

表 9.2　整个模拟区域的来自不同资料同化实验的分析场和各个观测资料集之间的均方根误差

类型	近地面 $PM_{2.5}$ ($\mu g/m^3$)		近地面 $PM_{2.5-10}$ ($\mu g/m^3$)		MODIS AOD		激光雷达 AEXT (1/km)	
	6 月	11 月	6 月	11 月	6 月	11 月	6 月	11 月
没有同化	19.01 (3.45)	59.45 (10.86)	45.00 (12.46)	81.41 (18.84)	0.255 (0.061)	0.357 (0.068)	0.361 (0.111)	0.868 (0.240)
只同化近地面 $PM_{2.5}$	9.74 (2.04)	22.18 (4.31)	20.41 (8.32)	32.15 (8.43)	0.250 (0.059)	0.263 (0.068)	0.362 (0.111)	0.762 (0.213)
只同化 MODIS AOD	19.68 (3.51)	50.33 (9.51)	44.93 (12.42)	79.97 (17.63)	0.114 (0.031)	0.088 (0.068)	0.347 (0.108)	0.766 (0.216)
只同化激光雷达 AEXT	18.89 (3.49)	53.14 (10.11)	44.98 (12.47)	81.97 (18.92)	0.260 (0.063)	0.309 (0.068)	0.195 (0.092)	0.360 (0.128)
同化三种观测	9.78 (2.03)	22.29 (4.36)	20.60 (8.31)	32.41 (8.82)	0.124 (0.033)	0.118 (0.068)	0.193 (0.092)	0.386 (0.133)

　　表 9.1 中展示了不同资料在适当偏差订正的作用下,同化不同观测资料所得预报与观测间的 RMSE,表 9.2 中则展示了分析场和观测间的 RMSE。同化三种观测的多源立体同化有着总体最好的效果,在模拟 $PM_{2.5}$ 和 PM_{10} 地面浓度与单种观测同化相似的情况下,模拟 AEXT 廓线和 AOD 的均方根误差(RMSE)相比单种观测同化有所下降,这说明了同化多源立体观测资料的优势所在。

　　图 9.10 中展示了同化不同观测资料时所得的近地面 $PM_{2.5}$ 预报偏差的时间序列。可以看出,同化了三种观测资料的实验,其 $PM_{2.5}$ 浓度相比没有同化时更接近观测,单种观测资料同化效果不如三种资料同时同化。

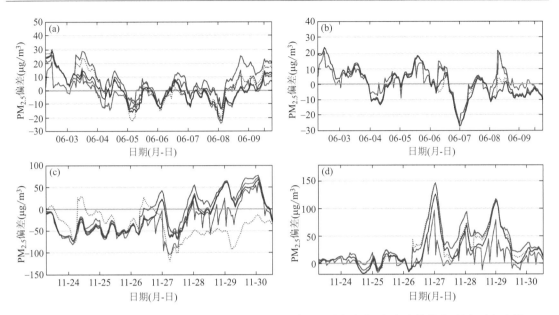

图 9.10　不同实验方案下 PM$_{2.5}$ 浓度与地面观测的偏差的时间变化(绿色实线代表观测,蓝色实线
代表没有同化任何一种观测,红色实线代表同化 MODIS AOD,粉色实线代表同化激光雷达消光系数
廓线,棕色实线代表同化地面站颗粒物浓度、MODIS AOD 和激光雷达消光系数廓线。
红色虚线同化 MODIS AOD,但利用了另一种方法的偏差订正方法)
(a)6 月济宁;(b)6 月南京;(c)11 月济宁;(d)11 月南京

图 9.11 中展示了同化不同观测所得的气溶胶 AEXT 廓线的平均与观测的比较。如图所示,

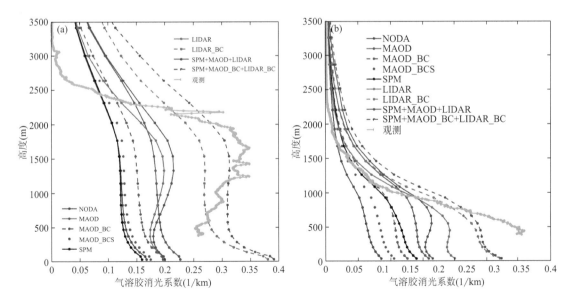

图 9.11　不同实验方案下气溶胶消光系数垂直廓线与激光雷达观测的比较(绿色代表观测,蓝色代表没有
同化任何一种观测,红色代表同化 MODIS AOD,红点与红线相比偏差订正具有日控变化,粉色代表同化
激光雷达消光系数廓线,黑色代表只同化地面观测站的 PM$_{2.5}$ 和 PM$_{10}$,棕色代表同化地面颗粒物浓度、
MODIS AOD 和激光雷达消光系数廓线。实线代表没有进行偏差订正,虚线代表进行了偏差订正)
(a)夏季个例的平均;(b)冬季个例的平均

同化地面颗粒物浓度时所得的廓线只在近地面附近有所调整,无法兼顾整个边界层;同化 AOD 观测会整体提高 AEXT 在各个高度的值,但不会影响原有的 AEXT 廓线的形态;同化激光雷达 AEXT 廓线能较好地照顾到整个边界层,并且能调整廓线的垂直分布形态,但相比观测依然偏低。只有同化了三种观测资料并且进行了偏差订正,模式输出的气溶胶消光系数廓线才能够较好地与观测符合,包括边界层内的高值和边界层顶的梯度。夏季时,在 2500 m 以上各个结果都偏高,这主要是因为模式本身较粗的垂直分层无法较好的重现边界层顶气溶胶浓度的梯度。

9.6.2 基于 EnKF 的污染源反演同化

Ma 等(2019)利用改进 WRF-Chem/DART 同化系统,给其控制变量矢量扩增了排放源强相关的变量。利用改进 WRF-Chem/DART 软件和 EnKF 算法,本章同化了近地面观测的 CO、SO$_2$、NO$_2$、O$_3$、PM$_{2.5}$ 和 PM$_{10}$ 浓度,以及 MODIS AOD。同化中,除了相关的化学初始场会被调整,NO$_x$、SO$_2$、CO、VOC 和颗粒物的人为排放也被调整,这些调整有望提升模式的空气质量预报水平。同化时间为 2016 年 9 月 3 日 0600 UTC—9 月 13 日 0600 UTC。待调整的先验排放是以 2015 年资料统计的 MEIC2015 排放。通过在每次同化结束进行不同的 72 h 预报并将预报与近地面观测比较,来验证后验的化学初始场和排放的合理性。

调整前后的排放及其差异的空间分布如图 9.12 和 9.13 所示。对先后验排放的比较中可以发现:①排放的调整在城市区域更为明显,这是因为大多数的人为排放和监测站点都在那里;②大多数时候,排放都降低了,特别是在北京和上海这样的大城市处;③在模拟区域的北边和西边有部分的排放增加。考虑到先验和后验排放分布表征 2015 年和 2016 年的情况,以及近年来中国东部城市严格的减排措施,②中所说的排放降低较为合理。考虑到本章使用的化学边界条件来自相对不准确的全球模拟结果,在北边和西边的排放增加有可能是因为模式边界处的污染物传输计算有误。另一个解释是这些区域的工业增长带来的排放增加超过了环保措施带来的排放降低。另外,在北

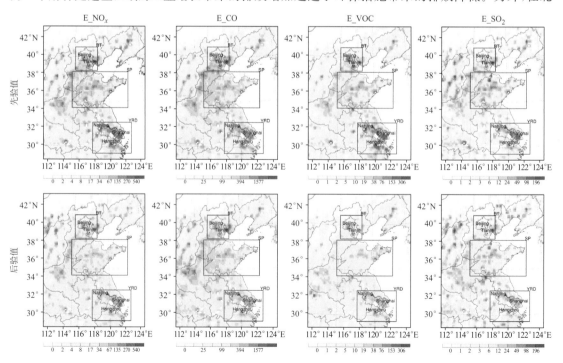

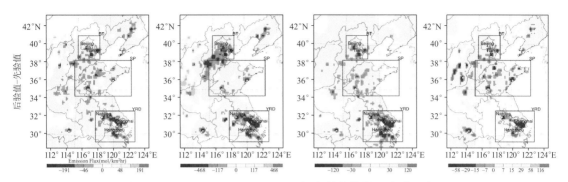

图 9.12　NO_x、CO、VOC 以及 SO_2 调整前的排放通量(第一行)、
调整后的排放通量(第二行)以及调整后－调整前的排放通量(第三行)(单位:mol/(km^2 · h))

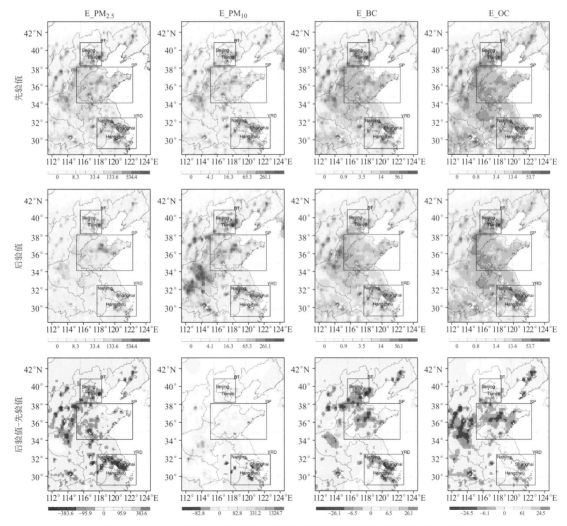

图 9.13　一次 $PM_{2.5}$、一次 PM_{10}、BC 和 OC 调整前的排放通量(第一行)、
调整后的排放通量(第二行)以及调整后—调整前的排放通量(第三行)(单位:mg/(kg^2 · s))

京及天津区域的东部和西部以及长三角区域的西北部也有一定的 SO_2 排放增加。

如将调整后的人为排放输入模式进行 72 h 预报并与站点观测进行比较,结果如图 9.14 所示,可以发现,调整后的排放源相比调整前,能够提升大部分有观测的成分的预报,预报的 RMSE 可下降 10%~65%。并且使用调整的排放源进行预报能够获得比较稳定的预报误差降低;而如果只调整初始浓度,预报误差的降低只会维持很短的时间,然后就逐步与没有调整一样了。粒径在 2.5~10 μm 的粗颗粒物预报提升较小,这主要是因为人为排放对粗粒子的贡献较小。

尽管在图 9.14 中 O_3 的预报效果似乎并没有因为排放源同化而有大幅的提升(大概 22% 的 RMSE 降低),但在将得到的 RMSE 重新平均得到如图 9.15 所示的日变化后,可以发现排放源同化实际上能够有效提高 O_3 的预报效果。从图 9.15 中可以看到源同化带来的 O_3 预报

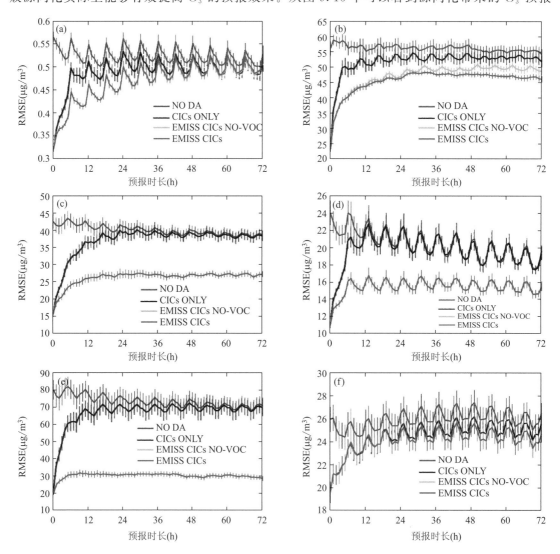

图 9.14　各物种 72 h 预报的 RMSE 随预报时长的变化(蓝色、黑色、红色、绿色线分别代表没有任何同化、只有化学初始场的同化改进、化学初始场和所有人为排放都在同化中改进、化学初始场和 VOC 以外的人为排放在同化中改进。预报与国控站点的数据进行比较,竖线代表数据的不确定性范围)

(a)CO;(b)O_3;(c)$PM_{2.5}$;(d)SO_2;(e)NO_2;(f)$PM_{2.5\sim10}$

效果的提升主要集中在 O_3 浓度较高的白天。排放源同化得到的 NO_x 的排放普遍更低,这样可以让它预报的 NO_2 浓度更符合观测,但却无法模拟出夜间的低臭氧。由于模式网格不够小,一些网格难以分辨的 NO_2 高浓度难以被模拟出来,也就导致对应夜间 O_3 消耗降低,O_3 浓度模拟偏高。而原始排放中的 NO_x 排放过高,这虽然会让模拟的 NO_2 浓度整体偏高,但却碰巧可以在夜间消耗更多的 O_3,更好地模拟夜间 O_3 浓度。这个解释可以在图 9.15 中城市和乡村模拟的 RMSE 日变化的差别中找到支持。在城市站点,NO_x 的排放比乡村更高,RMSE 的日变化比乡村更明显。同样,源排放对夜间 O_3 预报的影响也更小。总的来说,源同化对 O_3 在白天的预报依然有用,可以在白天带来大概 30% 的 RMSE 降低和 50% 的相关系数提升。

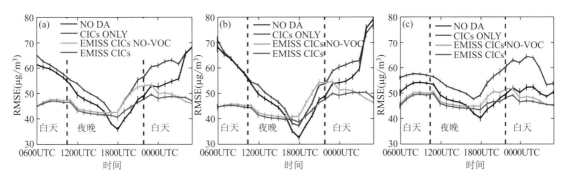

图 9.15　将所有的 72 h 预报重新拆分成日变化的 24 h 段,然后平均得到 O_3 预报的 RMSE 的日变化
(a)所有监测站;(b)所有城市站点;(c)所有乡村站点

9.6.3　硫酸盐反应速率系数同化

马超群(2020)提出了一个简单的硫酸盐(SO_4^{2-})生成参数化方案,用于替代复杂的 SO_4^{2-} 生成化学机理。在 WRF-Chem 原有的气相 OH 和云内 H_2O_2 氧化反应的基础上加入的该方案,包含了 NO_2 氧化反应和 TMI 催化氧化反应。进一步改进了 WRF-Chem/DART,给其控制变量矢量扩增了模式参数相关的变量。改进的 WRF-Chem/DART 和 EnKF 算法同化了中国北方 44 个超级站观测的 SO_4^{2-} 浓度和国控点观测的 SO_2、NO_2、O_3 和颗粒物浓度,调整了相应的化学浓度场和排放,同时调整了该硫酸盐生成参数化方案中的 6 个待定反应速率参数。最后将获得的排放和调整了参数的硫酸盐参数化方案加入 WRF-Chem,与原始的 WRF-Chem 一同在不同的时间和区域进行模拟验证。资料同化调整了反应速率参数的新方案有望可以改善模式的硫酸盐气溶胶和 SO_2 模拟能力。

加入的两个反应如下:

$$SO_2(g) + 2NO_2(g) \longrightarrow SO_4^{2-} \tag{R1}$$

$$SO_2(g) \longrightarrow SO_4^{2-} \tag{R2}$$

其反应速率写为下面的形式:

$$R1: \frac{d[SO_4^{2-}]}{dt} = k_1[SO_2(g)][NO_2(g)] \tag{9.30}$$

$$R2: \frac{d[SO_4^{2-}]}{dt} = k_2[SO_2(g)] \tag{9.31}$$

式中,k_1 和 k_2 可以通过以下方式进行参数化:

$$k_1 \approx c_1^0 (1 + c_{PH}[R\_NH_4])^{1.3}(M_O + c_M M\_SUL)[1 + (2.157 - k_{RH,1})\lg(1 - RH^4)] \quad (9.32)$$

$$k_2 \approx c_2^0 (1 + c_{PH}[R\_NH_4])^{-1.3}(M_O + c_M M\_SUL)[1 + (2.157 - k_{RH,2})]\lg(1 - RH^4) \quad (9.33)$$

式中有 6 个待定参数(反应速率参数)需要利用资料同化进行调整,分别是 c_1^0、c_2^0、c_{PH}、c_M、$k_{RH,1}$ 和 $k_{RH,2}$。

图 9.16 中展示了其中一个案例中不同方案模拟的 SO_4^{2-} 浓度与观测的对比。从图中可以看出,使用原始 WRF-Chem 的蓝色线和黑色线在几乎所有的站点都严重低估 SO_4^{2-} 的浓度,模

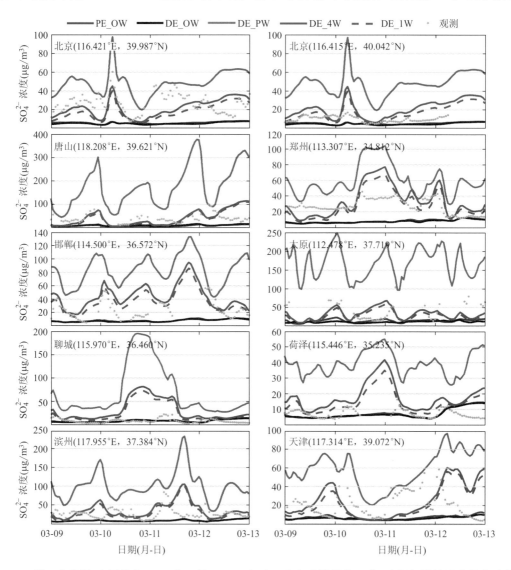

图 9.16　第一个案例(中国北方,2018 年 3 月 9—13 日)中 5 个实验模拟的 SO_4^{2-} 在超级站处浓度的小时序列与该超级站的观测对比(图中蓝色实线代表原始的 WRF-Chem 配合原始排放的模拟;黑色实线代表原始的 WRF-Chem 配合资料同化调整后的排放;粉色实线代表加入了新的硫酸盐参数化方案配合资料同化调整后的排放的模拟,不过参数化方案中的参数是猜测的初始值,没有经过资料同化调整;红色线代表加入了新的硫酸盐参数化方案配合资料同化调整后的排放的模拟,其中,红色实线为最后四次同化的后验集合平均的平均,红色虚线为最后一次资料同化的后验集合平均,绿色圆点代表观测值,参数化方案中的参数已经经过了资料同化的调整。每个子图片的左上角表示该超级站站点所处的城市和站点的经纬度)

拟的 SO_4^{2-} 浓度多数情况下维持在 $10\ \mu g/m^3$ 以下,并且时间变化很小,不能重现观测的 SO_4^{2-} 浓度的时间变化。通过比较蓝色线和黑色线,可以发现排放的调整对 SO_4^{2-} 的浓度影响很小,这说明原始 WRF-Chem 对 SO_4^{2-} 浓度的低估很难归咎于排放的不确定性。在增加了新的硫酸盐参数化方案后,使用初始反应速率参数的粉色线模拟在各个站点严重高估 SO_4^{2-} 的浓度,这反映出初始反应速率参数的高估。使用调整后的反应速率参数的红色线的模拟效果,相比粉色(黑色)线大幅改善,不再严重高估(低估) SO_4^{2-} 浓度,其模拟的浓度水平能够与观测大致相当。这说明资料同化有能力根据观测优化反应速率参数,使调整后的反应速率能够模拟出与观测接近的浓度。

图 9.17 中展示了同一时期的各实验模拟的 SO_2 浓度与观测的对比。可以看到,原始的 WRF-Chem 多数时候高估 SO_2 的浓度,这一方面是因为使用的 SO_2 排放来自 2016 年基准的 MEIC 排放清单,而近年来中国大部分地区 SO_2 的排放都有所降低。通过比较黑色线和蓝色线可以看出,黑色线中 SO_2 的高估被大幅缓解,这体现了资料同化调整排放清单的效果。不过,即使使用调整的排放清单,部分站点和时段中依然高估 SO_2,其中比较明显的有郑州($113.688°E$,$34.806°N$)和滨州($117.955°E$,$37.384°N$)站点。增加新反应后且使用初始反应速率参数的粉色线模拟严重低估 SO_2 浓度,模拟出的 SO_2 浓度几乎一直维持在 0 附近,这与高估的初始反应速率参数的设置一致。在使用资料同化调整后的反应速率参数后,红色线可以近乎完美的重现各个站点 SO_2 的浓度变化。结合图 9.16,这表明了资料同化同时调整 SO_2 排放和 SO_4^{2-} 反应速率参数可以使模拟的结果同时满足 SO_2 和 SO_4^{2-} 浓度观测的约束,即本章的资料同化方案可以有效提升模式模拟 SO_2 和 SO_4^{2-} 的模拟效果。郑州($113.688°E$,$34.806°N$)和太原($112.478°E$,$37.719°N$)站点观测的 SO_2 浓度有明显的日变化,而这一日变化却并没有被任何一个模拟很好的重现。造成这一现象最有可能的原因是预设的排放日变化廓线与当地的实际情况差别较大,要解决这一问题可能需要给不同的城市设定不同的排放日变化。

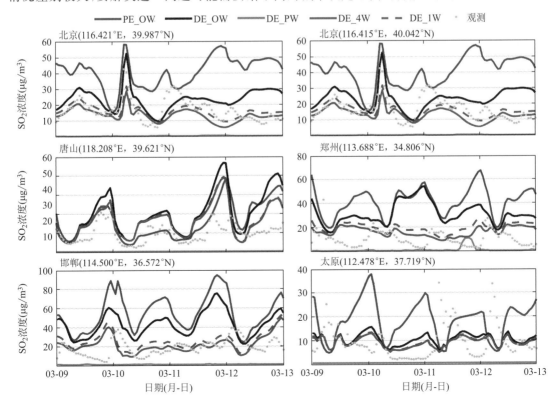

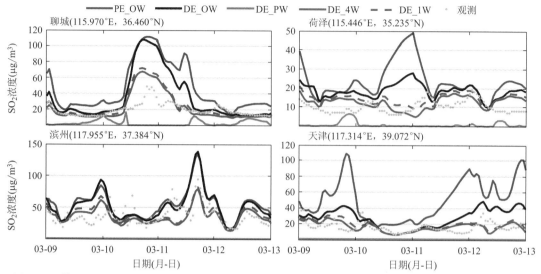

图 9.17　第一个案例(中国北方,2018 年 3 月 9—13 日)中 5 个实验模拟的 SO₂ 在超级站处浓度的小时序列与该超级站的观测对比(图中蓝色实线代表原始的 WRF-Chem 配合原始排放的模拟;黑色实线代表原始的 WRF-Chem 配合资料同化调整后的排放;粉色实线代表加入了新的硫酸盐参数化方案配合资料同化调整后的排放的模拟,不过参数化方案中的参数是猜测的初始值,没有经过资料同化调整;红色线代表加入了新的硫酸盐参数化方案配合资料同化调整后的排放的模拟,其中,红色实线为最后四次同化的后验集合平均的平均,红色虚线为最后一次资料同化的后验集合平均,绿色圆点代表观测值,参数化方案中的参数已经经过了资料同化的调整。每个子图片的左上角表示该超级站站点所处的城市和站点的经纬度)

9.6.4　一维卡尔曼滤波 MOS 技术的应用

　　Ma 等(2018)使用一维卡尔曼滤波 MOS 技术对 WRF-Chem 模式预报的京津冀地区 O₃、NO₂、SO₂、PM₂.₅ 和 PM₁₀ 浓度进行订正,并将其与三维变分同化调整化学初始场所得到的预报进行了对比。研究区域如图 9.18 所示。

　　通过对比表 9.3 和 9.4 可以发现,基于一维卡尔曼滤波的 MOS 可以有效降低各物种预报的系统偏差。由于系统偏差的降低,预报的 RMSE 也有所降低。但除了 O₃ 的预报,大部分物种预报的相关系数没有提升,这也是因为 MOS 技术本身无法引入新的信息,不能进一步帮助模式模拟浓度的变化趋势,只能对已知的系统偏差进行移除。O₃ 的预报不论是偏差还是相关系数都有提升,这得益于 O₃ 这一物种的浓度变化通常有很明显的日变化规律,在本 MOS 算法默认日变化规律不变的假设下显得更为重要。

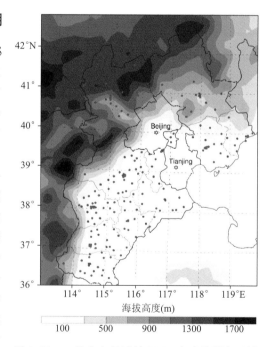

图 9.18　一维卡尔曼滤波 MOS 实验的研究区域(圆点代表国控和省控污染物监测站点,红色点代表站点资料参与了资料同化,蓝色点代表站点资料没有参与资料同化仅用于验证预报效果)

表 9.3　站点平均后的平均偏差(MB)、均方根误差(RMSE)和相关系数(Corr)。

数据来自 MOS 前的结果,分别对应不同的物种和预报时效(24 h、48 h 和 72 h 预报)

物种	24 h 预报			48 h 预报			72 h 预报		
	MB	RMSE	Corr	MB	RMSE	Corr	MB	RMSE	Corr
SO_2	−33.49	73.39	0.50	−36.54	75.42	0.48	−41.78	77.82	0.47
NO_2	2.12	35.45	0.56	0.05	36.13	0.53	−4.47	35.84	0.51
PM_{10}	−136.92	173.60	0.52	−140.65	177.60	0.50	−145.27	182.68	0.47
O_3	39.99	43.47	0.44	40.08	43.61	0.44	41.34	44.75	0.43
$PM_{2.5}$	−72.10	104.30	0.60	−74.74	107.26	0.57	−78.64	111.48	0.54

表 9.4　站点平均后的平均偏差(MB)、均方根误差(RMSE)和相关系数(Corr)。

数据来自 MOS 后的结果,分别对应不同的物种和预报时效(24 h、48 h 和 72 h 预报)

物种	24 h 预报			48 h 预报			72 h 预报		
	MB	RMSE	Corr	MB	RMSE	Corr	MB	RMSE	Corr
SO_2	−4.49	80.59	0.42	−11.30	74.87	0.41	−17.15	72.51	0.45
NO_2	0.90	35.71	0.51	0.69	35.15	0.50	−0.51	34.44	0.52
PM_{10}	−21.12	142.98	0.30	−38.32	135.62	0.32	−58.14	138.12	0.36
O_3	−0.36	18.71	0.52	−0.73	18.21	0.47	1.12	16.71	0.56
$PM_{2.5}$	−11.76	98.44	0.41	−20.72	94.45	0.39	−32.88	94.16	0.45

图 9.19 中展示了 MOS 修正后的预报与观测间的散点比较。结论与之前表格的对比一致,即 MOS 可以有效去除模式模拟与观测间的系统偏差,MOS 订正后的预报与观测基本分布在 1:1 线的附近,这一点对各个物种(尤其是 NO_2 和 O_3)以及各预报时效都是如此。

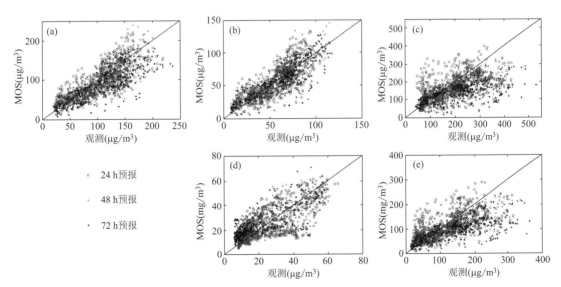

图 9.19　一维卡尔曼滤波 MOS 所得的不同时效的预报与观测的对比

(图中的观测数据来自 155 个国控和省控站点)

(a)SO_2;(b)NO_2;(c)PM_{10};(d)O_3;(e)$PM_{2.5}$

MOS 和化学初始场资料同化对预报 RMSE 时间变化的影响如图 9.20 所示。从图中可以看出,资料同化改进化学初始场能够在预报开始的阶段带来大幅的 RMSE 降低,但这种误差降低无法维持很长的时间,根据物种的不同,只需要 0.5～2 d 的时间就会与不采用任何其他技术的预报重合。而预报在经过了 MOS 后,可以有效地降低 RMSE 且这一效果不会随着预报的进行而衰减。MOS 改进效果最为明显的是 O_3,这得益于 O_3 这一物种的浓度变化通常有很明显的日变化规律,且模式本身模拟能力较好。$PM_{2.5}$ 和 PM_{10} 的 MOS 改进效果也不错,但 NO_2、SO_2 的 MOS 改进效果较差,这主要是因为 NO_2、SO_2 的寿命较短,很多观测到的局地信息很难在模式中反映出来,因此预报误差规律较差,难以被 MOS 所消除。

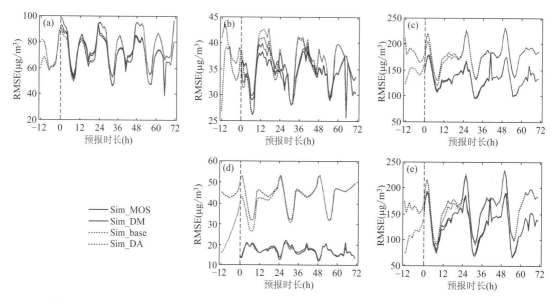

图 9.20　不同实验的预报 RMSE 随预报时长的变化(蓝色实线、红色实线、蓝色虚线和红色虚线分别代表只应用 MOS、同时应用 MOS 和变分同化、原始的预报和只应用变分同化的预报)
(a)SO_2;(b)NO_2;(c)PM_{10};(d)O_3;(e)$PM_{2.5}$

9.6.5　极端随机树 MOS 技术的应用

黄丛吾等(2018)以多尺度空气质量模型(community multi-scale air quality,CMAQ)为工具,结合中尺度 WRF(weather research and forecast model)气象预报数据、气象观测数据、污染物浓度观测数据,基于极端随机树方法建立了 WRF-CMAQ-MOS(weather research and forecast model-community multi-scale air quality-model output statistics)统计修正模型。该模型通过结合 WRF 气象预报和 CMAQ 大气成分预报,修正由于模型非客观性产生的预报偏差,从而提高预报效果。相比以前常用的线性回归方法和梯度提升回归树方法,极端随机树方法对模型改进更大。

以徐州地区空气质量预报为例,使用采用极端随机树方法的 WRF-CMAQ-MOS 模型对 2016 年 1—3 月的空气质量指数(AQI)及 $PM_{2.5}$、PM_{10}、NO_2、SO_2、O_3、CO 六种污染物优化试验进行验证,发现优化效果最为明显的两种污染物分别是 NO_2 及 O_3,2016 年 1—3 月整体相关系数 NO_2 由 0.35 提升到了 0.63,O_3 由 0.39 提升到了 0.79,均方根误差 NO_2 由 0.0346 mg/m^3 减至 0.0243 mg/m^3,O_3 由 0.0447 mg/m^3 减至 0.0367 mg/m^3。

针对空气质量指数及六种污染物,使用极端随机树方法并结合 WRF 气象要素预报的

CMAQ-MOS 模型进行试验,7 个站点试验结果见表 9.5。由表可知,经过优化后的六种污染物及空气质量指数的准确度均得到了较大的提高。根据试验结果,针对黄河新村站点的空气质量指数与六种污染物分别绘制 2016 年 1—3 月徐州市空气质量指数、CO、NO_2、O_3、PM_{10}、$PM_{2.5}$、SO_2 污染物浓度预报和订正误差时间变化、散点分布和泰勒图。根据图 9.21 及 9.22 可以明显看出,使用极端随机树方法并结合 WRF 气象要素预报的 CMAQ-MOS 模型具有良好的优化效果,此应用试验效果得到了验证。

表 9.5　2016 年 1—3 月徐州市 7 站点六种污染物浓度及空气质量指数预报和订正误差统计结果((a)相关系数 R;(b)均方根误差 $RMSE(mg/m^3)$)

(a)

R		AQI	CO	NO_2	O_3	PM_{10}	$PM_{2.5}$	SO_2
黄河新村	CMAQ	0.40	0.44	0.35	0.39	0.34	0.47	0.12
	MOS	0.47	0.53	0.63	0.73	0.49	0.55	0.53
淮塔	CMAQ	0.47	0.47	0.43	0.39	0.47	0.50	0.15
	MOS	0.48	0.52	0.61	0.57	0.50	0.51	0.22
铜山兽医院	CMAQ	0.19	0.35	0.22	0.51	0.16	0.29	0.06
	MOS	0.49	0.52	0.68	0.54	0.52	0.50	0.20
新城区	CMAQ	0.26	0.42	0.41	0.49	0.22	0.41	−0.04
	MOS	0.39	0.60	0.55	0.71	0.42	0.57	0.20
桃园路	CMAQ	0.41	0.44	0.33	0.40	0.38	0.46	0.16
	MOS	0.49	0.49	0.65	0.62	0.52	0.52	0.38
农科院	CMAQ	0.22	0.36	0.31	0.47	0.19	0.35	−0.01
	MOS	0.45	0.55	0.63	0.68	0.48	0.54	0.32
铜山区环保局	CMAQ	0.17	0.33	0.26	0.38	0.17	0.25	0.13
	MOS	0.43	0.45	0.66	0.59	0.49	0.48	0.40

(b)

$RMSE$		AQI	CO	NO_2	O_3	PM_{10}	$PM_{2.5}$	SO_2
黄河新村	CMAQ	0.072	1.076	0.045	0.056	0.120	0.051	0.051
	MOS	0.063	0.800	0.024	0.037	0.080	0.048	0.030
淮塔	CMAQ	0.077	1.123	0.049	0.069	0.117	0.059	0.065
	MOS	0.068	0.889	0.021	0.019	0.087	0.056	0.031
铜山兽医院	CMAQ	0.077	1.264	0.049	0.053	0.124	0.054	0.050
	MOS	0.076	0.921	0.027	0.042	0.101	0.059	0.040
新城区	CMAQ	0.068	0.898	0.041	0.047	0.128	0.041	0.035
	MOS	0.047	0.573	0.023	0.032	0.077	0.034	0.024
桃园路	CMAQ	0.076	1.172	0.048	0.061	0.118	0.056	0.057
	MOS	0.070	0.889	0.024	0.032	0.093	0.056	0.035
农科院	CMAQ	0.071	1.071	0.044	0.049	0.124	0.047	0.042
	MOS	0.062	0.748	0.025	0.037	0.088	0.047	0.032
铜山区环保局	CMAQ	0.074	1.199	0.048	0.053	0.122	0.052	0.053
	MOS	0.063	0.887	0.025	0.034	0.090	0.049	0.036

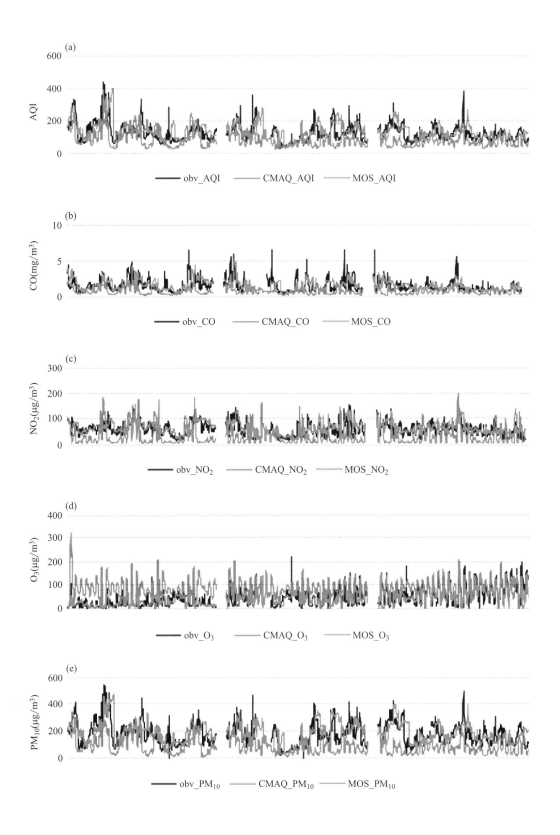

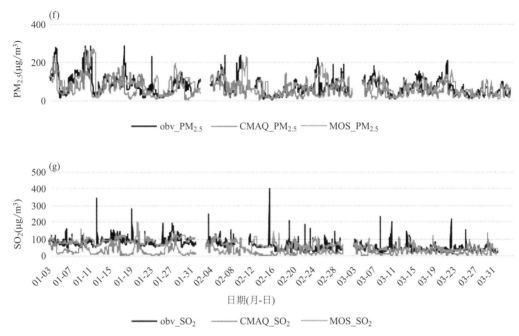

图 9.21　2016 年 1—3 月徐州市黄河新村站点空气质量系数（a）、CO（b）、NO_2（c）、O_3（d）、PM_{10}（e）、$PM_{2.5}$（f）、SO_2（g）污染物浓度预报和订正误差时间变化

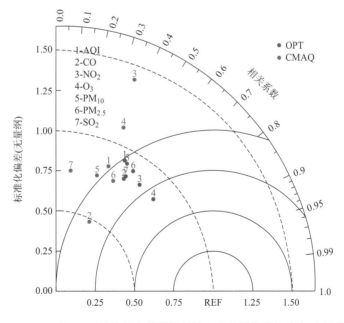

图 9.22　2016 年 1—3 月徐州市黄河新村站点六种污染物浓度与 AQI 预报、订正和观测值的泰勒图

　　试验结果表明，针对空气质量指数及六种污染物的逐时预报，与未经优化的 CMAQ 模型相比，采用极端随机树方法并结合 WRF 预报气象要素的 CMAQ-MOS 模型在相关系数、均方

根误差方面都有较为明显的优化效果,NO_2 及 O_3 两种污染物优化效果最为明显,其原因可能是 O_3、NO_2 与 MOS 模型引入的温度气象要素的相关性较高,温度的变化往往与太阳辐射的变化相关,而太阳辐射的变化会导致 O_3 光化学反应速率的变化。与此同时,NO_2 和 O_3 的化学耦合较强,O_3 浓度的变化会导致 NO_2 浓度也发生变化,因此 MOS 模型针对 NO_2 及 O_3 两种污染物优化效果最为明显。

第 10 章　雾天气的数值预报

雾是指近地面的空气层中悬浮着的大量微小水滴(或冰晶),使水平能见度低于 1.0 km 的天气现象,其中能见度低于 500 m 为浓雾、低于 50 m 为强浓雾(中国气象局,2007)。雾造成的低能见度对各类交通都具有极大的危害性。本章重点介绍雾天气的数值预报方法及其应用。

10.1　国内外发展现状

雾是一种灾害性天气,其造成的经济损失可与台风、龙卷等天气相比拟(Gultepe et al. , 2007a)。随着海陆空交通运输业的发展,雾所造成的经济损失和人员伤亡越来越突出,其危害也越来越受到世界各国科学家们的关注(Gultepe et al. ,2007a;Niu et al. ,2010)。

目前,省级台站业务中对雾的预报一般是根据地面风、近地面逆温、相对湿度和云等气象要素进行诊断预报。随着计算机技术和数值计算技术的迅速发展,数值模式日益成为人们研究和预测灾害性天气的有力工具。从 20 世纪 60 年代第一个边界层模式开始,科学家们就开始了雾的模式研究。经历半个多世纪的发展,雾模式从最初的比较简单的一维模式(Brown, 1980)发展到考虑复杂地形和下垫面植被覆盖的三维模式(Shi et al. ,1996;黄建平等,2000)。尽管一维雾模式可用于研究雾生消过程中各物理过程的重要性(周斌斌,1987;Bott et al. , 1990;尹球和许绍祖,1993,1994),气溶胶粒子及其化学成分对雾滴核化、雾滴谱和能见度的影响(Bott,1991);二维和三维雾模式可用于研究地形和下垫面等对雾生消过程的影响(张利民和李子华,1993;Li et al. ,1997),但上述一维、二维和三维雾模式都存在一个严重的不足,即很难考虑大尺度背景天气(如平流输送)的影响,因而难以用到雾的实际预报中。

进入 21 世纪后,很多学者尝试用中尺度气象模式对陆地雾和海雾进行模拟和预报试验 (Kong,2002;Pagowski et al. ,2004;Gao et al. ,2007;Shi et al. ,2010),基本上都是根据中尺度模式计算的近地层云水含量作为雾水含量大小来表示雾的强弱。在对区域模式结果进行后处理时,一般使用 Stoelinga 和 Warner(1999)和 Kunkel(1984)的公式把云(雾)水含量转化为能见度:

$$V=-1000\times\ln(0.02)/\beta \tag{10.1}$$

式中,V 是以 m 为单位的能见度,β 是消光系数,通过液态水含量(LWC)计算:

$$\beta=144.7\text{LWC}^{0.88} \tag{10.2}$$

式中,LWC 单位 g/kg。该公式由于仅考虑云(雾)水含量而显得简单实用,但也因此会出现较大的误差,如 Gultepe 等(2006)指出使用该公式的不确定性可达 50%,主要是由于影响能见度的不仅仅是雾水含量,还有气溶胶粒子、雾滴谱等。Gultepe 等(2009)通过对大量观测资料的分析,总结出一套基于雾滴谱和液态水含量计算能见度的公式:

$$V=0.87706\times(\text{LWC}\times N_d)^{-0.49034} \tag{10.3}$$

式中,N_d 为雾滴数浓度,单位为个/cm^3。

　　Shi 等(2010)曾使用 MM5 对我国东部地区一次区域性浓雾个例进行模拟,并使用大量的能见度观测资料对上述两套公式效果进行了比较,发现用 Gultepe 等(2009)的公式能显著提高模式对雾和浓雾的预报水平。然而在实际业务中很难获得雾滴数浓度的数据,且雾滴数浓度是一个变化较大的量,不同的地方、不同的雾过程、甚至同一次雾过程的不同阶段都会不同。所以,不便于业务上推广应用。

　　使用三维区域尺度气象模式进行雾模拟的一大优点是可以利用全球模式或更大尺度的模式提供大尺度的背景条件进行较长时间的模拟,对于一些大范围的平流雾过程也确实能取得较好的效果,但其不可避免的缺点是区域尺度模式为提高计算效率而对一些微物理过程的参数化简化处理(Müller et al.,2005),如现有的中尺度模式所包含的云物理方案都是针对层云或对流云设计的,用来对地面雾进行模拟或预报势必会存在一些不足。

　　除了单纯使用三维或一维雾数值模式进行雾的模拟和预报试验,也有科学家尝试在区域模式中加入雾的微物理方案(Müller et al.,2005),但不太成功。Zhou 和 Ferrier(2008)提出了一种利用从模式结果中提取的详细湍流信息估算雾水含量的方法,他们称该方法为"渐近法",但该方法要求模式对近地层的气象要素具有较高的预报准确性。Zhou 和 Du(2010)利用美国 NCEP 经过订正的数值模式产品已成功把该方法应用到业务中。另外,他们还在开展基于数值天气预报模式(NWP)产品诊断预报基础上的集合预报试验,取得了令人鼓舞的效果(Zhou and Du,2010;Zhou et al,2011)。

　　基于数值天气预报模式结果的诊断预报方法虽能获得较好的结果,但毕竟只能进行雾的有无预报,不能准确预报雾的强度。Gultepe 等(2007a)在全面总结了过去几十年来国外科学家对不同类型雾形成、发展和消散机理的研究成就以及最新的数值预报技术、卫星遥感监测技术在雾的观测和预报中的应用后指出,由于雾的形成、发展和消散是局地微物理过程、动力过程、辐射过程、化学过程、边界层气象条件和大尺度气象条件等诸多因素综合作用的结果,未来要进一步提高雾的预报水平,需综合使用中尺度气象模式和一维雾模式,并结合多通道的遥感资料。进入 21 世纪以后,已有不少大气科学工作者在做这方面的尝试,并取得了令人鼓舞的成绩(Bergot et al.,2005,2007;Müller et al.,2007;Van Der Velde et al.,2010;Shi et al.,2012)。使用较多的中尺度气象模式有 WRF、MM5 和 ALADIN,一维雾模式有 COBEL 和 PAFOG。法国巴黎某国际机场从 2005 年开始已经使用 COBEL-ISBA 与 ALADIN 相结合的方法进行雾的预报(Bergot et al.,2005)。Van Der Velde 等(2010)发现当前比较先进的中尺度气象模式(WRF 和 HIRLAM)在模拟辐射雾的生成和维持方面都不及一维雾模式。Shi 等(2012)用 MM5 模拟结果为一维雾模式(PAFOG)提供初、边值条件对南京雾进行了逐日模拟,论证了用 MM5 为一维雾模式提供初、边值条件进行雾预报的可行性,同时发现 PAFOG 对雾消散时间的预报上优于 MM5。

　　以下各节分别介绍 MM5 和 PAFOG 相结合的方法和基于中尺度气象模式产品的诊断方法,及其在安徽的试用情况。

10.2　数值预报方法介绍

10.2.1　MM5 模式及设置

　　MM5(Grell et al.,1994)是美国宾夕法尼亚州大学(PSU)和美国国家大气研究中心共同开发的非静力平衡中尺度气象模式,该模式曾经被国内外广泛应用于研究各类天气现象,如:山谷风(席世平等,2007)、暴雨(程麟生和冯伍虎,2003)、雾(Gao et al.,2007;Shi et al.,2010),用于驱动空气质量模式(Shi et al.,2008a),并广泛应用于实际天气预报业务(周昆等,2010)。

MM5 模拟采用两重双向嵌套网格,投影中心为:35°N、110°E,水平网格格距分别为 36 km 和 12 km,垂直方向从地面到 100 hPa 分为 34 层,2000 m 以下 17 层。各物理方案的选取见表 10.1。模式的初、边值条件均采用北京时间每天 20 时(GMT 12 时)的 T213 模式的前 48 h 结果。模拟的前 12 h,利用每 6 h 一次的地面常规观测资料和 12 h 一次的探空资料对第一猜测场进行调整,并使用 FDDA 格点同化分析,对两个区域所有要素进行三维同化,仅对粗网格区域的风场使用地面二维格点同化。模拟区域见图 10.1a,关注区域为图 10.1b。

考虑到资料获取和模式计算的时间都有一定滞后性,因此,每天的预报实际要使用前两日 20 时的 T213 结果,如:要做下一日的预报,用的是前一日 20 时的 T213 资料和前一日 20 时到当日 08 时之间的观测资料。模式运行 48 h,其中后 24 h 用于预报和驱动 PAFOG。

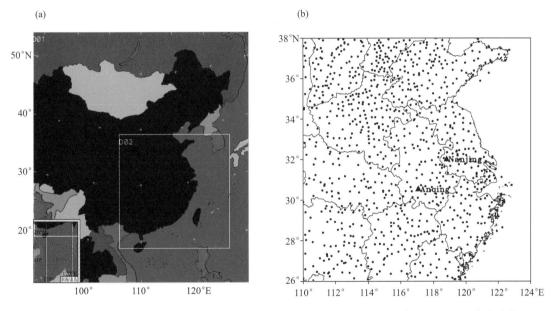

图 10.1　模拟区域(a)及关心区域(b)(实心三角形(▲)表示安庆(Anqing)和南京(Nanjing)的大致位置)

表 10.1　MM5 模式内层物理方案选择

物理过程	微物理	边界层 PBL	水平分辨率(km)和垂直分层	辐射	土壤	积云
方案	Simple ice	Blackadar	12(34)	Cloud radiation	Multi-layer	Grell

10.2.2　PAFOG

PAFOG 是德国波恩大学研制的一维雾模式(Bott and Trautmann,2002),是在具有详细微物理过程的一维雾模式 MIFOG(Bott et al.,1990)的基础上发展起来的参数化一维雾模式,由四个模块组成,即动力模块、微物理模块、辐射模块和植被模块,关于这些模块的说明可参考相应的文献(表 10.2)。

表 10.2　PAFOG 中的主要物理过程

物理过程	动力过程	湍流	辐射	微物理	植被
	Bott 等 (1990)	Mellor 和 Yamada(1974)	Zdunkowski 等 (1982)	Nickerson 等 (1986),Chaumeriliac 等 (1987)	Siebert 等 (1992a,b)

PAFOG 的微物理模块可以计算雾滴数浓度,因而可以计算依赖于粒子尺度分布的沉降、凝结、蒸发和能见度。其中,能见度计算公式如下:

$$V=\frac{3.912}{\beta_{sc}}, \quad \beta_{sc}=\pi\sum_{i=1}^{i=M}K_iN_ir^2 \tag{10.4}$$

式中,K_i 为粒子散射消光因子,N_i 为粒子数密度,r 为粒子半径,M 为雾滴总分档数。初始粒子数浓度可以通过能见度反演得到。模式在垂直方向,分为两个部分,第一部分从地面到高度 z_1,等距离地分为 N_1 层,N_1 和 z_1 可调;第二部分从高度 z_1 到高度 z_2,格距为等对数增加。考虑到安徽及周边的内陆地区的雾以辐射雾为主,参考 Bott 和 Trautmann(2002),z_1、z_2、N_1、N_2 分别设为 200 m、1500 m、50 和 20。靠近地面的 200 m 之内,格距为 4 m。其他参数都参考 Bott 和 Trautmann(2002)。

PAFOG 从每天的 20 时(1200GMT)开始运行,即使用 MM5 的 24 h 预报结果做初始场,预报时间为 24 h。其输出结果主要包括:常规气象要素(风向、风速、气温、相对湿度)、雾滴数浓度以及地面能见度和液态水含量等。

10.2.3　基于 MM5 预报结果的雾的诊断预报方法

参考 Zhou 和 Du(2010)的诊断方法,利用 MM5 结果进行雾的诊断预报。使用前,利用 2006 年和 2007 年 12 月逐日模拟结果,对他们提出的相对湿度与风速之间的组合方案进行调整,即用关注区域内(图 10.1b)所有站点资料对诊断结果进行客观评估(T_S/E_{TS} 评分,定义见 10.2.5 节)。

本方法所使用雾的生成判据为:

(1)液态水含量(LWC)达到 0.01 g/kg;

(2)云底高度低于 50 m,且云顶高度低于 400 m;

(3)相对湿度(RH)和风速(WS)。

判据(3)中,相对湿度与风速之间可有多种组合。根据对合肥 2005—2009 年的历史资料统计发现,雾日 08 时的相对湿度仅 0.9% 低于 85%,雾日的风速很少超过 3 m/s(魏文华等,2012)。鉴于有些学者在分析雾的垂直分布时把相对湿度大于 98% 作为雾的生成判据(杨军等,2010),我们把相对湿度分为四档:RH≥85%、≥90%、≥95% 和 ≥98%,把风速分为三档:WS≤1 m/s、≤2 m/s 和 ≤3 m/s,共得到 12 种组合。用 2006 年和 2007 年 12 月逐日模拟结果和观测资料进行计算得到各组合条件下的 T_S/E_{TS},见表 10.3。由表 10.3 可见,相对湿度与风速之间的最佳组合为:RH≥98%,WS≤2 m/s。如果把统计范围限定在安徽省,得到的结论相同。因此,判据(3)定为:RH≥98%,WS≤2 m/s。一般认为当 700 hPa 有云时,地面不会形成雾,因此在使用判据(3)时还使用条件"700 hPa 无云"进行消空。在做上述统计分析之前,对 2006、2007 年 12 月逐日地面气象要素(如风速、温度、相对湿度等)的模拟结果用区域内的地面常规观测资料进行了客观评估(李耀孙等,2012)。

上述三条判据,满足其中任意一条,即认为有雾生成。

表 10.3　东部地区(26°—38°N,110°—124°E)风速和相对湿度各组合方案的 T_S/E_{TS}

RH	T_S/E_{TS}		
	WS≤1 m/s	WS≤2 m/s	WS≤3 m/s
≥85%	0.099/0.068	0.094/0.06	0.082/0.047
≥90%	0.106/0.076	0.103/0.071	0.093/0.059
≥95%	0.114/0.085	0.114/0.083	0.108/0.076
≥98%	0.117/0.088	**0.119/0.089**	0.117/0.086

注:黑体部分为相对湿度与风速之间的最佳组合。

10.2.4　基于 MM5 与 PAFOG 耦合的定量预报

PAFOG 需要的初始条件包括边界层内不同高度的温度、湿度、气压和地转风、下垫面土壤湿度、植被覆盖等资料,以及初始能见度。这里采用 MM5 的结果为 PAFOG 提供初始条件和逐时的上边界条件;利用 MM5toGrads 模块中的方法诊断高、中、低云量,并调整到 PAFOG 定义的高、中、低云的高度;利用 MM5 系统自带的下垫面和土壤资料,生成 PAFOG 所需的下垫面资料;应用 850 hPa 的高度场计算一维雾模式所需的逐时地转风:

$$u_g = -\frac{g}{f}\frac{\partial z}{\partial y}, \quad v_g = \frac{g}{f}\frac{\partial z}{\partial x} \tag{10.5}$$

式中,u_g 和 v_g 分别为地转风的两个分量,z 是位势高度,g 是重力加速度。这样,可以实现在任意感兴趣的地区运行 PAFOG。初始能见度统一设为 10 km。

10.2.5　预报效果评估方法

对于二元事件("发生"还是"不发生")的确定性预报,一般使用下列统计量来评价预报效果的好坏(Wilks,2006)。

命中率(hit rate(H_R)):
$$H_R = \frac{a}{a+c} \tag{10.6}$$

空报率(false alarm ratio(F_{AR})):
$$F_{AR} = \frac{b}{a+b} \tag{10.7}$$

漏报率(missing rate(M_R)):
$$M_R = \frac{c}{a+c} \tag{10.8}$$

准确否定率(correct rejection rate(C_{RR})):
$$C_{RR} = \frac{d}{b+d} \tag{10.9}$$

预报偏差(frequency bias index(F_{BI})):
$$F_{BI} = \frac{a+b}{a+c} \tag{10.10}$$

预报技巧评分(threat score(T_S) or critical success index(C_{SI})):
$$T_s = \frac{a}{a+b+c} \tag{10.11}$$

公平预报技巧评分(Equitable threat score(E_{TS})):

$$E_{TS} = \frac{a-R}{a+b+c-R} \tag{10.12}$$

$$R = \frac{(a+b)(a+c)}{a+b+c+d} \tag{10.13}$$

式中,a 是既观测到也预报到雾的站点数(准确预报有),b 是没有观测到但预报到雾的站点数(空报),c 是观测到但没有预报到雾的站点数(漏报),d 是既没有预报到也没有观测到雾的站点数(准确预报无)。从各统计量的定义可以看出,H_R、C_{RR}、T_S 和 E_{TS} 的取值范围都是 0(最差)到 1(最好),越大越好;F_{AR} 和 M_R 的取值范围是 0(最好)到 1(最差),越小越好。F_{BI} 的最佳取值 1,当 $F_{BI} > 1$,说明高估了雾的发生范围,反之则为低估。R 为随机命中率,E_{TS} 为扣除了随机命中率后的预报技巧评分,比 T_S 更公平。针对东部地区和安徽省分别按日、月、两月综合计算了上述各统计值。单独考虑安徽的目的是检验模式对以辐射雾为主的内陆地区的预报效果是否优于以平流雾为主的沿海地区。

10.2.6 资料来源

用于检验地面气象要素和雾的预报效果的资料包括:①中国气象局气象站网每 3 h 一次的常规观测资料,包括温度、相对湿度、风向、风速、天气现象和能见度等。在所关注的东部地区(图 10.1b,26°—38°N,110°—124°E)有 800 个左右的观测站,有些站每天观测 8 次(02、05、08、11、14、17、20、23 时),部分站一天 3 次(08、14、20 时)或 4 次(02、08、14、20 时)。一般 08 时和 20 时的资料最为完整;②2006 年 12 月和 2007 年 12 月南京信息工程大学(简称"南信大")雾课题组在该校校园内的外场观测资料,检验两个模式对南信大课题组观测到的部分浓雾个例宏、微观特征。

10.3 MM5 与 PAFOG 相耦合方法对南京雾的个例模拟

10.3.1 时段及个例介绍

2006 年 12 月和 2007 年的 12 月,南信大雾课题组在校园内开展了雾的综合观测试验,获得大量的雾的宏微观观测资料。在此期间,南京观象台观测到 13 次雾过程。南信大对其中的 9 次雾个例进行了综合观测。利用两个模式相结合的方法,对其中的 2 次雾过程进行模拟试验。并对模拟结果与南信大校园的外场观测资料进行详细比较。

10.3.2 2006 年 12 月 25—27 日的平流辐射雾的模拟试验

2006 年 12 月 25—27 日,安徽、江苏出现了有观测记录以来持续时间最长的浓雾。很多城市都出现了能见度低于 50 m 的强浓雾,南京观象台记录的最低能见度为 0 m,浓雾持续了 30 个小时以上。很多学者从不同角度对这次浓雾个例进行了深入研究,利用南信大校园的外场观测资料,刘端阳等(2009)分析了这次浓雾的微物理变化特征,濮梅娟等(2008)总结了这次浓雾的一些罕见特征,如持续时间长、浓度大、雾顶高等。Shi 等(2010)用 MM5 对这次浓雾的生消机理进行了模拟研究,并客观比较了不同能见度计算公式进行模式后处理的效果,发现考

虑雾滴数浓度影响的能见度计算方法明显优于仅使用液态水含量的能见度计算方法。图
10.2 给出了 2006 年 12 月 25—27 日南信大校园观测的雾顶高度。

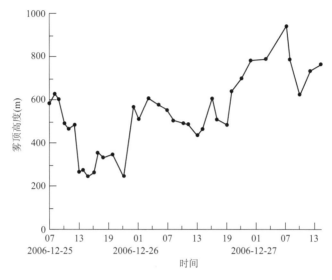

图 10.2　南信大探空观测 2006 年 12 月 25—27 日雾顶高度随时间的演变(横坐标是北京时间,下同)

图 10.3 给出了 MM5 和 PAFOG 模拟的 2006 年 12 月 25—27 日南信大校园雾水含量时
间高度剖面图。比较图 10.2 与图 10.3a 发现:①MM5 成功地再现了 3 次浓雾子过程;②再现
了 26、27 日雾顶高度的爆发性增长;③25、26 日的雾顶高度低于观测,27 日比观测高。由图
10.3b 可见,PAFOG 也成功得到了这次雾过程的 3 次子过程,虽然雾顶高度比观测要低,时间
上也不连续;另外,MM5 模拟到 25 日凌晨到上午 1000 m 高度左右有低云存在,这使得由
MM5 模拟结果提供初始条件和边界条件的 PAFOG 在第一天(25 日)模拟的雾比较薄(图
10.3b)。比较图 10.3a 与 10.3b 发现:①两个模式产生的雾的持续时间在 26 日、27 日比较一
致,25 日 PAFOG 模拟的雾消散较早;②PAFOG 在 27 日的雾顶高度远低于 MM5 产生的雾
顶高度和观测雾顶高度;③PAFOG 没有抓住雾的爆发性增长特征。

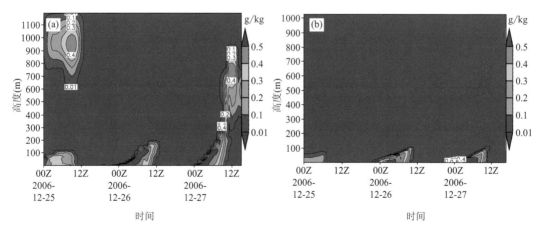

图 10.3　模式模拟南信大 2006 年 12 月 25—27 日液态水含量的时间高度剖面图

(a)MM5;(b)PAFOG

图 10.4 为模式底层(离地面约 4 m)和近地层(离地面约 2 m)观测的逐时液态水含量和能见度。由图 10.4a 可见,两个模式都较好地模拟了近地面液态水含量的变化趋势,尤其是 25—26 日,与观测之间的相关系数分别为 0.6(MM5)和 0.67(PAFOG)。在这三天中,PAFOG 与 MM5 的液态水含量变化趋势非常一致(相关系数 $R=0.88$)。27 日,两个模式得到的地面液态水含量都远高于观测值,地面观测记录显示,27 日南信大和观象台都记录有毛毛雨,有可能在毛毛雨状态下,仪器工作不正常,或者仪器不适合在降水状态工作,这也说明模式能模拟到毛毛雨这一天气现象。

由图 10.4b 可见,虽然两个模式模拟的雾不连续,但基本上再现了浓雾的主要阶段。两个模式得到的能见度变化趋势很一致(相关系数为 0.80)。

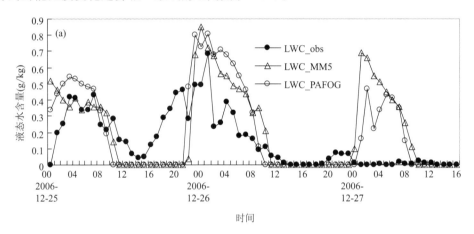

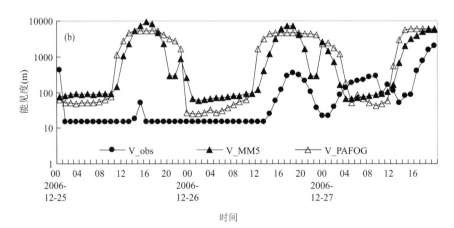

图 10.4 模式底层和近地面观测的 2006 年 12 月 25—27 日逐时液态水含量(a)和能见度(b)
(LWC 表示液态水含量,V 表示能见度,obs 表示观测,MM5 表示 MM5 模拟,
PAFOG 表示 PAFOG 模拟)

总之,从雾水含量垂直分布看,PAFOG 的结果略逊于 MM5 结果,但从近地面液态水含量和能见度等与观测的比较结果看,两个模式结果不相上下。两个模式得到的地面液态水含量变化趋势高度一致(相关系数为 0.88),说明 PAFOG 结果的好坏依赖于 MM5 提供的背景场质量。

10.3.3　2007 年 12 月 13—14 日的局地辐射雾的模拟试验

2007 年 12 月 13—14 日，南京出现一次厚度达 600 m 的强浓雾过程。浓雾持续了 14 个小时，其中能见度小于 50 m 的强浓雾维持 4 个小时。图 10.5 给出了南信大观测的这次浓雾过程的相对湿度时间高度剖面图（图中斜线区为雾区），杨军等（2010）分析认为，此次雾过程首先由地面辐射冷却形成贴地雾层，而后因低空平流冷却形成低云，后上下发展，最终导致地面雾和低云上下贯通形成深厚雾层。

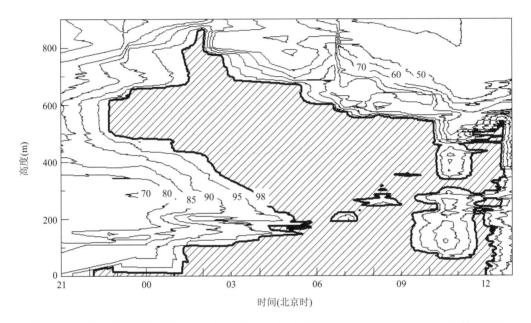

图 10.5　南信大校园探空观测 2007 年 12 月 13—14 日相对湿度时间高度剖面图（杨军等，2010）

MM5 在南京没有产生雾水含量，图 10.6 给出了 PAFOG 模拟液态水含量和相对湿度的时间高度剖面图。比较图 10.5 与 10.6，可以发现，PAFOG 基本上再现了底层辐射雾的生消过程，虽然模拟雾的消散时间比观测提前了约 3 h。从相对湿度看，PAFOG 模拟结果在 600 m 高度上确实也存在一个高湿区，可能由于一维模式的局限性，没有考虑到水汽和温度平流输送的作用，虽然有高湿区存在，还没发展到低云进而与贴地层的雾贯通。

图 10.7 给出了 PAFOG 模式底层和观测的近地层逐时液态水含量，同时给出的还有 MM5 模拟的底层相对湿度。由图可见，虽然 MM5 在南京没生成雾水，但从 14 日 00—08 时相对湿度一直维持饱和，之后才迅速下降，可见 MM5 对这个辐射雾个例也是有反应的。由于晴空条件下，辐射降温较快，PAFOG 在启动后很快就生成了雾水，并在 06 时达到峰值，而在实际观测中，虽然近地层较早（13 日 21 时左右）地出现了高湿（图 10.5，RH＞98%）和低能见度（图 10.7b，VIS＜1 km）等明显的雾天特征，但直到 05 时之后才观测到明显的液态水。考虑到我国大部分地区人为气溶胶粒子数浓度较高，尤其是硫酸盐之类吸湿性气溶胶粒子的大量存在，其吸湿增长作用使得环境空气的相对湿度不必达到 100% 能见度就能下降到 1 km 以下，也就是说，即使无液态水，能见度也可下降到 1 km 以下。如图 10.7b 中观测能见度在 13 日 22 时—14 日 05 时逐步由雾发展到浓雾，但可测量的液态水含量（0.01 g/kg）直到 06 时才

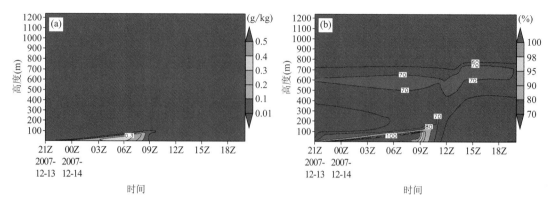

图 10.6　PAFOG 模拟的 2007 年 12 月 13 日夜—14 日液态水含量(a)和相对湿度(b)
的时间高度剖面图

出现。图 10.7 中,由于模拟液态水比观测出现得早,前期(06 时之前)模拟能见度低于观测能
见度,后期(09 时之后)模式液态水消失,能见度迅速上升到 1 km 以上,而实际能见度上升略
显缓慢。总之,从能见度的变化情况看,模拟的能见度与观测能见度的变化趋势比较一致。因
此,我们认为 PAFOG 成功地模拟了这次辐射雾个例的生消过程,如果综合使用液态水含量和
相对湿度,MM5 对这次辐射雾也有一定的模拟能力。

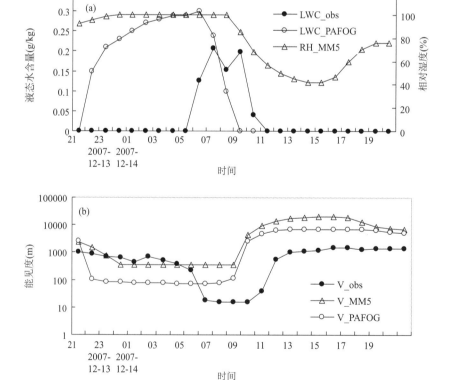

图 10.7　模式底层和近地面观测的 2007 年 12 月 13—14 日逐时液态水含量和
相对湿度(a)及能见度(b)

10.4　对我国东部地区区域雾的预报试验

10.4.1　试验时段与实况介绍

2010 年 10—11 月,我国东部地区大雾频发。考虑到内陆地区以辐射雾为主,而辐射雾的峰值时间为早晨 07 时(Shi et al.,2008b),用 08 时的地面观测资料,制作逐日 08 时地面能见度分布,并用不同符号标出观测到不同等级雾(雾、浓雾、强浓雾)的站点。借鉴周自江等(2007)定义区域雾的方法,判断每天区域雾的出现情况,见表 10.4。2010 年 10、11 月所考虑的区域内分别发生了 13 次和 16 次区域雾。由于 T213 资料的原因,10、11 月的有效模拟天数分别为 23、24 d。

10.4.2　基于 MM5 的诊断结果与实况比较

表 10.4 给出了 MM5 对逐日区域雾 36 h 预报效果的统计结果。总的来看,只要当天有区域雾出现,MM5 都能预报到,根据观测与预报的吻合程度可分为以下 3 种情况:①预报与观测的雾区空间分布形势大体一致,仅存在细节上的差异,如图 10.8;②预报与观测的雾区部分重合,且预报雾区远大于观测雾区,比较多见($F_{BI}>1$),这也是当前所有中尺度模式进行低云或雾预报时存在的共同问题(Zhou et al.,2011),如图 10.9;③预报与观测的雾区差异较大,如图 10.10,比较少见。其中,图 10.8—10.10 中用不同符号给出了观测能见度的范围和满足 MM5 诊断条件的个数,由此可以判断雾发生的可能性大小,即满足条件越多,雾发生的可能性越大。

表 10.4　2010 年 10—11 月东部地区区域雾的出现情况及模式预报情况

预报效果	MM5		PAFOG	
	10 月	11 月	10 月	11 月
准确预报有	12 d	13 d	12 d	13 d
准确预报无	8 d	7 d	无	2 d
空报	4 d	4 d	11 d	9 d
观测到但未计算	1 d	3 d	1 d	3 d
未观测且未计算	6 d	3 d	7 d	3 d

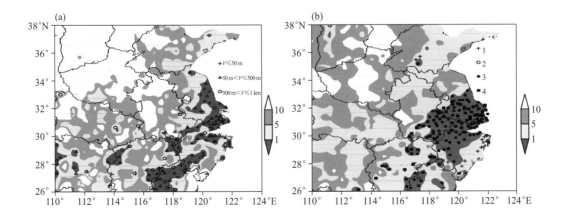

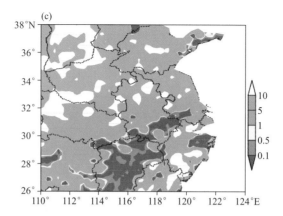

图 10.8　2010 年 11 月 7 日 08 时观测和预报的能见度与雾区分布((a)中符号＋、△、○表示观测能见度的范围,(b)中用不同符号表示满足诊断条件的个数,填色表示能见度,单位:km)

(a)观测;(b)MM5;(c)PAFOG

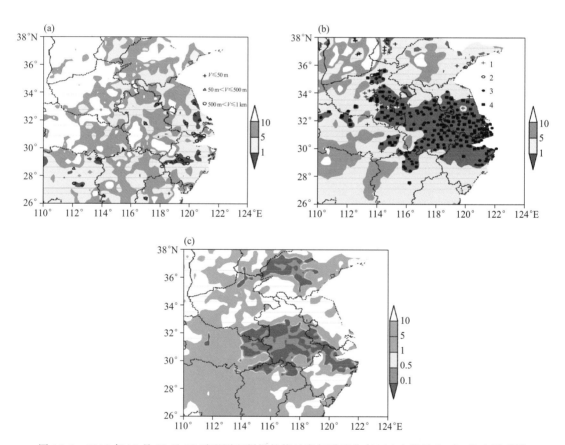

图 10.9　2010 年 11 月 29 日 08 时观测和预报的能见度与雾区分布((a)中符号＋、△、○表示观测能见度的范围;(b)中用不同符号表示满足诊断条件的个数,填色表示能见度,单位:km)

(a)观测;(b)MM5;(c)PAFOG

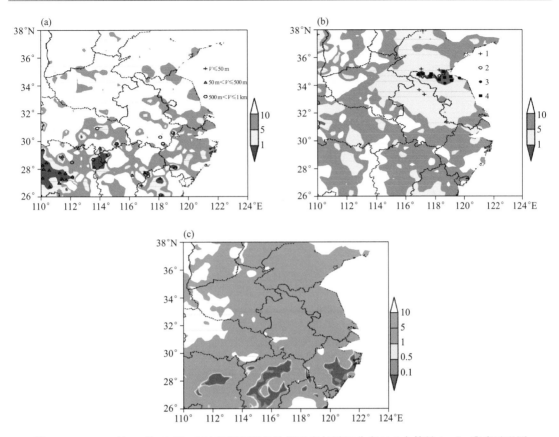

图 10.10　2010 年 11 月 12 日 08 时观测和预报的能见度与雾区分布((a)中符号＋、△、○表示观测
能见度的范围,(b)中用不同符号表示满足诊断条件的个数,填色表示能见度,单位:km)
(a)观测;(b)MM5;(c)PAFOG

　　MM5 模式诊断结果的综合效果评估见表 10.5。从 H_R、M_R、T_S、E_{TS} 的值可以看出,安徽省的预报效果比整个东部地区好,这可能与诊断条件的选取主要依据内陆城市合肥、南京的资料有关;从 F_{AR} 和 C_{RR} 看,两个区域变化不大。总的来说 T_S 和 E_{TS} 值比较低,低于目前 MM5 对 24 h 暴雨预报的评分效果(周昆等,2010),命中率(H_R)与 Zhou 和 Du(2010)用多要素方法得到的值相当。从逐日统计的结果可以看出,T_S/E_{TS} 在东部区域最大值为 0.263/0.243,在安徽境内最大值为 0.244/0.223;大部分 T_S 值在 0.05 到 0.1 之间。H_R 的范围在 0.03 到 0.74 之间,大部分 H_R 值在 0.2 以上。

表 10.5　MM5 和 PAFOG 预报效果评分

统计参数	综合			
	MM5		PAFOG	
	东部地区	安徽	东部地区	安徽
H_R	0.296	0.378	0.387	0.517
F_{AR}	0.909	0.889	0.959	0.944
C_{RR}	0.963	0.948	0.892	0.849
M_R	0.704	0.622	0.613	0.483

续表

统计参数	综合			
	MM5		PAFOG	
	东部地区	安徽	东部地区	安徽
F_{BI}	3.263	3.406	9.461	9.23
T_S	0.075	0.094	0.038	0.053
E_{TS}	0.065	0.081	0.028	0.038

10.4.3　PAFOG 预报结果与实况比较

从表 10.4、10.5 看出,PAFOG 倾向于高估雾的发生概率,研究区域内几乎每天都有雾区出现,但这些雾区的范围和出现地理位置不同。预报雾区与观测雾区的匹配效果也有大体一致、部分重合和基本不重合三种情况(图 10.8—10.10)。

PAFOG 预报结果 T_S/E_{TS} 值低于 MM5 诊断结果(表 10.5),主要是由于空报率(F_{AR})更高。安徽与东部地区相比,效果明显改善,如 $T_S/E_{TS}/H_R$ 值明显提高,这可能与 PAFOG 没有考虑平流输送的作用有关,东部地区包含很多沿海地区,而沿海地区的雾很多为与输送有关的平流雾。从逐日统计的结果看,T_S/E_{TS} 在东部区域最大值为 0.135/0.117,在安徽境内最大值为 0.239/0.187,大部分 T_S 值为 0.02~0.1,E_{TS} 低于 T_S。H_R 的范围为 0.1~0.79,大部分 H_R 值在 0.3 以上。

10.4.4　两个模式预报效果的比较

总的来说,PAFOG 的命中率(H_R)显著超过 MM5,但空报率(F_{AR})也明显偏高。因此,根据 T_S/E_{TS} 值比较两个模式对东部地区和安徽 2010 年 10—11 月雾的预报效果,见表 10.6。东部地区,MM5 优于 PAFOG 的天数是 PAFOG 优于 MM5 的天数的两倍,显然,MM5 的诊断效果优于 PAFOG 的定量预报效果。但从内陆省份安徽的情况看,PAFOG 优于 MM5 的天数略多。可见,PAFOG 对内陆地区的辐射雾预报效果优于 MM5。这与已有个例研究的结论一致,即 MM5 对平流辐射雾的模拟效果优于辐射雾,PAFOG 对辐射雾的模拟效果优于平流辐射雾(Shi et al.,2012)。这也可能与所用 MM5 方案本身的基本场在这些地区有偏差(Bias)有关。

表 10.6　MM5 和 PAFOG 逐日预报效果对比

月份	月份总天数(d)	东部地区		安徽	
		PAFOG 优于 MM5 的天数(d)	MM5 优于 PAFOG 的天数(d)	PAFOG 优于 MM5 的天数(d)	MM5 优于 PAFOG 的天数(d)
10	23	3	5	6	4
11	24	4	9	6	6
合计	47	7	14	12	10

图 10.8—10.10 给出了 MM5 预报雾区与观测雾区分布配置的三种情况,同时也给出了同一时间 PAFOG 预报的雾区和能见度分布。2010 年 11 月 7 日是 MM5 预报与观测雾区吻

合比较好的一种情况(图 10.8),MM5 较好地预报出从江苏、皖南、浙江到福建的大片雾区,但漏掉了湖南的小片雾区。同一天 PAFOG 也预报了大片雾区,但位置略有偏差,南部以福建为主的雾区挪到了江西,漏报了江苏东南部的大片雾区,但 PAFOG 预报到湖南的小片雾区,这一天 MM5 的 H_R、T_S、E_{TS} 分别为 0.519、0.263 和 0.243。另外,需要指出的是,PAFOG 还在山东半岛产生了浓雾区,这种情况较普遍,如图 10.9 所示。逐日比较 08 时的观测和 PAFOG 预报雾区分布,可以发现 PAFOG 容易在山东半岛、江苏沿海出现空报。

　　2010 年 11 月 29 日,浙江中部、江苏东南观测到小片雾区。两个模式都预报出大片雾区(图 10.9),MM5 预报的雾区覆盖了观测雾区,远远大于观测雾区,这一天 MM5 的 H_R、T_S、E_{TS} 分别为 0.591、0.032、0.026。当日,PAFOG 虽然也产生了大片雾区,但与观测雾区重合的部分较少。对应的 H_R、T_S、E_{TS} 分别为 0.364、0.019、0.013,属于 PAFOG 预报效果较差的个例。

　　2010 年 11 月 12 日,湖南观测到大片雾区,但 MM5 只在江苏北部产生小片雾区(图 10.10)。这一天 MM5 的 H_R、T_S、E_{TS} 都为 0,像这样观测和预报相差较远的仅此一例。当日 PAFOG 的效果比 MM5 好,观测和预报有部分重合,且对应的 H_R、T_S、E_{TS} 分别为 0.25、0.042、0.032。

10.5　存在问题及原因分析

　　两个月的试验结果表明,无论是基于 MM5 结果的多要素诊断方法,还是 PAFOG 的定量预报方法,对区域雾都有一定的预报能力,但二者均存在一些类似的不足,即预报雾区与观测雾区不一致,空报率、漏报率均较高,导致 T_S/E_{TS} 评分较低。造成预报结果和观测结果不一致的原因是多方面的。这些原因大致可分为三类:①模式方案和诊断方法的不足;②观测资料的时空分辨率过低;③评估方法的缺陷。

10.5.1　模式方案和诊断方法的不足

　　从 10.2.3 节雾的诊断判据可见,这些判据主要考虑地面气象要素,如地面风速、相对湿度、液态水含量以及由液态水含量或相对湿度计算得到的能见度。然而,由于中尺度模式采用简化的微物理过程,难以描述复杂的雾物理过程,其底层云水含量并不可信(Gultepe et al.,2006;Gultepe and Milbrandt,2007b)。由于下垫面的复杂性,一般的中尺度模式都很难精确描述近地面的气象场,尤其是风速,如 Barna 等(2000)模拟美国西部某地区臭氧输送,使用 MM5 提供气象场,受复杂地形的影响,即使使用 5 km 的水平格距也不能精确描述风场特征。这里试用的区域为我国东部地区,其中有平原、丘陵和山地,地形复杂多变。

　　李耀孙等(2012)用 MM5 对同一个地区 2006 年和 2007 年的 12 月进行逐日模拟,并用南京和安庆的高分辨率探空资料和中国气象局每 3 h 一次的地面常规观测资料对模式边界层探空和地面观测风、温、湿进行了详细的效果评估。结果发现,MM5 预报地面温度比观测偏低,相对湿度和风速偏高,平均偏差分别为 −1.45 ℃、9.62% 和 1.57 m/s。相对湿度和风速的正偏差趋势对雾的生成作用相反,如果这两种偏差出现在同一个地方,其作用可能会相互抵消,如果出现在不同的地方,就会导致预报雾区与观测雾区的不一致。另外,我们用的能见度计算公式主要是南京外场观测得到的参数,如公式(10.3)中的 N_d,虽然这些参数或公式应用在南京能得到较好的结果(Shi et al.,2012),但推广到整个东部地区,是否具有普适性仍有待探究。尤其是那些远离城市、比较干净的地区,由于空气中凝结核相对较少,如果仍使用南京资料得到的经验公式,必然会低估能见度,从而高估雾的发生率。

综上所述,要进一步完善雾的多要素诊断方案,必须提高中尺度模式对近地层气象要素的预报水平。考虑到中尺度模式本身的局限性,如果对模式结果进行分区评估,再根据评估结果分别给出风速和相对湿度的订正值,也许能提高基于多要素的诊断水平。

关于MM5为PAFOG提供的输入场也存在一些问题,总结如下:①敏感性数值试验的结果发现,云量,尤其是低云云量,是影响雾生消的关键因子,云的出现会增加地表获得向下的长波辐射通量,减少地面的长波辐射冷却。国外也有观测表明夜间云会促使雾的消散(Roach et al.,1976;Tardif et al.,2004),因此如何用中尺度模式结果准确诊断低、中、高云量,以改进一维模式输入参数的质量显得尤为重要。②比较发现,一维模式对平流辐射雾的模拟效果不及辐射雾,主要是一维模式在考虑大尺度下沉和水平输送的能力不足,因此如何提高一维模式输入场的代表性值得深入探讨。③参考国外学者的方法,改变一维模式对平流项的考虑后,部分个例效果得到改进,部分个例效果变差,因此,需要做长期的预报试验,用大范围的资料进行预报效果评估,以期得到更加可靠的结论。

10.5.2　观测资料的时空分辨率过低

对于雾这种局地性强且生命史短的天气现象来说,我们用于模式效果评估的资料,即中国气象局观测网常规观测资料,时空分辨率都显得过低。时间上,部分测站每3 h一次,部分测站每6 h一次,而已有的统计表明,很多城市雾的平均生命史为2~5 h(Shi et al.,2008b),根据研究中的统计方法(时空完全一致)就会漏掉很多雾的观测记录,势必造成空报率增加。空间上,大部分测站位于城市附近(至少是县城),水平距离一般都在几十千米以上,如安徽省的常规测站与邻近测站之间的最短距离平均为29 km(6~63 km)(Shi et al.,2008b)。受城市热岛和大气污染等因子影响,城市雾有逐渐减少的趋势,而郊区雾有逐渐增加的趋势(Shi et al.,2008b),因而有可能在城市测站观测不到雾而郊区有雾,这一点在安徽省高速公路雾气象观测站网建立之后,已得到证实。而在模式中,对城市热岛的影响考虑不多,这也是造成评估的空报率偏高的原因之一。

10.5.3　评估方法的缺陷

由于观测资料的低时空分辨率问题,造成用于评估的观测雾记录比实际雾少的现象;另外,大量观测事实都表明,辐射雾的浓度和厚度都有突变特征,即爆发性增强和迅速减弱(陆春松等,2010;李子华等,2011),由于上述所用的常规观测资料都是每3 h一次或6 h一次的整点记录,从而极有可能出现雾的生消时间相差几分钟都会使观测记录发生质的变化的现象。此外,由于不同类型雾的影响因子不同,还应对雾进行分类,分别统计不同类型雾模式的预报能力。

10.6　本章小结

本章介绍了基于多模式的区域雾预报系统,包括系统组成、诊断方法及初步应用情况,对比了两个模式对我国东部地区区域雾的预报效果,与国外同类工作做了简单比较,讨论了存在问题及可能原因。

基于 MM5 结果的雾诊断预报方法可提供雾的有无预报,由于是基于多个要素的多种诊断方法,从满足条件的多少还可以做雾的发生概率预报。PAFOG 能提供详细的能见度和液态水含量预报,也就是说,不仅可以预报雾的有无,还可以预报雾的强度,也可以发展基于中尺度模式和一维雾模式的概率预报,如滕华超等(2014)(WRF＋PAFOG)。另外,根据 Shi 等(2012)的结果,PAFOG 对辐射雾个例中雾的消散时间的预报优于 MM5,MM5 对大范围的平流辐射雾的预报效果优于 PAFOG,因此,两个模式的结合可以互相弥补不足,分别适用于不同的需求。如有些服务对象对能见度的要求比较严格(如航空、高速公路),一旦出现低能见度就有可能出现较大的人员伤亡或财产损失,这种情况需要比较精确的能见度预报,选用 PAFOG 比较合适;有些服务对象对能见度的要求不高,如对普通民众,只要知道是否有雾发生,能否参加某项活动(如晨练),低能见度对造成人员伤亡和财产损失影响不大时,选用 MM5 比较合适。

从初步应用情况看,两种方法对东部地区区域雾都有一定的预报能力。从两个月雾的有无的总体评估结果看,两个模式都是内陆省份安徽(以辐射雾为主)明显优于整个东部地区(沿海地区海雾较多),比较而言,PAFOG 有着更高的命中率和空报率,导致 T_S/E_{TS} 评分比 MM5 的诊断结果低;从雾的有无预报的逐日统计结果看,在大的范围,基于 MM5 的诊断结果明显优于 PAFOG,但对内陆省份安徽,PAFOG 略优于 MM5。

大多数时候预报雾区与观测雾区不一致,这是当前中尺度气象模式预报雾的一个普遍问题,因此,如何避免这个问题也将是今后工作的重点努力方向。PAFOG 空报较多,这是 PAFOG 的重要不足,将来要通过进一步熟悉模式深入研究其内在原因。此外,本章介绍的工作旨在探索中尺度气象模式和一维雾模式在雾预报方面的异同及其耦合应用的方法,目前 MM5 已被 WRF 取代,基于 WRF 和 PAFOG(或其他一维雾模式)的工作已不鲜见,可见中尺度气象模式与一维雾模式相结合的方法仍是雾的研究与预报的发展方向。

第11章　沙尘天气的数值预报

沙尘是一种季节性的天气现象,东亚是一个沙尘多发地区,通常影响我国的沙尘暴主要有三个主要来源地,即新疆塔克拉玛干沙漠、内蒙古浑善达克沙漠和黄土高原。强烈的沙尘暴可以卷起细小干燥的土壤颗粒,随盛行风向东输送,进而影响我国中东部地区,对区域大气环境和气候产生重要影响,因而准确预报沙尘暴的发生、传输和影响具有重要意义。本章重点介绍WRF-Chem、CUACE-Dust、RegCCMS三个数值模式及其在沙尘天气个例模拟和数值预报中的应用。

11.1　沙尘天气和沙尘气溶胶

沙尘气溶胶多发于春季,一般经过冬半年长时间的干燥和冻结,到春季地表土质变得疏松,在表面没有植被保护的情况下,大风天气出现很容易将表面的沙尘吹到空中,形成沙尘天气。沙尘气溶胶,又称为矿物气溶胶,是对流层气溶胶的主要构成成分,占对流层气溶胶总量的1/2(Andreae et al.,1986)。1991—2010年全球年平均沙尘气溶胶排放总量为1522 Mt,全球沙尘气溶胶排放源主要集中在北非、阿拉伯半岛、中亚、东亚、澳大利亚及北美沙漠地区(刘冲等,2015)。源区大部分集中分布在赤道两侧(25°S—25°N)副热带低纬度地区,我国西北地区属于中亚沙尘暴区的一部分,是东亚沙尘气溶胶的主要源区,也是世界上唯一在中纬度(35°—45°N)地区发生沙尘暴频率较高的区域(张凯和高会旺,2003)。我国的西部、北部的戈壁、沙漠、沙地、荒漠化土地及农牧交错带的沙尘是全球大气气溶胶的重要组分,中国每年排放的沙尘量大约为8×10^8 Tg,约占全球沙尘总量的一半(Xuan et al.,2000)。我国西北地区对沙尘源区以及下游的韩国、日本甚至北太平洋和北美洲西海岸的影响也是不容忽视的。Huang等(2013)通过WRF-Chem模拟指出,沙尘气溶胶在东亚地区2.5 km以下通过传输影响下游城市的空气质量。

沙尘气溶胶不仅受到春季特殊天气的影响,还与下垫面的性质密切相关。地表土壤的风蚀起沙过程是运动的空气流与地面粒子在界面上相互作用的一种动力过程,是一个由许多因素控制的复杂物理过程。对于风蚀起沙的诸多影响因子,国内外已经有很多研究。Woodruff和Siddoway(1965)把地表土壤的风蚀起沙量用土壤侵蚀度、地表粗糙度、气候因子、盛行风方向和植被覆盖五个因子表示,建立了半经验性的土壤风蚀方程;Gillette和Passi(1988)认为地表的沙尘排放量是风速和地表状况(包括土壤、水分和地表植被等)的函数;Shao和Leslie(1997)把所有的影响因素概括地分为天气和气候条件(主要是大风和少量的降水)、土壤状态(包括土壤的矿物成分、粒子尺度分布特征、土壤硬度和土壤水分等)、地表粗糙元素(非侵蚀性土壤集合、植被覆盖度)以及土壤利用四个方面,土壤的风蚀率随植被覆盖率的减少而增加。贺大良等(1990)利用室内风沙环境风洞对影响土壤风蚀起沙的风况(含沙量和风速大小)、土壤表面的覆盖状况(植被等)、地表物质组成和人为因素(开垦和放牧)等影响因子进行了初步的模拟试验。已有的许多风蚀起沙模型表明,地面风蚀起沙量的多少在计算中主要受摩擦速度 u^*(或者风速 u)和地表风蚀起沙的临界摩擦速度 u_t^*(或者临界风速 u_t)所影响,上述诸多因素正是通过摩擦速度 u^*(或者风速 u)和地表风蚀起沙的临界摩擦速度 u_t^*(或者临界风速 u_t)进而影响地面起沙量,其中临界摩擦速度 u_t^* 主要受大风和地表粗糙等的影响,摩擦速度 u^* 主要受粒子尺度、土壤水分、植被覆盖以及土壤硬度等的影响。

影响沙尘天气模拟和预测的关键问题是起沙量和输送的确定。20 世纪 70 年代,Gillette (1978)通过野外精确的定量化观测来建立风蚀起沙量与其影响因子之间的关系,其后有很多科学家对沙尘气溶胶的排放过程建立数值模型,如 Shao 等(1996,2007)、Tegen 和 Fung (1994)、Marticorena 和 Bergametti(1995)、Alfaro 和 Gomes(2001)、Wang 等(2000)。沙尘排放和输送研究可以追溯到 20 世纪 80 年代(Westphal et al. ,1988;Tegen and Fung,1995;Tegen et al. ,1996)。Gillette 和 Hanson(1989)将大气数据与风的地表数据相结合进行侵蚀评估,以研究沙尘的空间和时间变化。Marticorena 和 Bergametti(1995)、Shao 等(1996)和 Marticorena 等(1997)、Shao 和 Leslie(1997)对沙尘跃移和沙尘排放给出了相关风蚀方案。近年来,许多数值模型被广泛应用于研究沙尘气溶胶的物理机制和长距离运输。Lu 和 Shao (2001)开发并实现了完全集成的风侵蚀模型和沙尘预测系统,Song(2004)进行了 2002 年春季中国沙尘模拟与预测的数值研究,Gong 和 Zhang(2008)搭建了综合沙尘暴预报系统 CUACE-Dust。

11.2　沙尘预报模型

WRF-Chem、CUACE-Dust、RegCCMS 三个数值模式可以用于沙尘天气的模拟和预测研究。

11.2.1　WRF-Chem

11.2.1.1　Chin 方案

在 WRF-Chem 模式中,采用了 Chin 和 Shaw 两种沙尘排放方案进行模拟。Chin 等 (2002)则采用了新的全球臭氧化学气溶胶辐射与传输(GOCART)模型识别沙尘来源。GOCART 方案中大气中沙尘粒子的半径范围为 $0.1 \sim 50~\mu m$,半径小于 $0.1~\mu m$ 的粒子由于黏性力不能在大气中传输,当半径大于 $6~\mu m$ 时,由于重力的作用,粒子在大气中的寿命很短(小于数小时)。定义半径在 $1 \sim 25~\mu m$ 之间的为淤泥,小于 $1~\mu m$ 为黏土。黏土和淤泥的密度分别为 2.5 和 $2.65~kg/m^3$。

利用 Gillette 和 Passi(1988)提出的经验公式来计算起沙过程,需要地表风速以及可以起沙的临界风速,在公式中粒径谱段在 p 段的粒子起沙量表示为:

$$F_p = \begin{cases} CSs_p u_{10~m}^2 (u_{10~m} - u_t) & (u_{10~m} > u_t) \\ 0 & (其他) \end{cases} \tag{11.1}$$

式中,C 为常数,等于 $1(\mu g \cdot s^2)/m^5$,$u_{10~m}$ 为 10 m 高度处的风速,u_t 为临界风速,s_p 为每个谱段的百分比。S 是源函数,代表可以风蚀的冲积层的部分:

$$S = \left(\frac{z_{\max} - z_i}{z_{\max} - z_i}\right)^5 \tag{11.2}$$

对于不同的土壤类型,黏土和淤泥的粒径是不同的。根据 Tegen 和 Fung(1994)的观测,黏土占总排放淤泥的 1/10,对谱段 0.1~1 μm,假设 s_p 为 0.1,对于 1~1.8 μm、1.8~3 μm、3~6 μm 这三个谱段,s_p 都为 1/3。

影响临界风速 u_t 的主要因子是粒子间的内聚力,这是由粒子的大小以及土壤湿度决定的(Pye,1989)。Belly(1962)提出了计算临界风速的方案,同时考虑了粒子大小以及土壤水分含量,采用表面湿度决定临界风速:

$$u_t = \begin{cases} A\sqrt{\dfrac{\rho_p - \rho_a}{\rho_a} g \Phi_p (1.2 + 0.2 \lg w)} & (w < 0.5) \\ \infty & (其他) \end{cases} \tag{11.3}$$

式中,$A = 6.5$ 无量纲参数,w 为表面湿度(0.001~1),Φ_p 是粒子的直径,g 为重力加速度,ρ_p 和 ρ_a 分别为粒子和空气的密度。在干燥地区 w 的典型值为 0.001~0.1,但是在降水后会大于 0.5。

11.2.1.2　Shaw 方案

Shaw(2008)使用了沙尘区域大气模型(DREAM),包括了沙尘排放模块和土地覆盖数据集来描述沙尘粒子如何释放,可设置多个粒径档。

Shaw 方案认为可以风蚀的土壤主要由以下几个因素控制:①土壤类型;②植被覆盖类型;③土壤水分含量;④表面空气湍流。可以作为沙尘源区的一般为干旱或者半干旱地区,一个格点中沙漠表面所占的部分可以表示成:

$$a = \frac{沙尘网格点数}{总的植被网格点数} \tag{11.4}$$

在每一种土壤类型中黏土、细淤泥、粗淤泥以及沙所占的比例用 β 表示,γ 表示各种土质中可以起沙的部分,如表 11.1 和表 11.2 所示。

表 11.1　根据植被分布建立沙漠代码

序号	植被类型	M
1	沙漠,主要为裸露的石头,黏土以及沙	1
2	沙地,沙漠,以及可以部分吹起的沙丘	1
3	半沙漠/沙漠　矮树　稀草地	0.5
4	寒冷地区灌木　半沙漠/草原	0.5
5	其他	0

表 11.2　土壤类型与其质地对应关系以及黏土/沙地/淤泥的贡献比例

序号	ZOBLER 质地分类	土壤类型	β_{kl}			
			黏土	细淤泥	粗淤泥	沙
1	粗模态	壤质沙地	0.12	0.08	0.08	0.8
2	中等的	粉砂黏壤土	0.34	0.56	0.56	0.1
3	细模态	黏土	0.45	0.3	0.3	0.25

序号	ZOBLER 质地分类	土壤类型	β_{kl}			
			黏土	细淤泥	粗淤泥	沙
4	粗模态-中等模态	砂质壤土	0.12	0.18	0.18	0.7
5	粗模态-细模态	砂土	0.4	0.1	0.1	0.5
6	中等模态-细模态	黏壤土	0.34	0.36	0.36	0.3
7	粗模态-中等模态-细模态	砂质黏壤土	0.22	0.18	0.18	0.6

进入大气的沙尘总量与粒子的半径有很大关系,在模式中,经常选取 4 个模态($k=4$),分别为沙漠土壤的沙质黏土、细淤泥、粗淤泥以及沙。这几种类型对应的半径(R_k)、密度(ρ_k)以及总质量中可以起尘的部分(γ_k),见表 11.3。

表 11.3　不同土壤特质对应的半径(R_k)、密度(ρ_k)以及起尘部分(γ_k)

k	类型	典型粒子半径 $R_k(\mu m)$	粒子密度 $\rho_k(\mathrm{g/cm^3})$	γ_k
1	沙质黏土	0.73	2.5	0.08
2	细淤泥	6.1	2.65	1
3	粗淤泥	18	2.65	1
4	沙	38	2.65	0.12

Gillette 和 Passi(1988)认为起沙通量与摩擦速度之间存在一个四次方的关系:

$$F_S = \mathrm{const} \times u_*^4 \left(1 - \frac{u_{*t}}{u_*}\right) \quad (u_* \geqslant u_{*t}) \tag{11.5}$$

式中,u_* 为摩擦速度,u_{*t} 为临界摩擦速度。

沙尘的起尘因子为:

$$\delta_k = \alpha \gamma_k \beta_k \tag{11.6}$$

式中,k 为粒径分类,土壤特质的影响包括在 β。

有效地表垂直通量可表示为:

$$F_{Sk}^{EFF} = \delta_k F_S \tag{11.7}$$

Nickling 和 Gillies(1989)将地表浓度表示成:

$$C_{Sk} = \mathrm{const} \times \frac{F_{Sk}^{EFF}}{\kappa u_*} \tag{11.8}$$

这个表达式是建立在中性或稳定的大气中,结合式(11.6)—(11.8),地面浓度可以计算成:

$$C_{Sk} = c_1 \delta_k u_*^3 \left[1 - \frac{u_{*tk}}{u_*}\right] \quad (u_* \geqslant u_{*tk}) \tag{11.9}$$

式中,c_1 为无量纲经验参数,$c_1 = 2.4 \times 10^{-4} \ \mathrm{kg/(m^5 \cdot s^2)}$,由之前的模型实验获取。

临界摩擦速度是计算沙尘起沙通量的一个关键参数,主要由土壤湿度和粒子的粒径决定。土壤的水分会增大临界摩擦速度,根据 Fécan 等(1999)的研究,土壤中最大含水量与土壤中黏土的比例有关,计算公式如下:

$$w' = 0.0014(黏土比例)^2 + 0.17(黏土比例) \tag{11.10}$$

土壤特质与 w' 的关系如表 11.4,Fécan 等(1999)定义的临界摩擦速度为:

$$u_{*tk} = U_{*tk} \qquad\qquad (w > w'(\text{干土壤}))$$

$$u_{*tk} = U_{*tk}\sqrt{1 + 1.21(w - w')^{0.68}} \quad (w \leqslant w'(\text{湿土壤}))$$

(11.11)

表 11.4　不同土壤对应的临界土壤水含量

序号	土壤类型	$w'(\%)$
1	壤质沙地	2.5
2	粉砂黏壤土	6.8
3	黏土	11.5
4	砂质壤土	2.5
5	砂土	10
6	黏壤土	6.8
7	砂质黏壤土	3.5

11.2.2　CUACE-Dust

　　CUACE 是中国气象科学研究院为空气质量模拟与预报所开发出来的一个模式系统,含有 4 个功能模块,分别处理气溶胶、气相化学、排放源以及资料同化方面的问题,该系统的接口设计使其可以与任何一个气象模式或气候模式结合在一起使用。CUACE-Dust 则是 CUACE 在沙尘气溶胶预报方面的一个应用,它将一个多粒径、多组分的气溶胶模式和一个三维资料同化系统等两个业务天气预报模式融为一体。CUACE-Dust 作为一个综合的沙尘暴预报系统,同时使用观测数据同化系统,资料来自中国气象局地面沙尘监测的数据网络和中国地球静止卫星 FY-2C 检测的沙尘信号。中国气象局利用 GRAPES 模式和 CUACE-Dust 模式为亚洲地区提供一日 2 次 24 h,48 h 以及 72 h 的沙尘暴预报,该系统包含了气溶胶的源、输送、干湿沉降、云中和云下清除等详细过程,并显式地计算了气溶胶和云的相互作用,气溶胶的质量平衡方程为:

$$\frac{\partial x_{ip}}{\partial t} = \frac{\partial x_{ip}}{\partial t}\bigg|_{\text{TRANSPORT}} + \frac{\partial x_{ip}}{\partial t}\bigg|_{\text{SOURCES}} + \frac{\partial x_{ip}}{\partial t}\bigg|_{\text{CLEAR}\cdots\text{AIR}} + \frac{\partial x_{ip}}{\partial t}\bigg|_{\text{DRY}} +$$

$$\frac{\partial x_{ip}}{\partial t}\bigg|_{\text{INCLOUD}} + \frac{\partial x_{ip}}{\partial t}\bigg|_{\text{BELOW}\cdots\text{CLOUD}}$$

(11.12)

方程右边第一项为气溶胶的输送项,包括平流输送、次网格的湍流扩散和对流过程,该项的计算在本系统的动力框架中完成。第二项表示气溶胶的源项,一方面包括自然源和人为因素的源排放过程,同时也考虑了气溶胶的二次形成过程。第三项为清洁大气过程,包括核化、凝结、聚合等过程。第四项为干沉降过程,包括气体和气溶胶粒子的干沉降。第五项为云内清除过程,主要包括云滴活化、气溶胶、云和雨滴粒子之间的相互作用以及云化学过程。最后一项为云下清除过程,指的是云层以下到地面之间的降水清除。在沙尘气溶胶的预报系统中,被激活的主要气溶胶过程有:沙尘起沙(源)、输送、凝结、聚合、干沉降和云下清除六个部分。根据中国沙漠土壤粒径分布的观测结果,将模式中沙尘气溶胶粒子分为 12档,粒子直径分别为 0.01～0.02、0.02～0.04、0.04～0.08、0.08～0.16、0.16～0.32、0.32～0.64、0.64～1.28、1.28～2.56、2.56～5.12、5.12～10.24、10.24～20.48 和

20.48~40.96 μm。该模型还与美国 NCAR 的中尺度模式 MM5 耦合,成功地模拟了东北亚地区的沙尘暴过程。

王宏等(2009b)基于中国气象局数值预报基地研发的新一代全球/区域同化、预报系统(GRAPES)的中尺度预报模式(GRAPES_meso)和中国气象科学研究院大气成分中心开发的大气化学模块(CUACE-Dust),建立了中国沙尘天气预报系统(GRAPES-CUACE-Dust)。该系统引入了中国地区最新的土地沙漠化资料、中国沙尘气溶胶的光学特性资料、逐日变化的土壤湿度和雪盖资料。模式质量守恒性能良好。批量实时预报结果与地面天气观测和臭氧分光计反演的气溶胶指数(TOMS AI)的对比表明,模式能够比较准确地预报中国以及东亚地区沙尘天气发生、发展、输送以及消亡过程,能够对起沙量、干湿沉降量、沙尘浓度以及沙尘光学厚度等一系列要素进行实时定量预报。以 2006 年 4 月 7 次主要沙尘天气为例,分析了起沙和干湿沉降以及沙尘大气载荷的时空分布等特征。结果表明,2006 年 4 月东亚地区沙漠向大气中注入沙尘总量约为 2.25 亿 t,沙尘排放以三大源区为主:中国北部内蒙古和中蒙边界附近沙漠为东亚沙尘最重要的排放源,沙尘排放量为 1.53 亿 t,占排放总量的 68%。塔克拉玛干沙漠沙尘排放量位居第二,将近 4000 万 t,占沙尘排放总量的 17%。浑善达克沙地排放量约为1500 万 t,占排放总量的 7%。其他地区的沙漠、沙地以及废弃的耕地等的沙尘排放量之和占沙尘排放总量的 8%。2006 年 4 月东亚地区沙尘沉降总量为 1.36 亿 t。沙尘沉降的区域分布表明,三大沙漠源区同时也是沙尘的主要沉降区,三大源区的沉降量共 1.35 亿 t,大约占沉降总量的 78%;其次是源区下游的中国大陆地区,沙尘沉降量为沉降总量的 16%,大约 200 多万 t。

11.2.3　RegCCMS

RegCCMS 是南京大学开发的区域气候和化学模拟系统,主要用于不同类型气溶胶的气候效应研究。该系统包括区域气候模式和对流层大气化学模式两个部分,其中区域气候模式输出的气象要素场提供给大气化学模式,影响大气化学模式中的排放、输送、沉降、转化等复杂的大气物理和化学过程,最终影响到模式中各物种浓度输出,大气化学模式则可以输出 SO_2、NO_x、$PM_{2.5}$、PM_{10}、O_3、硫酸盐(SO_4^{2-})、硝酸盐(NO_3^-)、铵盐(NH_4^+)、黑碳(BC)、有机碳(OC)、海盐、沙尘等大气污染物浓度、雨水中 SO_4^{2-}、NO_3^-、NH_4^+ 等离子浓度和硫氮沉降量,由大气化学模式输出的各气溶胶浓度再次反馈到区域气候模式中影响其辐射过程,最终改变区域气候模式中要素场的分布(王体健等,2004,2010;李树等,2010;Zhuang et al.,2013;Xie,2017)。沈凡卉等(2011)利用 RegCCMS 研究了沙尘气溶胶的时空分布及其对东亚地区气候的影响。RegCCMS 的总体框架见图 11.1。

在 RegCCMS 中应用的是 Marticorena 和 Bergametti(1995)的沙尘方案,该方案包含粗、细和爱根核三种粒径大小。根据 Alfaro 和 Gomes(2001)、Marticorena 和 Bergametti(1995)的研究,沙尘排放的计算是基于土壤聚合的跳跃以及沙子爆炸过程。沙尘气溶胶分为三个模态,其土壤聚合的直径满足正态分布 $n(D_p)$。核心的计算步骤主要为:土壤在格点中的聚合粒径,临界摩擦速度的计算,计算水平爆炸土壤的聚合质量通量,最终计算垂直输送的沙尘粒子的质量通量。根据 Marticorena 和 Bergametti(1995)、Marticorena 等(1997)的研究,摩擦速度 $u_t^*(D_p)$ 与聚合的粒径 D_p 大小有关。

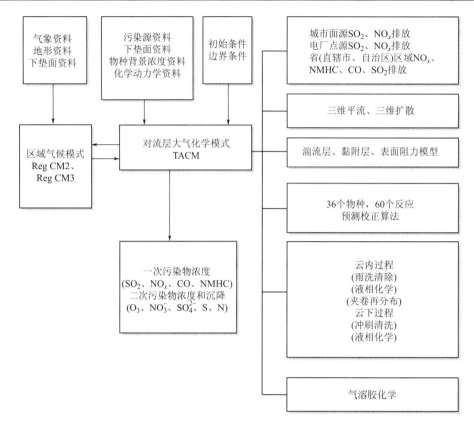

图 11.1　区域气候-化学模拟系统的框架

11.3　沙尘个例 1 分析

11.3.1　数据介绍

　　各城市空气质量指数来自国家环境保护部和各省市环保部门的网站（http://www.cnemc.cn），收集了 2010 年 3 月 17—24 日期间的 86 个站点的空气污染指数（API）数据以及 PM_{10} 地表浓度数据，以分析污染物的空间分布和沙尘气溶胶的远程输送。API 是每日描述的空气质量指数，由观测到的三种污染物浓度（SO_2、NO_2、PM_{10}）计算得出。环境空气质量标准（GB 3095—2012）有五个 API 等级分别为 <50、$50\sim100$、$100\sim200$、$200\sim300$ 和 >300，其中，API<50 和 API 在 $50\sim100$ 之间表示空气质量非常好，而 API 为 $100\sim200$、$200\sim300$ 和 API>300 表示轻微、中度以及重度污染。香河（北京）、NUIST（南京）和中国香港站的气溶胶光学厚度（AOD）数据来自 AERONET（aerosol robotic network），从 http://aeronet.gsfc.nasa.gov/new_web/data.html 下载。卫星 AOD 数据来自 MODIS 和 CALIPSO。

11.3.2　观测结果分析

　　2010 年 3 月蒙古国地区发生了一场明显的沙尘天气，造成了区域重度空气污染，主要是由于蒙古气温升高、强风和气旋发展带来的天气过程导致。自 2010 年春季以来，气温迅速上升,土壤逐渐解冻。因此,表面加热变快,导致地表大气强烈的不稳定,并且强风与冷热空气交汇。以上这些因素共同为沙尘暴的爆发提供了动力条件。此外,蒙古气旋强烈发展,位于沙尘源区附近,空气强烈向上运动促进了沙尘暴的发生(Yu et al.,2017)。

由于受到沙尘暴的影响,空气中的颗粒物浓度显著增多。2010 年 3 月 19—23 日,中国发生了严重的沙尘暴。图 11.2 显示了事件期间 86 个站点 API 的演变。3 月 18 日下午,受蒙古气旋和冷空气的影响,蒙古国西部和南部开始有扬尘。沙尘暴从 3 月 19 日开始袭击中国。3 月 20

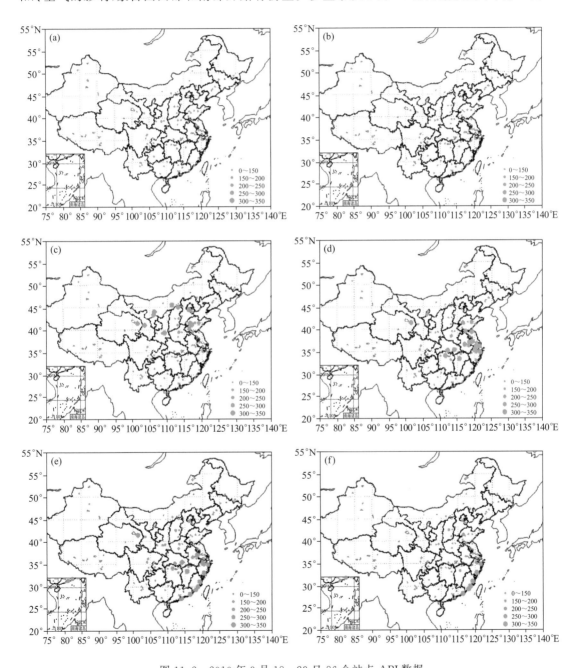

图 11.2　2010 年 3 月 18—23 日 86 个站点 API 数据

(a)2010-03-18;(b)2010-03-19;(c)2010-03-20;(d)2010-03-21;(e)2010-03-22;(f)2010-03-23

日,新疆、内蒙古、青海、甘肃、宁夏、山西、三西、河北、北京、天津、山东、河南、江苏、安徽、湖北、四川等 16 个省(直辖市)发生了沙尘事件。在许多北方城市,API 骤增到 300,部分城市超过 500。API 最大值向东南移动,表明沙尘气溶胶向东和向南移动。3 月 21 日,沙尘从源区输送至山东、江苏、浙江、上海等沿海地区。API 在华北和华东地区保持较高水平,PM_{10} 浓度最高为 500 $\mu g/m^3$。3 月 22 日和 23 日,沙尘继续向中国东南部输送,到达中国台湾地区。对浙江、福建、广东等多个省市的 API 进行了检测,其中中国香港的 API 高达 400,为历史最高值。3 月 24 日,各站 API 均下降到 200 以下。由 3 月 18—23 日 API 的空间分布可以看出,沙尘气溶胶向东南方向输送。自 2009 年以来,这一次沙尘暴事件被认为是范围最广,强度最强烈的一次。

在本次沙尘暴期间,大气中的主要污染物是可吸入颗粒物 PM_{10}。图 11.3 为中国环境监测中心 86 个监测站 PM_{10} 日平均地表浓度。结果表明,上海和南京地区地表小时 PM_{10} 浓度最大值在 500~2000 $\mu g/m^3$ 之间,分别为 944 $\mu g/m^3$ 和 1990 $\mu g/m^3$。从 21 日中午开始,中国香港 PM_{10} 小时浓度迅速增加,达到 783 $\mu g/m^3$。在中国台湾,每小时最大 PM_{10} 浓度为 1724 $\mu g/m^3$。在上海和南京,$PM_{2.5}/PM_{10}$ 质量浓度比分别为 14% 和 3%,受沙尘气溶胶影响,粗颗粒物占主导地位。

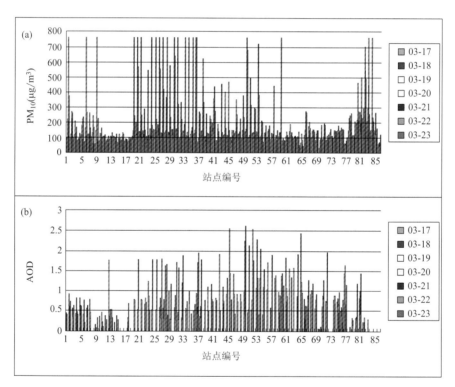

图 11.3　86 个站点 PM_{10} 日平均地表浓度(a)和 MODIS-AOD(b)(图例日期:月-日)

11.3.3　模拟结果

11.3.3.1　WRF-Chem 模拟

对于本次沙尘个例进行数值模拟,使用 WRF-Chem 模式,设置两层嵌套域。外层网格的间距为 81 km,水平网格数为 88×75,内层网格的间距为 27 km,模型层顶设定为 50 hPa,垂直共分 27 层。使用 NCEP 分辨率为 $1° \times 1°$ 的全球再分析数据作为模式初始条件和边界条件。采用 RADM2 气相化学机制，MADE/SORGAM 和 GOCART 气溶胶模块，以及 Shaw 和 Chin 两种沙尘方案。物理过程的其他选择与 Jiang 等（2008）的工作类似。利用 WRF-Chem（v3.9）模式进行为期 7 d 的沙尘天气过程模拟。图 11.4 显示了使用两种不同沙尘方案模拟的 PM_{10}

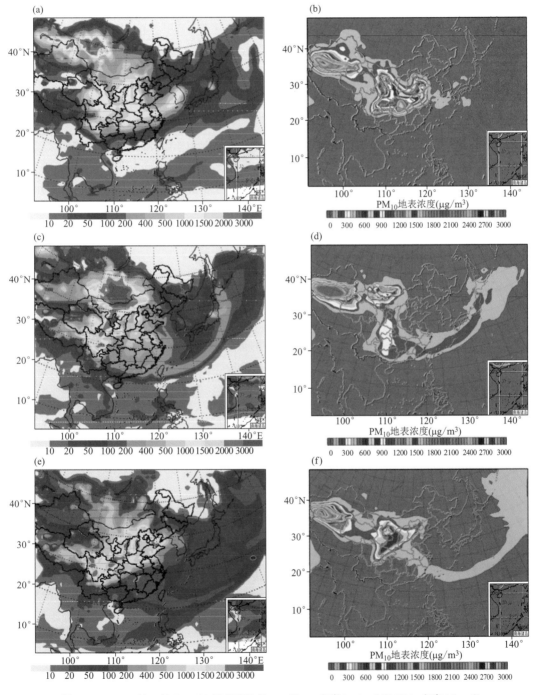

图 11.4　2010 年 3 月 20—22 日 WRF-Chem Shaw 方案（a、b、c）和 Chin 方案（d、e、f）PM_{10} 地表浓度（单位：$\mu g/m^3$）

地表浓度。可见,Shaw 和 Chin 方案都显示出类似的 PM_{10} 地表浓度和沙尘移动路径。与 Chin 方案相比,Shaw 方案模拟的沙尘气溶胶的覆盖范围更大,在蒙古国的沙尘排放量更强,沙尘气溶胶的空间分布更合理,而 Chin 等(2002)方案则在 PM_{10} 地表浓度模拟方面表现更好。

新一代天气研究、预测和化学模型 WRF-Chem(v3.9)用于模拟沙尘气溶胶的输送和沉降,对中国的沙尘暴模拟也有很好的效果。对比 Shaw(2008)和 Chin 等(2002)两种参数化方案的表现,评估了 WRF-Chem 中的沙尘气溶胶的模拟结果。

11.3.3.2　模拟效果验证

模拟的 86 个站点 PM_{10} 日平均地表浓度与观测结果进行对比,结果如图 11.5 所示。两种方案的 PM_{10} 浓度在一定程度上都存在高估。对于 Shaw 方案和 Chin 方案,PM_{10} 模拟值与观测值之间的相关系数分别为 0.41 和 0.56,相对误差分别为 60% 和 57%。这表明了与 Shaw 方案相比,Chin 方案看起来要合理一些。首先,风蚀方案在沙尘模拟中非常重要,它确定了向空气中排放多少沙尘气溶胶;其次,气象模拟在沙尘输送和沉降中起着至关重要的作用,它决定了沙尘的浓度和输送;第三,土地利用、土地覆盖和土壤侵蚀数据等输入参数。以上三个方面同时改进才能获得更满意的结果。

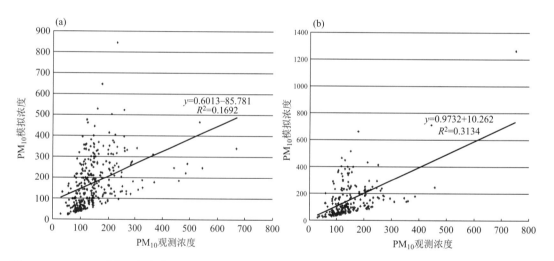

图 11.5　PM_{10} 日平均地表浓度观测与 WRF-Chem 的 Shaw 方案(a)和 Chin 方案(b)相关性(单位:$\mu g/m^3$)

11.3.3.3　WRF-Chem 与 CUACE-Dust 和 RegCCMS 的比较

图 11.6 显示了 CUACE-Dust 和 RegCCMS 模拟的 PM_{10} 地表浓度的比较,两个模式都给出类似的 PM_{10} 地表浓度。WRF-Chem、CUACE-Dust 和 RegCCMS 模式相比,三种模式都具有模拟沙尘的排放、远距离输送和沉降的能力。WRF-Chem 在沙尘源区以及下游地区,特别是新疆和蒙古国有明显的沙尘过程。这场沙尘暴主要是起源于蒙古国,但也有来自新疆的沙尘。在一般情况下,CUACE-Dust 预测 PM_{10} 浓度较高,覆盖范围较小,而 RegCCMS 模拟的 PM_{10} 浓度略微低估,但是沙尘可以传输到中国东南地区。考虑到 PM_{10} 的空间分布,总体来看 RegCCMS 比 CUACE-Dust 模拟的结果更为合理。粗略估计本次沙尘暴总沙尘排放量达到 1.2 亿 t,其中 64% 沉降下来,36% 被留在空气中。

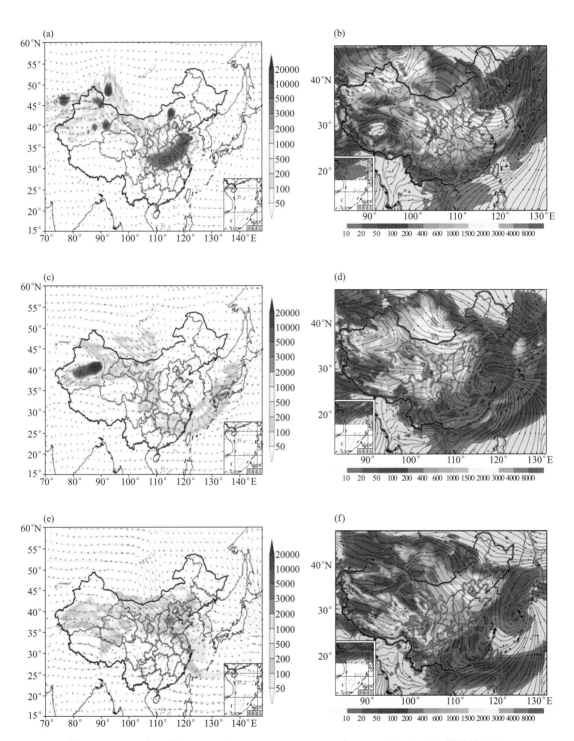

图 11.6　2010 年 3 月 20—22 日 CUACE-Dust(a,c,e)和 RegCCMS(b,d,f)模拟的 PM$_{10}$
地表浓度(单位:μg/m^3)
(a)、(b):3 月 20 日 08:00;(c)、(d):3 月 21 日 08:00;(e)、(f):3 月 22 日 08:00

11.4　沙尘个例 2 分析

11.4.1　数据介绍

收集了 2011 年 4 月 28 日—5 月 5 日期间空气污染指数（API）数据以及 PM_{10} 地表浓度数据，2011 年 4 月 28 日—5 月 5 日南京市 PM_{10}、$PM_{2.5}$、能见度逐小时观测资料来自南京大学鼓楼校区观测站点，位于 32.0556°N、118.775°E。相应时次风、温、压、湿、降水量等逐小时气象资料来自 M3552 自动气象站点，位于 32.0725°N、118.769°E。探空资料来自站号为 58238 的南京机场，早晚 08 时各一次。

11.4.2　观测结果分析

2011 年 4 月 28 日—5 月 5 日，东亚地区经历了一次大范围的沙尘天气过程。沙尘起源于东亚北部，中国西北、华北、华中、华东地区依次受到影响。利用基于 Delaunay 三角剖分的 MATLAB 4 网格数据插值法，对重点城市空气质量指数反推得到的地面日均 PM_{10} 浓度进行插值，得到中国及周边地区 PM_{10} 的浓度分布，如图 11.7 所示。结合各地气象监测、卫星 AOD 等资料可知，4 月 28 日新疆、甘肃、内蒙古西部等西北地区最先受到沙尘天气影响，最低能见度低于 1 km；4 月 29—30 日影响至内蒙古中部、陕西、山西、河北等地，多地日均 PM_{10} 浓

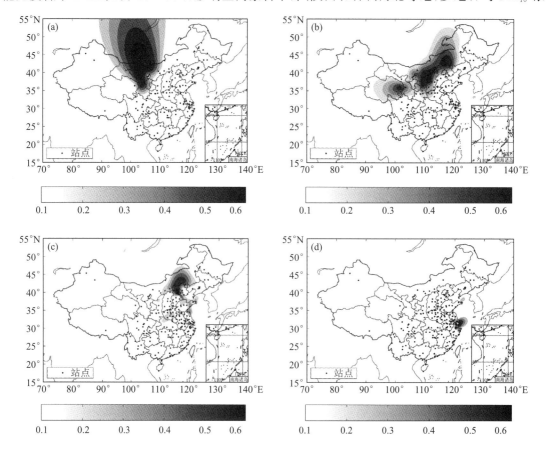

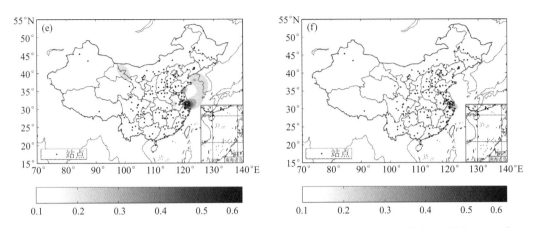

图 11.7　根据各城市空气质量指数反推和插值得到中国地面日均 PM_{10} 浓度分布图(单位:mg/m^3)
(a)4 月 28 日 12:00—4 月 29 日 12:00;(b)4 月 29 日 12:00—4 月 30 日 12:00;(c)4 月 30 日 12:00—5 月 1 日 12:00;
(d)5 月 1 日 12:00—5 月 2 日 12:00;(e)5 月 2 日 12:00—5 月 3 日 12:00;(f)5 月 3 日 12:00—5 月 4 日 12:00

度高于 0.5 mg/m^3;5 月 1 日华北部分地区 PM_{10} 日均浓度仍高于 0.5 mg/m^3,河南、山东、江苏、安徽部分城市 PM_{10} 日均浓度高于 0.25 mg/m^3;5 月 2—4 日华东地区持续污染,上海连续 2 日 PM_{10} 日均浓度高于 0.5 mg/m^3,且近海城市污染程度高于内陆城市;5 月 5 日本次过程结束(Huang et al.,2013)。

11.4.3　颗粒物浓度三维空间分布

利用 WRF-Chem 进行沙尘输送过程模拟,分析长三角地区 PM_{10} 的空间分布,如图 11.8 所示。5 月 1 日,沙尘主要由西北方向到达安徽和江苏北部地区上空,最大浓度位于离地面 0.2~1.5 km 高度处,高达 1.5 mg/m^3 以上,沙尘主体分布在 2.5 km 以下。5 月 2 日,高空颗粒物浓度减小,地面颗粒物浓度增大,浓度中心位于江苏以东海域离地 1 km 高度以下。5 月 3 日,空间整体浓度继续减小,浓度由长三角沿海城市向内陆城市递减。5 月 4 日近地面浓度进一步降低。

11.4.4　颗粒物浓度垂直剖面

模拟得到沙尘天气期间南京地区颗粒物垂直剖面,如图 11.9 所示。影响南京的沙尘主体分布在离地面垂直高度 2.5 km 范围内,最大浓度中心位于距离地面垂直高度 0.2~1.0 km 处,对边界层内空气质量影响很大。

11.4.5　气溶胶性质和成分变化特征

模拟得到的沙尘天气期间南京地区近地面气溶胶性质成分变化如图 11.10 所示。4 月 30 日晚之前,南京上空为偏南暖湿气流主导,粗海洋性气溶胶质量比较大,最高接近 300 $\mu g/kg$ 干空气。粗土源性气溶胶质量比较小,最高不到 50 $\mu g/kg$ 干空气。沙尘影响南京期间,粗土源性气溶胶质量比最高接近 300 $\mu g/kg$ 干空气,而粗海洋性气溶胶质量比基本在 100 $\mu g/kg$ 干空气以下。

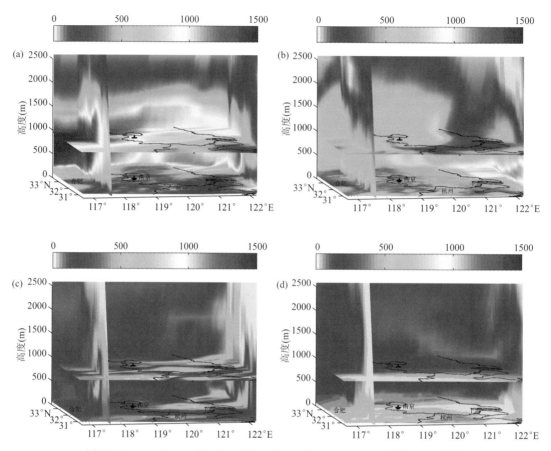

图 11.8　WRF-Chem 模拟的长三角地区 PM$_{10}$ 浓度空间分布(单位:μg/m³)

(a)5 月 1 日 08:00;(b)5 月 2 日 08:00;(c)5 月 3 日 08:00;(d)5 月 4 日 08:00

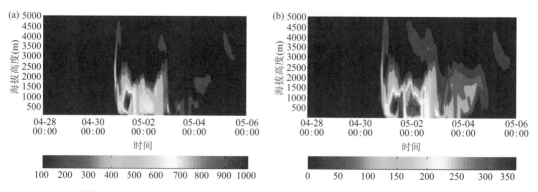

图 11.9　WRF/Chem 模拟的南京地区颗粒物浓度垂直剖面(单位:μg/m³)

(a)PM$_{10}$;(b)PM$_{2.5}$

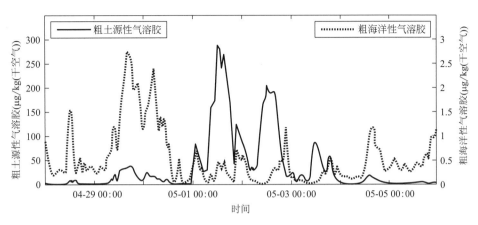

图 11.10　WRF-Chem 模拟的南京地区近地面气溶胶性质成分变化(单位：μg/kg(干空气))

11.5　本章小结

沙尘暴已成为我国春季严重空气污染事件的重要来源之一。2010 年 3 月 19 日,一场严重的沙尘暴从蒙古国开始,袭击中国北方大部分地区。两天后,沙尘蔓延到长江以南地区。3 月 21 日,中国东部的山东、江苏、浙江等地受到影响;3 月 22 日,华南地区广东、福建受到影响;之后沙尘暴引发的空气污染在沿海地区和其他地区得到缓解,直到 3 月 23 日沙尘过程结束。这次严重沙尘天气与温度升高、强风和温度有密切关系。应用 WRF-Chem 模拟此次沙尘个例,并与观测进行比较,可以看出 WRF-Chem 具有模拟强沙尘暴发生、传输和沉降的能力。比较而言,Chin 等(2002)方案模拟的 PM_{10} 地面浓度更加合理,而 Shaw(2008)方案模拟的沙尘气溶胶空间分布更为准确。研究表明,沙尘排放的估算至关重要,沙尘强度的数值模拟可导致不同的 PM_{10} 和 AOD 分布。WRF-Chem 可以比较准确地模拟此次沙尘事件,但是为了获得更真实的结果,同化不同的气溶胶数据进入模型,可以更好地改进浓度和光学参数的模拟。

2011 年的沙尘个例起源于东亚北部的沙尘传输路径长,影响范围广,对位于华东地区的南京造成了持续的污染。本次沙尘起源于东亚北部,由蒙古气旋南部冷锋引起大风天气所致,并南下传输至长三角地区。沙尘于 4 月 30 日晚开始影响南京,在整个过境过程中,细颗粒物在可吸入颗粒物中比例下降,能见度小时最低值为 3 km。受天气系统影响,沙尘来源路径有偏转。根据后向轨迹将气团分类,前期沙尘直接从西北方向到达南京,空气干燥,颗粒物浓度较大。中期沙尘从偏北方向到达南京,空气较干燥,颗粒物浓度达到最大,南京近地面站点 PM_{10} 小时浓度最大值为 0.767 mg/m³,相应时次 $PM_{2.5}$ 小时浓度为 0.222 mg/m³。后期沙尘从北方绕道江苏以东海域从偏东方向到达南京,空气湿润,颗粒物浓度略小。模拟的南京地区垂直方向最大浓度位于离地 0.2～1 km 处,沙尘期间粗土源性气溶胶质量比最高接近 300 μg/kg 干空气。

第 12 章　基于数值模式的大气污染来源解析

大气污染来源解析是指利用化学、物理学、数学等方法定性或定量识别环境受体中某个特征大气污染物的空间或行业来源贡献比例。针对大气污染的来源问题,本章发展了以数值模式为基础的解析方法,包括以 RegAEMS-CMB/PMF 为工具的颗粒物来源解析方法、以 RegAEMS-APSA 为工具的大气污染来源解析方法以及以 CAMx-PSAT/OSAT、CMAQ-ISAM 为工具的颗粒物和臭氧来源解析方法,并在区域和城市大气污染来源解析方面开展了实际应用。

12.1　大气污染来源解析的研究进展

大气污染来源解析主要的技术方法有排放源清单法、受体模型法、空气质量模型法等。排放源清单法是根据排放因子及活动水平估算大气污染物排放量,据此排放量识别对环境空气中污染物有贡献的主要排放源。受体模型法是从受体出发,根据排放源和受体污染物的化学、物理特征等信息,利用数学方法定量解析各类别污染源对大气污染物的贡献。空气质量模型法是指利用数值模式定量描述大气污染物从源排放到受体所经历的物理化学过程,定量估算不同地区和不同类别源排放对环境空气中污染物的贡献。

12.1.1　颗粒物来源解析

关于颗粒物(PM_{10}、$PM_{2.5}$)来源解析的工作开展较早,一般采用受体模型法。受体模型法是基于颗粒物采样和化学组分分析结果,结合受体模型和源谱数据,确定影响颗粒物的行业源贡献(赵斌,2007;赵斌和马建忠,2008;吴晓璐,2009;曹国良等,2011;张延君等,2015)。He 等(2001)利用北京市 1999 年 7 月—2000 年 9 月的 $PM_{2.5}$ 长期观测资料,分析了北京地区的 $PM_{2.5}$ 浓度变化以及各类化学成分的比例,并开展了来源解析。Song 等(2007)对北京 2004 年冬夏代表月份(1 月和 8 月)的 $PM_{2.5}$ 浓度和化学成分进行了观测和分析,并对其进行了源解析研究。黄辉军等(2006)研究南京市 2004—2005 年 $PM_{2.5}$ 的理化特性并利用化学质量平衡(CMB)模型进行 $PM_{2.5}$ 来源解析,发现对 $PM_{2.5}$ 贡献较大的排放源为扬尘 37.28%、煤烟尘 30.34%、硫酸盐 9.87%。Chen 等(2010)利用大气颗粒物 $PM_{2.5}$ 质量浓度以及各类元素、离子、碳质量浓度长期观测资料结合 CMB 模型对美国城市和非城市区域进行颗粒物来源解析,发现二次无机气溶胶贡献最大,可达 49%~71%。Zhang 等(2011a)研究了西安 $PM_{2.5}$ 中水溶性离子的季节变化和来源,发现离子主要存在形式是$(NH_4)_2SO_4$、NH_4HSO_4、NH_4NO_3,其浓度在冬季最高,主要原因是煤炭燃烧增加。Zhang 等(2011b)利用天津 220 气象塔的 PM_{10} 资料以及各类元素、离子、碳质量浓度资料结合化学质量平衡模型对不同高度层进行颗粒物来源解析,综合来看硫酸盐贡献最大(24.11%~30.96%),硝酸盐贡献次之(16.19%~20.95%)。

Masiol 等(2014)利用正定矩阵分解法(PMF)模型在意大利威尼斯进行了 PM$_{10}$ 的来源解析研究,识别并确定了六种来源的贡献,分别是海盐飞沫、长时间的海盐、土壤尘、燃料燃烧、汽车尾气和二次无机气溶胶,并利用风速风向和后向轨迹的聚类分析对不同天气条件下的各排放源贡献进行了研究。Wang 和 Shooter(2005)研究了 2003 年夏冬两季新西兰奥克兰地区的粗颗粒物(PM$_{2.5\sim10}$)和细颗粒物(PM$_{2.5}$)浓度变化及化学成分特征,并用 PMF 模型解析了各识别出的排放源的贡献,发现在粗颗粒物中自然源的贡献占主要比例,而在细颗粒物中人为源的排放占主要地位。同时发现,在夏季,海盐和土壤尘对颗粒物的贡献显著,在冬季,汽车尾气、冶炼尘和焚烧源对颗粒物的贡献显著。Lee 和 Hieu(2013)对韩国工业城市的分级颗粒物浓度特征和离子成分特征进行了季节性研究和离子间相关性研究,指出夏季气溶胶中硫酸盐是浓度最高的物种,铵盐是冬季颗粒物中浓度最高的成分。Choi 等(2013)利用 PMF 对韩国沿海城市地带进行了 PM$_{2.5}$ 的源解析研究,指出当地最主要的颗粒物排放源依次是硝酸盐、硫酸盐和汽车尾气排放。Huang 等(2006b)和 He 等(2006)对北京的 PM$_{2.5}$ 进行了观测研究,对其中的有机成分进行分析,并讨论了其时间变化和季节特征。研究发现,北京的有机气溶胶主要来源于汽车尾气排放、居民供暖所采用的燃煤排放以及餐饮油烟。Kong 等(2010)观测了天津 2007 年 6 月—2008 年 2 月总悬浮颗粒物(TSP)、PM$_{10}$、PM$_{2.5}$ 的质量浓度和化学成分,并进行了分粒径段的来源解析。结果显示,在天津这座沿海城市,煤炭燃烧、海盐气溶胶、汽车尾气和土壤尘对大气颗粒物的贡献分别可以达到 5%～31%、1%～13%、13%～44%、3%～46%。

　　基于颗粒物膜采样和实验室化学成分分析,结合受体模型是颗粒物来源解析最常用的手段,但这种方法只能在有限点位、有限时间段进行。利用在线仪器实时测量颗粒物的组分,并与受体模型结合,从而可以实现颗粒物的在线源解析。Wu 和 Wang(2007)利用在线颗粒物离子检测仪(ambient ion monitor),Dong 等(2012)利用离子色谱分析系统(GAC-IC),Du 等(2011)利用气溶胶气体监测仪(MARGA),Huang 等(2010)和 Sun 等(2011)利用气溶胶质谱(AMS)实现离子气溶胶组分的在线测量等。Sun 等(2013)在对北京冬季的极细颗粒物成分和来源特征研究中利用了气溶胶化学成分监测仪,给出了高时间分辨率的极细颗粒物(PM$_1$)浓度和主要二次无机盐(SIA)以及有机气溶胶(organic aerosols,OA)成分的特征,结合 PMF 模型计算了主要有机气溶胶的排放来源贡献,发现有机气溶胶主要排放源是烃类有机气溶胶(Hydrocarbon-like OA)、餐饮类有机气溶胶(cooking OA)、燃煤类有机气溶胶(coal combustion OA)和氧化有机气溶胶(oxygenated OA)。但是研究中分析的成分并不包括主要的地壳元素和重金属元素,导致颗粒物的来源贡献主要集中在有机气溶胶能够代表的排放源类型中(黄晓锋等,2010;张养梅等,2011;黄正旭等,2011;李磊等,2013)。利用在线观测仪器可以获得高时间分辨率的颗粒物成分特征,但是同样存在空间代表性和排放源代表性上的不足。

　　虽然受体模型是最常用的源解析方法(Thurston and Spengler,1985;Paatero,1997;Watson et al.,2008),但仅局限于固定观测点位的解析(Hopke,2003;张延君等,2015),无法进行区域源解析,也无法针对未来可能发生的重污染进行预测源解析,而空气质量模式法可以弥补这些不足(Dunker et al.,2002a;Ying et al.,2009;王丽涛等,2013;Bove et al.,2014)。相对受体模型法,空气质量模式法得到的污染来源解析结果具有更高的时空分辨率,并且可以预测未来的颗粒物浓度和来源贡献。我国已经开展了不少 PM$_{2.5}$ 数值来源解析工作,例如:王丽涛等(2013)利用 CMAQ 的 DDM 和 BFM 方法分别研究了石家庄和北京 PM$_{2.5}$ 来源;Streets 等

(2007)用 CMAQ 模拟发现,在稳定南风下,河北污染排放对北京 $PM_{2.5}$ 浓度贡献可达 $50\%\sim$ 70%;赵秀娟等(2012)利用 CMAQ 解析表明,石家庄和邢台 $PM_{2.5}$ 最大贡献均来自河北南部,分别为 65.3%、64.7%,其次为山西,分别为 13.8%、10.4%;李璇等(2015)利用 CAMx 研究 2013 年 1 月北京污染来源,发现 $PM_{2.5}$ 的本地贡献为 34%;李珊珊等(2015)利用 CAMx 开展 $PM_{2.5}$ 来源解析,结果表明,2014 年北京、天津、石家庄重污染日 $PM_{2.5}$ 外来输送率分别为 58%、54%、39%;王媛林等(2016)利用 NAQPMS 对河南开展 $PM_{2.5}$ 来源解析,结果表明河南中西部 $PM_{2.5}$ 主要来自本地,而东部和北部地市的周边区域输送更为显著。

12.1.2 臭氧来源解析

大气污染时空变化迅速、来源复杂难辨,近年来随着城市大气污染防治工作的推进,$PM_{2.5}$ 浓度持续下降,O_3 污染水平总体呈上升趋势,污染范围增大,区域性大气光化学污染已成为各大中城市关注的另一重要问题。O_3 与其前体物(NO_x、VOCs)及太阳辐射强度、气温、风速、风向等气象条件有关,通常在高压系统影响下,晴天少云、太阳辐射强、相对湿度低、气温高且风速小的条件下容易产生高浓度 O_3,一些 O_3 前体物浓度降低,但 O_3 浓度却呈明显增加的现象,不同的城市和地区间存在一定的差异(Qin et al.,2004;耿福海等,2012;孟晓艳等,2013)。研究表明,城市地区的 O_3 浓度一般与 NO_x 浓度呈负相关,O_3 生成主要受 VOCs 控制(薛莲等,2015;2017)。NO_x 主要来源为燃煤、机动车尾气、船舶、电厂和工业源,VOCs 主要来源为工业(如石化、制药、印刷、喷漆等行业)、机动车尾气和生活源。控制 O_3 前体物的源排放,尤其是控制好 VOCs 的排放是控制 O_3 污染的有效途径(韩伟明等,2002;Chan et al.,2006;Ho et al.,2009;潘本锋等,2016)。要持续改善城市环境空气质量,防控 O_3 污染,必须转变大气污染控制管理模式,识别影响空气质量的主要污染源和主控污染物,建立适合于本地化的基于数值模型的空气污染来源解析方法,及时、准确、全面获取空气污染的演变信息,将污染物从源排放后在大气中的物理、化学反应表征出来,摸清污染物的变化过程,准确判断和量化解析污染来源,明确控制重点,提高 O_3 污染防治的科学性。

基于观测的来源解析方法是根据 O_3 与前体物观测数据,采用数据离线分析和模型方法判断 O_3 形成的敏感性,并利用受体模型定量解析各 VOCs 污染源类对 O_3 及其前体物形成贡献的技术方法,如潘本锋等(2016)、王闯等(2015)和陈宜然等(2011)利用在线仪器开展 O_3 观测,分析 O_3 的主要来源及影响因素;邹巧莉等(2017)、梁永贤等(2014)、印红玲等(2015)和徐慧等(2015)利用在线仪器开展 VOCs 观测,分析 VOCs 的 O_3 生成潜势,判断 O_3 生成的敏感性。上述方法主要适用于有限的采样点位和时段,这种基于现场观测和离线化学分析的方法在站点密度、时间精度上都有所欠缺,对监测站点的数量、区域分布代表性、监测数据的完整性有较高的要求,同时观测和分析工作量大,存在空间代表性和排放源代表性不足的局限性,且不确定性较大,易受到气象条件的变化干扰,只能针对当下或者过去,无法对未来的 O_3 来源贡献进行预测。借助数值模式 CAMx-OSAT 可以模拟大气中 O_3 及其他化学组分的浓度,定量分析不同区域、不同排放行业对受体区域 O_3 的贡献,具有较高的时间精度和更广的空间覆盖范围。国内外的一些学者在这方面开展了相关的研究工作,Li 等(2012)使用 CAMx-OSAT 对中国珠三角地区的 O_3 开展了来源解析研究,发现移动源对 O_3 的贡献最大,本地和区域范围的前体物控制对降低 O_3 浓度十分重要。王杨君等(2014)对上海 2010 年夏季的 O_3 开展了来源解析研究,研究发现,白天高污染时段外围贡献最大,工业过程是最大的行业排放源。此外,数值模式还可以借助气象模式的预报对未来 O_3 的浓度及时空分布进行预报,来源解析结果能够对 O_3 的控制起到一定的指导作用。王燕丽等(2017)基于空气质量模型 CAMx 的臭氧来源解析技术(OSAT),对京津冀地区 13 个城市的 O_3 污染以及传输规律进行定量模拟,建立了京津冀地区的 13 个城市之间的相互影响矩阵,通过量化分析不同源区对受体城市的贡献,揭示区域内各城市间 O_3 污染的相互影响规律,并分析了典型城市之间的 O_3 污染传送特征,为京津冀 O_3 污染精准治理和区域联防联控提供科学依据。

12.2　基于 RegAEMS-CMB/PMF 的颗粒物来源解析

RegAEMS-CMB/PMF 是一种数值模型和受体模型相结合的数值源解析方法,即利用 RegAEMS 模拟或预测 $PM_{2.5}$ 质量浓度及其化学成分(离子、OC/EC 和元素),结合细颗粒物源谱和 CMB/PMF 模型,实现高时空分辨率的细颗粒物来源解析。

RegAEMS 需要模拟细颗粒物中的元素成分,其排放源谱根据实际观测确定。模式中使用的排放源类型设定为五类,分别是燃烧源、生活源、农业源、工业源和移动源,其中燃烧源指的是工业锅炉、电厂等燃煤、燃重油排放源;生活源是指民用燃烧排放源;农业源是指畜禽养殖、化肥施用、生物质燃烧排放源;工业源是指炼钢、炼焦、水泥生产、石化和化工等工艺过程排放;移动源是指汽油、柴油尾气、蒸发排放、船舶飞机尾气排放。根据各种类型的排放源谱特征,分别给出元素成分浓度比例,如表 12.1 所示。

表 12.1　各类排放源中元素成分比例(%)

元素	燃烧源	生活源	农业源	工业源	移动源
Mg	0.20	0.65	0.32	0.51	0.72
Al	2.50	10.56	0.32	3.44	6.65
P	0.26	0.40	0.40	0.15	0.45
Ca	1.89	0.71	1.83	3.56	0.89
V	0.01	0.11	0.01	0.02	0.09
Cr	0.02	0.37	0.03	0.07	0.33
Mn	0.01	0.01	0.12	0.02	0.02
Fe	0.73	0.97	0.73	6.75	1.13
Co	0.01	0.02	0.02	0.02	0.01
Ni	0.00	0.02	0.00	0.01	0.08
Cu	0.01	0.03	0.02	0.13	0.03
Zn	0.04	0.10	0.08	0.02	0.22
Ga	0.00	0.01	0.00	0.00	0.01
As	0.02	0.19	0.03	0.04	0.17
Se	0.00	0.01	0.01	0.00	0.03

元素	燃烧源	生活源	农业源	工业源	移动源
Sr	0.00	0.01	0.00	0.00	0.01
Mo	0.04	0.13	0.05	0.04	0.18
Cd	0.00	0.00	0.00	0.00	0.00
Sn	0.25	0.32	0.38	0.03	0.30
Sb	0.14	0.29	0.24	0.13	0.21
Ba	0.00	0.07	0.01	0.01	0.03
La	0.00	0.04	0.01	0.01	0.01
Pb	0.01	0.01	0.01	0.01	0.02

12.2.1　CMB 模型

化学质量平衡(chemical mass balance,CMB)模型是开展大气颗粒物来源解析研究(Watson,1984;Watson et al.,1984),为大气颗粒物污染防治决策提供科学依据的重要技术方法。CMB 模型是根据质量平衡原理建立起来的,通过物种丰富度和源贡献的乘积之和来表达环境化学浓度。由此可知,受体的总质量浓度就是每一类源贡献浓度值的线性加和,即:

$$C = \sum_{j=1}^{J} S_j \tag{12.1}$$

假设 j 排放源对受体的总质量贡献为 S_j,$F_{i,j}$ 为 j 排放源所排出的 i 组分的含量(即排放源成分谱),则在该受体测得的 i 组分的量 C_i 应为各排放源(共 J 个)所贡献的 i 组分的和,即:

$$C_i = \sum_{j=1}^{J} F_{i,j} S_j \quad (i=1,\cdots,I) \tag{12.2}$$

选定拟合元素和拟合源,当拟合元素的数目(I)大于或等于拟合源的数目(J)时,根据测得它们在大气中的浓度 C_i 及排放源成分谱 $F_{i,j}$,可通过一定的数学方法解出此线性方程组,得到各个排放源对该受体的贡献值 S_j 和相应的贡献率 β_j:

$$\beta_j = (S_j / \sum_{j=1}^{J} S_j) \times 100\% \tag{12.3}$$

12.2.2　PMF 模型

正定矩阵因子分解法(positive matrix factorization,PMF)是一种多变量因子分析工具,它将一个含有多个日期、不同组分采样数据矩阵分解为两个矩阵,即源谱分布矩阵和源贡献矩阵,然后依据掌握的源谱分布的信息来决定分解出的源的类型。本研究采用的 PMF 模型版本是 EPA PMF5.0,其基本原理如下:

$$\boldsymbol{X} = \boldsymbol{GF} + \boldsymbol{E} \tag{12.4}$$

式中,受体样品浓度矩阵($\boldsymbol{X}$)是 n 个样品的 m 种组分的浓度($n \times m$);$\boldsymbol{F}$ 为源成分谱矩阵($p \times m$);$\boldsymbol{G}$ 为源贡献矩阵($n \times p$);$\boldsymbol{E}$ 代表残差矩阵($n \times m$)。方程可以转化为下式:

$$E = X_{nm} - \sum_{j=1}^{p} G_{np} F_{pm} \qquad (12.5)$$

式中，E、G 和 F 分别代表残差矩阵、源贡献矩阵和源成分谱矩阵，p 代表不同的来源。

　　为得到最优的因子解析结果，PMF 模型将所有样本残差与其不确定度的和定义为一个"目标函数"（object function）Q，最终解析得到使目标函数 Q 最小的 G 矩阵和 F 矩阵，如下式：

$$Q(E) = \sum_{i=1}^{m} \sum_{j=1}^{n} (E_{ij} / \sigma_{ij})^2 \qquad (12.6)$$

式中，σ_{ij} 代表第 j 个样品中第 i 个化学组分的标准偏差或不确定性。PMF 模型中利用最小二乘法进行迭代计算，按照公式（12.5）和（12.6）的限制条件，不断地分解原始矩阵直至收敛，计算得到正值的源贡献矩阵和源成分谱矩阵。

12.3　基于 RegAEMS-APSA 的大气污染来源解析

　　大气污染来源解析模块（air pollution source apportionment，APSA）是基于 RegAEMS 模式自主开发的独立模块，包含了完整的大气物理和化学过程。该模块采用标记追踪的方式，从污染源出发，对排放进入大气中的各类污染气体和颗粒物进行标记，追踪污染物在大气中平流、扩散、化学转化和干湿沉降等过程，再根据污染物的标识情况进行统计分析，实现对不同地区、不同行业污染源排放对目标城市大气污染物浓度的贡献解析。APSA 模块既可以计算出整个污染期间的 SO_2、NO_2、O_3、CO、$PM_{2.5}$、PM_{10} 等大气污染物的空间和行业来源情况，也可以精准给出逐时的解析结果。

　　APSA 模块的行业源解析采用清华大学开发的中国多尺度排放清单 MEIC（multi-resolution emission inventory for China）清单，将污染源分为五类，分别是工业源、农业源、电厂源、交通源和生活源等（Zhang et al.，2009；Li et al.，2017b）。其中，工业源主要包括钢铁、焦化、水泥等；农业源主要包括氮肥施用、畜禽养殖等；电厂源主要包括电力供热等；生活源主要包括民用锅炉、民用燃烧等；交通源主要包括道路移动源、非道路移动机械等。APSA 模块的空间源解析可以根据关心的区域自主设置。

12.4　基于 CAMx-PSAT/OSAT 的污染来源解析

　　CAMx（comprehensive air quality model with extensions）模式是美国环境技术公司（EN-VIRON）在 UAM-V 模式基础上开发的三维网格欧拉光化学模式，属于第三代综合空气质量模型，已经在国内外空气质量的模拟和分析过程中得到广泛应用（Li et al.，2012；王杨君等，2014；Shu et al.，2019）。ENVIRON 公司致力于将所有优秀空气质量模型的技术方法融合进单一系统，因而 CAMx 除具有第三代空气质量模型的典型特征之外，还包含多个扩展模块，包括颗粒物来源解析技术（particulate matter source apportionment technology，PSAT）、臭氧来源解析技术（ozone source apportionment technology，OSAT）、去耦合直接法（direct decoupled method，DDM）和过程分析（process analysis，PA）模块等，适用于对气态和颗粒物态的大气污染物在城市和区域多种尺度上进行模拟。CAMx 模式采用双向嵌套网格结构，以 WRF、

MM5、RAMS 等中尺度模式提供的气象场作为驱动,由 SMOKE、CONCEPT、EPS3 等处理排放源,适用于模拟大气污染物的平流、扩散、沉降和化学反应过程。本研究使用的 CAMx 6.20 版本增加了基于 Hybrid 1.5-D 挥发性基组方法(VBS)对二次有机气溶胶(SOA)的处理方法,新增了可选的上边界条件输入文件,在 CB6 机制中增加了其他卤代反应等。颗粒物和臭氧来源解析技术(PSAT/OSAT)是 CAMx 的一个重要扩展模块,它通过对各种污染源加入反应性示踪物跟踪污染源的反应过程,对颗粒物及前体物(SO_2、NO_x、NH_3 和一次 $PM_{2.5}$)、O_3 及其前体物(NO_x 和 VOCs)的排放地区和排放源类进行追踪,可以得到不同地区、不同类型污染源对选定受体点和时间的颗粒物和 O_3 浓度的贡献。CAMx-PSAT/OSAT 结构见图 12.1。

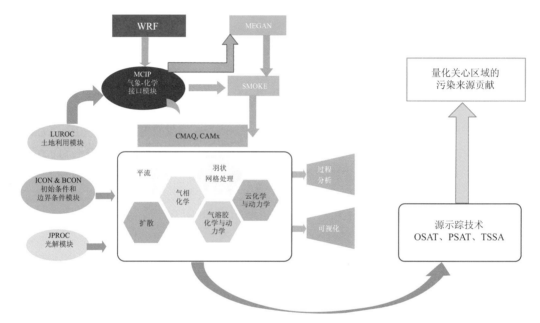

图 12.1　CAMx-PSAT/OSAT 模式结构

OSAT 通过标记不同地区、不同类型排放源的前体物,可用于定量不同区域各类排放源对受体点 O_3 的贡献,而地区 O_3 评估模块可追踪受体点 O_3 的生成地(Dunker et al.,2002b),定量解析本地和区域的传输及行业贡献。图 12.2 给出了臭氧前体物之间的转化关系以及 OSAT 臭氧来源解析方法示意。$\Delta H_2O_2/\Delta HNO_3$ 为 O_3 受 NO_x 或 VOC 控制的判定指标,大于 0.35 受 NO_x 控制,小于 0.35 受 VOC 控制(Sillman,1995)。RNO_3、O_3V、O_3N、OOV、OON、NIT、RGN、TPN、NTR、HN_3 表示 OSAT 示踪物,V 表示 VOC,NIT 表示 NO 和 HO-NO,RGN 表示 NO_2、NO_3 和 N_2O_5,TPN 表示 PAN、PAN 类似物和 PNA,NTR 表示有机硝酸盐 RNO_3,HN_3 表示气态 HNO_3,O_3N 表示 NO_x 控制下生成的 O_3,O_3V 表示 VOC 控制下生成的 O_3,OON 表示 NO_2 中来自于 O_3N 的原子氧,OOV 表示 NO_2 中来自于 O_3V 的原子氧。O_3 生成和损耗分开计算并能同时发生,O_3 根据 $\Delta H_2O_2/\Delta HNO_3$ 分为在 NO_x 或 VOC 控制下的生成并分别分配到 O_3N 和 O_3V,与示踪物 NIT 和 V 成比例;O_3 损耗,O_3N 和 O_3V 按比例减少并被转移到示踪物 OON 和 OOV 中。当 NO_2 经由光解形成 O_3 时,损耗的 OON 和 OOV 被转移到示踪物 O_3N 和 O_3V 中。

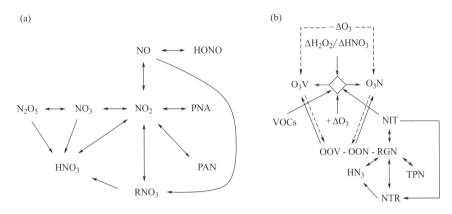

图 12.2　臭氧前体物之间的转化关系(a)和 OSAT 臭氧来源解析方法(b)

12.5　基于 CMAQ-ISAM 的污染来源解析

ISAM(the integrated source apportionment method)是从 CMAQ v4.7.1 开始发展,从 CMAQ v5.0.2 开始包含在 CMAQ 模型源码中的综合源解析方法,可计算用户指定的 O_3 和颗粒物的来源贡献信息。CMAQ 模型为用户提供了多种污染物的浓度场和沉降场,这些物种通常是由不同种类的一次排放和二次生成污染物的组合,会在模型中经历物理和化学转化过程。因此当需要知道模型输出的污染物的特定来源信息时,就需要使用源解析方法。ISAM 的 O_3 源解析旨在跟踪根据用户选择的不同 NO_x 和 VOC 排放类别,分别计算模型模拟的 NO_x、VOC 对 O_3 的浓度贡献。除了前体物的输送外,ISAM 还可以根据边界条件和初始条件来追踪 O_3、NO_x 和 VOC 的来源。ISAM 可以使用额外的模型输入文件在地理上进行前体物示踪器的设置,该文件将每个模型网格单元分配给指定的子区域。前体排放示踪器也可以由不同行业的源(通常包括主要点源、移动源、生物源等)或特定区域的源进行设置,其标记识别环境变量可与模型准备输入文件上的每个网格进行关联。ISAM 方法将源分配方法和源敏感性方法进行结合,通过跟踪多个排放源所属行业或地区和边界条件实现这一过程。被解析行业或地区的 NO_x、VOC 和 O_3 与前体物排放的空间和时间属性一致。根据前体物的不同,O_3 的来源解析分为由 VOC 和 NO_x 来源的 O_3,公式如下:

$$O_{3,bulk} = \sum_{tag} O_3 V_{tag} + \sum_{tag} O_3 N_{tag} \tag{12.7}$$

目前,ISAM 可对 5 类 $PM_{2.5}$ 进行源解析,其中 EC 标签可追踪爱根态(I)和积聚态(J)中元素碳的排放。同样,OC 标签可追踪爱根态(I)和积聚态(J)中有机碳的排放。SULFATE 标签可追踪二氧化硫、硫酸、一次硫酸盐、二次生成的硫酸盐以及爱根态(I)和积聚态(J)硫酸盐颗粒物排放。NITRATE 标签可追踪爱根态(I)和积聚态(J)硝酸盐颗粒物、一次硝酸盐以及所有与硝酸盐生成相关的气相化学机制物种,在 CB05 机制中包括 HNO_3、NTR、NO_2、NO、NO_3、HONO、N_2O_5、PNA、PAN 和 PANX。AMMONIUM 标签可跟踪氨排放以及环境中 NH_3 浓度和爱根态(I)和积聚态(J)铵盐颗粒物的浓度。

ISAM 源解析流程见图 12.3,计算时遵循 CMAQ 模型模拟流程,并根据需要对各个标记进行更新。例如:边界条件标签在水平平流过程中进行标记并带入到基本模型中,而湿沉降标签会在云模块中进行标记和累积。

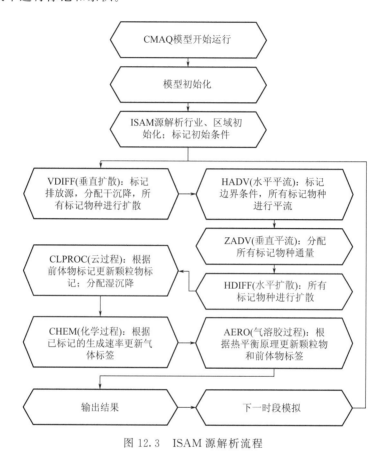

图 12.3　ISAM 源解析流程

12.6　大气污染来源解析方法的实际应用

12.6.1　南京 PM$_{2.5}$ 来源解析

2014 年 8 月南京青奥会空气质量保障期间,利用 RegAEMS-PMF 模式开展了以南京为例的 PM$_{2.5}$ 来源解析(陈璞珑等,2018)。采用四层嵌套方案,水平分辨率分别为 81 km、27 km、9 km 和 3 km。模式第一层覆盖了整个中国和部分东亚国家,第四层覆盖了整个南京地区。模拟时段分为三段,分别为 2014 年 7 月、8 月和 9 月的 14—24 日,代表了青奥会的前一中一后期。模式中分别考虑了工业、农业、电厂、交通和生活五类排放源,其中前三层采用清华大学开发的中国多尺度排放清单模型 MEIC(Zhang et al.,2009),第四层采用南京市减排控制后的源清单。利用区域大气环境模式系统(RegAEMS)模拟 PM$_{2.5}$ 及其化学组分的浓度,以模拟结果作为受体数据,通过受体模型(CMB)计算不同行业对 PM$_{2.5}$ 的贡献,从而得到高时空精度的 PM$_{2.5}$ 来源解析结果。

12.6.1.1　PM$_{2.5}$ 来源解析结果比较

从图 12.4 中可以看出,青奥会期间(2014 年 7—9 月)二次气溶胶(SOA、硫酸盐和硝酸盐)的贡献之和超过 50%,二次无机气溶胶(硫酸盐与硝酸盐)的贡献最大,达到 27.1%;其次是 SOA 的贡献,达到 25.9%;第三位的贡献来自于燃煤,可以达到 16.46%,表明青奥会期间,夏季强太阳辐射和高温导致生成的二次颗粒物是 $PM_{2.5}$ 最主要的来源贡献,燃煤对细颗粒物具有明显的贡献。

南京青奥会 2014 年 7—9 月期间,基于 RegAEMS-PMF 模式的 $PM_{2.5}$ 来源解析结果,二次有机气溶胶(SOA)贡献为 25.9%,燃煤贡献为 16.46%,硫酸盐贡献为 14.54%,硝酸盐贡献为 12.56%,机动车尾气贡献为 12.03%,扬尘贡献为 11.67%,工业生产贡献为 6.85%。基于受体模型的 $PM_{2.5}$ 来源解析结果是二次有机气溶胶(SOA)贡献为 30.2%,硫酸盐贡献为 18.6%,燃煤贡献为 14.5%,扬尘贡献为 13.8%,机动车尾气贡献为 10.0%,硝酸盐贡献为 9.8%,工业生产贡献为 3.1%。可以看出,两种方法给出的 $PM_{2.5}$ 来源解析结果大体一致,最主要的三类贡献源均为二次有机气溶胶(SOA)、燃煤和硫酸盐,工业生产对 $PM_{2.5}$ 的排放贡献最低。与基于采样受体模型的源解析结果相比,基于数值模式的源解析得到的硝酸盐贡献略有偏高,可能的原因是在离线采样分析过程中硝酸铵易挥发,从而导致一定的损耗。

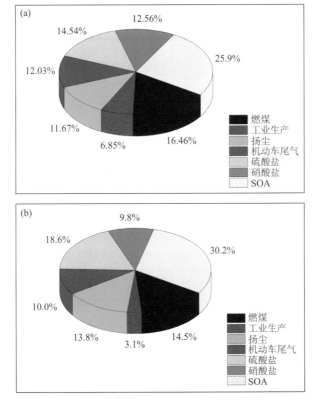

图 12.4 青奥会期间(2014 年 7—9 月)基于数值模式和受体模型的 $PM_{2.5}$ 来源解析结果
(a)数值模式;(b)受体模型

12.6.1.2 青奥会不同时期 $PM_{2.5}$ 来源贡献特征

进一步分析了青奥会前—中—后期各类排放源对 $PM_{2.5}$ 的贡献,结果如图 12.5 所示。可以看出,二次有机气溶胶(SOA)和工业生产对 $PM_{2.5}$ 的贡献比例在青奥会中期小于青奥会前期和后期;硫酸盐和硝酸盐对 $PM_{2.5}$ 的贡献比例在青奥会中期大于青奥会前期,与青奥会后期大体相当;燃煤和扬尘对 $PM_{2.5}$ 的贡献比例在青奥会中期大于青奥会前期和后期,而燃煤在青奥会前—中—后期的贡献比例大体一致。

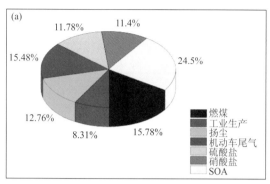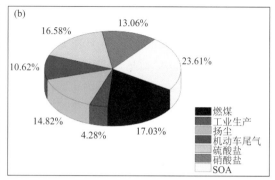

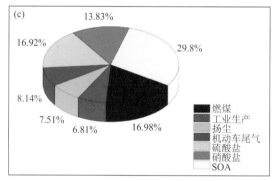

图 12.5　南京青奥会不同阶段各类排放源对 $PM_{2.5}$ 的贡献

(a)前期;(b)中期;(c)后期

表 12.2 给出了青奥会前期、中期和后期主要排放源对 $PM_{2.5}$ 浓度贡献水平,各类排放源的贡献浓度均表现为 7 月＞9 月＞8 月的特征,在青奥会前期(7 月)减排控制措施已经开始实施,主要工业企业和电厂减排力度在 40%左右,青奥会开始后(8—9 月)主要工业企业和电厂减排力度进一步加强,达到 50%～60%。燃煤和工业生产活动产生的 $PM_{2.5}$ 浓度贡献水平在青奥会期间(5.62 $\mu g/m^3$、1.41 $\mu g/m^3$)要明显低于青奥会前期(9.33 $\mu g/m^3$、4.91 $\mu g/m^3$)和青奥会后期(7.27 $\mu g/m^3$、3.03 $\mu g/m^3$),说明在青奥会期间工业生产活动减排的措施起到了明显的效果。减排措施同时会减少燃煤和工业活动排放的其他大气污染物,诸如二氧化硫、氮氧化物和挥发性有机物(VOCs),因此硫酸盐、硝酸盐和二次有机气溶胶(SOA)的贡献在青奥会中期较前期和后期有所降低。

表 12.2　基于 RegAEMS-PMF 模式的 $PM_{2.5}$ 来源贡献结果(单位:μg/m³)

月份	燃煤	工业生产	扬尘	机动车尾气	硫酸盐	硝酸盐	SOA
7 月	9.33	4.91	7.54	9.15	6.96	6.74	14.48
8 月	5.62	1.41	4.89	3.50	5.47	4.31	7.79
9 月	7.27	3.03	5.16	5.32	6.43	5.55	11.45

12.6.1.3　南京 $PM_{2.5}$ 来源贡献的时空特征

利用 RegAEMS 模拟的南京市九个环境监测国控点(玄武湖、瑞金路、中华门、山西路、草场门、迈皋桥、仙林、奥体、浦口)$PM_{2.5}$ 质量浓度及化学组分作为受体数据,结合 PMF 模型计算得到青奥会期间(2014 年 7—9 月)南京市不同地点的 $PM_{2.5}$ 来源贡献特征,结果如图 12.6 所示。可以看出,不同类型排放源在不同站点的源解析结果贡献顺序基本保持一致,但贡献比例不尽相同,能够反映出城市不同功能区的特征。在九个站点中,燃煤排放贡献最大的是浦口,可以达到 26.63%,最小的是玄武湖,仅为 9.66%;与之类似的,工业生产贡献最大的也是浦口,可以达到 12.99%,在市区多个站点的贡献均较小,如玄武湖为 3.01%,这与模式燃烧源和工业源在南京北部工业区较为集中相符合,能够反映出浦口所代表的城市工业区域的特征。机动车尾气排放在九个站点的贡献中以山西路最大,可达 18.00%,在浦口最小,仅为 7.86%,该结果反映出机动车流量在城市中心区域(山西路、玄武湖、草场门、中华门)较大,而在城市郊区(仙林、浦口)较小的特征。在各个站点的 $PM_{2.5}$ 来源解析结果基本反映出以二次有机气溶胶、硫酸盐、硝酸盐为主的二次生成对 $PM_{2.5}$ 的贡献占据主导。

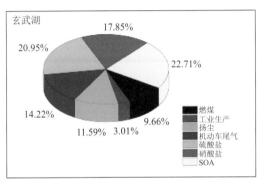

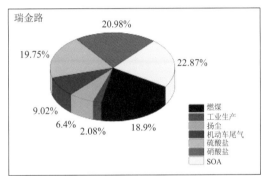

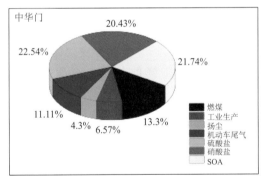

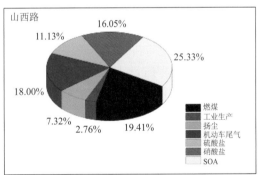

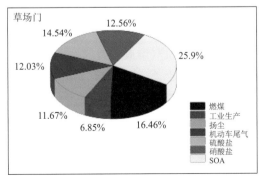

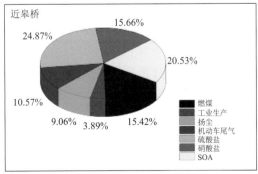

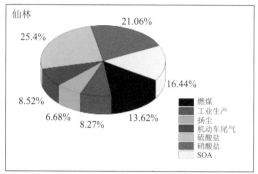
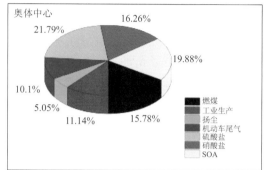
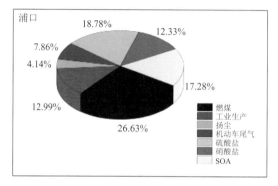

图 12.6　不同站点各类排放源对 PM$_{2.5}$ 贡献特征

对各类排放源对 PM$_{2.5}$ 浓度贡献的日变化特征(图 12.7)进行分析发现,二次有机气溶胶表现出单峰结构,其贡献浓度在 11 时达到最大值,为 18.6 $\mu g/m^3$,在夜间及凌晨处于低值区;燃煤和工业生产也表现出单峰结构,其贡献浓度在 11—12 时达到最大值,分别为 13.4 $\mu g/m^3$ 和 5.2 $\mu g/m^3$,在夜间和凌晨降低,与工业生产活动时间相吻合;扬尘贡献日变化体现出上午增加,并于 11 时达到最大值,可以达到 9.6 $\mu g/m^3$,而在下午降低,在 17 时达到最小值 (2.3 $\mu g/m^3$)的特征;硫酸盐和硝酸盐均表现出单峰结构,但日变化特征有明显差别,硫酸盐在日间升高,直至下午 14 时达到最大值(10.8 $\mu g/m^3$),然后一直维持高值到下午 18 时,随后夜间降低,这是由于午后日照最强,光化学反应最强,导致二次气溶胶生成增多造成的;硝酸盐表现出与硫酸盐相反的日变化规律,其在日间浓度贡献维持在较低水平,尤其是正午时浓度贡献最低(1.6 $\mu g/m^3$),在凌晨 01 时达到浓度峰值,为 13.5 $\mu g/m^3$。机动车尾气排放贡献有明显的早晚双峰特征,在早晨 08—10 时有一个次峰值,在下午 17—19 时有一个主峰值,可以达到 6.9 $\mu g/m^3$,与城市地区早晚上下班高峰相对应。

可见各类排放源对 PM$_{2.5}$ 贡献的日变化特征明显,二次有机气溶胶的贡献最大,工业生产的贡献最小。在午夜至凌晨,排放源贡献的大小依次是硝酸盐、SOA、燃煤、机动车尾气、扬尘、硫酸盐和工业生产。在此期间,硝酸盐的贡献开始明显降低,其他各类排放源的贡献浓度变化比较平稳,变化不大,且其他各类排放源在凌晨这段时间内处于全天的低值区。在早晨 08—10 时可以看到,SOA、燃煤、扬尘和机动车尾气的贡献有明显的上升。从上午 11 时—下午 14 时之间,硫酸盐的贡献浓度呈明显上升态势,并在午后成为最大的贡献来源。下午 14 时之后,硫酸盐对于 PM$_{2.5}$ 的浓度贡献明显降低。工业生产对 PM$_{2.5}$ 贡献的日变化相对平稳,最大值出现在中午 12 时,最小值出现在 22 时。

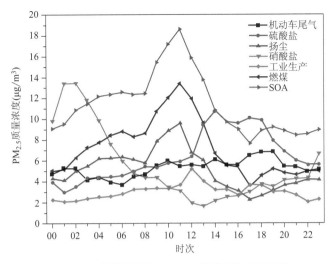

图 12.7　不同排放源对 PM$_{2.5}$ 贡献的日变化特征

12.6.2　濮阳 PM$_{2.5}$ 来源解析

2017 年 10 月 15 日—2018 年 1 月 13 日秋冬季期间,在濮阳开展了 PM$_{2.5}$ 采样和组分分析,基于 RegAEMS-PMF 开展了 PM$_{2.5}$ 的来源解析(陈楚等,2019)。利用模拟的濮阳市三个国控点(环保局、华龙区、濮水河)PM$_{2.5}$ 浓度和采样得到的逐日 PM$_{2.5}$ 浓度,对模型结果进行验证(图 12.8)。结果显示,模拟与观测 PM$_{2.5}$ 浓度水平与标准差基本一致,模型可以基本模拟出整个采样期间 PM$_{2.5}$ 的浓度变化特征,对于重污染过程的发生和演变可以较好地捕捉。由三站点模拟值与观测 PM$_{2.5}$ 逐日浓度值的散点图也可以看出,模拟值与观测值两者相关性较好。模型模拟的 PM$_{2.5}$ 浓度值略高于观测结果,且在重污染发生时模拟值偏高表现得更明显,三个站点特征表现一致。

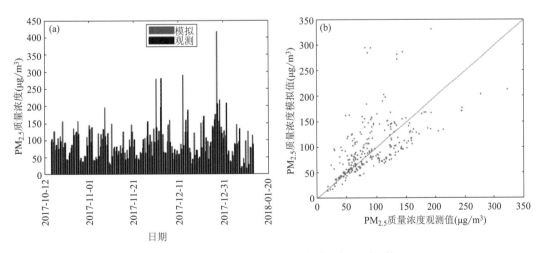

图 12.8　秋冬季 PM$_{2.5}$ 质量浓度模拟与观测比较

(a)逐日时间序列;(b)PM$_{2.5}$ 质量浓度散点分布

就 PM$_{2.5}$ 中主要组分特征来说，如表 12.3 所示，依据手工采样分析所得濮阳市三个国控点 PM$_{2.5}$ 中主要组分浓度与模拟结果进行比较。结果显示，模拟的三站点各类组分浓度与观测值的量级基本一致，模拟结果可以基本反映 PM$_{2.5}$ 中各类组分占比情况。NO$_3$ 与 OC 的模拟值偏高，且在三个站点表现一致。

表 12.3　秋冬季三站点 PM$_{2.5}$ 浓度及其主要化学组分模拟与观测比较（单位：μg/m³）

站点		PM$_{2.5}$	Mg	Al	Ca	Cr	Mn	Fe	Cu	Zn	Pb	Na$^+$	NH$_4^+$	Cl$^-$	SO$_4^{2-}$	NO$_3^-$	OC	EC
环保局	模拟	100.90	0.15	0.54	1.61	0.02	0.03	0.60	0.02	0.18	0.07	0.20	11.25	2.82	11.02	25.56	20.91	6.48
	观测	92.78	0.16	1.12	1.62	0.02	0.04	0.52	0.02	0.20	0.07	0.25	11.15	3.21	10.18	22.01	15.81	6.35
华龙区	模拟	103.25	0.15	0.54	1.41	0.02	0.03	0.58	0.02	0.15	0.07	0.21	10.64	3.11	10.24	28.20	19.87	7.13
	观测	93.68	0.27	0.82	2.37	0.03	0.05	0.94	0.02	0.25	0.09	0.33	10.87	3.69	10.80	24.48	17.89	7.51
濮水河	模拟	101.83	0.2	0.71	2.39	0.03	0.05	0.04	0.02	0.24	0.08	0.29	11.22	3.49	11.06	30.44	24.33	7.57
	观测	96.01	0.16	1.19	1.41	0.02	0.03	0.52	0.02	0.15	0.07	0.29	9.97	3.29	9.07	20.28	16.85	7.11

以上比较说明，RegAEMS 的模拟结果基本反映濮阳市三个站点采样期间 PM$_{2.5}$ 及其组分浓度的实际情况，可以利用该结果进行受体来源解析研究。

将模拟结果作为受体点数据输入 PMF 模型，得到秋冬季濮阳市三站点 PM$_{2.5}$ 源解析结果，如图 12.9 所示。结果显示，对濮阳市 PM$_{2.5}$ 贡献最主要的污染源分别是二次无机盐（29%）、生物质燃烧（18%）、工业源（15%）、燃煤（14%）、二次有机气溶胶（9%）、扬尘（9%）、机动车（8%）。基于采样分析的源解析结果显示，濮阳市秋冬季 PM$_{2.5}$ 主要来源分别为二次无机盐（37%）、工业源（16%）、二次有机气溶胶（14%）、生物质燃烧（12%）、机动车排放（9%）、燃煤（7%）、扬尘（4%）。两种方法得出的结果基本一致，最主要的污染源都为二次无机盐、工业源、生物质燃烧，而贡献较低的污染源则是机动车及扬尘。模型源解析结果中二次有机气溶胶（SOA）的贡献偏低，可能是由于模拟的有机碳（OC）中二次有机碳（SOC）的占比偏低，而一次有机碳（POC）的占比偏高。燃煤的贡献偏高则可能是受到模型输入排放源的精度影响，濮阳本地在 2017 年尚未投产较大型的燃煤电厂，而濮阳周边的邯郸等地有较多的大电厂，濮阳源解析结果可能受到邯郸市的影响，因此导致燃煤的贡献较实际情况偏高。

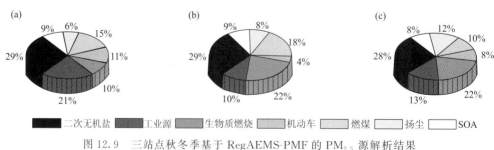

图 12.9　三站点秋冬季基于 RegAEMS-PMF 的 PM$_{2.5}$ 源解析结果
(a)环保局；(b)华龙区；(c)濮水河

12.6.3　"2+26"城市 PM$_{2.5}$ 来源解析

针对京津冀"2+26"城市及周边地区，采用 RegAEMS-APSA 开展了 PM$_{2.5}$ 的空间和行业来源解析(王德羿等,2020)。模拟时间为 2017 年 12 月 26 日 00:00—2018 年 1 月 2 日 23:00,
该时段京津冀及周边地区经历了一次严重的 $PM_{2.5}$ 污染过程,具有持续时间长、影响范围广、
污染程度重等特点,区域首要污染物以 $PM_{2.5}$ 为主,小时浓度最大值为 $201\sim507~\mu g/m^3$。

　　模式验证所使用的观测资料来自中国环境监测总站发布的数据(http://
113.108.142.147:20035),采用标准化平均偏差(NMB)、标准化平均误差(NME)和相关系数
(COR)三个统计指标对模拟结果进行量化评估验证,结果表明,"2+26"城市 $PM_{2.5}$ 观测和模
拟的 NMB 为 $-25.54\%\sim31.53\%$,NME 为 $27.72\%\sim45.29\%$,COR 为 $0.42\sim0.75$,表明
RegAEMS 可以较好地模拟出细颗粒物的污染特征和时空分布。本次解析结果选取"2+26"
城市中的 6 个作为重点研究对象,分别是不同方位的北京(北部)、郑州(南部)、太原(西部)、滨
州(东部)以及衡水和邯郸(中部)。

　　基于 RegAEMS-APSA 的区域来源结果见图 12.10。本次污染过程期间北京本地源排放
对 $PM_{2.5}$ 来源总贡献为 56.0%,其他 27 市贡献为 18.8%,其中河北 8 市为 9.9%,天津为
6.2%,外围区域贡献为 25.2%;郑州本地贡献为 46.7%,河南其他 6 市贡献为 17.6%,其中焦
作贡献最大,为 16.9%,外围区域贡献为 34.2%;太原本地贡献为 73.3%,其他 27 市仅
0.2%,外围区域贡献 26.4%,主要原因是太原位于区域最西侧,其三面环山,且污染期间太原
以静稳和偏西风天气为主,故受其他 27 市影响很小;滨州本地贡献为 51.0%,山东其他 6 市
贡献为 11.4%,河北 8 市贡献为 8.5%,外围区域贡献为 26.0%;衡水本地贡献为 60.1%,其
他 27 市贡献为 38.9%,其中河北另外 7 市文献为 23.3%,山东 6 市贡献为 13.3%,外围区域
贡献仅为 1.0%;邯郸本地贡献为 75.4%,其他 27 市贡献为 23.2%,外围区域贡献仅为
1.4%。整体而言,区域边缘城市的外围区域贡献普遍较高,占比 $20.5\%\sim57.5\%$,而位于
区域中部城市污染更多来自本地和其他 27 市,外围区域贡献较小,占比 $0.3\%\sim8.4\%$;北京、
郑州、太原、滨州、衡水、邯郸本地以外贡献分别为 44.0%、53.3%、26.7%、49.0%、39.9%、
24.6%,存在较明显的区域输送。

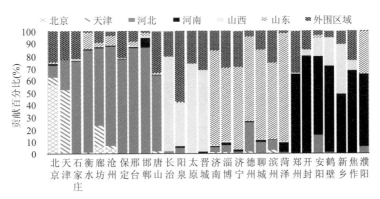

图 12.10　"2+26"城市本次污染过程中区域贡献比例

(河北(包含 8 市)为石家庄、保定、沧州、邯郸、衡水、唐山、邢台、廊坊;河南(包含 7 市)

为郑州、安阳、鹤壁、焦作、开封、濮阳、新乡;山东(包含 7 市)为济南、滨州、

济宁、德州、淄博、菏泽、聊城;山西(包含 4 市)为太原、长治、晋城、

阳泉;外围区域为第三层除"2+26"城市以外地区)

　　基于 RegAEMS-APSA 的行业来源结果见图 12.11。北京地区生活源为 $PM_{2.5}$ 的最大来

源,占比为 34.2%~44.8%,平均占比 35.7%,其次为交通源,占比为 25.0%~28.0%,工业源占比为 14.0%~25.2%,农业源占比为 8.1%~11.6%,电厂源占比最小,平均占比为 4.1%。郑州、衡水、邯郸 PM$_{2.5}$ 首要来源为生活源,占比分别为 38.4%~51.8%、31.0%~46.3%、36.8%~46.7%,工业源为此 3 市的第二大污染来源,占比分别为 13.8%~29.9%、17.2%~28.2%、20.3%~31.1%,郑州的生活源较衡水和邯郸占比明显更高;交通源贡献分别为 13.2%~19.1%、20.2%~26.9%、18.7%~22.5%,郑州除 29 日外,其他污染日工业源占比为 13.8%~24.1%,29 日郑州工业源占比达到 29.9%,该日郑州污染程度最重,且其他 27 市贡献达 44.8%,其中焦作对其贡献为 41.8%,考虑焦作为重工业城市,表明 29 日郑州的工业源占比相当一部分可能来自焦作的工业源输送,因此郑州本地工业源占比并不大,同时郑州交通源贡献占比整体偏小。3 个城市的农业源占比分别为 8.1%~11.8%、8.4%~11.5% 和 8.3%~10.8%,电厂源占比为 2.8%~8.4%、2.8%~6.5% 和 1.7%~3.5%。太原和滨州最大污染源为工业源,占比分别为 36.1%~41.9% 和 24.4%~35.7%,可能与太原为重工业城市,而滨州地区近年来重工业发展较为迅速有关,其次为生活源,占比分别为 28.8%~37.3% 和 23.8%~33.2%,太原的交通源占比为 14.0%~16.5%,相比于其他城市,太原的交通源明显占比更小,农业源占比为 7.4%~9.1%,电厂源占比为 3.7%~5.3%。滨州地区交通源、农业源、电厂源贡献分别为 23.7%~27.2%、8.0%~10.3%、4.9%~7.9%。

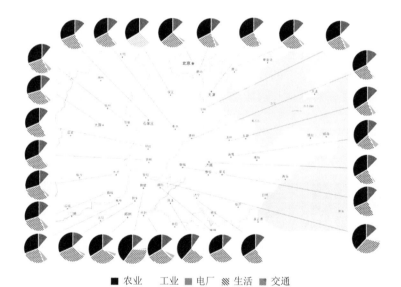

■农业 ■工业 ■电厂 ▨生活 ■交通

图 12.11 "2+26"城市本次污染过程中 PM$_{2.5}$ 行业贡献比例

本次污染期间,就区域贡献而言,"2+26"边缘城市的外围区域贡献普遍较高,占比为 20.5%~57.5%,"2+26"中部城市污染主要来自本地和其他 27 市,外围区域贡献较小,占比为 0.3%~8.4%;"2+26"城市本地以外贡献平均达到 48.4%,区域输送特征明显,风场为影响区域 PM$_{2.5}$ 传输的主要气象因子,上风向地区污染情况对该城市污染水平影响较大,贡献率较高。就行业贡献而言,"2+26"城市交通源平均贡献率达 21.8%,整体贡献较为显著,其影响不容忽视;生活源已普遍成为区域内第一大污染源,仅部分工业发达城市工业源占比超过生活源;各城市电厂源贡献较小,平均贡献为 4.6%。

12.6.4　青岛 O_3 来源解析

12.6.4.1　模式设置

利用空气质量数值模式 CAMx-OSAT 对青岛市春、夏季 O_3 的两次污染过程进行模拟和来源解析(王静等,2020)。CAMx 使用的气象场由 WRF 提供,因此两者的参数设置尽量保持一致。本研究中气象模型 WRF 的网格中心设置为青岛市,经纬度为 37.0°N、120.0°E。水平方向设定 4 层嵌套网格,对应网格距分别为 81 km、27 km、9 km、3 km,最外层区域囊括了中国大部分地区,包含京津冀、长三角和珠三角三大城市群,第二层区域含有华东大部分地区和华北、华中部分地区,第三层区域覆盖了整个山东省,第四层区域则覆盖了整个青岛市及周边地区。研究中 CAMx 的模拟区域为 WRF 第二层和第三层模拟区域,采用 Lambert 地图投影坐标系并嵌套两层网格,分辨率从外到内依次为 27 km 和 9 km,网格数依次为 84×69 和 65×59,由于 WRF 与 CAMx 采用不同的网格方案,因此使用接口程序 WRFCAMx 将 WRF 的输出结果插值到 CAMx 所使用的网格上并转换为相应的输入格式。垂直方向上设置 23 个气压层,层间距自下而上逐渐增大。CAMx 主要参数和机制设置包括水平平流方案(PPM)、干沉降方案(Zhang03)、气相化学机制(CB05)、气溶胶化学机制(CF)和气相化学求解(EBI)。O_3 源解析部分,源追踪区域依城市范围设定为 20 个,即青岛、周边各城市(淄博、潍坊、威海、日照等)及以外区域,初始条件和边界条件的贡献视为长距离输送贡献(背景浓度贡献),选取青岛市 9 个国控站点作为源解析的受体点。CAMx 模拟时段为春季 2018 年 4 月 15—30 日和夏季 2017 年 5 月 30 日—6 月 11 日,4 月 15 日和 5 月 30 日作为模式预积分时间以减小初始和边界条件对模拟结果的影响。WRF 使用的气象数据为美国国家环境预报中心提供的 FNL 全球再分析资料(Boylan and Russell,2006),时间间隔为 6 h,水平分辨率为 1°×1°。排放源清单采用青岛市最新建立的本地化排放清单及中国多尺度排放清单 MEIC,人为排放源的类型分为 5 类,分别是农业源、工业源、电厂源、生活源和交通源。MEIC 排放清单中工业过程来源包括冶金工业、矿产品工业和化学工业等 11 种产品,交通源包括 7 种道路移动源(轻型汽油车、轻型汽油卡车、中型汽油卡车、轻型柴油车、重型汽油车、重型柴油车和摩托车)和 6 种非道路移动源(乡村车辆、拖拉机、建筑设备、农用设备、机车和船舶)。受体点(青岛市 9 个国控站点)、机场、港口分布见图 12.12,WRF 和 CAMx 的模拟区域及输送通道见图 12.13。

12.6.4.2　模式评估

首先验证 CAMx 模式的模拟效果,分别验证了 2018 年春季 4 月 15—29 日、2017 年夏季 6 月 1—11 日青岛主要国控监测站点 O_3 观测和模拟结果。图 12.14 和图 12.15 分别为研究时段内青岛市的 O_3 浓度模拟值和观测值,O_3 的观测值和模拟值整体趋势较为一致,模拟值和观测值的相关系数可达 0.68~0.73,具有较高的可信度。12.4 给出了 2018 年 4 月模拟和观测的 O_3 和 NO_2 浓度的统计值,模式性能统计验证采用的统计方法包括标准平均偏差(NMB)、标准平均误差(NME)、平均分数偏差(MFB)、平均分数误差(MFE)和一致性指数(IOA)。除了排放清单本身存在的误差以外,WRF 气象模式结果的准确性,CAMx 模式的物理、化学机制的不确定性等,都会导致模拟与观测的差异,可以看出模拟结果的误差在可接受范围内。

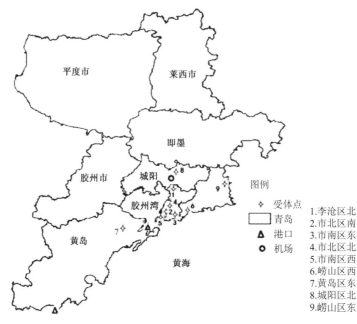

图 12.12　青岛市区环境受体点位分布

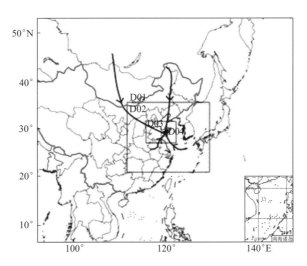

图 12.13　WRF 和 CAMx 的模拟区域及气团轨迹示意图

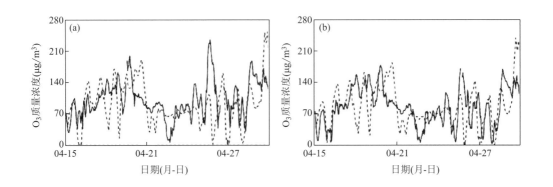

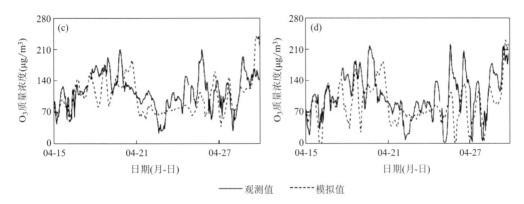

图 12.14 2018 年 4 月 15—29 日青岛市主要国控站点观测(实线)和模拟(虚线)O₃ 质量浓度比较
(a)市南区东;(b)市北区北;(c)崂山区东;(d)李沧区北

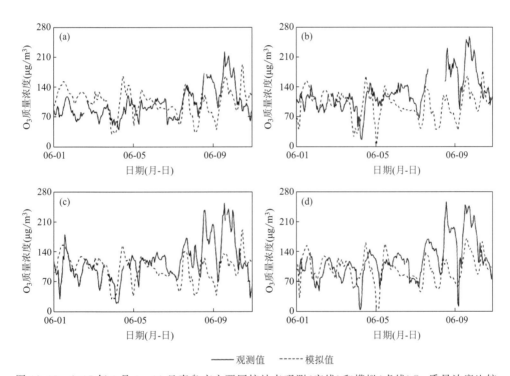

图 12.15 2017 年 6 月 1—11 日青岛市主要国控站点观测(实线)和模拟(虚线)O₃ 质量浓度比较
(a)市南区东;(b)市南区西;(c)市北区北;(d)黄岛区东

表 12.4 2018 年 4 月 15—29 日 O₃ 和 NO₂ 模拟值和观测值验证统计表

污染物	站点	样本数	标准平均偏差	标准平均误差	平均分数偏差	平均分数误差	一致性指数
	市南区东	354	−0.11	0.40	−0.06	0.30	0.70
	市北区北	356	0.00	0.43	0.05	0.35	0.76
O₃	崂山区东	354	−0.11	0.28	−0.06	0.20	0.79
	李沧区北	355	−0.18	0.36	−0.06	0.32	0.82

污染物	站点	样本数	标准平均偏差	标准平均误差	平均分数偏差	平均分数误差	一致性指数
	市南区东	352	−0.33	0.65	−0.28	0.49	0.67
NO₂	市北区北	356	−0.28	0.69	−0.18	0.51	0.64
	崂山区东	354	−0.43	0.64	−0.35	0.49	0.68
	李沧区北	354	−0.49	0.68	−0.40	0.55	0.70

12.6.4.3　污染过程及空间分布

选取春季 2018 年 4 月 15—30 日青岛市出现的一次 O_3 污染过程进行分析。期间 O_3 浓度和气温变化呈正相关,相关系数为 0.5,20—24 日相对湿度大,达到 80% 以上,25—30 日相对湿度明显下降,23—24 日 500 hPa 天气形势图上青岛市位于低压槽后,高压脊前,天气晴好,地面受弱高压控制,以偏南(西南—南—东南)气流为主,且风力为 2~3 级,25 日上游高压脊继续向东移动,青岛市基本受高压控制,25—30 日水平风速较小,气温回升,太阳辐射强,低层大气扩散能力较弱,层结较为稳定,有利于 O_3 浓度的不断增长,同时内陆地区存在较高的 O_3 污染带,受偏北及西南风控制高浓度 O_3 输送至青岛东部海域,29 日受海陆风环流影响,海洋上空累积的高浓度 O_3 气团回流,造成青岛市 O_3 浓度的升高,期间的 O_3 浓度与气温、相对湿度、风速的小时变化及风场见图 12.16 和图 12.17。

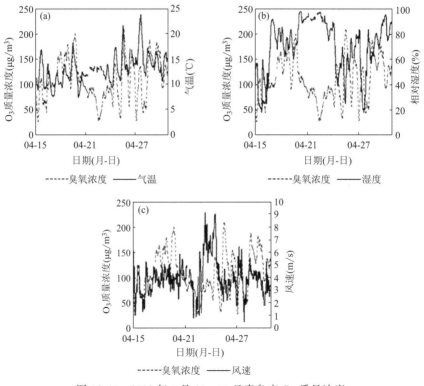

图 12.16　2018 年 4 月 15—30 日青岛市 O_3 质量浓度
和气温(a)、相对湿度(b)、风速(c)小时变化

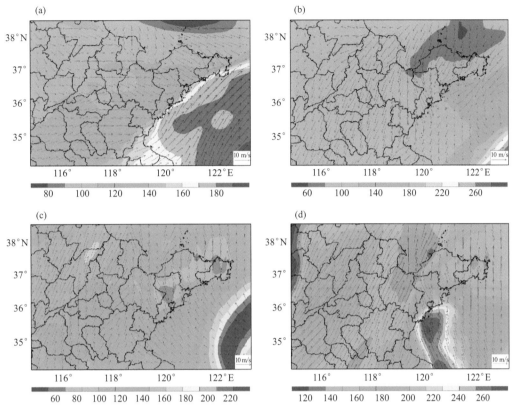

图 12.17　2018 年 4 月 26—29 日 15:00 青岛市模拟 O_3 浓度和风场的空间分布(单位:$\mu g/m^3$)

(a)4 月 26 日;(b)4 月 27 日;(c)4 月 28 日;(d)4 月 29 日

对夏季 2017 年 6 月 1—11 日的污染过程进行分析,期间 O_3 浓度和气温变化趋势呈显著正相关,相关系数达到 0.7,温度增加能够促进大气中的光化学反应,利于 O_3 生成。相对湿度与 O_3 的变化趋势呈反相关,6 月 1—6 日东南风和偏东风,风力为 3～4 级,相对湿度较大,超过 80%,充足的水汽光解产生较多 OH 等活性自由基,与原子氧反应不利于大气中 O_3 的生成累积,监测结果显示青岛市区的 O_3 浓度较低;6 月 7—9 日西北风转为西南风,气温回升、太阳辐射强,风速减小,相对湿度明显下降;6 月 7—8 日,500 hPa 天气形势图上青岛市位于低压槽后,高压脊前,天气晴好,地面图上青岛市受弱高压的控制,以偏南(西南—南—东南)气流、偏西北气流为主,风速为 2～6 m/s,相对湿度较低,低层大气扩散能力较弱,层结较为稳定,有利于 O_3 浓度的不断增长;6 月 9 日,上游高压脊继续向东移动,青岛市基本受高压控制。这种高压控制下的气温较高、湿度低、风速小的晴朗稳定天气,有利于 O_3 浓度进一步上升,6 月 9 日 O_3 浓度达到最高;6 月 10—11 日转为偏东风,O_3 污染逐渐消散,气团来自东南海洋时 O_3 浓度相对较低,西南风向城市群输送时 O_3 浓度出现峰值,期间的 O_3 浓度与气温、相对湿度、风速的小时变化及风场空间分布见图 12.18 和图 12.19。

12.6.4.4　O_3 来源解析

(1)区域源的贡献

图 12.20 给出了模型解析的 2018 年 4 月 15—29 日不同区域排放源对青岛市 O_3 浓度贡

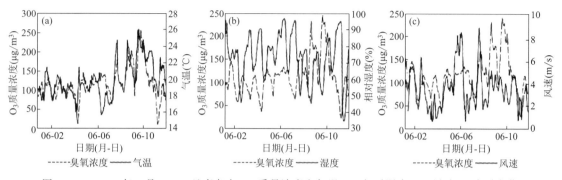

图 12.18　2017 年 6 月 1—11 日青岛市 O_3 质量浓度和气温(a)、相对湿度(b)、风速(c)小时变化

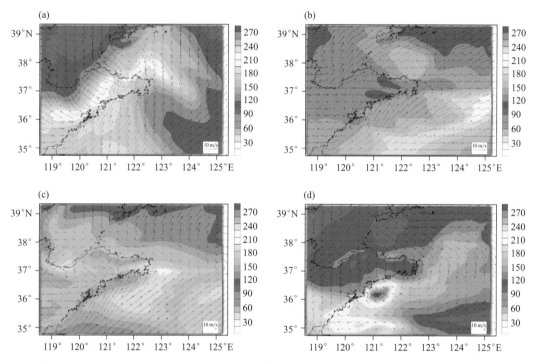

图 12.19　2017 年 6 月 7—10 日 15:00 青岛市模拟 O_3 浓度和风场的空间分布(单位:$\mu g/m^3$)

(a)6 月 7 日;(b)6 月 8 日;(c)6 月 9 日;(d)6 月 10 日

献,整体来看,20 个源追踪区域以外的排放源对青岛市各受体点的 O_3 浓度贡献差异较小,其他城市及位于上风向的城市长距离传输贡献明显,占 60%～80%,模拟时段长距离输送对各受体点 O_3 浓度贡献平均值为 44.3～61.3 $\mu g/m^3$。4 月 19 日受东北风影响,上风向的威海市对青岛市的 O_3 小时最大浓度输送贡献明显增大,占 5%～10%,贡献的 O_3 质量浓度达到 20 $\mu g/m^3$ 左右;4 月 28 日青岛市的 O_3 小时浓度本地贡献增大,达 20% 左右。

2017 年 5 月 30 日—6 月 11 日,不同区域排放源对青岛市受体点 O_3 浓度的模拟结果见图 12.21。O_3 污染期间区域输送贡献较大,垂直扩散条件不利,青岛出现水平方向 O_3 净输入和垂直方向 O_3 净增加,导致局地 O_3 浓度增加,外来源对青岛市 O_3 浓度的贡献占 40%～70%,模拟时段长距离输送对各受体点 O_3 质量浓度贡献平均值为 57.6～69.9 $\mu g/m^3$。6 月 7—9

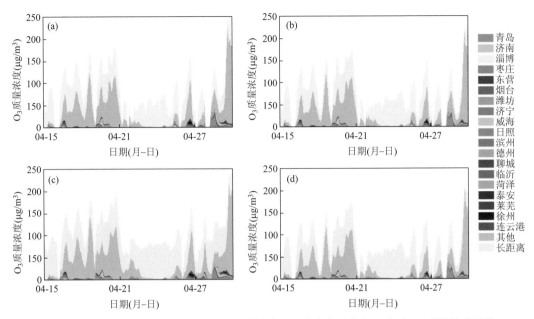

图 12.20　2018 年 4 月 15—29 日不同区域排放源对青岛市受体点逐小时 O_3 质量浓度贡献

(a)市南区东;(b)市北区北;(c)崂山区东;(d)李沧区北

日,青岛受较强的西风和西南风影响,该方位输送路径上的城市污染物的贡献较大。6 月 11 日青岛受气旋环流影响,近地面风速较小,本地贡献相比其他时段增加。

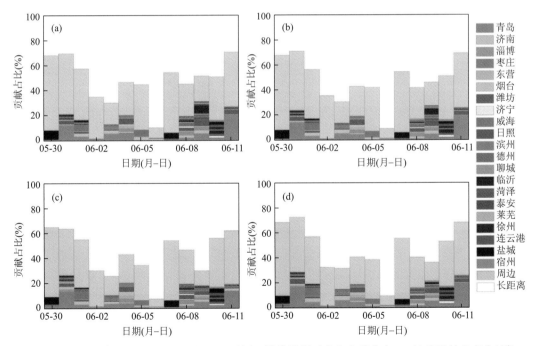

图 12.21　2017 年 5 月 30 日—6 月 11 日不同区域排放源对青岛市受体点 O_3 浓度贡献日变化(%)

(a)市南区东;(b)市北区北;(c)崂山区东;(d)李沧区北

比较已有文献同类研究结果,Wang 等(2019)使用 CMAQ-SOEM 模型解析了夏季全国 2013 年 8 月 O_3 的来源,发现山东省的背景 O_3 贡献达到 44.5%;北京、上海、四川和广东省 O_3 的长距离输送贡献分别为 46.6%、53.3%、61.0%、60.4%。Liu 等(2019)基于 CMAQ-ISAM 模型对北京地区的 O_3 来源分析发现,2015 年 7 月污染日和清洁日长距离输送对 O_3 的贡献分别为 32.1% 和 77.5%。严茹莎等(2016)利用 CMAQ-RSM 方法解析 2013 年 8 月上海地区 O_3 来源,同样发现 O_3 污染显著受到长距离输送的影响,贡献高达 51.3%。由此可见,O_3 污染具有大范围、区域性、远距离输送特点,因此,控制 O_3 污染除要加强本地 O_3 前体物 NO_x、VOCs 的控制外,还需要从区域尺度着手采取管控措施。

(2)行业源的贡献

从 2017 年青岛市本地排放清单看,工业、电厂、交通和生活源的 NO_x 排放量分别为 7.90、1.30、5.68、0.43 万 t/a,VOCs 排放量分别为 16.81、0.02、4.03 和 2.66 万 t/a。作为 O_3 的主要前体物,NO_x 主要来自工业和交通源排放,VOCs 主要来自工业源排放,其次为交通和生活源排放。

2018 年 4 月 15—29 日及 2017 年 6 月 1—11 日,模拟的不同行业排放源对青岛市每一受体点 O_3 浓度的平均贡献差异均较小,不同行业中工业源的贡献最大,与排放清单结果一致。2018 年 4 月 15—29 日,不同行业排放源对 9 个受体点的 O_3 浓度平均贡献工业源约为 62.0%,其次为交通源,平均贡献约为 24.5%,生活源平均贡献约为 8.4%,电厂源平均贡献约为 5.0%,部分受体点的解析结果见图 12.22。其中,青岛本地源对 O_3 贡献较大的前三种源分别是工业、交通、生活,占比为 68.9%、23.2%、6.9%。由模型解析的 O_3 小时浓度的贡献量变化可知,O_3 存在明显的远距离输送特征,当 O_3 浓度较高时(如 4 月 29 日),工业源的贡献量上升明显,见图 12.23。

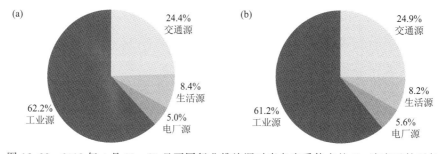

图 12.22　2018 年 4 月 15—29 日不同行业排放源对青岛市受体点的 O_3 浓度贡献(%)

(a)市南区东;(b)崂山区东

2017 年 6 月 1—11 日,不同行业排放源对 9 个受体点的 O_3 浓度平均贡献工业源约为 65.0%,其次为交通源,平均贡献约为 16.0%,电厂源平均贡献约为 11.0%,生活源平均贡献约为 8.0%,部分受体点的解析结果见图 12.24。其中,青岛本地源对 O_3 贡献较大的前三种源分别是工业、交通、生活,占比分别为 67.5%、24.9%、5.1%。

比较已有文献结果,Wang 等(2019)指出,山东省非背景源中工业源占比最大,达 36.8%,其次为交通源(20.4%);对于京津冀地区,工业源的贡献为 33.5%~42.9%,交通源的贡献为 19.1%~25.7%。王杨君等(2014)对上海 O_3 来源解析的研究同样发现工业源是最大的行业排放源。

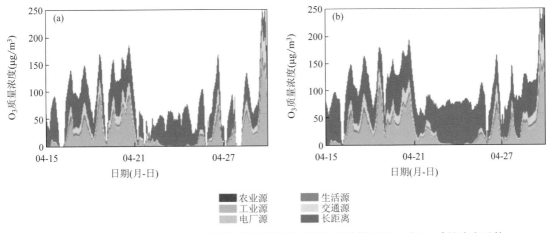

图 12.23　2018 年 4 月 15—29 日不同行业排放源对青岛市受体点逐小时 O₃ 质量浓度贡献

(a)市南区东;(b)崂山区东

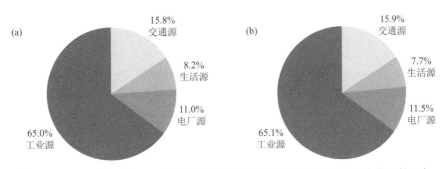

图 12.24　2017 年 6 月 1—11 日不同行业排放源对青岛受体点的 O₃ 浓度贡献(%)

(a)市南区东;(b)崂山区东

12.6.5　沈阳 PM$_{2.5}$ 来源解析

12.6.5.1　模式及区域设置

利用 CMAQ-ISAM 研究了沈阳市 PM$_{2.5}$ 的区域和行业来源贡献。采用 WRF v3.7.1 以及 CMAQ v5.0.2 进行模拟,表 12.5 及表 12.6 为 WRF 及 CMAQ 的详细设置,采取三重嵌套,区域设置如图 12.25 所示,模拟时段为 2015 年、2016 年及 2017 年 12 月 1—31 日,并挑选出 2015、2016 年的重污染时段与视为清洁状态的 2017 年同时段进行对比。WRF 初值采用美国 NCEP 的 FNL 1°×1°数据(https://rda.ucar.edu/datasets/ds083.2/),沈阳市以外的排放源清单采用清华大学 MEIC2016 年清单(https://meicmodel.org/),沈阳市的排放源清单来自沈阳市生态环境局。沈阳市 11 个国控站点数据来自中国环境监测总站。对于 ISAM 源解析模块,进行了 6 个行业及 16 个区域的划分,6 个行业分别为生活源(Residential)、交通源(Transportation)、农业源(Agriculture)、电厂源(Thermal power)、制造业源(Manufacturing)和化工源(Chemical industry),16 个区域设置及观测站点如图 12.26 所示,表 12.7 为各区域网格数及面积大小。

表 12.5 WRF 模拟设置

WRF v3.7.1			
模拟时间	2015、2016 和 2017 年 12 月 1—31 日		
垂直层数	33		
微物理方案	WSM 3		
边界层方案	YSU		
地面层方案	MM5		
陆表过程方案	Unified Noah land-surface model		
长波辐射方案	rrtm		
短波辐射方案	Dudhia		
牛顿张弛逼近同化	on		
模拟区域中心	42.093°N,123.136°E		
嵌套区域网格设置			
嵌套区域 ID	1	2	3
嵌套区域网格数	80×80	99×99	69×90
嵌套区域起始点	×	(23,22)	(42,42)
水平分辨率	27 km	9 km	3 km

表 12.6 CMAQ 模拟设置

CMAQ v5.0.2			
水平平流方案	Yamo		
垂直平流方案	WRF		
水平扩散方案	Multiscale		
垂直扩散方案	ACM2		
干沉降方案	M3Dry		
化学求解方案	EBI		
气溶胶方案	AERO6		
云过程方案	ACM		
化学机制	cb05tucl_ae6_aq		
嵌套区域网格设置			
嵌套区域 ID	1	2	3
嵌套区域网格数	78×78	97×97	67×88

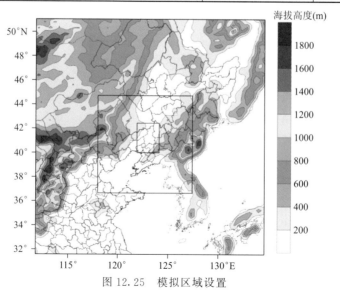

图 12.25 模拟区域设置

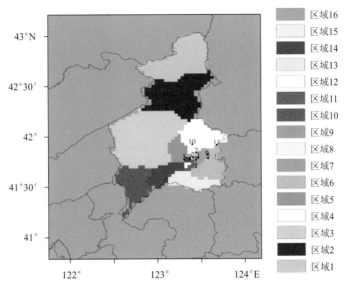

图 12.26　ISAM 区域设置及观测站点位置

表 12.7　ISAM 各区域网格数及面积大小

ISAM 区域	1	2	3	4	5	6	7	8
网格数	202	206	341	99	42	74	10	9
面积(km^2)	1818	1854	3096	891	378	666	90	81
ISAM 区域	9	10	11	12	13	14	15	16
网格数	7	107	6	3	1	60	63	4666
面积(km^2)	63	963	54	27	9	540	567	41994

12.6.5.2　模式评估

为了验证 CMAQ 模式的模拟效果,将 2015、2016、2017 年 12 月 1—31 日模拟结果与沈阳市 11 个国控站点数据进行对比评估,采用评估方法主要包括 COR(相关系数)、NMB(标准化平均偏差)、NME(标准化平均误差):

$$\mathrm{COR} = \frac{\mathrm{Cov}(C_m - C_0)}{\sqrt{D(C_m)}\ \sqrt{D(C_0)}} \tag{12.8}$$

$$\mathrm{NMB} = \frac{\sum\limits_1^N (C_m - C_0)}{\sum\limits_1^N C_0} \times 100\% \tag{12.9}$$

$$\mathrm{NME} = \frac{\sum\limits_1^N |C_m - C_0|}{\sum\limits_1^N C_0} \times 100\% \tag{12.10}$$

式中,C_m 代表模拟 PM$_{2.5}$ 浓度,C_0 代表观测 PM$_{2.5}$ 浓度,N 代表样本个数,Cov(x)代表 x 的

协方差，$D(x)$代表x的方差。

2015、2016、2017 年 12 月 1—31 日三个月的比较结果显示，日均 PM$_{2.5}$ 相关系数分别为 0.54、0.83 和 0.65，标准化平均偏差分别为-44%、-33%和-47%，标准化平均误差分别为 55%、43%和56%，模拟结果的误差在可接受范围内。图 12.27 为 CMAQ 三个月逐小时 PM$_{2.5}$ 浓度模拟与观测散点图。

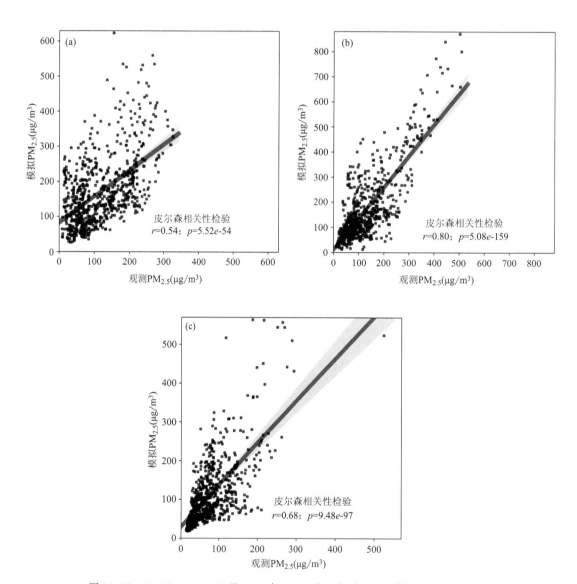

图 12.27　2015(a)、2016(b)及 2017 年(c)12 月逐小时 PM$_{2.5}$ 模拟及观测散点图

12.6.5.3　PM$_{2.5}$ 来源解析

除了标记的排放源行业及区域外，ISAM 还提供了 ICON（初始条件），BCON（边界条件） 以及 OTHR（除标记源外的其他源）贡献。ICON 为模拟初始条件的贡献，一般情况下对于重 污染贡献较低；BCON 为模拟边界条件的贡献，一般来源于第二层嵌套区域，在模拟中可视为

长距离输送的贡献；OTHR 为总排放源与各个标记排放源之间差值的贡献，对于分行业和分区域的源解析，OTHR 并不相同。

　　图 12.28、图 12.31 分别为 2015 年、2016 年 12 月重污染时段各个行业或区域对 PM$_{2.5}$ 污染的贡献；图 12.29、图 12.32 分别为 2015 年、2016 年重污染时段与 2017 年清洁情景沈阳各个行业或区域贡献的差值；图 12.30、图 12.33 为模拟时段各个行业或区域对 PM$_{2.5}$ 污染的总贡献；表 12.8、表 12.9 为各行业或区域排放源在 PM$_{2.5}$ 浓度大于 250 $\mu g/m^3$ 时的贡献与清洁情景下的差值；图 12.34 为各个区域平均每网格对 PM$_{2.5}$ 浓度的贡献。

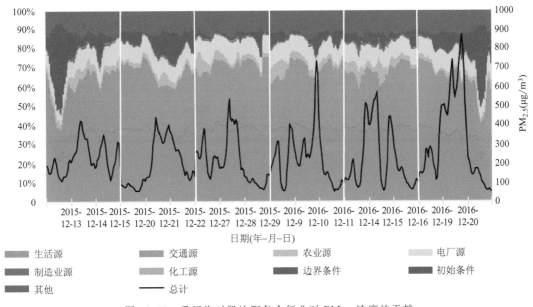

图 12.28　重污染时段沈阳各个行业对 PM$_{2.5}$ 浓度的贡献

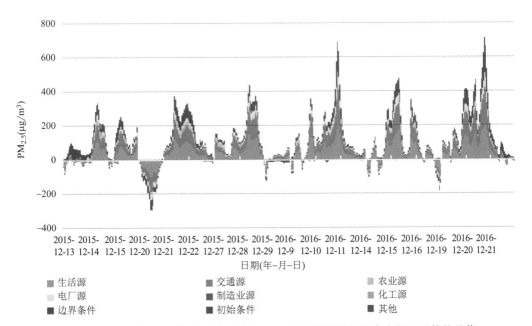

图 12.29　2015 年、2016 年重污染时段与 2017 年清洁情景沈阳各个行业贡献的差值

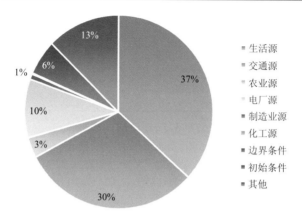

图 12.30　模拟时段各个行业对 $PM_{2.5}$ 污染的总贡献

表 12.8　各行业排放源在 $PM_{2.5}$ 浓度大于 250 μg/m³ 时的贡献与其在清洁情景下的差值(%)

行业	不同日期的差值					
	2015 年 12 月			2016 年 12 月		
	14 日	21 日	28 日	10 日	15 日	20 日
生活源	−0.8	−1.9	1.3	−0.6	0.3	−2.2
交通源	−2.3	−2.0	3.1	1.1	−0.1	0.7
农业源	1.6	0.1	−1.5	−1.1	0.2	−2.0
电厂源	−0.6	−1.0	0.0	0.3	−0.6	0.2
制造业源	0.2	−0.1	−0.1	−0.2	0.4	−0.3
化工源	0.0	0.0	0.0	0.1	0.0	0.0
边界条件	2.3	5.7	−2.9	0.1	0.3	4.0
初始条件	0.0	0.0	0.0	0.0	0.0	0.0
其他	−0.5	−0.8	0.0	0.4	−0.4	−0.5

表 12.9　各区域排放源在 $PM_{2.5}$ 浓度大于 250 μg/m³ 时的贡献与其在清洁情景下的差值(%)

区域	不同日期的差值					
	2015 年 12 月			2016 年 12 月		
	14 日	21 日	28 日	10 日	15 日	20 日
区域 1	1.3	−0.9	−1.4	−1.3	1.9	−1.4
区域 2	1.2	−0.7	−2.9	−2.6	0.1	−2.9
区域 3	2.8	1.3	−1.5	0.2	−3.1	−3.6
区域 4	−6.7	−7.2	4.7	3.9	−0.8	4.9
区域 5	0.8	0.9	2.5	0.4	−2.1	−1.8
区域 6	−0.4	0.3	2.3	2.2	1.1	3.5
区域 7	−0.1	0.2	1.2	0.7	0.4	0.6
区域 8	−0.1	0.3	1.5	0.3	0.1	0.3
区域 9	−0.1	0.2	0.7	0.2	0.2	0.3
区域 10	0.2	0.1	−0.1	0.2	−0.3	−0.3
区域 11	0.0	0.1	0.2	0.0	0.0	0.0
区域 12	0.0	0.0	0.1	0.0	0.0	0.0
区域 13	0.0	0.0	0.0	0.0	0.0	0.0
区域 14	0.0	0.1	0.3	0.0	−0.2	−0.2
区域 15	0.0	0.0	0.1	0.0	0.0	0.0

续表

区域	不同日期的差值					
	2015 年 12 月			2016 年 12 月		
	14 日	21 日	28 日	10 日	15 日	20 日
区域 16	−1.1	−0.5	−4.8	−4.3	2.6	−3.2
边界条件	2.3	5.7	−2.9	0.1	0.3	4.0
初始条件	0.0	0.0	0.0	0.0	0.0	0.0
其他	0.0	−0.1	0.0	0.0	0.0	0.0

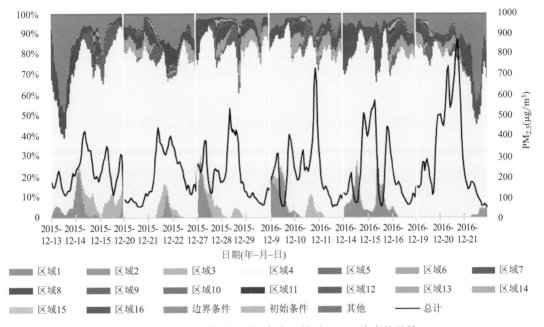

图 12.31　重污染时段沈阳各个区域对 PM$_{2.5}$ 浓度的贡献

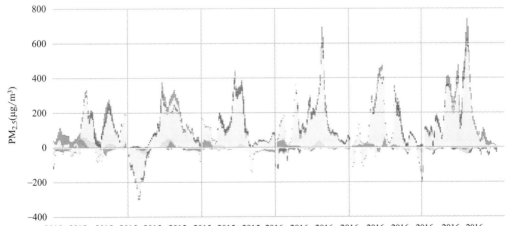

图 12.32　2015 年、2016 年重污染时段与 2017 年清洁情景沈阳各区域贡献的差值

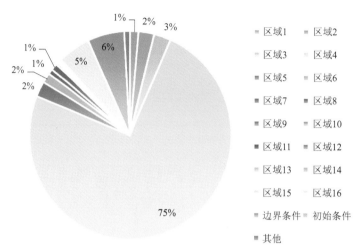

图 12.33　模拟时段各个区域对 PM$_{2.5}$ 污染的总贡献

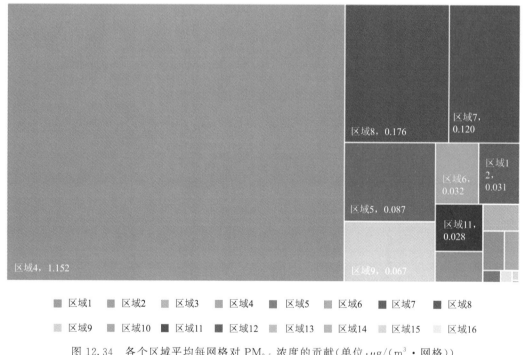

图 12.34　各个区域平均每网格对 PM$_{2.5}$ 浓度的贡献(单位:μg/(m^3·网格))

对于各行业的排放源,生活源和交通源占据了沈阳市冬季 PM$_{2.5}$ 污染的主导地位,此外,其他和电厂源也对 PM$_{2.5}$ 污染有一定贡献,边界条件、农业源和制造业源对 PM$_{2.5}$ 污染贡献较小,化工源和初始条件对于 PM$_{2.5}$ 污染贡献小于 1%。

对于各区域排放源,区域 4(沈北新区)对沈阳市冬季 PM$_{2.5}$ 污染占据主导地位。为了消除各区域大小对污染的影响,从图 12.34 中可以看出区域 8(皇姑区)、区域 7(大东区)、区域 5(于洪区)和区域 9(沈河区)在单个网格上也对 PM$_{2.5}$ 污染有一定贡献。

　　从表 12.8 及表 12.9 可以看出,在沈阳市 2015 年和 2016 年六次 $PM_{2.5}$ 重污染事件中,其中三次来源于 BCON(边界条件)的贡献增加,在重污染情形下来源于模式第二层的长距离输送增加;两次来源于 Transportation(交通源)或者区域 4(沈北新区)的贡献增加,这两次过程中局地污染的占比增大;一次来源于区域 1(康平县)、区域 6(东陵区)和区域 16(模式第三层里除沈阳市之外的区域)的贡献增加,此次污染中远距离输送的占比增大。

第13章　基于数值模式的大气污染协同控制

细颗粒物和臭氧是我国城市大气的主要污染物,两者存在复杂的耦合关系,为了实现区域大气复合污染的协同控制,本章发展了一种源追踪数值模型和数学规划模型相结合的区域空气质量达标规划方法,即基于源追踪数值模型建立 $PM_{2.5}$ 和 O_3 浓度的区域排放源-受体响应关系,利用数学规划模型求取满足目标函数(允许排放量最大)和约束条件($PM_{2.5}$ 和 O_3 浓度同时达标)情况下的最大允许排放量(即大气环境容量),评估不同城市、不同行业排放源减排方案的有效性,给出区域空气质量达标的可行对策建议。将该方法应用于长三角地区春季 $PM_{2.5}$ 和 O_3 污染的协同控制问题,估算了大气环境容量,提出了优化减排建议。

13.1　大气 $PM_{2.5}$ 和 O_3 协同控制思路

基于源追踪数值模型和数学规划模型,估算大气环境容量,给出减排建议,考虑 $PM_{2.5}$ 和 O_3 协同控制,实现区域空气质量达标的总体思路如图 13.1 所示,具体步骤如下。

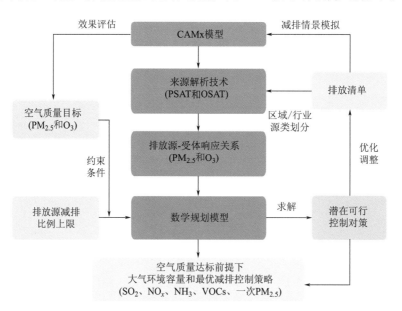

图 13.1　区域空气质量达标规划的技术路线

(1)基于空气质量模型 CAMx 中颗粒物和臭氧来源解析技术(PSAT 和 OSAT),模拟建立研究区域 $PM_{2.5}$、O_3 及其组分的排放源-受体非线性响应关系;

(2)利用数学规划模型,以污染物排放量和区域排放源-受体响应关系作为输入,以一次污染物（SO_2、NO_x、NH_3、VOCs 和一次 $PM_{2.5}$）区域允许排放总量最大为目标函数，以 $PM_{2.5}$ 和 MDA1 O_3 浓度同时达标为约束条件，计算得到不同城市、不同行业源一次污染物优化减排方案的所有可行解；

（3）依据数学规划模型计算结果（即不同城市、不同行业源一次污染物减排比例），确定污染源减排清单，利用 CAMx 模型重新模拟，判断 $PM_{2.5}$ 和 MDA1 O_3 浓度是否达标，评估减排方案的有效性和可靠性；

（4）筛选满足 $PM_{2.5}$ 和 O_3 同时达标的可行减排方案，给出研究区域不同污染物最大允许排放量建议值，以及分城市、分行业排放源的减排比例。

13.2　数学规划模型

针对以 $PM_{2.5}$ 和 O_3 为主要污染物的区域复合大气污染问题，本研究建立的数学规划模型主要基于线性规划方法。线性规划是研究大气环境容量资源利用最大化的重要方法（王金南和潘向忠，2005；方叠等，2013），合理划分大气环境规划区及污染控制点（受体城市），以研究区域内大气污染物排放总量最大为目标函数，以实现区域大气环境质量保护目标（$PM_{2.5}$ 和 O_3 同时达标）以及各排放源可能的排放强度范围作为约束条件，进行优化规划。其中，作为线性规划方法的重要输入，基于 CAMx 模型来源解析技术（PSAT 和 OSAT）模拟计算得到的区域排放源-受体的非线性响应关系矩阵，即污染源对受体点浓度的贡献，考虑了大气 $PM_{2.5}$ 和 O_3 化学生成过程的非线性。

$PM_{2.5}$ 和 O_3 作为二次污染物，其化学生成涉及多种前体物（图 13.2）。$PM_{2.5}$ 组成包括硫酸盐（PSO_4）、硝酸盐（PNO_3）、铵盐（PNH_4）、二次有机气溶胶（SOA）和一次 $PM_{2.5}$ 分别对应前体物 SO_2、NO_x、NH_3、VOCs 和一次 $PM_{2.5}$ 排放。O_3 组成包括 O_3N（NO_x 控制下生成的 O_3）和 O_3V（VOCs 控制下生成的 O_3）。

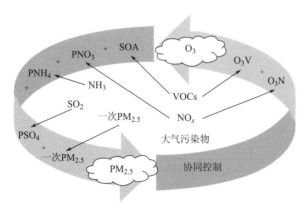

图 13.2　$PM_{2.5}$ 和 O_3 协同控制示意图

利用数学规划模型很好地实现了从区域大气污染物排放总量到不同城市、不同源类、不同前体物的单一源最优化分配，为大气环境控制对策提供最优减排方案，实现了双目标污染物的协同控制。本研究建立的区域大气复合污染控制的数学规划模型结构如下：

$$\mathrm{Max}Q = \sum_{sp=1}^{L} \sum_{i=1}^{M} \sum_{j=1}^{N} e_{sp}(1 - CtrR_{i,j,sp})Q_{i,j,sp} \tag{13.1}$$

$$\sum_{sp=1}^{L} \left[\begin{array}{l} \sum_{i=1}^{M} \sum_{j=1}^{N} (1 - CtrR_{i,j,sp}) f_{i,j,sp}^{r} Q_{i,j,sp} + \\ + \sum_{i=1}^{M+1} Conc_{Biog,i,sp}^{r} + \sum_{j=1}^{N} Conc_{Other,j,sp}^{r} + Conc_{ICBC,sp}^{r} \end{array} \right] \leqslant Conc_{Obj}^{r}, r = 1,2,\cdots,33 \tag{13.2}$$

$$LowB_{i,j,sp} \leqslant CtrR_{i,j,sp} \leqslant UppB_{i,j,sp} \tag{13.3}$$

（1）目标函数，不同城市、不同行业源大气污染物（SO_2、NO_x、NH_3、VOCs 和一次 $PM_{2.5}$）排放总量的最大值（Max Q），由于不同物种排放量的量级存在差异，因此使用归一法对不同物种的排放量加以权重系数（e_{sp}）。

（2）空气质量目标约束，即长三角所有城市 $PM_{2.5}$ 和 O_3 浓度达到空气质量目标。对 $PM_{2.5}$（O_3），总物种数 $L=5$（2），二次污染物和前体物对应关系见图 13.2。受体城市 $PM_{2.5}$ 或 O_3 浓度由"背景"（不可控）和"非背景"（可控）贡献浓度组成，前者定义为 $Conc_{Biog}$、$Conc_{Other}$ 和 $Conc_{ICBC}$ 之和。

（3）上下界约束条件，即排放量控制比例 $CtrR$ 上下界约束，一般依据社会经济能力、排放源削减潜力和特定排放源的排放标准等因素，确定排放源可达到的排放上限（对应 $UppB$）和可承受的排放下限（对应 $LowB$）。

各变量含义如下。

（1）r 代表受体城市（即控制点），总受体城市个数 M；

（2）i 代表源区城市，总源区城市个数 M（此处指长三角区域内）；

（3）j 代表人为排放源类别，总源类个数 N；

（4）sp 代表 $PM_{2.5}$ 或 O_3 的组成物种（对 f、$Conc$ 而言）或对应的前体物（对 e、$CtrR$、$Emis$、$LowB$、$UppB$ 而言）；

（5）$CtrR_{i,j,sp}$ 代表不同城市 i、不同源类 j、不同物种 sp 的控制比例，正值（负值）对应增加（减少）污染物排放；

（6）$Q_{i,j,sp}$ 代表不同城市 i、不同源类 j、不同物种 sp 排放量，单位为 Mg；

（7）$f_{i,j,sp}^{r}$ 代表不同城市 i、不同源类 j、不同物种 sp 的单位排放量对受体城市 r 贡献的浓度，即排放源-受体之间非线性响应关系，单位为 $\mu g/m^3/Mg$；

（8）$Conc_{Biog,i,sp}^{r}$ 代表所有源区（$M+1$ 个）自然源贡献浓度；$Conc_{Other,j,sp}^{r}$ 代表 M 个城市以外区域（即长三角区域外）N 类人为源贡献浓度；$Conc_{ICBC,sp}^{r}$ 代表初始条件和边界条件贡献浓度；$Conc_{Obj}^{r}$ 代表 $PM_{2.5}$ 或 O_3 空气质量目标（或达标浓度）；

（9）Max Q 为区域排放总量最大值，e_{sp} 为不同物种 sp 排放量的权重系数；

（10）$LowB_{i,j,sp}$ 和 $UppB_{i,j,sp}$ 分别为不同城市 i、不同源类 j、不同物种 sp 排放源控制比例的下界和上界。本研究中设定为不允许排放增加，即 $LowB=0$，$UppB$ 变化范围为 $0\sim1$，即减排比例范围为 $0\%\sim100\%$。

13.3　长三角春季高 PM$_{2.5}$ 和高 O$_3$ 污染特征

2013 年"大气十条"实施以来 SO$_2$、NO$_x$ 和一次 PM$_{2.5}$ 排放量大幅度下降,使得 PM$_{2.5}$ 浓度水平显著降低,超标天数显著减少,而 O$_3$ 污染维持在较高的浓度水平。图 13.3 展示了 2014—2017 年长三角 33 个城市日均 PM$_{2.5}$ 和 MDA1 O$_3$ 浓度同时超标(分别高于 75 和 200 μg/m^3)的个数,2014 年 5 月区域平均 PM$_{2.5}$ 和 MDA1 O$_3$ 浓度以及气象要素的逐日变化。从长三角同时出现高 PM$_{2.5}$ 和高 O$_3$(简称"双高")污染的城市个数的逐日变化看,2014—2017 年"双高"污染出现频率逐年减少,春、秋季较为常见,2014 年"双高"污染出现频率最高且污染区域最广,尤其在 5、6 月最为严重。

选取 2014 年 5 月作为春季代表月份,针对该月份典型区域性"双高"污染,估算 PM$_{2.5}$ 和 O$_3$ 协同控制下长三角地区的大气环境容量。由图 13.3 可知,5 月 20—31 日,长三角地区出现连续、严重"双高"污染过程,如 29 日存在 18 个城市、21 日和 30 日存在 15 个城市出现 PM$_{2.5}$ 和 MDA1 O$_3$ 浓度同时超标。

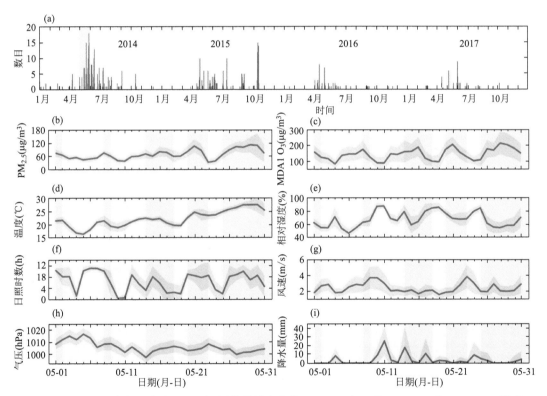

图 13.3　2014—2017 年长三角出现"双高"污染的城市个数(a);2014 年 5 月 PM$_{2.5}$(b)和 MDA1 O$_3$ 浓度(c)、气象要素区域平均值的逐日变化(d—i)(b—i 中灰色阴影表示存在城市出现"双高"污染,蓝色阴影为标准差)

表 13.1 统计了 2014 年 5 月污染日(即出现"双高"污染)和清洁日中 PM$_{2.5}$ 和 MDA1 O$_3$ 浓度及气象要素值。在污染日,区域平均 PM$_{2.5}$ 和 MDA1 O$_3$ 浓度分别为 83.4 和 171.0 μg/m^3。比较气象条件可知,与清洁日相比,污染日表现为温度高、相对湿度低、日照时数长、地表风速弱、气压低和降水量少的特点。

表 13.1　　2014 年 5 月污染日和清洁日污染物浓度和气象要素比较

	污染日[a]	清洁日
PM$_{2.5}$(μg/m^3)	83.4 $\pm$ 16.2	48.3 $\pm$ 10.3
MDA1 O$_3$(μg/m^3)	171.0 $\pm$ 28.9	119.3 $\pm$ 23.4
温度（°C）	24.0 $\pm$ 2.4	19.8 $\pm$ 2.1
相对湿度（%）	65.8 $\pm$ 9.4	67.9 $\pm$ 14.1
日照时数（h）	7.0 $\pm$ 2.7	5.7 $\pm$ 3.9
风速（m/s）	2.1 $\pm$ 0.4	2.6 $\pm$ 0.7
气压（hPa）	1004.0 $\pm$ 2.7	1008.9 $\pm$ 4.5
降水量（mm）	3.1 $\pm$ 4.9	4.2 $\pm$ 6.9

注：[a] 污染日指存在部分城市出现"双高"污染(图 13.3 灰色阴影区域)。

13.4　PM$_{2.5}$ 和 O$_3$ 区域排放源-受体响应关系

13.4.1　CAMx 模型设置

模拟时段为 2014 年 5 月 1—31 日，选取前 3 d 作为模型预积分时间。来源解析模块中源追踪区域设置 34 个区域（即长三角 33 个城市和其他地区，见图 13.4），源解析受体为 33 个城市，源追踪类型设置为 5 类人为源（农业、工业、电厂、生活和交通）和自然源。

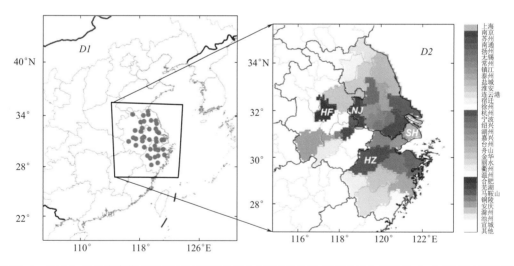

图 13.4　CAMx 两层嵌套模拟区域(左)和源区划分(右)(蓝色圆点表示气象监测站点，合肥不包括巢湖)

13.4.2　污染物排放量统计

图 13.5 统计了 2012 年 5 月 MEIC 排放清单中不同城市、不同行业源大气污染物排放量，分析可知长三角 33 个城市 SO$_2$、NO$_x$、NH$_3$、VOCs 和一次 PM$_{2.5}$ 的现状排放总量分别为 189.8、324.2、153.6、340.6 和 89.4 千吨/月。比较城市分布可知，城市化水平较高的城市（上海、南京、苏州、无锡、杭州、宁波和合肥）各污染物（NH$_3$ 除外）排放量相对较高，江苏北部（盐

城、徐州、淮安和宿迁)和安徽(合肥、安庆和滁州)等 NH_3 排放量较高。比较行业源占比可知，SO_2 主要来自工业和电厂源排放(占比依次为 70.8% 和 25.9%)；NO_x 主要来自工业、电厂和交通源排放(依次为 41.8%、31.5% 和 25.7%)；NH_3 以农业源排放为主(94.9%)；VOCs 以工业源排放为主(81.6%)，部分来自于生活和交通源排放；一次 $PM_{2.5}$ 以工业源排放为主(67.0%)，其次为生活和电厂源。

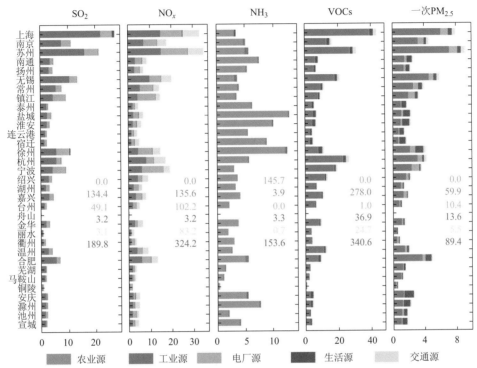

图 13.5　2012 年 5 月长三角不同城市、不同行业源大气污染物排放量统计(单位：千吨/月，不同颜色数字表示对应行业源的排放总量，黑色数字表示 5 类行业源排放总量)

13.4.3　区域排放源-受体响应关系

13.4.3.1　$PM_{2.5}$ 及其组分

图 13.6 展示了 2014 年 5 月长三角地区 $PM_{2.5}$ 及其组分区域排放源-受体非线性响应关系。对总 $PM_{2.5}$ 而言，本地排放、区域内其他 32 个城市(区域内输送)、区域外输送以及初始和边界条件(远距离输送)的贡献范围分别为 3.5%~67.2%、15.6%~72.5%、12.8%~61.0% 和 0.5%~1.9%，平均贡献分别为 32.5%、40.8%、25.6% 和 1.0%。具体而言，上海和宁波受本地排放影响最为显著，相对贡献分别达到 63.8% 和 67.2%，杭州、温州和合肥本地贡献也高于 50%，舟山、铜陵本地贡献低于 10%，舟山以区域外输送贡献(61.0%)为主，铜陵受安庆、池州等区域内输送(61.2%)影响较大。区域内输送对江苏南部和中部城市贡献较大，尤其是南通和泰州(>70%)。区域外输送对长三角中心地区(上海、江苏南部和浙江北部)贡献低于 20%，对安徽(芜湖、池州和安庆)和江苏北部(徐州、宿迁和连云港)影响较大(>35%)。远距离输送贡献较小，可忽略不计。

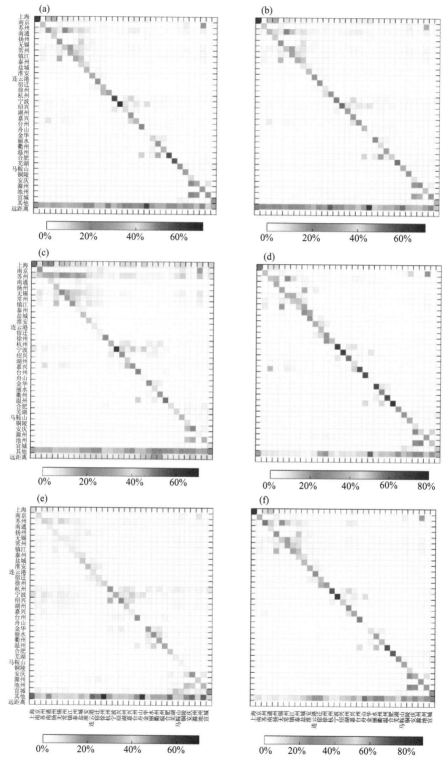

图 13.6　2014 年 5 月 PM$_{2.5}$ 及其组分（PSO$_4$、PNO$_3$、PNH$_4$、SOA 和 PPM$_{2.5}$）
区域排放源-受体响应关系（横坐标：受体城市；纵坐标：排放源区/城市）
（a）PM$_{2.5}$；（b）PSO$_4$；（c）PNO$_3$；（d）PNH$_4$；（e）SOA；（f）PPM$_{2.5}$

PM$_{2.5}$各组分排放源-受体响应关系的特征与总 PM$_{2.5}$呈一定相似性,差异主要归结为前体物行业排放源结构的空间差异,主要表现为:

(1)对于硫酸盐(PSO$_4$):本地排放、区域内输送和区域外输送贡献分别为 3.0%～63.8%、16.6%～69.7%和 16.9%～63.0%;平均而言,本地排放(26.3%)和区域内输送(39.9%)贡献略低于总 PM$_{2.5}$,区域外输送贡献相对较高(33.7%),上海、杭州、宁波和合肥本地贡献高于 50%。

(2)对于硝酸盐(PNO$_3$):本地排放贡献为 4.2%～63.9%,平均贡献(21.2%)与区域外输送贡献(19.6%)相当,均低于总 PM$_{2.5}$和 PSO$_4$;宁波、上海和温州本地贡献高于 50%。区域内输送影响较为显著,平均贡献高达 51.6%,远距离输送影响在所有 PM$_{2.5}$组分中最大(4.8%～17.3%),尤其在浙江南部(丽水和衢州),平均贡献达到 7.6%。

(3)对于铵盐(PNH$_4$):本地排放和区域内输送贡献分别为 4.1%～73.7%和 12.4%～74.1%。本地排放的平均贡献最高(45.6%),在浙江杭州、宁波和温州达到 70%以上。区域内输送平均贡献为 38.3%,在江苏大部分城市较高,尤其是南通和泰州(>70%)。区域外输送贡献为 4.5%～62.3%,平均贡献为 16.1%,低于其他 PM$_{2.5}$组分。

(4)对于二次有机气溶胶(SOA):本地排放、区域内输送和区域外输送贡献分别为 1.5%～32.7%、22.9%～57.7%和 29.9%～66.8%。平均而言,SOA 受区域内输送和区域外输送的影响相当(分别为 42.8%和 44.8%);本地排放贡献(12.3%)远低于其他 PM$_{2.5}$组分。从空间上看,宁波和温州本地贡献相对较高(>30%),江苏南部和安徽东部区域内输送贡献相对较高(>50%),徐州和舟山受区域外输送影响较大(>60%)。

(5)对于一次 PM$_{2.5}$(PPM$_{2.5}$):本地排放、区域内输送和区域外输送贡献分别为 4.4%～82.7%、9.1%～82.2%和 5.8%～65.3%,平均贡献则分别为 42.3%、37.6%和 20.1%,与 PNH$_4$解析结果相当。由于 PPM$_{2.5}$直接来源于 PM$_{2.5}$的一次排放,区域外输送影响相对较小,本地排放对上海和宁波的贡献、区域内输送对南通的贡献高于 80%以上。

13.4.3.2　MDA1 O$_3$ 及其组分

图 13.7 展示了 MDA1 O$_3$及其组分区域排放源-受体响应关系。相比 PM$_{2.5}$,O$_3$区域传输特征更加明显。本地排放、区域内输送、区域外输送和远距离输送对 MDA1 O$_3$的贡献分别为 1.2%～22.6%、14.6%～40.3%、17.4%～45.1%和 29.9%～42.3%,平均贡献则分别为 9.9%、29.7%、25.6%和 34.8%。上海、杭州、宁波和温州本地贡献较高(>20%);江苏南部和中部、浙江(湖州、嘉兴)以及安徽(马鞍山、铜陵)等受区域内输送影响显著(>35%);江苏北部(尤其是徐州)和安徽受区域外输送影响显著;盐城和丽水远距离输送贡献较高(>40%)。

O$_3$N 和 O$_3$V 的排放源-受体响应关系矩阵与 O$_3$呈较大的相似性。本地排放、区域内输送、区域外输送和远距离输送对 O$_3$N 的平均贡献分别 10.5%、27.3%、27.8%和 34.4%,对 O$_3$V 则分别为 8.8%、31.8%、22.8%和 36.6%。相比于 O$_3$N,本地排放和区域外输送对 O$_3$V 的贡献相对较小,而区域内输送、远距离输送贡献更大,尤其在江苏南部和中部、湖州、马鞍山和滁州等。远距离输送贡献呈现一定的空间差异,对南通、泰州和盐城 O$_3$N 的贡献高于 40%,对浙江南部和安徽的贡献较小;对金华、丽水和衢州 O$_3$V 的贡献高于 50%,对上海、江苏南部和安徽东部等城市贡献较小。

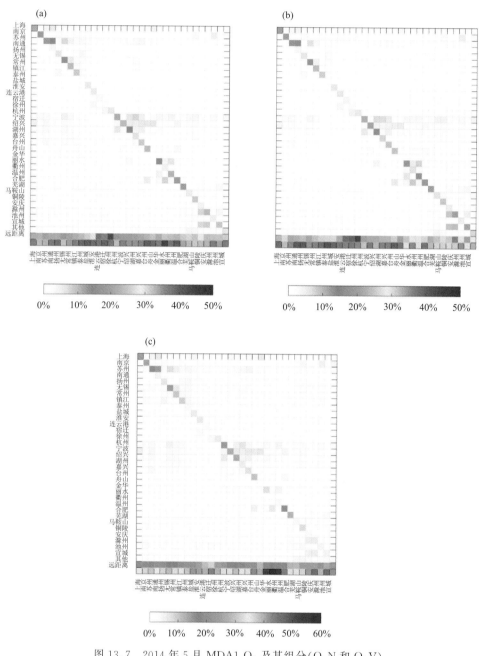

图 13.7　2014 年 5 月 MDA1 O_3 及其组分(O_3N 和 O_3V)

区域排放源-受体响应关系(横坐标:受体城市;纵坐标:排放源区/城市)

(a)MDA1 O_3;(b)MDA1 O_3N;(c)MDA1 O_3V

13.4.4　人为源可控比例

基于污染物观测数据和区域排放源-受体响应关系,定义"背景"或"不可控"浓度为长三角 33 个城市以外人为源、自然源以及初始和边界条件贡献浓度之和,定义"非背景"或"可控"浓度为长三角 33 个城市人为源贡献浓度之和。背景贡献占比越大,人为源减排空间越有限,污染物治理难度越大。

图 13.8 比较了长三角不同城市 $PM_{2.5}$ 和 MDA1 O_3 浓度中"背景"和"非背景"贡献。分析可知,两种污染物人为源可控比例在空间上表现出较高的一致性,长三角中心城市(上海、江苏南部和浙江北部)受区域外影响较小,可控比例相对较高。33 个城市月均 $PM_{2.5}$ 浓度在 $39.7 \sim 90.2 \ \mu g/m^3$ 之间,背景浓度贡献占 $18.3\% \sim 65.2\%$,即人为源可控比例范围为 $34.8\% \sim 81.7\%$。芜湖 $PM_{2.5}$ 浓度最高,且背景浓度的绝对贡献最大($47.2 \ \mu g/m^3$),与安徽及其西北方向外来输送影响较大有关;舟山、徐州、池州和芜湖人为源可控比例低于 50%。

对比而言,O_3 受区域输送影响尤为明显,背景贡献更高,人为源可控比例更小。李敏辉等(2016)基于 CMAQ-RSM 的 O_3 动态源解析方法量化了 2014 年 10 月顺德区 O_3 的来源贡献,指出最大人为源可控比例约 43%。本研究中 33 个城市 MDA1 O_3 浓度在 $68.1 \sim 201.0 \ \mu g/m^3$ 之间,其中背景浓度贡献在 $59.5\% \sim 82.3\%$ 之间,人为源可控比例相比 $PM_{2.5}$ 显著更低($17.7\% \sim 40.5\%$)。淮安 MDA1 O_3 浓度最高且背景浓度的绝对贡献最大($150.5 \ \mu g/m^3$),徐州、南京和嘉兴背景浓度绝对贡献也较大($>120 \ \mu g/m^3$),江苏北部城市人为源可控比例显著较低,尤其是徐州、宿迁和连云港($<25\%$)。

从月均值看,分别存在 33、28 和 9 个城市 $PM_{2.5}$ 浓度超过 35、50 和 75 $\mu g/m^3$,分别存在 9、3 和 1 个城市 MDA1 O_3 浓度超过 160、180 和 200 $\mu g/m^3$。江苏和安徽的 $PM_{2.5}$ 污染较重,江苏(淮安、南京、无锡、常州)和浙江(嘉兴、宁波)等城市 O_3 污染较重,为区域大气复合污染治理的首要目标。

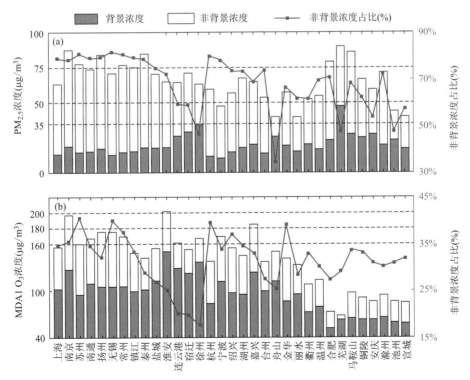

图 13.8 长三角不同城市 $PM_{2.5}$(a)和 MDA1 O_3(b)浓度月均值、背景和非背景贡献浓度比较

13.4.5　O₃ 控制区分布

进一步根据 O_3N 和 O_3V 相对贡献分析 O_3 生成的控制区属性。图 13.9 展示了长三角区域平均 MDA1 O_3 处于不同浓度水平对应的 NO_x 控制区和 VOCs 控制区的空间分布。从平均情况看,长三角中心区域(上海、江苏南部和中部)O_3 生成属于 VOCs 控制区,其他地区为 NO_x 控制。对照前体物排放通量空间分布(图 13.10)可知,VOCs 控制区集中分布在污染物排放通量较大的城市地区。对比平均情况,当区域平均 MDA1 O_3 浓度高于 200 $\mu g/m^3$,VOCs 控制区延伸到江苏沿海城市;当处于 $160 \sim 200$ $\mu g/m^3$,上海、江苏东南部和浙江东北部 O_3 生成属于 VOCs 控制区;当处于 $120 \sim 160$ $\mu g/m^3$;江苏南部和中部、浙江北部地区处于 VOCs 控制区;当低于 120 $\mu g/m^3$,江苏南部和西部、安徽部分地区 O_3 生成属于 VOCs 控制区。已有研究中,蒋美青等(2018)分析发现我国京津冀、长三角、珠三角和成渝地区四大城市群大部分处于 VOCs 控制区,部分站点处于过渡区,城市地区受 NO_x 滴定作用明显。严茹莎(2016)指出长三角城区点位属于 VOCs 控制型,郊区点位属于 NO_x 控制型。综上所述,长三角地区 O_3 防控在中心发达城市地区应以 VOCs 控制为主,其他欠发达地区以 NO_x 控制为主,且当考虑不同 O_3 污染水平时,O_3 生成的控制区在空间分布上存在一定的差异。

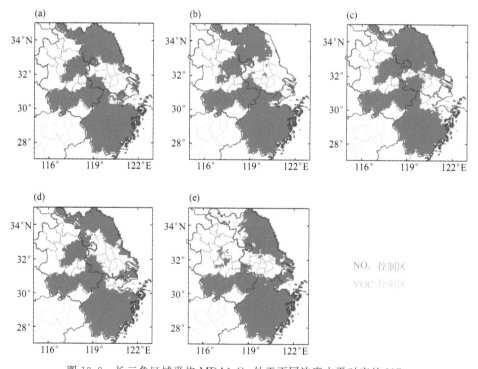

图 13.9　长三角区域平均 MDA1 O_3 处于不同浓度水平对应的 NO_x

控制区和 VOCs 控制区的空间分布(单位:$\mu g/m^3$)

(a)平均值;(b)MDA1 $O_3 > 200$;(c)$160 <$ MDA1 $O_3 \leqslant 200$;(d)$120 <$ MDA1 $O_3 \leqslant 160$;(e)MDA1 $O_3 \leqslant 120$

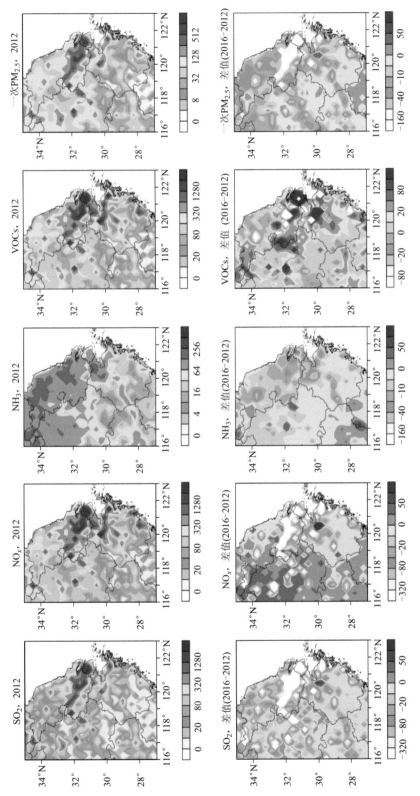

图 13.10　长三角大气污染物排放通量空间分布：2012 年（上）、2016 与 2012 年差值（下）（单位：10^{-3} kg/(s·grid)

13.5　长三角PM$_{2.5}$和O$_3$协同控制的优化减排方案

13.5.1　数学规划模型设置

本研究求解的最优化问题为区域允许排放总量最大化问题,以PM$_{2.5}$和MDA1 O$_3$空气质量目标、污染物排放量优化控制比例上下界作为约束条件,设置如下。

(1)目标函数为大气污染物(SO$_2$、NO$_x$、NH$_3$、VOCs和一次PM$_{2.5}$)区域排放总量之和最大值(Max Q),为消除不同物种排放量量级差异的影响,对污染物排放总量进行归一化处理。

(2)空气质量目标为月均PM$_{2.5}$和MDA1 O$_3$浓度达标,区域排放源-受体响应关系作为输入。考虑《环境空气质量标准》(GB 3095—2012)中年平均和24 h平均PM$_{2.5}$浓度二级标准分别为35和75 μg/m^3,MDA8和MDA1 O$_3$浓度二级标准分别为160和200 μg/m^3。

(3)对于特定的一组上下界约束条件,模型计算可得到一组最优解或无可行解。本研究中设定不允许污染排放有所增加,即控制比例下界设为0;对于5类行业源,考虑在特定的减排比例上限(控制比例上界)约束下以10%间隔做循环处理而求取所有可行的最优解。

综合对空气质量标准、春季PM$_{2.5}$和O$_3$污染水平、2014年5月33个城市PM$_{2.5}$和MDA1 O$_3$浓度水平、人为源可控和不可控比例、减排可行性、管控城市范围等因素的考虑,设计以不同空气质量目标和减排比例上限为约束的8组实验,如表13.2所示。

表13.2　实验设计

实验序号	空气质量目标约束(μg/m^3)		减排比例上限约束[a]	其他
	PM$_{2.5}$	MDA1 O$_3$		
1	50	160		
2	50	180		
3	55	160	10%～100%	所有城市达标
4	60	160		
5	35	160		仅不考虑芜湖
6	35	200		PM$_{2.5}$达标[b]
7	35	160	工业、电厂不超过90%,生活、交通不超过70%,农业不超过50%	仅考虑南京达标[c]
8	50	160	工业、电厂不超过70%其他不超过50%	

注:[a] 以10%为间隔;[b] 芜湖PM$_{2.5}$不可控浓度超过35 μg/m^3;[c] 南京PM$_{2.5}$和O$_3$污染均较严重。

由于CAMx模型对SOA浓度模拟存在明显低估(Jiang et al.,2019),导致VOCs排放对PM$_{2.5}$贡献低估,因此假设SOA区域排放源-受体响应关系准确,依据PM$_{2.5}$观测浓度的10%对SOA模拟浓度加以订正(Qiao et al.,2018),依据PM$_{2.5}$观测浓度的90%对其他PM$_{2.5}$组分整体加以订正。

13.5.2　优化减排方案

在不同空气质量目标和减排比例上限约束下,8 组实验分别求解得到 145、145、2993、5441、11、12、98 和 326 组可行解(图 13.11)。比较 Case 1、2 或 Case 5、6 可知,放宽 O_3 空气质量目标,可行解个数基本不变。比较 Case 1 和 Case 3—5 可知,强化 $PM_{2.5}$ 空气质量目标,可行解个数显著减少。比较 Case 7、5 或 Case 8、1 可知,在仅考虑单一城市双目标污染物达标、强化减排比例上限约束情况下,可行解个数显著增加,反映出 $PM_{2.5}$ 空气质量目标是影响长三角区域污染排放管控程度的重要因素。

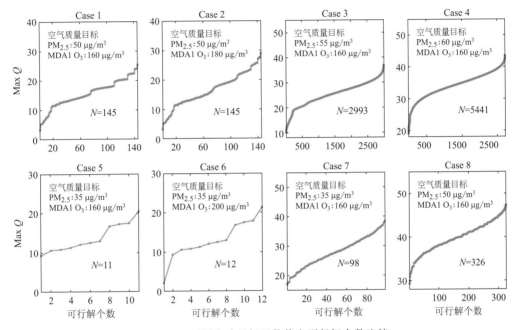

图 13.11　不同实验目标函数值和可行解个数比较

13.5.2.1　分行业排放源减排比较

图 13.12 比较了 8 组实验所有可行解对应的大气污染物分行业源排放量和区域排放总量的减排比例。以 Case 1 为参照,由图可知 SO_2、NO_x、NH_3、$VOCs$ 和一次 $PM_{2.5}$ 区域排放总量减排比例的均值分别为 95.7%、76.9%、48.5%、66.9% 和 91.1%,SO_2 和一次 $PM_{2.5}$ 为 $PM_{2.5}$ 污染治理的首要管控对象,减排比例超过 90%,NO_x 和 $VOCs$ 减排比例比值约为 1.15,NH_3 控制力度最小。从前体物主要行业源(图 13.5)看,农业源 NH_3 排放减排 47.9%;工业源减排力度最大,SO_2、NO_x、$VOCs$ 和一次 $PM_{2.5}$ 排放分别减排 98.4%、80.5%、72.2% 和 93.5%;电厂源 SO_2、NO_x 和一次 $PM_{2.5}$ 排放分别减排 89.2%、76.6% 和 86.3%;生活源 $VOCs$ 和一次 $PM_{2.5}$ 排放分别减排 30.4% 和 86.1%;交通源 NO_x 排放减排 71.3%。

比较 Case 1 和 Case 2 可知,提高 O_3 达标限值(由 160 $\mu g/m^3$ 增加到 180 $\mu g/m^3$),SO_2、NH_3 和一次 $PM_{2.5}$ 区域排放总量减排比例均略有增加(1.1%~3.5%),工业源和电厂源 SO_2 减排比例增加 1.1%~1.2%,农业源 NH_3 减排比例增加 3.3%,工业源、电厂源和生活源一次

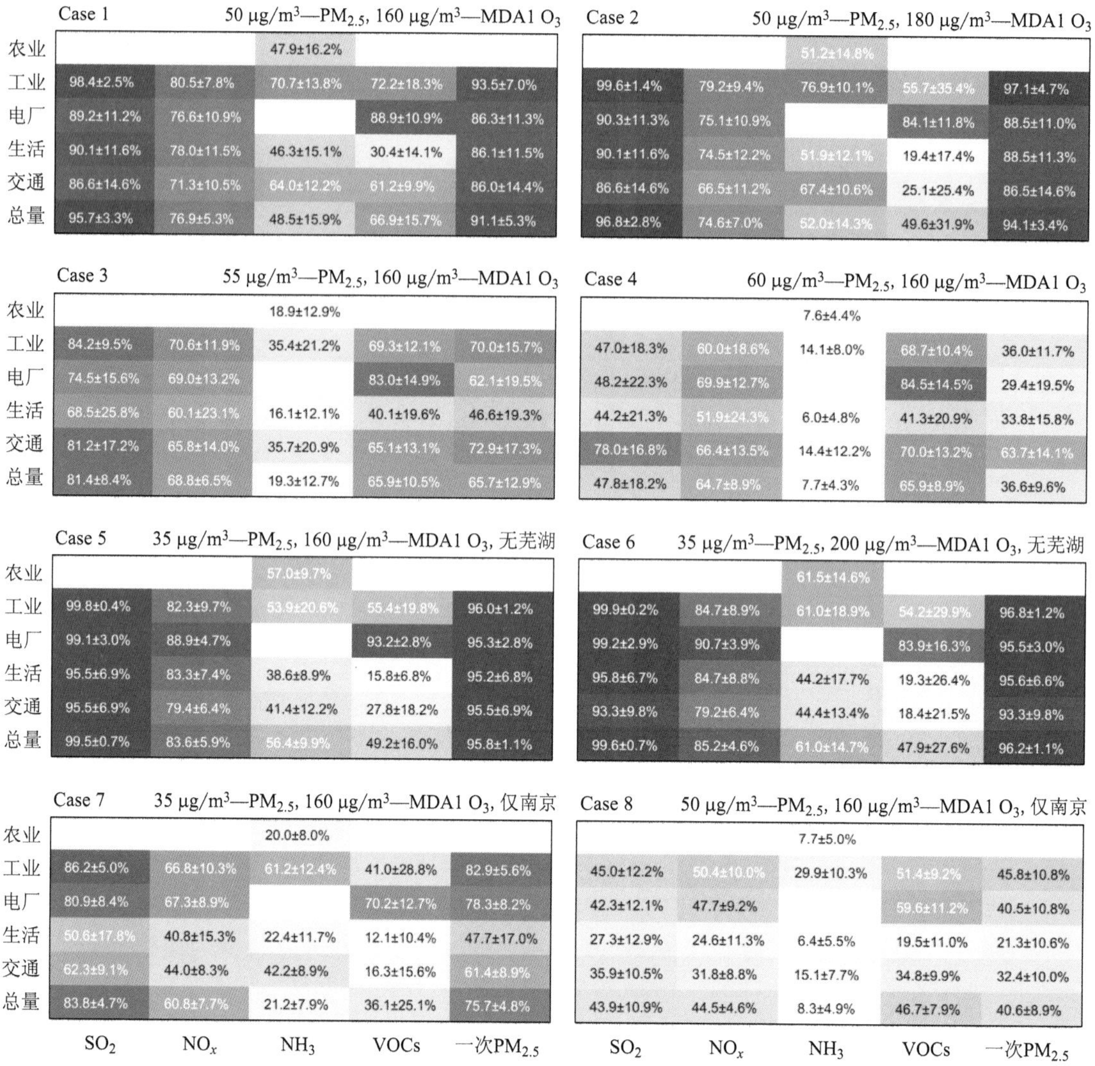

图 13.12　不同实验大气污染物分行业源排放量和区域排放总量的减排比例比较

$PM_{2.5}$ 减排比例增加 2.4%～3.6%。对比而言，NO_x 和 VOCs 排放总量减排比例有所降低（2.3% 和 17.3%），尤其是工业源和生活源 VOCs 减排比例分别下降 16.5% 和 11.0%，工业源、电厂源和交通源 NO_x 减排比例下降 1.3%～4.8%。

比较 Case 1 和 Case 3—4 可知，提高 $PM_{2.5}$ 达标限值（由 50 $\mu g/m^3$ 增加到 55 或 60 $\mu g/m^3$），各前体物（VOCs 除外）减排比例均显著下降，尤其是 Case 4 中 SO_2 和一次 $PM_{2.5}$ 减排比例相比 Case 1 下降近 50%。VOCs 减排比例下降幅度显著小于 NO_x，表明 VOCs 减排效益对 $PM_{2.5}$ 控制而言相对其他前体物较差，而对 O_3 控制影响较大。

比较 Case 1 和 Case 5 可知，降低 $PM_{2.5}$ 达标限值（由 50 $\mu g/m^3$ 降低到 $PM_{2.5}$ 浓度年均标准，即 35 $\mu g/m^3$）且不考虑芜湖 $PM_{2.5}$ 达标，各前体物（VOCs 除外）减排比例显著上升，SO_2 和一次 $PM_{2.5}$ 减排比例接近减排上限（95%～100%），NO_x 和 NH_3 减排比例分别高于 80% 和 50%，但 VOCs 削减量有所减少，表明加强 $PM_{2.5}$ 达标约束时，需削减更多 NO_x，同时可相应减少 VOCs 削减量。

比较 Case 5 和 Case 6 可知,提高 O_3 达标限值(由 160 $\mu g/m^3$ 增加到 MDA1 O_3 浓度二级标准,即 200 $\mu g/m^3$),VOCs 减排比例有所下降,而 NO_x 减排比例略有增加,这与 Case 1 和 Case 2 比较情况(NO_x 减排比例下降)有所不同,反映出 NO_x 和 VOCs 减排对 $PM_{2.5}$ 和 O_3 控制的共同影响。在 $PM_{2.5}$ 达标限制较严、SO_2 和一次 $PM_{2.5}$ 减排比例接近上限的情况下,提高 O_3 达标限值导致 VOCs 减排力度减弱,由此导致对 $PM_{2.5}$ 控制的影响需通过增加 NO_x 削减量来抵消。

仅考虑单一城市(南京)$PM_{2.5}$ 和 O_3 达标,并对行业源减排比例上限加以约束时,以 Case 8 为参照,SO_2、NO_x、NH_3、VOCs 和一次 $PM_{2.5}$ 排放总量减排比例均值分别为 43.9%、44.5%、8.3%、46.7% 和 40.6%,显著弱于所有城市达标情景下(Case 1)区域污染管控水平。进一步与 Case 7 比较(即降低 $PM_{2.5}$ 达标限值)发现,各前体物减排比例(VOCs 除外)显著增加,VOCs 减排比例反而下降 10.6%(尤其是工业减排比例下降 10.4%),与 Case 1 和 Case 3—4 比较的结论一致。

13.5.2.2　分城市排放源减排比较

图 13.13 进一步比较了 8 组实验所有可行解对应的大气污染物分城市源排放量的减排比例,可以发现各前体物减排比例呈显著的空间差异。总体而言,长三角中心区域,包括上海、江苏南部(南京、苏州、无锡、常州、镇江)、浙江北部(如杭州、湖州、嘉兴、绍兴)和安徽(如芜湖、马鞍山、铜陵)各前体物减排比例相对较高,尤其是 SO_2 和一次 $PM_{2.5}$,而江苏北部和浙江南部 $PM_{2.5}$ 污染相对较轻,因此前体物减排力度较小。

以 Case 1 为参照,与 Case 2 比较可知,提高 O_3 达标限值,SO_2、NH_3 和一次 $PM_{2.5}$ 减排比例的变化较小,江苏东北部(盐城、淮安和宿迁)NO_x 减排以及上海、江苏南部和浙江北部 VOCs 减排的比例均显著下降,这与 O_3 生成控制区的空间分布密切相关(图 13.9)。

比较 Case 1 和 Case 3—4 可知,提高 $PM_{2.5}$ 达标限值,各前体物减排比例(VOCs 除外)均显著下降,尤其是上海、江苏和浙江南部较为显著。对比来看,南京、常州、无锡和嘉兴等城市 $PM_{2.5}$ 和 O_3 浓度水平均相对较高,安徽 $PM_{2.5}$ 污染水平整体较高(尤其是芜湖和马鞍山)且人为源可控比例较低(图 13.8),因此上述城市前体物减排比例变化较小。

比较 Case 1 和 Case 5 可知,降低 $PM_{2.5}$ 达标限值且不考虑芜湖 $PM_{2.5}$ 达标,上海和江苏各前体物(VOCs 除外)减排比例均显著上升,浙江部分城市 NO_x 和 NH_3 反而有所下降,而区域 VOCs 减排比例下降幅度最为显著,尤其在上海和浙江,这主要由于区域 NO_x 减排力度加大,导致对 $PM_{2.5}$ 和 O_3 控制效益增加,从而抵消其他前体物减排效益,反映出优化分配区域大气环境容量的重要性。此外,由于不考虑芜湖 $PM_{2.5}$ 达标,芜湖本地及其安徽邻近城市 NO_x、NH_3 和 VOCs 减排力度明显减弱。

比较 Case 1 和 Case 8 可知,仅考虑单一城市(南京)$PM_{2.5}$ 和 O_3 达标,前体物排放的管控力度明显减弱、管控范围明显缩小,南京及其邻近城市各前体物管控力度相对较大,南京本地 SO_2、NO_x、NH_3、VOCs 和一次 $PM_{2.5}$ 减排比例分别为 65.4%、58.1%、36.1%、62.5% 和 63.0%。在此基础上,强化 $PM_{2.5}$ 空气质量目标约束时(即与 Case 7 比较)可以发现区域管控范围明显扩大,管控力度有所增强。

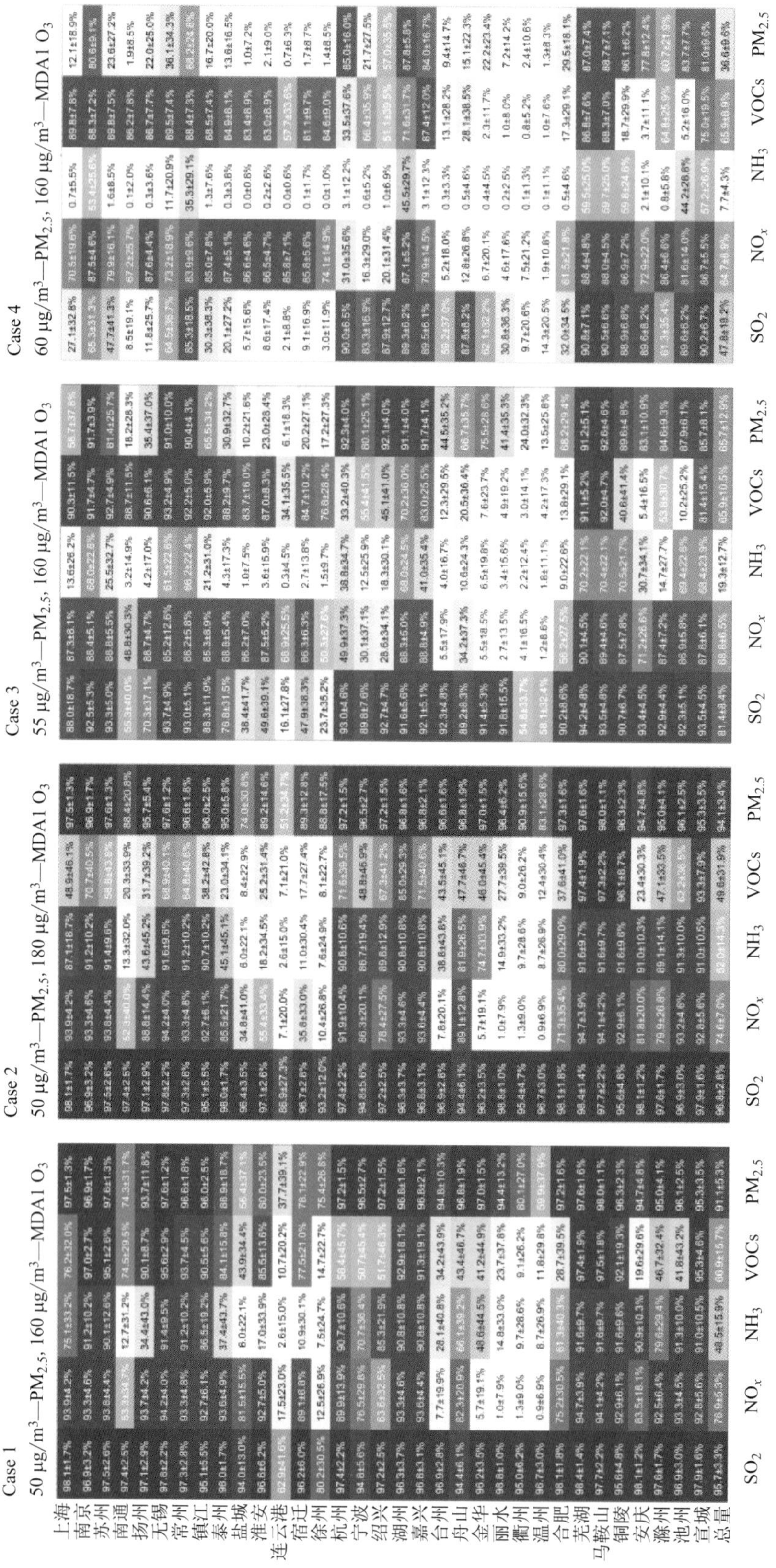

图 13.13　（a）不同实验大气污染物分城市排放量和区域排放总量的减排比例比较

Case 5
35 μg/m³—PM₂.₅, 160 μg/m³—MDA1 O₃, 无芜湖

	SO₂	NOₓ	NH₃	VOCs	PM₂.₅
上海	99.7±0.4%	94.5±13.5%	0.2±0.6%	9.0±27.0%	99.4±0.5%
南京	99.6±0.8%	98.5±1.8%	95.1±6.2%	88.4±6.8%	99.3±0.6%
苏州	99.7±0.7%	98.7±1.6%	57.3±45.6%	58.9±39.7%	99.4±0.4%
南通	99.7±0.6%	98.4±1.7%	31.8±44.3%	79.0±3.3%	98.5±1.5%
扬州	99.7±0.8%	98.6±1.6%	95.2±6.4%	87.0±8.5%	98.7±1.3%
无锡	99.7±0.5%	98.7±1.7%	84.3±28.6%	85.8±3.4%	99.0±0.6%
常州	99.7±0.7%	98.7±1.6%	84.7±28.8%	85.8±3.7%	99.1±0.8%
镇江	99.5±1.4%	98.1±1.7%	95.1±6.2%	87.3±5.1%	99.0±0.8%
泰州	99.7±0.4%	98.2±2.3%	68.0±44.1%	80.2±10.2%	98.2±2.1%
盐城	99.5±0.9%	98.1±1.9%	57.8±46.2%	84.4±6.7%	98.2±2.0%
淮安	99.4±1.2%	98.1±2.2%	95.5±6.7%	80.7±12.5%	97.8±2.6%
连云港	99.6±0.5%	98.0±2.5%	94.7±6.1%	31.3±32.6%	97.9±2.3%
宿迁	99.5±0.7%	97.7±2.7%	95.5±6.7%	98.0±2.1%	97.5±2.9%
徐州	99.4±1.2%	97.7±2.7%	95.6±6.6%	98.6±1.4%	98.4±1.4%
杭州	99.6±0.6%	71.1±38.9%	0.0±0.0%	55.2±43.7%	99.3±0.5%
宁波	99.4±1.5%	89.7±24.9%	0.0±0.0%	33.7±44.3%	99.4±0.7%
绍兴	99.6±0.7%	78.3±28.7%	0.0±0.0%	55.6±44.0%	99.3±0.5%
湖州	99.5±1.0%	98.1±1.8%	32.0±44.5%	34.8±44.3%	99.1±0.6%
嘉兴	99.4±1.8%	96.2±7.8%	6.6±21.9%	32.7±44.2%	99.2±0.6%
台州	99.5±0.7%	0.0±0.0%	0.0±0.0%	0.2±0.1%	79.8±32.6%
舟山	99.4±1.6%	80.2±30.9%	0.0±0.0%	8.4±26.8%	92.9±20.9%
金华	99.5±0.9%	0.0±0.0%	0.0±0.0%	0.0±0.0%	84.3±21.1%
丽水	83.1±36.5%	0.0±0.0%	0.0±0.0%	0.0±0.0%	19.6±7.5%
衢州	94.2±15.9%	0.0±0.0%	0.0±0.0%	0.0±0.0%	21.0±12.2%
温州					42.7±2.1%
合肥	99.7±0.4%	98.6±1.6%	95.1±6.0%	50.5±39.8%	99.1±1.0%
芜湖	99.7±0.4%	98.5±16.5%	21.8±37.5%	7.2±23.3%	99.1±1.0%
马鞍山	99.7±0.6%	98.5±1.9%	87.2±17.5%	53.4±38.3%	99.3±0.6%
铜陵	99.5±1.3%	53.4±43.4%	6.3±21.0%	8.4±23.6%	99.3±0.7%
安庆	99.4±0.9%	3.9±5.2%	0.0±0.0%	0.1±0.0%	97.8±2.9%
滁州	99.5±0.5%	97.3±3.0%	95.5±6.6%	80.5±14.7%	98.0±2.4%
池州	99.6±0.8%	0.2±0.5%	0.0±0.0%	0.5±0.0%	95.8±2.9%
宣城	99.6±0.4%	69.5±23.5%	7.0±22.8%	2.2±2.9%	98.2±2.3%
总量	99.5±0.7%	83.6±9.9%	56.4±9.9%	49.2±16.0%	95.8±1.1%

Case 6
35 μg/m³—PM₂.₅, 200 μg/m³—MDA1 O₃, 无芜湖

	SO₂	NOₓ	NH₃	VOCs	PM₂.₅
上海	99.7±0.4%	95.8±7.8%	8.5±28.6%	15.9±36.7%	99.3±0.5%
南京	99.6±0.8%	98.5±6.1%	96.0±6.1%	79.8±26.2%	99.1±0.7%
苏州	99.7±0.6%	98.3±2.1%	60.8±45.2%	58.9±43.4%	99.4±0.4%
南通	99.7±0.6%	98.2±2.3%	37.5±46.6%	68.6±26.1%	98.5±1.5%
扬州	99.6±0.7%	98.1±2.2%	95.8±6.3%	76.5±25.2%	98.7±1.2%
无锡	99.7±0.5%	98.3±2.0%	84.8±27.7%	62.1±40.1%	99.0±0.6%
常州	99.7±0.7%	98.3±2.0%	95.1±5.8%	64.0±38.5%	99.0±0.8%
镇江	99.5±1.4%	96.6±1.9%	95.5±6.1%	79.3±24.5%	99.0±0.8%
泰州	99.7±0.4%	97.4±3.3%	86.8±26.1%	69.5±23.2%	98.2±2.0%
盐城	99.5±0.9%	97.4±2.8%	61.4±45.7%	48.1±36.3%	98.2±2.0%
淮安	99.6±0.6%	97.4±2.8%	95.9±6.5%	92.9±24.5%	97.8±2.5%
连云港	99.5±0.8%	97.2±3.6%	95.6±6.3%	35.3±37.8%	97.9±2.3%
宿迁	99.4±0.7%	96.9±3.9%	95.6±5.6%	79.1±30.8%	97.5±2.8%
徐州	99.4±1.2%	97.1±3.7%	95.8±5.8%	98.1±1.4%	98.4±1.4%
杭州	99.6±0.6%	77.1±32.2%	8.3±28.8%	58.7±43.4%	99.3±0.5%
宁波	99.5±1.4%	91.9±9.3%	8.3±28.8%	38.9±46.3%	99.3±0.7%
绍兴	99.6±0.6%	85.6±21.3%	3.9±0.8%	58.7±43.1%	99.2±0.7%
湖州	99.5±0.9%	98.0±2.3%	37.6±46.8%	34.0±44.9%	99.1±0.6%
嘉兴	99.5±0.6%	98.2±2.3%	14.4±34.1%	37.8±46.5%	99.2±0.7%
台州	99.5±0.7%	7.6±26.4%	8.3±28.8%	8.2±28.2%	92.6±21.5%
舟山	99.4±1.6%	88.6±17.9%	8.3±28.8%	15.8±36.6%	99.2±0.6%
金华	99.5±0.9%	7.3±25.9%	8.3±28.8%	8.1±28.0%	98.6±1.4%
丽水	91.9±25.9%	7.1±24.6%	8.3±28.8%	8.1±27.9%	26.0±23.4%
衢州	99.0±1.7%	7.7±26.7%	8.2±28.3%	8.2±28.3%	23.9±23.7%
温州	99.4±0.9%	7.5±25.4%	7.9±27.5%	8.4±27.8%	46.8±16.2%
合肥	99.7±0.4%	98.2±2.2%	96.2±5.9%	61.9±37.0%	99.1±0.9%
芜湖	99.7±0.4%	91.1±23.5%	28.4±42.2%	14.8±34.3%	99.1±0.9%
马鞍山	99.7±0.5%	97.9±2.7%	92.4±7.3%	55.3±41.0%	99.3±0.6%
铜陵	99.5±0.9%	57.0±42.3%	14.1±33.6%	15.6±34.9%	99.3±0.7%
安庆	99.5±0.4%	10.9±24.9%	8.3±28.8%	7.9±27.7%	97.8±2.8%
滁州	99.5±0.4%	96.7±4.4%	95.9±6.4%	73.1±28.9%	98.0±2.3%
池州	99.6±0.7%	7.9±26.9%	8.3±28.8%	8.5±28.2%	98.7±1.4%
宣城	99.6±0.4%	21.2±36.7%	14.7±34.6%	29.7±36.9%	98.2±2.3%
总量	99.6±0.7%	85.2±4.6%	61.0±14.7%	47.9±27.6%	96.2±1.1%

Case 7
35 μg/m³—PM₂.₅, 160 μg/m³—MDA1 O₃, 仅南京

	SO₂	NOₓ	NH₃	VOCs	PM₂.₅
上海	86.8±7.5%	81.6±2.6%	40.2±13.1%	24.5±37.4%	85.4±1.2%
南京	87.8±2.1%	81.2±2.9%	44.8±8.9%	83.7±1.9%	84.8±4.6%
苏州	88.2±1.7%	82.3±2.8%	46.7±8.5%	43.2±40.7%	86.0±1.0%
南通	87.8±1.6%	66.4±25.1%	7.9±16.5%	25.9±34.7%	68.7±17.7%
扬州	87.8±1.9%	76.3±16.5%	31.7±19.3%	29.8±36.6%	79.9±3.5%
无锡	88.0±1.4%	81.5±3.5%	47.1±8.9%	57.9±37.4%	85.2±1.2%
常州	88.0±1.8%	82.2±3.1%	44.5±8.9%	55.3±32.1%	83.0±2.1%
镇江	87.0±3.6%	83.0±4.0%	44.3±9.0%	66.3±30.5%	83.6±2.1%
泰州	87.8±1.1%	65.9±25.2%	21.9±21.3%	24.4±33.1%	72.6±12.3%
盐城	83.6±14.7%	78.2±4.2%	61.4±45.7%	18.7±23.8%	85.4±14.4%
淮安	85.8±9.0%	29.2±34.8%	8.9±17.0%	22.1±30.2%	69.1±11.7%
连云港	40.8±38.5%	5.9±16.5%	0.7±5.2%	5.8±18.4%	21.7±26.0%
宿迁	82.7±15.3%	16.2±26.1%	5.5±14.0%	9.3±21.2%	63.0±17.2%
徐州	59.4±36.5%	1.6±10.6%	1.2±7.1%	5.8±18.4%	61.0±9.8%
杭州	87.4±1.4%	73.2±16.0%	37.5±15.5%	47.6±39.6%	85.3±1.1%
宁波	86.6±3.7%	71.9±23.9%	25.9±20.9%	39.9±41.2%	85.4±1.3%
绍兴	87.3±1.4%	60.5±28.6%	30.3±19.5%	46.1±39.6%	85.0±1.2%
湖州	87.2±2.0%	81.0±2.9%	42.6±9.4%	68.4±30.3%	83.7±4.9%
嘉兴	87.2±2.0%	81.6±2.8%	41.4±11.1%	56.5±37.9%	85.3±1.5%
台州	85.8±8.8%	10.3±24.0%	3.3±10.9%	17.5±32.6%	67.7±27.2%
舟山	86.3±4.0%	75.1±20.0%	26.9±20.4%	45.7±41.3%	83.8±8.7%
金华	78.2±15.5%	14.0±25.0%	4.1±12.7%	12.6±28.8%	65.5±20.4%
丽水	64.4±36.8%	0.6±4.2%	0.7±4.9%	7.6±22.8%	27.6±30.5%
衢州	46.8±35.3%	0.7±4.7%	0.7±4.9%	3.2±15.3%	24.5±30.3%
温州	63.0±33.2%	1.9±7.8%	1.2±6.0%	5.7±16.6%	19.3±29.6%
合肥	87.8±1.9%	32.8±37.2%	21.2±22.4%	10.4±25.4%	75.8±4.5%
芜湖	88.2±0.9%	81.2±2.4%	46.5±8.5%	31.3±37.1%	82.6±2.6%
马鞍山	88.1±1.4%	80.9±2.6%	46.8±6.5%	83.1±1.9%	84.9±1.5%
铜陵	84.7±12.3%	13.1±25.2%	14.5±20.1%	5.7±17.1%	71.3±7.7%
安庆	86.8±1.1%	52.3±30.5%	38.0±15.1%	16.5±27.7%	73.4±6.5%
滁州	86.8±3.8%	29.0±34.7%	26.5±21.8%	9.0±22.6%	79.1±4.0%
池州	87.8±1.0%	76.7±3.9%	43.4±9.1%	47.7±28.9%	75.2±4.6%
宣城	83.8±4.7%	60.8±7.7%	21.2±7.9%	36.1±25.1%	75.7±4.8%
总量					

Case 8
50 μg/m³—PM₂.₅, 160 μg/m³—MDA1 O₃, 仅南京

	SO₂	NOₓ	NH₃	VOCs	PM₂.₅
上海	24.7±27.0%	51.9±11.5%	5.4±12.3%	43.3±27.5%	33.7±27.9%
南京	65.4±3.5%	58.1±3.5%	36.1±12.1%	62.3±2.4%	63.9±2.4%
苏州	63.2±12.3%	59.3±3.5%	22.6±17.7%	64.3±2.9%	64.0±3.4%
南通	30.0±29.5%	27.4±22.0%	1.0±5.5%	60.2±3.7%	9.8±18.3%
扬州	48.8±27.2%	48.2±12.9%	3.5±10.2%	61.1±3.4%	46.9±20.5%
无锡	66.4±3.2%	59.0±4.0%	37.1±10.9%	62.9±2.9%	62.3±2.6%
常州	66.3±3.2%	59.0±4.0%	35.8±12.1%	62.9±2.9%	61.5±2.6%
镇江	63.9±5.3%	59.4±5.6%	35.7±12.2%	62.1±2.9%	61.2±2.9%
泰州	48.1±27.5%	38.3±18.0%	2.2±6.4%	58.6±4.0%	16.7±19.7%
盐城	63.9±2.3%	59.3±5.5%	15.3±19.5%	18.7±23.8%	57.5±14.4%
淮安	21.0±26.3%	39.9±14.4%	1.4±6.6%	56.4±4.7%	17.0±17.8%
连云港	5.6±15.3%	3.3±10.8%	0.2±2.8%	11.5±19.8%	2.6±9.8%
宿迁	15.4±23.8%	14.3±18.8%	0.8±5.1%	38.1±20.1%	10.5±16.9%
徐州	8.6±24.9%	4.0±11.4%	0.3±0.3%	15.7±22.4%	5.5±14.6%
杭州	60.7±14.6%	57.4±3.2%	4.8±11.9%	62.8±3.0%	57.9±15.3%
宁波	52.0±22.9%	36.9±20.3%	2.7±9.2%	31.1±24.1%	25.7±28.4%
绍兴	55.5±20.0%	54.8±7.7%	3.2±9.9%	58.9±14.8%	42.6±25.9%
湖州	64.9±3.4%	57.9±3.5%	28.1±16.1%	62.3±2.9%	62.1±2.4%
嘉兴	64.9±3.4%	57.9±3.4%	8.1±14.5%	62.3±2.9%	62.9±2.4%
台州	23.0±24.9%	13.2±20.4%	0.5±3.9%	13.6±23.3%	9.7±19.2%
舟山	60.6±10.6%	33.4±22.1%	2.8±9.7%	47.5±27.0%	21.2±24.5%
金华	7.3±19.4%	13.1±18.8%	0.2±2.6%	10.3±20.7%	3.1±13.6%
丽水	7.3±19.4%	21.4±19.9%	0.6±4.0%	2.2±9.9%	3.7±12.9%
衢州	5.1±15.7%	11.6±20.2%	0.2±2.6%	1.6±8.1%	2.9±11.3%
温州	16.3±26.5%	4.9±12.5%	0.2±2.9%	1.2±5.9%	12.5±10.7%
合肥	27.1±29.5%	33.3±23.8%	2.2±8.2%	14.9±23.3%	34.8±26.9%
芜湖	66.0±3.1%	58.1±3.5%	32.7±13.7%	61.0±3.2%	61.9±3.0%
马鞍山	66.1±2.9%	58.3±3.0%	37.5±11.5%	61.9±2.9%	63.7±2.7%
铜陵	18.3±26.5%	34.9±16.6%	1.6±7.0%	13.3±20.2%	33.1±19.7%
安庆	59.6±16.5%	53.0±4.4%	5.1±12.2%	54.4±5.5%	52.2±7.0%
滁州	24.5±28.3%	55.7±6.5%	2.7±9.4%	22.2±25.2%	41.3±22.8%
池州	65.4±2.8%	58.3±3.0%	33.1±12.7%	56.7±3.9%	56.4±3.6%
宣城	43.9±10.9%	44.5±4.6%	8.3±4.9%	46.7±7.9%	40.6±8.9%
总量					

图 13.13　(b)不同实验大气污染物分城市排放量和区域排放总量的减排比例比较

上述 Case 1—6 和 Case 7—8 分别对应区域（长三角）和单一城市（南京）$PM_{2.5}$ 和 O_3 协同控制的问题，能够分别为长期（如"大气十条"）和短期（如重大赛事和会议活动）空气质量管理提供一定的参考依据。

通过比较不同空气质量目标（尤其是 $PM_{2.5}$）约束求解得到的可行减排方案，可以清楚地了解区域大气污染的管控力度和管控范围。例如：本研究中，由于选取的春季典型月份区域 $PM_{2.5}$ 污染较为严重，以 50 和 35 $\mu g/m^3$ 作为空气质量目标时（Case 1—2 和 Case 5—6），$PM_{2.5}$ 区域超标率分别达到 84.8% 和 100%，为实现长三角所有城市达标，需对大气污染物采取极为严格的减排措施，尤其是 SO_2 和一次 $PM_{2.5}$；但若放宽 $PM_{2.5}$ 达标限值至 55 或 60 $\mu g/m^3$（Case 3—4），管控力度会明显减弱，管控范围也有所减小。

13.5.3 减排方案效果评估

进一步，以 Case 1 为例，对 145 组减排方案进行效果评估，计算得到减排后 $PM_{2.5}$ 和 MDA1 O_3 浓度相对于基准方案（未减排）的下降比例。统计可知，145 种减排方案对应的区域平均 $PM_{2.5}$ 和 MDA1 O_3 浓度下降比例分别为 77.6%～85.3% 和 11.3%～24.8%，均值为 82.5% 和 17.5%，$PM_{2.5}$ 浓度下降比例远高于 O_3，与 $PM_{2.5}$ 区域超标情况更严重和 O_3 生成非线性更强有关。

图 13.14 比较了所有减排方案平均情况下不同城市 $PM_{2.5}$ 和 MDA1 O_3 下降浓度、减排后浓度和下降比例。分析发现，33 个城市 $PM_{2.5}$ 和 MDA1 O_3 浓度下降比例分别为 60.7%～

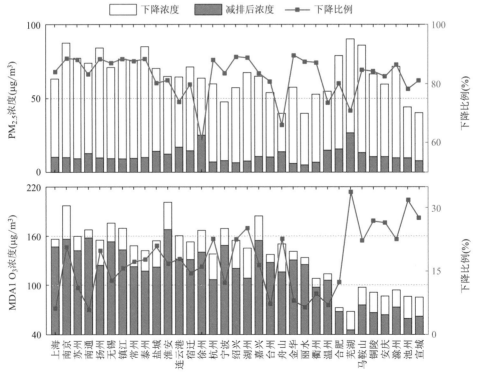

图 13.14　Case 1 实验 145 种减排方案平均情况下不同城市 $PM_{2.5}$ 和
MDA1 O_3 的下降浓度、减排后浓度和下降比例

89.6% 和 5.9%~33.8%。PM$_{2.5}$ 管控效果显著，减排后 PM$_{2.5}$ 浓度为 5.0~26.6 μg/m^3，均实现且远低于空气质量目标(50 μg/m^3)，长三角中心城市如江苏南部(南京、苏州、扬州、常州等)和浙江北部(杭州、湖州、绍兴等)PM$_{2.5}$ 浓度下降比例相对较高(>88%)。对 O$_3$ 而言，减排后 MDA1 O$_3$ 浓度为 45.1~167.7 μg/m^3，仍存在极少数城市(淮安)超标。安徽(芜湖、池州、宣城、铜陵、安庆)MDA1 O$_3$ 浓度下降比例较高(26.5%~33.8%)，管控效果最为显著，这与安徽 PM$_{2.5}$ 浓度超标严重而管控力度更大有关。

图 13.15 展示了 145 种减排方案区域平均 PM$_{2.5}$ 和 MDA1 O$_3$ 浓度下降比例随目标函数(Max Q)、大气污染物(SO$_2$、NO$_x$、NH$_3$、VOCs 和一次 PM$_{2.5}$)区域排放总量减排比例的变化。

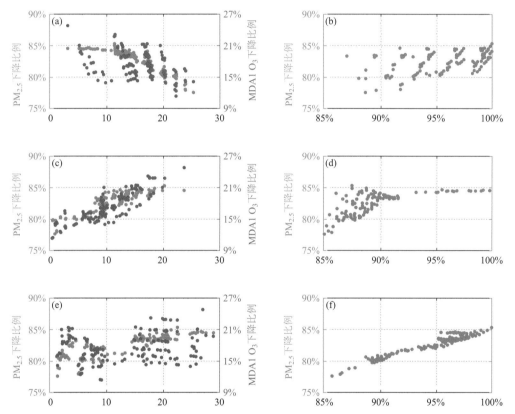

图 13.15　区域平均 PM$_{2.5}$ 和 MDA1 O$_3$ 浓度下降比例对目标函数(Max Q)、大气污染物
(SO$_2$、NO$_x$、NH$_3$、VOCs 和一次 PM$_{2.5}$)区域排放总量减排比例的响应关系
(a)Max Q；(b)SO$_2$；(c)NO$_x$；(d)NH$_3$；(e)VOCs；(f)一次 PM$_{2.5}$

由图可知，区域平均 PM$_{2.5}$ 浓度下降比例随 Max Q 增加基本呈线性递减关系，即大气环境容量越大(污染物减排量越小)，PM$_{2.5}$ 浓度下降幅度越小。对不同前体物减排的响应关系表现出一定差异：①对 NO$_x$ 和一次 PM$_{2.5}$，呈较好的线性递增关系，即排放总量减排比例(或减排总量)越大，PM$_{2.5}$ 浓度下降比例越高；②对 SO$_2$，呈"阶梯式"线性递增关系，与不同减排方案的差异有关(图 13.11)；③对 NH$_3$，当排放总量减排比例低于 50% 时，呈线性递增关系；当高于 50% 时，PM$_{2.5}$ 浓度下降比例基本不变，即对 PM$_{2.5}$ 管控效果达到饱和；④对 VOCs，当排放总量减排比例高于 60% 时，大致呈线性递增关系；当低于 60% 时，与 PM$_{2.5}$

浓度下降比例的关系不明显,可能与不同减排方案差异、SOA 化学生成非线性等因素有关。

另一方面,区域平均 MDA1 O_3 浓度下降比例与 Max Q 呈"阶梯式"线性递减关系。分析 O_3 对前体物减排的响应关系可知,MDA1 O_3 浓度下降比例与 NO_x 排放总量减排比例基本呈线性递增关系,而与 VOCs 的关系并不明显,例如:当 VOCs 排放总量减排比例为 $40\%\sim60\%$,减排比例越高,MDA1 O_3 浓度下降比例反而越小,反映出 O_3 化学生成较强的非线性。

综合而言,$PM_{2.5}$ 和 O_3 化学生成均存在较强的非线性,尤其表现在对 VOCs 减排的响应关系不显著,与不同减排方案差异、未削减自然源 VOCs 排放等因素有关。相比之下,$PM_{2.5}$ 浓度下降对前体物减排的线性响应关系更为明显。

表 13.3 统计了 145 种减排方案中仍存在 MDA1 O_3 浓度超标的城市及超标方案个数和超标情况。由表可知,淮安存在 128 种减排方案未实现 O_3 空气质量目标,MDA1 O_3 浓度超标比例为 5.7%,与该城市 O_3 污染最重、背景贡献最高(图 13.6)以及 O_3 生成非线性有关。南京、南通、嘉兴和无锡超标的减排方案数少于 45 个(占比 $<35\%$),且超标比例低于 5%。宁波仅 1 种减排方案未实现 O_3 达标且超标比例低于 0.2%。总体而言,145 种减排方案均能够实现长三角区域 33 个城市 $PM_{2.5}$ 浓度全部达标,且 MDA1 O_3 区域达标率达到 81% 以上。其中,88 种(占比 60.7%)和 114 种(78.6%)减排方案能够实现 MDA1 O_3 区域达标率分别达到 97% 以上(超标城市个数为 0 或 1)和 90% 以上($\leqslant3$ 个)。

表 13.3　Case 1 实验 145 种减排方案中存在 MDA1 O_3 浓度超标的城市、超标方案数和超标情况统计

城市	超标方案数	MDA1 O_3 浓度超标比例	
		范围	均值(%)
淮安	128	$0.01\%\sim10.45\%$	5.65
南京	45	$0.16\%\sim5.94\%$	2.26
南通	44	$0.07\%\sim3.72\%$	1.47
嘉兴	33	$0.05\%\sim8.34\%$	4.31
无锡	32	$0.05\%\sim4.28\%$	1.53
宁波	1	—	0.19

图 13.16 给出了存在不同城市个数($0\sim6$)MDA1 O_3 浓度超标的减排方案对应的区域平均 $PM_{2.5}$ 和 MDA1 O_3 浓度下降比例、大气污染物区域排放总量减排比例以及大气环境容量。分析可知,8 种减排方案(占比 5.5%)能够实现所有城市 O_3 达标(即超标城市个数为 0)。这种情况下,区域平均 MDA1 O_3 和 $PM_{2.5}$ 浓度下降比例分别为 20.6% 和 82.3%,SO_2、NO_x、NH_3、VOCs 和一次 $PM_{2.5}$ 排放总量减排比例分别为 97.9%、79.6%、40.0%、59.2% 和 89.2%,对应大气环境容量分别为 4.1、66.2、92.1、138.9 和 9.6 千吨/月,NO_x 和 VOCs 排放总量减排比例比值和大气环境容量比值分别为 1.34 和 0.48。

此外,80 种减排方案(占比 55.2%)能够实现 O_3 区域达标率为 97.0%(即超标城市个数为 1)。相比于个数为 0 情况,MDA1 O_3 浓度下降比例(18.9%)有所减小,$PM_{2.5}$ 浓度下降比

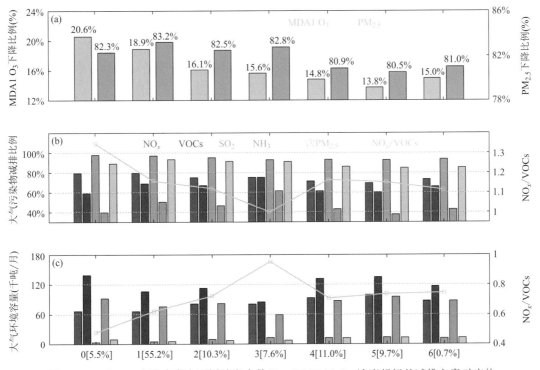

图 13.16　Case 1 实验中存在不同城市个数(0～6)MDA1 O_3 浓度超标的减排方案对应的
区域平均 MDA1 O_3 和 $PM_{2.5}$ 浓度下降比例(a)、大气污染物区域排放总量减排比例
及 NO_x 与 VOCs 比值(b)、区域大气环境容量及 NO_x 与 VOCs 比值(c)

例(83.2%)有所增加,各污染物(SO_2 除外)排放总量减排比例有所升高,尤其是 NH_3(+10.7%)和 VOCs(+9.6%)。由此可知,加强区域污染物减排力度,尤其是 NO_x 和 VOCs,不一定造成区域 MDA1 O_3 浓度下降幅度更大,但 $PM_{2.5}$ 的减排效果较为显著。

比较超标城市个数为 2 和 3 对应的减排情景,可以得到相同结论。比较所有 O_3 超标情景可以发现,当 O_3 超标城市个数为 0 时,NO_x 与 VOCs 减排比例的比值最大、大气环境容量的比值最小,表明对 NO_x 和 VOCs 以适宜的比例进行削减对 O_3 管控效果更佳,加强 NO_x 区域协同控制有助于 O_3 治理难度较大(背景贡献高)的城市实现 O_3 达标。

基于上述讨论,表 13.4 统计给出了 $PM_{2.5}$ 和 O_3 浓度区域达标率 100% 情况下 8 种减排方案的大气环境容量和污染物减排比例。可以发现,8 种减排方案之间仍存在一定的差异,方案 1—3 中各前体物(NH_3 除外)的最大允许排放量均低于方案 4—8,强调了区域不同城市、不同行业排放源的差异化管理的重要性。总体上,SO_2 和一次 $PM_{2.5}$ 减排对 $PM_{2.5}$ 控制的效益较高,因而减排比例较大,NO_x 和 VOCs 次之,NH_3 最小(<50%)。其中,方案 4—8 对应的 VOCs 减排比例(~45%)显著低于方案 1—3(>80%),反映出 $PM_{2.5}$ 和 O_3 浓度下降对 VOCs 减排的非线性响应关系。已有研究中,Xing 等(2019)指出,为实现北京 $PM_{2.5}$ 和 O_3 空气质量目标,需对京津冀地区(基准年份为 2014 年)NO_x、SO_2、NH_3、VOCs 和一次 $PM_{2.5}$ 分别削减 75%、75%、5%、55% 和 85%。与本研究结果比较可知,实现 $PM_{2.5}$ 和 O_3 的协同控制,需从区域尺度加大前体物排放的管控力度和管控范围。

表 13.4　Case 1 实验中长三角所有城市 PM$_{2.5}$ 和 O$_3$ 全部达标情景下 8 种优化减排方案的
大气环境容量(单位:千吨/月)和污染物减排比例(%)

方案	SO$_2$		NO$_x$		NH$_3$		VOCs		一次 PM$_{2.5}$	
	环境容量	减排比例	环境容量	减排比例	环境容量	减排比例	环境容量	减排比例	环境容量	减排比例
1	0.0	100.0	37.9	88.3	96.0	37.5	50.6	85.1	0.0	100.0
2	0.3	99.8	44.6	86.2	86.4	43.7	58.5	82.8	1.4	98.5
3	0.6	99.7	46.2	85.7	81.4	47.0	64.4	81.1	2.7	97.0
4	8.3	95.6	79.4	75.5	102.7	33.1	186.9	45.1	13.0	85.5
5	2.4	98.7	80.0	75.3	94.0	38.8	189.5	44.3	14.6	83.7
6	8.6	95.5	80.4	75.2	96.9	36.9	186.9	45.2	14.1	84.2
7	3.4	98.2	79.3	75.5	88.2	42.5	190.1	44.2	16.1	81.9
8	8.9	95.3	81.8	74.8	91.1	40.7	184.9	45.7	15.3	82.9

13.6　本章小结

本章研究发展了一种源追踪数值模型和数学规划模型相结合的区域空气质量达标规划的新方法。该方法在满足城市 PM$_{2.5}$ 和 O$_3$ 同时达标的前提下,给出区域大气环境容量和分城市、分行业区域的不同大气污染物减排量,可以为我国重点城市群长期和短期空气质量管理(PM$_{2.5}$ 和 O$_3$ 协同控制)提供一定的参考依据。

将该方法应用于春季长三角地区高 PM$_{2.5}$ 和高 O$_3$("双高")污染的协同控制对策研究。观测分析表明,长三角地区"双高"污染在春秋季较为常见,2014—2017 年出现频率逐年减少。2014 年 5 月"双高"污染期间,33 个城市中存在一半以上城市 PM$_{2.5}$ 和 O$_3$ 浓度同时超标,区域平均 PM$_{2.5}$ 和 MDA1 O$_3$ 浓度分别达到 83.4 和 171.0 μg/m³,气象条件表现为温度较高、相对湿度较低、日照时数较长、地面风较弱和降水量较少。

通过 CAMx-PSAT/OSAT 模拟,建立了 2014 年 5 月长三角 PM$_{2.5}$ 和 MDA1 O$_3$ 区域排放源-受体非线性响应关系。本地排放、区域内输送、区域外输送和远距离输送对 33 个城市 PM$_{2.5}$ 浓度的平均贡献分别为 32.5%、40.8%、25.6% 和 1.0%,对 MDA1 O$_3$ 则分别为 9.9%、29.7%、25.6% 和 34.8%。比较"背景"(不可控)和"非背景"(可控)贡献可知,33 个城市 PM$_{2.5}$ 和 MDA1 O$_3$ 人为源可控比例分别为 34.8%~81.7% 和 17.7%~40.5%,O$_3$ 污染受区域输送影响较大,背景贡献较高,治理难度较大。江苏和安徽 PM$_{2.5}$ 污染、江苏和浙江 O$_3$ 污染相对较重,为首要治理对象。长三角中心区域(上海、江苏南部和中部)O$_3$ 生成处于 VOCs 控制区,其他地区为 NO$_x$ 控制区。不同 O$_3$ 污染水平下,NO$_x$ 控制区和 VOCs 控制区的空间分布存在一定的差异。

基于数学规划模型,以区域允许排放总量最大为目标函数,在不同空气质量目标(PM$_{2.5}$ 和 MDA1 O$_3$)和污染物减排比例上限约束下,求解得到的可行解对应的分行业、分城市排放源的减排比例存在显著的差异。由于 NO$_x$ 和 VOCs 对 PM$_{2.5}$ 和 O$_3$ 生成的共同影响,降低 PM$_{2.5}$ 达标限值或提高 O$_3$ 达标限值,导致 VOCs 削减量减少(尤其在 VOCs 控制区),对

$PM_{2.5}$ 和 O_3 控制的效益可能需通过加大区域 NO_x 减排力度来抵消,强调了优化分配区域大气环境容量在空气质量管理中的重要性。

在空气质量目标($PM_{2.5} \leqslant 50$ $\mu g/m^3$、MDA1 $O_3 \leqslant 160$ $\mu g/m^3$)约束下,可以得到 145 种优化减排方案,平均而言,对应大气污染物(SO_2、NO_x、NH_3、VOCs 和一次 $PM_{2.5}$)区域排放总量的减排比例均值分别为 95.7%、76.9%、48.5%、66.9% 和 91.1%,可见对 SO_2 和一次 $PM_{2.5}$ 管控力度最为严格,NH_3 控制最弱。利用 CAMx 模型评估减排方案效果,结果显示所有方案均能够实现 33 个城市 $PM_{2.5}$ 浓度达标,O_3 区域达标率高于 81%,8 种(占比 5.5%)和 80 种(55.2%)方案能够实现 O_3 区域达标率分别达到 100% 和 97.0%,极个别城市 O_3 浓度仍然超标原因归结于 O_3 生成的非线性、背景浓度贡献高、未削减自然源排放等因素。对于所有方案,减排后区域平均 $PM_{2.5}$ 和 MDA1 O_3 浓度分别下降了 77.6% ~ 85.3% 和 11.3% ~ 24.8%,对一次污染物(VOCs 除外)区域排放总量减排比例大致呈线性递增的响应关系,对 VOCs 减排的非线性响应较为显著。相比于 O_3,$PM_{2.5}$ 浓度下降对前体物减排的线性响应关系更明显,管控效果更佳。比较不同 O_3 区域达标率对应减排方案可知,O_3 有效控制需对 NO_x 和 VOCs 排放以适宜比例进行削减且加强区域 NO_x 控制。综合模型计算和减排效果评估结果,最终确定实现长三角 33 个城市 $PM_{2.5}$ 和 O_3 全部达标情况下一次污染物的 8 种优化减排方案,并给出相应大气环境容量和污染物减排比例。例如:其中一种方案 SO_2、NO_x、NH_3、VOCs 和一次 $PM_{2.5}$ 区域排放总量分别需减排 95.6%、75.5%、33.1%、45.1% 和 85.5%,对应大气环境容量分别为 8.3、79.4、102.7、186.9 和 13.0 千吨/月。

本章研究将发展的区域空气质量达标规划的新方法应用于春季长三角 33 个城市 $PM_{2.5}$ 和 O_3 污染的协同控制问题,为实现区域允许排放总量最大,且所有城市污染物浓度达标,在实验设计(如目标函数计算、空气质量目标选取、减排比例上限约束)上具有一定的理想化特点。在实际应用中,需要依据研究区域范围、达标城市个数、不同城市和不同行业源污染控制的优先级、排放源控制可行性、控制效率和控制成本等因素对目标函数和约束条件进行"本地化"处理,进一步改进优化计算结果。

参考文献

白晓平,张启明,方栋,等,2007.人工神经网络在苏州空气污染预报中的应用[J].科技导报,25(3):45-49.

曹国良,张小曳,龚山陵,等,2011.中国区域主要颗粒物及污染气体的排放源清单[J].科学通报,56(3):261-268.

陈长和,王介民,1993.城市气溶胶的辐射效应及其对混合层发展的影响[J].科学通报,38(15):1399-1402.

陈楚,王体健,李源昊,等,2019.濮阳市秋冬季大气细颗粒物污染特征及来源解析[J].环境科学,40(8):3421-3430.

陈璞珑,王体健,谢晓栋,等,2018.基于数值模式和受体模型的细颗粒物在线源解析研究[J].科学通报,63(18):1829-1838.

陈燕,蒋维楣,2007.南京城市化进程对大气边界层的影响研究[J].地球物理学报,50(1):66-73.

陈燕,蒋维楣,郭文利,等,2005.珠江三角洲地区城市群发展对局地大气污染物扩散的影响[J].环境科学学报,25(5):700-710.

陈宜然,陈长虹,王红丽,等,2011.上海臭氧及前体物变化特征与相关性研究[J].中国环境监测,27(5):44-49.

程麟生,冯伍虎,2003."98·7"暴雨β中尺度低涡生成发展结构演变:双向四重嵌套网格模拟[J].气象学报,61(4):385-395.

程兴宏,徐祥德,丁国安,等,2010.不同大气污染物监测密度对CMAQ源同化修正效果影响的模拟[J].高原气象,29(1):222-229.

丑纪范,1974.天气数值预报中使用过去资料的问题[J].中国科学,4(6):635-644.

创蓝清洁空气产业联盟,2018.中国环境空气质量管理评估报告2018[R].北京:第四届"创蓝"国际清洁空气大会.

崔应杰,王自发,朱江,等,2006.空气质量数值模式预报中资料同化的初步研究[J].气候与环境研究,11(5):616-626.

戴竹君,刘端阳,王宏斌,等,2016.江苏秋冬季重度霾的分型研究[J].气象学报,74(1):133-148.

邓君俊,2011.长三角地区霾天气形成机理和预报方法研究[D].南京:南京大学.

邓雪娇,铁学熙,吴兑,等,2006.大城市气溶胶对光化辐射通量及臭氧的影响研究(Ⅱ)—数值试验分析[J].广东气象,8(4):5-11.

丁一汇,柳艳菊,2014.近50年我国雾和霾的长期变化特征及其与大气湿度的关系[J].中国科学:地球科学,44(1):37-48.

方叠,钱跃东,王勤耕,等,2013.区域复合型大气污染调控模型研究[J].中国环境科学,33(7):1215-1222.

耿福海,刘琼,陈勇航,2012.近地面臭氧研究进展[J].沙漠与绿洲气象,6(6):8-14.

郭庆春,孔令军,崔文娟,等,2011.基于我国CPI时间序列的神经网络预测模型[J].价值工程,30(26):16.

韩伟明,严向军,徐海岚,等,2002.杭州市大气NO_x来源及控制对策研究[J].环境科学研究,15(1):34-37.

贺大良,申健友,刘大有,1990.风沙运动的三种形式及其测量[J].中国沙漠,(4):9-17.

黄丛吾,陈报章,马超群,等,2018.基于极端随机树方法的WRF-CMAQ-MOS模型研究[J].气象学报,76(5):779-789.

黄辉军,刘红年,蒋维楣,等,2006.南京市$PM_{2.5}$物理化学特性及来源解析[J].气候与环境研究,11(6):713-722.

黄建平,李子华,黄玉仁,等,2000.西双版纳地区雾的数值模拟研究[J].大气科学,24(6):821-834.

黄世芹,2005.改进BP神经网络在城市环境大气污染分季节预报中的应用[J].贵州气象,29(3):6-8.

黄晓锋,赵倩彪,何凌燕,等,2010.基于气溶胶质谱的二次有机气溶胶识别[J].中国科学:化学,40(10):

1550-1557.

黄晓娴,王体健,江飞,2012.空气污染潜势-统计结合预报模型的建立及应用[J].中国环境科学,32(8): 1400-1408.

黄正旭,李梅,李磊,等,2011.单颗粒气溶胶质谱仪研究进展[J].上海大学学报(自然科学版),17(4): 562-566.

蒋美青,陆克定,苏榕,等,2018.我国典型城市群 O_3 污染成因和关键 VOCs 活性解析[J].科学通报,63: 1130-1141.

雷孝恩,张美根,韩志伟,等,1998.大气污染数值预报基础和模式[M].北京:气象出版社:321.

李磊,谭国斌,张莉,等,2013.运用单颗粒气溶胶质谱仪分析柴油车排放颗粒物[J].分析化学,41(12): 1831-1836.

李敏辉,朱云,Jang C,等,2016.臭氧污染动态源贡献分析方法及应用初探[J].环境科学学报,36(7): 2297-2304.

李琼,李福娇,叶燕翔,等,1999.珠江三角洲地区天气类型与污染潜势及污染浓度的关系[J].热带气象学报, 15(4):363-369.

李珊珊,程念亮,徐峻,等,2015.2014 年京津冀地区 $PM_{2.5}$ 浓度时空分布及来源模拟[J].中国环境科学,35 (10):2908-2916.

李树,王体健,谢旻,等,2010.无机盐热力学平衡模式的简化及其应用[J].应用气象学报,21(1):89-94.

李璇,聂滕,齐珺,等,2015.2013 年 1 月北京市 $PM_{2.5}$ 区域来源解析[J].环境科学,36(4):1148-1153.

李耀孙,石春娥,杨军,等,2012.东部地区冬季模式边界层探空效果评估[J].高原气象,31(6):1690-1703.

李子华,刘端阳,杨军,2011.辐射雾雾滴谱拓宽的微物理过程和宏观条件[J].大气科学,35(1):41-54.

李宗恺,潘云仙,孙润桥,1985.空气污染气象学原理及应用[M].北京:气象出版社.

李祚泳,邓新民,1997.环境污染预测的人工神经网络模型[J].成都气象学院学报,4(12):279-283.

梁永贤,尹魁浩,胡泳涛,等,2014.深圳地区臭氧污染来源的敏感性分析[J].中国环境科学,34(6): 1390-1396.

刘冲,赵天良,熊洁,等,2015.1991—2010 年全球沙尘气溶胶排放量气候特征及其大气环流影响因子[J].中国沙漠,(4):959-970.

刘端阳,濮梅娟,杨军,等,2009.2006 年 12 月南京连续 4 天浓雾的微物理结构及演变特征[J].气象学报,67 (1):147-157.

刘宁微,马雁军,2006.辽宁中部城市群污染物输送特征的数值模拟研究[J].气象与环境学报,22(2):45-47.

刘实,王宁,朱其文,等,2002.长春市空气污染潜势预报的统计模型研究[J].气象,28(1):8-12.

陆春松,牛生杰,杨军,等,2010.南京冬季一次雾过程宏微观结构的突变特征及成因分析[J].大气科学,34 (4):681-690.

罗淦,王自发,2006.全球环境大气输送模式(GEATM)的建立及其验证[J].大气科学,30(3):504-518.

马超群,2020.基于集合卡尔曼滤波的资料同化技术及其在空气质量预报的应用研究[D].南京:南京大学.

马雁军,杨洪斌,张云海,2003.BP 神经网络法在大气污染预报中的应用研究[J].气象,(7):49-52.

孟晓艳,王瑞斌,杜丽,等,2013.试点城市 O_3 浓度特征分析[J].中国环境监测,29(1):64-70.

孟燕军,程丛兰,2002.影响北京大气污染物变化的地面天气形势分析[J].气象,28(4):42-47.

潘本锋,程麟钧,王建国,等,2016.京津冀地区臭氧污染特征与来源分析[J].中国环境监测,32(5):17-23.

盘晓东,1999.浅谈轻雾与霾的区别[J].广东气象,(1):35.

濮梅娟,张国正,严文莲,等,2008.一次罕见的平流辐射雾过程的特征[J].中国科学:D 辑,38(6):776-783.

任丽红,胡非,周德刚,2004.城市边界层气象条件对 O_3 浓度垂直分布的影响[J].城市环境与城市生态,17 (5):1-3.

尚可政,达存莹,付有智,等,2001.兰州城区稳定能量及其与空气污染的关系[J].高原气象,20(1):76-81.

沈凡卉,王体健,庄炳亮,等,2011.中国沙尘气溶胶的间接辐射强迫与气候效应[J].中国环境科学,31(7):
　　1057-1063.

苏静芝,秦侠,雷蕾,等,2008.神经网络在空气污染预报中的应用研究[J].四川环境,27(2):98-101.

苏文颖,陈长和,1997.气溶胶吸收光学特性对低层大气短波加热率的影响[J].高原气象,16(4):353-358.

孙峰,2004.北京市空气质量动态统计预报系统[J].环境科学研究,17(1):70-73.

孙彧,马振峰,牛涛,等,2013.最近40年中国雾日数和霾日数的气候变化特征[J].气候与环境研究,18(3):
　　397-406.

孙彧,牛涛,乔林,等,2015.近14年华北霾天气环流特征聚类分析[C].天津:第32届中国气象学会年会.

滕华超,杨军,刘端阳,等,2014.基于WRF和一维雾模式的能见度集合预报的个例研究[J].大气科学学报,
　　37(1):99-107.

田文寿,陈长和,黄建国,等,1997.兰州冬季气溶胶的短波加热效应及其对混合层发展的影响[J].应用气象学
　　报,8(3):292-301.

万显列,杨凤林,王慧卿,2003.利用人工神经网络对空气中O_3浓度进行预测[J].中国环境科学,23(1):
　　110-112.

王闯,王帅,杨碧波,等,2015.气象条件对沈阳市环境空气臭氧浓度影响研究[J].中国环境监测,31(3):
　　32-37.

王德羿,王体健,韩军彩,等,2020."2+26"城市大气重污染下$PM_{2.5}$来源解析[J].中国环境科学,40(1):
　　92-99.

王海啸,陈长和,1994.城市气溶胶对边界层热量收支的影响[J].高原气象,13(4):441-448.

王海啸,高会旺,陈长和,1992.兰州城市污染大气温度层结特征[J].环境科学,13(2):33-35.

王海啸,黄建国,陈长和,1993.城市气溶胶对太阳辐射的影响及其在边界层温度变化中的反映[J].气象学报,
　　51(4):457-464.

王红斌,陈杰,2002.西安市夏季空气颗粒物污染特征及来源分析[J].气候与环境研,5(1):51-57.

王宏,冯宏芳,隋平,2009a.福州市空气高污染与气象条件关系[J].气象科技,37(6):676-681.

王宏,龚山陵,张红亮,等,2009b.新一代沙尘天气预报系统GRAPES_CUACE/Dust:模式建立、检验和数值模
　　拟[J].科学通报,54(24):89-102.

王俭,胡筱敏,郑龙熙,等,2002a.BP模型的改进及其在大气污染预报中的应用[J].城市环境与城市生态,15
　　(5):17-19.

王俭,胡筱敏,郑龙熙,等,2002b.基于BP模型的大气污染预报方法的研究[J].环境科学研究,15(5):62-64.

王建鹏,卢西顺,2001.西安城市空气质量预报统计方法及业务化应用[J].陕西气象,(6):5-8.

王健,李景林,张月华,2013.乌鲁木齐市冬季严重污染日的环流分型特征[J].气象与环境学报,29(1):28-32.

王金南,潘向忠,2005.线性规划方法在环境容量资源分配中的应用[J].环境科学,26(6):195-198.

王静,束蕾,石来元,等,2020.基于数值模拟的青岛市O_3快速来源解析[J].中国环境监测,36(2):184-195.

王丽涛,张普,杨晶,等,2013.CMAQ-DDM-3D在细微颗粒物($PM_{2.5}$)来源计算中的应用[J].环境科学学报,
　　33(5):1355-1361.

王体健,高太长,张宏昇,等,2019.新中国成立70年来的中国大气科学研究:大气物理与大气环境篇[J].中国
　　科学:地球科学,12:1833-1874.

王体健,李树,庄炳亮,等,2010.中国地区硫酸盐气溶胶的第一间接气候效应研究[J].气象科学,30(5):
　　730-740.

王体健,李树,庄炳亮,等,2017.区域大气环境-化学-气候模拟[M].北京:气象出版社.

王体健,李宗恺,1996.南方区域酸性沉降的数值研究-I模式[J].大气科学,20(5):606-614.

王体健,孙照渤,李宗恺,等,1998.中国法规大气扩散模式及其与其他模式的比较[J].环境科学研究,11(6):
　　9-12.

王体健,谢旻,高丽洁,等,2004.一个区域气候-化学耦合模式的研制及初步应用[J].南京大学学报(自然科学版),40(6):711-727.

王喜全,齐彦斌,王自发,等,2007.造成北京 PM_{10} 重污染的二类典型天气形势[J].气候与环境研究,12(1):81-86.

王喜全,虞统,孙峰,等,2006.北京 PM_{10} 重污染预警预报关键因子研究[J].气候与环境研究,11(4):470-476.

王晓彦,刘冰,丁俊男,等,2019.环境空气质量预报业务体系建设要点探讨[J].环境与可持续发展,44(1):105-107.

王燕丽,薛文博,雷宇,等,2017.京津冀地区典型月 O_3 污染输送特征[J].中国环境科学,37(10):3684-3691.

王杨君,李莉,冯加良,等,2014.基于 OSAT 方法对上海 2010 年夏季臭氧源解析的数值模拟研究[J].环境科学学报,34(3):567-573.

王迎春,孟燕军,赵习方,2001.北京市空气污染业务预报方法[J].气象科技,29(4):42-46.

王咏薇,2008.城市布局规模与大气环境影响的数值研究[J].地球物理学报,51(1):88-100.

王媛林,李杰,李昂,等,2016.2013—2014 年河南省 $PM_{2.5}$ 浓度及其来源模拟研究[J].环境科学学报,36(10):3543-3553.

王哲,王自发,李杰,等,2014.气象-化学双向耦合模式(WRF-NAQPMS)研制及其在京津冀秋季重霾模拟中的应用[J].气候与环境研究,19(2):153-163.

王自发,谢付莹,王喜全,等,2006.嵌套网格空气质量预报模式系统的发展与应用[J].大气科学,30(5):778-790.

魏文华,王体健,石春娥,等,2012.合肥市雾日气象条件分析[J].气象科学,32(4):437-442.

吴兑,2008.大城市区域霾与雾的区别和灰霾天气预警信号发布[J].环境科学与技术,31(9):1-7.

吴小红,康海燕,任德官,2005.基于神经网络中小城市空气污染指数预估器的设计[J].数学的实践与认识,35(2):87-91.

吴晓璐,2009.长三角地区大气污染物排放清单研究[D].上海:复旦大学.

武常芳,张承中,邢诒,等,2008.基于 B-P 神经网络优化算法的城市环境空气中 PM_{10} 浓度预测模型[J].环境保护科学,34(1):1-3,26.

席世平,寿绍文,郑世林,等,2007.复杂地形下山谷风的数值模拟[J].气象与环境科学,30(3):41-44.

谢付莹,王自发,王喜全,2010.2008 年奥运会期间北京地区 PM_{10} 污染天气形势和气象条件特征研究[J].气候与环境研究,15(5):584-594.

徐大海,朱蓉,2000.大气平流扩散的箱格预报模型与污染潜势指数预报[J].应用气象学报,11(1):1-12.

徐怀刚,邓北胜,2002.雾对城市边界层和城市环境的影响[J].应用气象学报,13(1):170-176.

徐慧,张晗,邢振雨,等,2015.厦门冬春季大气 VOCs 的污染特征及臭氧生成潜势[J].环境科学,36(1):11-17.

徐祥德,2005.城市群落大气污染源影响的空间结构及尺度特征[J].中国科学:D 辑 地球科学,35(增刊Ⅰ):1-19.

徐祥德,丁国安,卞林根,2004.BECAPEX 科学试验城市建筑群落边界层大气环境特征及其影响[J].气象学报,62(5):663-671.

徐祥德,汤绪,等,2002.城市化环境气象学引论[M].北京:气象出版社.

许丽人,王体健,李宗恺,1998.一种改进的边界层参数化模式[J].中国环境科学,18(1):43-47.

薛莲,徐少才,孙萌,等,2017.气象要素及前体物对青岛市臭氧浓度变化的影响[J].中国环境监测,33(4):179-185.

薛莲,王静,冯静,等,2015.青岛市环境空气中 VOCs 的污染特征及化学反应活性[J].环境监测管理与技术,27(2):26-30.

严茹莎,李莉,安静宇,等,2016.夏季长三角地区臭氧非线性响应曲面模型的建立及应用[J].环境科学学报,

36(4):1383-1392.

杨成芳,孙兴池,2000.济南市空气污染潜势预报[J].山东气象,20(2):54-56.

杨帆,王体健,束蕾,等,2019.青岛沿海地区一次臭氧重污染过程的特征及成因分析[J].环境科学学报,39(11):3655-3580.

杨军,王蕾,刘端阳,等,2010.一次深厚浓雾过程的边界层特征和生消物理机制[J].气象学报,68(6):998-1006.

杨树平,冯晖,黄晓,2003.B-P神经网络在环境空气质量预报中的应用[J].云南环境科学,(22):52-54.

杨旭,张小玲,康延臻,等,2017.京津冀地区冬半年空气污染天气分型研究[J].中国环境科学,37(9):3201-3209.

杨义彬,2004.成都市大气污染及气象条件影响分析[J].四川气象,24(3):40-43.

杨元琴,王继志,侯青,等,2009.北京夏季空气质量的气象指数预报[J].应用气象学报,20(6):649-655.

姚达文,刘永红,丁卉,等,2015.气象参数对基于BP神经网络的$PM_{2.5}$日均值预报模型的影响[J].安全与环境学报,15(6):324-328.

殷达中,洪钟祥,1999.北京地区严重污染状况下的大气边界层结构与参数研究[J].气候与环境研究,4(3):303-307.

尹球,许绍祖,1993.辐射雾生消的数值研究(Ⅰ)-数值模式[J].气象学报,51(3):351-360.

尹球,许绍祖,1994.辐射雾生消的数值研究(Ⅱ)-生消机制[J].气象学报,52(1):68-77.

印红玲,袁桦蔚,叶芝祥,等,2015.成都市大气中挥发性有机物的时空分布特征及臭氧生成潜势研究[J].环境科学学报,35(2):386-393.

于洪彬,蒋维楣,1994.辐射熏烟浓度预测研究[J].环境科学学报,14(2):191-197.

于文革,王体健,杨诚,等,2008.PCA-BP神经网络在SO_2浓度预报中的应用[J].气象,34(6):97-101.

喻雨知,王体健,肖波,等,2007.长沙市两种空气质量预报方法检验对比[J].长江流域资源与环境,16(4):509-513.

张光智,卞林根,王继志,等,2005.北京及周边地区雾形成的边界层特征[J].中国科学:D辑地球科学,35(增刊Ⅰ):73-83.

张国琰,甄新蓉,谈建国,等,2010.影响上海市空气质量的地面天气类型及气象要素分析[J].热带气象学报,26(1):124-128.

张宏伟,连鹏,闫晓强,2005.最优化权值组合法用于大气质量中长期预测的研究[J].天津工业大学学报,24(3):54-58.

张凯,高会旺,2003.东亚地区沙尘气溶胶的源和汇[J].安全与环境学报,3(3):7-12.

张蕾,江崟,2001.深圳地区空气污染潜势预报的研究[J].广东气象,3(1):1-3.

张利民,李子华,1993.重庆雾的二维非定常数值模拟[J].大气科学,17(6):750-755.

张美根,韩志伟,雷孝恩,2001.城市空气污染预报方法简述[J].气候与环境研究,6(1):113-118.

张强,2003.兰州大气污染物浓度与局地气候环境因子的关系[J].兰州大学学报(自然科学版),39(1):99-106.

张蔷,赵淑艳,金永利,2002.北京地区低空风、温度层结对大气污染物垂直分布影响初探[J].应用气象学报,13(特刊):153-159.

张延君,郑玫,蔡靖,等,2015.$PM_{2.5}$源解析方法的比较与评述[J].科学通报,60(2):109-121.

张艳,王体健,胡正义,等,2004.典型大气污染物在不同下垫面上干沉积速率的动态变化及空间分布[J].气候与环境研究,9(4):591-604.

张养梅,孙俊英,张小曳,等,2011.气溶胶质谱仪在大气气溶胶特征研究中的应用[J].理化检验:化学分册,47(11):1371-1376.

赵斌,2007.华北地区大气污染源排放状况研究[D].北京:中国气象科学研究院.

赵斌,马建中,2008.天津市大气污染源排放清单的建立[J].环境科学学报,28(2):368-375.

赵鸣,1998.6 参数塔层风廓线模式[J].南京大学学报(自然科学版),34(4):341-349.

赵秀娟,姜华,王丽涛,等,2012.应用 CMAQ 模型解析河北南部城市的霾污染来源[J].环境科学学报,32(10):2559-2567.

郑飞,张镭,朱江,等,2006.复杂地形城市冬季边界层对气溶胶辐射效应的响应[J].大气科学,30(1):171-179.

中国环境监测总站,2017.环境空气质量预报预警方法技术指南[M].北京:中国环境出版社.

中国气象局,2007.地面气象观测规范第 4 部分:天气现象观测 QX/T 48—2007[S].北京:气象出版社:10.

中华人民共和国环境保护部,2014.2013 中国环境状况公报[EB/OL].(2014-05-27)[2020-04-20].http://www.mee.gov.cn/xxgk2018/xxgk/xxgk15/201912/t20191231_754083.html.

中华人民共和国生态环境部,2019.2018 中国生态环境状况公报[EB/OL].(2019-05-29)[2020-04-20].http://www.mee.gov.cn/xxgk2018/xxgk/xxgk15/201912/t20191231_754139.html.

周斌斌,1987.辐射雾的数值模拟[J].气象学报,45(1):21-29.

周昆,郝元甲,姚晨,等,2010.6 种数值模式在安徽区域天气预报中的检验[J].气象科学,30(6):801-805.

周秀杰,苏小红,袁美英,2004.基于 BP 网络的空气污染指数预报研究[J].哈尔滨工业大学学报,36(5):582-585.

周自江,朱燕君,鞠晓慧,2007.长江三角洲地区的浓雾事件及其气候特征[J].自然科学进展,17(1):66-71.

朱江,汪萍,2006.集合卡尔曼平滑和集合卡尔曼滤波在污染源反演中的应用[J].大气科学,30(5):872-882.

邹巧莉,孙鑫,田旭东,等,2017.嘉善夏季典型时段大气 VOCs 的臭氧生成潜势及来源解析[J].中国环境监测,33(4):91-98.

ABDUL-RAZZAK H,GHAN S J,2000. A parameterization of aerosol activation 2 Multiple aerosol types[J]. Journal of Geophysical Research-Atmospheres,105(D5):6837-6844.

ALFARO S C,GOMES L,2001. Modeling mineral aerosol production by wind erosion:Emission intensities and aerosol size distributions in source areas[J]. Journal of Geophysical Research-Atmospheres,106(D16):18075-18084.

AN J L,UEDA H,MATSUDA K,et al,2003. Simulated impacts of SO_2 emissions from the Miyake volcano on concentration and deposition of sulfur oxides in September and October of 2000[J]. Atmospheric Environment,37(22):3039-3046.

ANDREAE M O,CHARLSON R J,BRUYNSEELS F,et al,1986. Internal mixture of sea salt,silicates,and excess sulfate in marine aerosols[J]. Science,232(4758):1620-1623.

AZZI M,2006. The Generic Reaction Set (GRS) Model for ozone:International Conference on Atmospheric Chemistry Mechanisms[DB/OL].(2006-12-06)[2020-09-30]. Los Angeles,CA:University of California Riverside Libraries. http://pah.cert.ucr.edu/carter/Mechanism_Conference/15%20B%20Azzi.pdf.

BARKLEY Z R,LAUVAUX T,DAVIS K J,et al,2017. Quantifying methane emissions from natural gas production in north-eastern Pennsylvania[J]. Atmos Chem Phys,17(22):13941-13966.

BARNA M,LAMB B,NEIL S O,et al,2000. Modeling ozone formation and transport in the Cascadia region of the Pacific Northwest[J]. J Appl Meteor,39(3):349-366.

BASH J O,SCHWEDE D,CAMPBELL P,et al,2018. Introducing the Surface Tiled Aerosol and Gaseous Exchange (STAGE) dry deposition option in CMAQ v5.3[C]. Presented at 17th Annual CMAS Conference,22—24 October 2018,Chapel Hill,NC.

BEEKMANN M,DEROGNAT C,2003. Monte Carlo uncertainty analysis of a regional-scaletransport chemistry model constrained by measurements from the Atmospheric Pollution Over the Paris Area (ESQUIF) campaign[J]. J Geophys Res,108 (D17):8559.

BEI N,LI G,HUANG R J,et al,2016. Typical synoptic situations and their impacts on the wintertime air pollution in the Guanzhong basin,China[J]. Atmos Chem Phys,16:7373-7387.

BELLY P Y,1962. Sand movement by wind[R]. California Univ Berkeley Inst of Engineering Research.

BERGMAN K H,1979. Multivariate analysis of temperatures and winds using optimum interpolation[J]. Mon Wea Rev,107(11):1423-1444.

BERGOT T,CARRERA D,NOILHAN J,et al,2005. Improved site-specific numerical prediction of fog and low clouds:A feasibility study[J]. Weather and Forecasting,20:627-646.

BERGOT T,TERRADELLAS E,CUXART J,et al,2007. Intercomparison of single-column numerical models for the prediction of radiation fog[J]. J Appl Meteor Climatology,46:504-521.

BERGTHORSSON P,DOOS B,1955. Numerical weather map analysis[J]. Tellus,7:329-340.

BIAN H,HAN S Q,TIE X X,et al,2007. Evidence of impact of aerosols on surface ozone concentration in Tianjin,China[J]. Atmos Environ,41(22):4672-4681.

BIAN H,PRATHER M,TAKEMURA T,2003. Tropospheric aerosol impacts on trace gas budgets through photolysis[J]. J Geophys Res,108(D8):4242-4251.

BOTT A,1991. On the influence of the physico-chemical properties of aerosols on the life cycle of radiation fogs[J]. Boundary-Layer Meteorology,56:1-31.

BOTT A,SIEVERS U,ZDUNKOWSKI W,1990. A radiation fog model with a detailed treatment of the interaction between radiative transfer and fog microphysics[J]. J Atmos Sci,47(18):2153-2166.

BOTT A,TRAUTMANN T,2002. PAFOG——a new efficient forecast model of radiation fog and low-level stratiform clouds[J]. Atmospheric Research,64(1/2/3/4):191-203.

BOVE M C,BROTTO P,CASSOLA F,et al,2014. An integrated PM$_{2.5}$ source apportionment study:Positive Matrix Factorisation vs. the chemical transport model CAMx[J]. Atmospheric Environment,94:274-286.

BOYLAN J W,RUSSELL A G,2006. PM and light extinction model performance metrics,goals,and criteria for three-dimensional air quality models[J]. Atmospheric Environment,40(26):4946-4959.

BOYNARD A,CLERBAUX C,CLARISSE L,et al,2014. First simultaneous space measurements of atmospheric pollutants in the boundary layer from IASI:A case study in the North China Plain[J]. Geophys Res Lett,41(2):645-651.

BROWN R,1980. A numerical study of radiation fog with an explicit formulation of microphysics[J]. Quart J Roy Met Soc,106:781-802.

BURROWS W R,BENJAMIN M,BEAUCHAMP S,et al,1995. CART decision-tree statistical analysis and prediction of summer season maximum surface ozone for the Vancouver,Montreal,and Atlantic regions of Canada[J]. J Appl Meteor,34(8):1848-1862.

BUSINGER J A,WYNGAARD J C,IZUMI Y,et al,1971. Flux-profile relationship in the atmospheric surface layer[J]. J Atmos Sci,28:181-189.

CARL D M,TARBELL T C,PANOFSKY H A,1973. Profiles of wind and temperature from towers over homogeneous terrain[J]. J Atmos Sci,30:788-794.

CARMICHAEL G R,PETERS L K,1986. A second generation model for regional-scale transport/chemistry/deposition[J]. Atmospheric Environment (1967),20(1):173-188. DOI:10.1016/0004-6981(86)90218-0.

CATER W P L,2000. Implementation of the SAPRC-99 Chemical Mechanism into the Models-3 Framework:Report to the United States Environmental Protection Agency [DB/OL]. (2000-01-29)[2020-09-30]. Los Angeles,CA:University of California Riverside Libraries. http://pah.cert.ucr.edu/ftp/pub/carter/pubs/s99mod3.pdf.

CATER W P L,2007. Development of the SAPRC-07 Chemical Mechanism and Updated Ozone Reactivity

Scales:Final Report to the California Air Resources Board Contract No. 03-318 [DB/OL]. (2009-06-22) [2020-09-30]. Los Angeles,CA:University of California Riverside Libraries. http://www. engr. ucr. edu/ ~carter/SAPRC/saprc07. pdf.

CHAN L Y,CHU K W,ZOU S C,et al,2006. Characteristics of nonmethane hydrocarbons (NMHCs) in industrial,industrial-urban,and industrial-suburban atmospheres of the Pearl River Delta (PRD) region of south China[J]. Journal of Geophysical Research,111:D11304.

CHANG J S,BROST R A,ISAKSEN I S A,et al,1987. A three-dimensional Eulerian acid deposition model:Physical concepts and formulation[J]. J Geophys Res,92(D12):14681-14700.

CHAPMAN E G,GUSTAFSON W I Jr,EASTER R C,et al,2009. Coupling aerosol-cloud-radiative processes in the WRF-Chem model:Investigating the radiative impact of elevated point sources[J]. Atmospheric Chemistry and Physics,9(3):945-964.

CHARNEY J,HALEM M,JASTROW R,1969. Use of incomplete historical data to infer the present state of the atmosphere[J]. Journal of the Atmospheric Science,26:1160-1163.

CHAUMERLIAC N,RICHARD E,PINTY J-P,1987. Sulfur scavenging in a mesoscale model with quasi-spectral microphysics:Two-dimensional results for continental and maritime clouds[J]. J Geophys Res,92:3114-3126.

CHEN F,DUDHIA J,2001. Coupling an advanced land-surface/ hydrology model with the Penn State/ NCAR MM5 modeling system. Part I:Model description and implementation[J]. Mon Wea Rev,129:569-585.

CHEN L W A,WATSON J G,CHOW J C,et al,2010. Chemical mass balance source apportionment for combined $PM_{2.5}$ measurements from US non-urban and urban long-term networks[J]. Atmospheric Environment,44(38):4908-4918.

CHEN S S,PRICE J F,ZHAO W,et al,2007. The CBLAST-Hurricane Program and the next-generation fully coupled atmosphere-wave-ocean models for hurricane research and prediction[J]. Bull Amer Meteor Soc,88:311-317.

CHENG W L,PAI J L,TSUANG B J,et al,2001. Synoptic patterns in relation to ozone concentrations in west-central Taiwan[J]. Meteorol Atmos Phys,78:11-21.

CHIN M,GINOUX P,KINNE S,et al,2002. Tropospheric aerosol optical thickness from the GOCART model and comparisons with satellite and Sun photometer measurements[J]. Journal of the Atmospheric Sciences,59(3):461-483.

CHOI J K,HEO J B,BAN S J,et al,2013. Source apportionment of $PM_{2.5}$ at the coastal area in Korea[J]. Science of the Total Environment,447:370-380.

CRESSMAN G P,1959. An operational objective analysis system[J]. Mon Wea Rev,87:367-374.

CUSWORTH D H,JACOB D J,SHENG J X,et al,2018. Detecting high-emitting methane sources in oil/gas fields using satellite observations[J]. Atmos Chem Phys,18:16885-16896.

DA SILA A,PFAENDTNER J,GUO J,et al,1995. Assessing the effects of data delection with DAO's physical-space statistical analysis system[R]. Proceedings of the second international symposium on the assimilation of observations in meteorology and oceanography. World Meteorological Organization and Japan Meteorological Agency,Tokyo,Japan.

DABBERDT W F,MILLER E,2000. Uncertainty,ensembles and air quality dispersion modeling:Applications and challenges[J]. Atmospheric Environment,34(27):4667-4673.

DANNIS R L,BYUN D W,NOVAK J H,et al,1996. The next generation of integrated air quality modeling:EPA's Models-3[J]. Atmospheric Environment,30(12):1925-1936.

DAYAN U,LEVY I,2002. Relationship between synoptic-scale atmospheric circulation and ozone concentrations over Israel[J]. Journal of Geophysical Research-Atmospheres, 107(D24): ACL 31-1-ACL 31-12.

DELLE MONACHE L, STULL R B, 2003. An ensemble air-quality forecast over western Europe during an ozone episode[J]. Atmos Environ, 37(25): 3469-3474.

DENG J, XING Z, ZHUANG B, et al, 2014. Comparative study on long-term visibility trend and its affecting factors on both sides of the Taiwan Strait[J]. Atmospheric Research, 143: 266-278.

DENG X J, ZHOU X J, WU D, et al, 2011. Effect of atmospheric aerosol on surface ozone variation over the Pearl River Delta region[J]. Earth Sciences, 54(5): 744-752.

DESALU A A, GOULD L A, SCHWEPPE F C, 1974. Dynamic estimation of air pollution[J]. IEEE Transactions on Automatic Control, 19: 904-910.

DICKERSON R, KONDRAGUNTA S, STENCHIKOV G, et al, 1997. The impact of aerosols on solar ultraviolet radiation and photochemical smog[J]. Science, 278: 827-830.

DONG H B, ZENG L M, HU M, et al, 2012. Technical Note: The application of an improved gas and aerosol collector for the ambient air pollutants in China[J]. Atmospheric Chemistry and Physics, 12(21): 10519-10533.

DU C, LIU S, YU X, et al, 2013. Urban boundary layer height characteristics and relationship with particulate matter mass concentrations in Xi'an, central China[J]. Aerosol Air Qual Res, 13(5): 1598-1607.

DU H, KONG L, CHENG T, et al, 2011. Insights into summertime haze pollution events over Shanghai based on online water-soluble ionic composition of aerosols[J]. Atmospheric Environment, 45: 5131-5137.

DUDHIA J, 1989. Numerical study of convection observed during the winter monsoon experiment using a mesoscale two-dimensional model[J]. J Atmos Sci, 46: 3077-3107.

DUNKER A M, YARWOOD G, ORTMANN J P, et al, 2002a. The decoupled direct method for sensitivity analysis in a three-dimensional air quality model implementation, accuracy, and efficiency[J]. Environmental Science and Technology, 36(13): 2965-2976.

DUNKER A M, YARWOOD G, ORTMANN J P, et al, 2002b. Comparison of source apportionment and source sensitivity of ozone in a three-dimensional air quality model[J]. Environmental Science and Technology, 36(13): 2953-2964.

DZUBAY T G, 1982. Visibility and aerosol composition in Houston Texas[J]. Environmental Science and Technology, 16(8): 514-524.

EDER B K, YU S C, 2007. A Performance Evaluation of the 2004 Release of Models-3 CMAQ[M]// Borrego C, Norman A-L. Air Pollution Modeling and Its Application XVII. Springer US: 534-542.

ELBERN H, SCHMIDT H, 1999. A four-dimensional variational chemistry data assimilation scheme for Eulerian chemistry transport modelling[J]. Journal of Geophysical Research, 104: 18583-18598.

ELBERN H, STRUNK A, SCHMIDT H, et al, 2007. Emission rate and chemical state estimation by 4-dimensional variational inversion[J]. Atmospheric Chemistry and Physics, 7: 3749-3769.

EPSTEIN E S, 1969. Stochastic dynamic prediction[J]. Tellus, 21: 739-759.

ERISMAN J W, DRAAIJERS G P J, 1995. Atmospheric Deposition in Relation to Acidification and Eutrophication[M]. New York: Elsevier.

FAHEY K M, CARLTON A G, PYE H O T, et al, 2017. A framework for expanding aqueous chemistry in the Community Multiscale Air Quality (CMAQ) model version 5.1[J]. Geosci Model Dev, 10: 1587-1605. https://doi.org/10.5194/gmd-10-1587-2017.

FÉCAN F, MARTICORENA B, BERGAMETTI G, 1999. Soil-derived dust emissions from semiarid lands: 1. parameterization of the soils moisture effect on the threshold wind friction velocities[J]. Ann Geophysicae, 17: 149-157.

FISAK J,REZACOVA D,ELAS V,2001. Comparison of pollutant concentrations in fog (low cloud) water in the north and south Bohemia[J]. J Hydrol Hydromech,49(5):275-290.

FLYNN J,LEFER B,RAPPENGLÜCK B,et al,2010. Impact of clouds and aerosols on ozone production in Southeast Texas [J]. Atmospheric Environment, 44 (33): 4126-4133. DOI: 10. 1016/j. atmosenv. 2009. 09. 005.

FOLTESCU V L,PRYOR S C,BENNET C,2005. Sea salt generation,dispersion and removal on the regional scale[J]. Atmospheric Environment,39(11):2123-2133. DOI:10. 1016/j. atmosenv. 2004. 12. 030.

FRONZA G,SPIRITO A,TONIELLI A,1979. Real-time forecast of air pollution episodes in the Venetian region. Part 2:The Kalman predictor[J]. Applied Mathematical Modelling,3(6):409-415.

GALANIS G,ANADRANISTAKIS M,2002. A one-dimensional Kalman filter for the correction of near surface temperature forecasts[J]. Meteorological Applications,9(4):437-441.

GALMARINI S,BIANCONI R,KLUG W,et al,2004. Ensemble dispersion forecasting-Part I:Concept,approach and indicators[J]. Atmospheric Environment,38(28):4607-4617.

GANDIN L S,1965. Objective analysis of meteorological fields,Gidro meteorologicheskoe Izdatel'stro,Leningrad[M]. Translated from Russian,Israeli Program for Scientific,Translations,Jerusalem.

GAO S,LIN H,SHEN B,et al,2007. A heavy sea fog event over yellow sea in March 2005:Analysis and numerical modeling[J]. Advances in Atmospheric Sciences,24(1):65-81.

GERY M W,WHITTEN G Z,KILLUS J P,et al,1989. A photochemical kinetics mechanism for urban and regional scale computer modeling[J]. Journal of Geophysical Research,94(D10):12925-12956.

GEURTS P,ERNST D,WEHENKEL L,2006. Extremely randomized trees[J]. Machine Learning,63(1):3-42.

GILLETTE D,1978. A wind tunnel simulation of the erosion of soil:Effect of soil texture,sandblasting,wind speed,and soil consolidation on dust production[J]. Atmospheric Environment,12(8):1735-1743.

GILLETTE D A,HANSON K J,1989. Spatial and temporal variability of dust production caused by wind erosion in the United States[J]. Journal of Geophysical Research-Atmospheres,94(D2):2197-2206.

GILLETTE D A,PASSI R,1988. Modeling dust emission caused by wind erosion[J]. Journal of Geophysical Research-Atmospheres,93(D11):14233-14242.

GLAHN H R,LOWRY D A,1972. The use of Model Output Statistics (MOS) in objective weather forecasting [J]. J Appl Meteor,11(8):1203-1211.

GONG S L,ZHANG X Y,2008. CUACE/Dust—an integrated system of observation and modeling systems for operational dust forecasting in Asia[J]. Atmos Chem Phys,8(9):2333-2340.

GRELL G A,DUDHIA J,STAUFFER D R,1994. A description of the fifth generation Penn State/NCAR Mesoscale Model (MM5) [R]. NCAR Tech Note NCAR/TN-398+STR,Natl Cent for Atmos Res,Boulder,Colo.

GRELL G A,PECKHAM S E,SCHMITZ R,et al,2005. Fully coupled online chemistry within the WRF model [J]. Atmospheric Environment,39(37):6957-6975.

GROBLICKI P J,WOLFF G T,COUNTESS R J,1981. Visibility-reducing species in the denver "brown cloud"—I. Relationships between extinction and chemical composition[J]. Atmospheric Environment,15 (12):2473-2484. DOI:10. 1016/0004-6981(81)90063-9.

GULTEPE I,MILBRAND J A,2007b. Microphysical observations and mesoscale model simulation of a warm fog case during FRAM project[J]. Pure and Applied Geophysics,164(6/7):1161-1178.

GULTEPE I,MULLER M D,BOYBEYI Z,2006. A new visibility parameterization for warm-fog applications in numerical weather prediction models[J]. J Appl Meteor Clim,45:1469-1480.

GULTEPE I,PEARSON G,MILBRANDT J A,et al,2009. The fog remote sensing and modeling field project [J]. Bull Amer Meteor Soc,90(3):341-359.

GULTEPE I,TARDIF R,MICHAELIDES S C,et al,2007a. Fog research:A review of past achievements and future perspectives[J]. Pure and Applied Geophysics,164:1121-1159.

HANNA S R,CHANG J C,FERNAU M E,1998. Monte Carlo estimates of uncertainties in predictions by a photochemical grid model (UAM-IV) due to uncertainties in input variables[J]. Atmos Environ,32:3619-3628.

HANNA S R,DAVIS J M,2002. Evaluation of a photochemical grid model using estimates of concentration probability density functions[J]. Atmos Environ,36:1793-1798.

HANNA S R,LU Z,FREY H C,2001. Uncertainties in predicted ozone concentrations due to input uncertainties for the UAM-V photochemical grid model applied to the July 1995 OTAG domain[J]. Atmos Environ,35:891-903.

HE K,YANG F,MA Y L,et al,2001. The characteristics of $PM_{2.5}$ in Beijing,China[J]. Atmospheric Environment,35:4959-4970.

HE L Y,HU M,HUANG X F,et al,2006. Seasonal pollution characteristics of organic compounds in atmospheric fine particles in Beijing[J]. Science of the Total Environment,359:167-176.

HEGARTY J,MAO H,TALBOT R,2007. Synoptic controls on summertime surface ozone in the northeastern United States[J]. Journal of Geophysical Research-Atmospheres,112(D14).

HEGARTY J,MAO H,TALBOT R,2009. Synoptic influences on springtime tropospheric O_3 and CO over the North American export region observed by TES[J]. Atmos Chem Phys,9:3755-3776.

HEO J-S,KIM D-S,2004. A new method of ozone forecasting using fuzzy expert and neural network systems [J]. Science of the Total Environment,325:221-237.

HERTEL O,BERKOWICZ R,CHRISTENSEN J,et al. 1993. Test of two numerical schemes for use in atmospheric transport-chemistry models[J]. Atmospheric Environment,27(16):2591-2611.

HESS P,BREZOWSKYH,1952. Katalog der Grosswetterlagen Europas[M]. Ber Dt Wetterd:39

HO K F,LEE S C,HO W K,et al,2009. Vehicular emission of volatile organic compounds (VOCs) from a tunnel study in Hong Kong[J]. Atmospheric Chemistry and Physics,9:7491-7504.

HODKINSON R J,1996. Calculations of color and visibility in atmospheres polluted by gaseous NO_2[J]. International J of Air and Water Pollution,10:137-144.

HOGREFE C,LIU P,POULIOT G,et al,2018. Impacts of different characterizations of large-scale background on simulated regional-scale ozone over the continental United States[J]. Atmos Chem Phys,18:3839-3864. https://doi. org/10. 5194/acp-18-3839-2018.

HOKE J,ANTHES R,1976. The initialization of numerical models by a dynamic relaxation technique[J]. Mon Wea Rev,104:1551-1556.

HOLTSLAG A A M,VAN ULDEN A P,1983. A simple scheme for daytime estimates of the surfaces fluxes from routine weather data[J]. J Appl Meteor,22(4):517-529.

HONG S Y,DUDHIA J,CHEN S H,2004. A revised approach to ice microphysical processes for the bulk parameterization of clouds and precipitation[J]. Mon Wea Rev,132:103-120.

HOPKE P K,2003. Recent developments in receptor modeling[J]. Journal of Chemometrics,17(5):255-265.

HORVATH H,1993. Atmospheric light absorption general topics[J]. Atmospheric Environment,27(3):293-317.

HORVATH H,1995. Size segregated light absorption coefficient of the at atmospheric aerosol[J]. Atmospheric Environment,29(4):875-883.

HUANG J P,FUNG J C H,LAU A K H,et al,2005. Numerical simulation and process analysis of typhoon-related ozone episodes in Hong Kong[J]. Journal of Geophysical Research-Atmospheres,110(D05).

HUANG J P,FUNG J C H,LAU A K H,2006a. Integrated processes analysis and systematic meteorological classification of ozone episodes in Hong Kong[J]. Journal of Geophysical Research-Atmospheres, 111 (D20).

HUANG X F,HE L Y,HU M,et al,2006b. Annual variation of particulate organic compounds in $PM_{2.5}$ in the urban atmosphere of Beijing[J]. Atmospheric Environment,40(14):2449-2458.

HUANG X F,HE L Y,HU M,et al,2010. Highly time-resolved chemical characterization of atmospheric submicron particles during 2008 Beijing Olympic Games using an Aerodyne High-Resolution Aerosol Mass Spectrometer[J]. Atmospheric Chemistry and Physics,10:8933-8945.

HUANG X X,WANG T J,JIANG F,et al,2013. Studies on a severe dust storm in East Asia and its impact on the air quality of Nanjing,China[J]. Aerosol and Air Quality Research,13(1):179-193.

HUTH R,1993. An example of using obliquely rotated principal components to detect circulation types over Europe[J]. Meteorol Z,2:285-293.

HUTH R,1996. An intercomparison of computer-assisted circulation classification methods[J]. Int J Climatol, 16:893-922.

HUTH R,BECK C,PHILIPP A,et al,2008. Classifications of atmospheric circulation patterns[J]. Annals of the New York Academy of Sciences,1146:105-152.

JACOB D J,2000. Heterogeneous chemistry and tropospheric ozone[J]. Atmospheric Environment,34(12/13/14):2131-2159.

JACOBSON M Z,1998. Studying the effects of aerosols on vertical photolysis rate coefficient and temperature profiles over an urban airshed[J]. J Geophys Res,103(D9):10593-10604.

JANJIC Z I,2002. Nonsingular Implementation of the Mellor-Yamada Level 2.5 Scheme in the NCEP Mesomodel[R]. NCEP Office Note,437,61.

JENKIN M E,SAUNDERS S M,WAGNER V,et al,2003. Protocol for the development of the Master Chemical Mechanism,MCM v3 (Part B):tropospheric degradation of aromatic volatile organic compounds[J]. Atmospheric Chemistry and Physics,3:181-193.

JENKINSON A F,COLLISON F P,1997. An initial climatology of gales over the North Sea[R]. Synoptic Climatology Branch Memorandum 62,Meteorological Office,Bracknell.

JIANG D H,ZHANG Y,HU X,et al,2004. Progress in developing an ANN model for air pollution index forecast[J]. Atmospheric Environment,38:7055-7064.

JIANG F,WANG T,WANG T,et al,2008. Numerical modeling of a continuous photochemical pollution episode in Hong Kong using WRF-chem[J]. Atmospheric Environment,42(38):8717-8727.

JIANG J,AKSOYOGLU S,EL-HADDAD I,et al,2019. Sources of organic aerosols in Europe:A modeling study using CAMx with modified volatility basis set scheme[J]. Atmos Chem Phys,19:15247-15270.

KAIN J S,FRITSCH J M,1990. A one-dimensional entraining/ detraining plume model and its application in convective parameterization[J]. J Atmos Sci,47:2784-2802.

KAIN J S,FRITSCH J M,1993. Convective Parameterization for Mesoscale Models:The Kain-Fritcsh Scheme [M]// Emanuel K A,Raymond D J(Eds). The Representation of Cumulus Convection in Numerical Models. Amer Meteor Soc:246.

KIRCHHOFER W,1974. Classification of European 500 mb patterns[R]. Swiss Meteorological Institute, No 43.

KONG F,2002. An experimental simulation of a coastal fog-stratus case using COAMPS (tm) model[J].

Atmospheric Research,64:205-215.

KONG S,HAN B,BAI Z,et al,2010. Receptor modeling of $PM_{2.5}$,PM_{10} and TSP in different seasons and long-range transport analysis at a coastal site of Tianjin,China[J]. Science of the Total Environment,408(20):4681-4694.

KOSCHMIEDER H,1924. Theorie der horizontalen Sichtweite[J]. Beitrage zur Physik der freien Atmosphare,12:33-53.

KULMALA M,LAAKSONEN A,PIRJOLA L,1998. Parameterization for sulphuric acid/water nucleation rates[J]. Journal of Geophysical Research-Atmospheres,103(D7):8301-8307.

KUNKEL B A,1984. Parameterization of droplet terminal velocity and extinction coefficient in fog models[J]. Journal of Climate and applied meteorology,23(1):34-41.

KUSAKA H,KIMURA F,2004. Coupling a single-layer urban canopy model with a simple atmospheric model:Impact on urban heat island simulation for an idealized case[J]. J Meteor Soc Japan,82 (1):67-80.

KUSAKA H,KONDO H,KIKEGAWA Y,et al,2001. A simple single-layer urban canopy model for atmospheric models:Comparison with multi-layer and slab models[J]. Bound-Layer Meteor,101:329-358.

LAMB H H,1972. British Isles Weather Types and A Register of the Daily Sequence of Circulation Patterns [M]. London:H M Stationery Off.

LANDSBERG H E,1981. The Urban Climate[M]. New York:Academic Press:275.

LEE B K,HIEU N T,2013. Seasonal ion characteristics of fine and coarse particles from an urban residential area in a typical industrial city[J]. Atmospheric Research,122:362-377.

LEE J Y,JO W K,CHUN H H,2014. Characteristics of atmospheric visibility and its relationship with air pollution in Korea[J]. Journal of environmental quality,43(5):1519-1526.

LEFER B L,SHETTER R E,HALL S R,et al,2003. Impact of clouds and aerosols on photolysis frequencies and photochemistry during TRACE-P:1. Analysis using radiative transfer and photochemical box models [J]. Journal of Geophysical Research,108(D21).

LEITH C S,1974. Theoretical skill of Monte Carlo forecasts[J]. Mon Wea Rev,102:409-418.

LEUNG D M,TAI A P K,MICKLEY L J,et al,2018. Synoptic meteorological modes of variability for fine particulate matter ($PM_{2.5}$) air quality in major metropolitan regions of China[J]. Atmos Chem Phys,18:6733-6748.

LI G,BEI N,TIE X,et al,2011. Aerosol effects on the photochemistry in Mexico City during MCMA-2006/MILAGRO campaign[J]. Atmospheric Chemistry and Physics,11(11):5169-5182.

LI G,ZHANG R,FAN J,et al,2005. Impact of black carbon aerosol on photolysis and ozone[J]. J Geophys Res,110(D23206):1-10.

LI H,WANG B,FANG X,et al,2018. Combined effect of boundary layer recirculation factor and stable energy on local air quality in the Pearl River Delta over southern China[J]. J Air Waste Manage Assoc,68(7):685-699.

LI M,ZHANG Q,KUROKAWA J I,et al,2017b. MIX:A mosaic Asian anthropogenic emission inventory under the international collaboration framework of the MICS-Asia and HTAP[J]. Atmospheric Chemistry and Physics,17(2):935-963.

LI M M,WANG T J,HAN Y,et al,2017a. Modeling of a severe dust event and its impacts on ozone photochemistry over the downstream Nanjing megacity of eastern China[J]. Atmospheric Environment,160:107-123.

LI Y,LAU K H,FUNG C H,et al,2012. Ozone Source Apportionment (OSAT) to differentiate local regional and super-regional source contributions in the Pearl River Delta region,China[J]. Journal of Geophysical

Research-Atmospheres,117:D15305.

LI Z K,BRIGGS G A,1988. Simple PDF models for convectively driven vertical diffusion[J]. Atmospheric Environment,22(1):55-74.

LI Z,SHI C,LU T,1997. 3D Model study on fog over complex terrain-part Ⅱ:Numerical experiment[J]. Acta Meteorologica Sinica,11(1):88-94.

LIAO H,ADAMS P J,CHUNG S H,et al,2003. Interactions between tropospheric chemistry and aerosols in a unified general circulation model[J]. Journal of Geophysical Research-Atmospheres,108(D1):4001.

LIAO H,SEINFELD J H,ADAMS P J,et al,2004. Global radiative forcing of coupled tropospheric ozone and aerosols in a unified general circulation model[J]. Journal of Geophysical Research-Atmospheres, 109:D16207.

LIAO H,YUNG Y,SEINFELD J,1999. Effects of aerosols on tropospheric photolysis rates in clear and cloudy atmospheres[J]. Journal of Geophysical Research-Atmospheres,104(D19):23697-23707.

LIAO Z,GAO M,SUN J,et al,2017. The impact of synoptic circulation on air quality and pollution-related human health in the Yangtze River Delta region[J]. Sci Total Environ,607-608:838-846.

LIAO Z,SUN J,YAO J,et al,2018. Self-organized classification of boundary layer meteorology and associated characteristics of air quality in Beijing[J]. Atmos Chem Phys,18:6771-6783.

LIU H,ZHANG M,HAN X,et al,2019. Episode analysis of regional contributions to tropospheric ozone in Beijing using a regional air quality model[J]. Atmospheric Environment,199:299-312.

LORENC A,1986. Analysis methods for numerical weather prediction[J]. Quart J Roy Meteor Soc,112:1177-1194.

LORENC A C,1981. A global three-dimensional multivariate statistical analysis scheme[J]. Mon Wea Rev, 109:701-721.

LU H,SHAO Y,2001. Toward quantitative prediction of dust storms:An integrated wind erosion modelling system and its applications[J]. Environmental Modelling and Software,16(3):233-249.

LUECKEN D J,YARWOOD G,HUTZELL W T,2019. Multipollutant modeling of ozone,reactive nitrogen and HAPs across the continental US with CMAQ-CB6[J]. Atmospheric Environment,201:62-72. https://doi.org/10.1016/j.atmosenv.2018.11.060.

LUND I A,1963. Map-pattern classification by statistical methods[J]. J Appl Meteor,2:56-65.

MA C,WANG T,JIANG Z,2020. Importance of bias correction in data assimilation of multiple observations over eastern China using WRF-Chem/DART[J]. Journal of Geophysical Research-Atmospheres, 125:e2019JD031465.

MA C,WANG T,MIZZI A P,et al,2019. Multiconstituent data assimilation with WRF-Chem/DART:Potential for adjusting anthropogenic emissions and improving air quality forecasts over eastern China[J]. Journal of Geophysical Research-Atmospheres,124(13):7393-7412.

MA C,WANG T,ZANG Z,et al,2018. Comparisons of three-dimensional variational data assimilation and model output statistics in improving atmospheric chemistry forecasts[J]. Advances in Atmospheric Sciences,35(7):813-825.

MALLET V,SPORTISSE B,2006. Ensemble-based air quality forecasts:A multimodel approach applied to ozone[J]. J Geophys Res,111:D18302. DOI:10.1029/2005JD006675.

MALM W C,1994. Examining the relationship between atmospheric aerosols and light extinction at Mount Rainier and North Cascades National Parks[J]. Atmospheric Environment,28(2):347-360.

MALM W C,SISLER J F,HUFFMAN D,et al,1994. Spatial and seasonal trends in particle concentration and optical extinction in the United States[J]. Journal of Geophysical Research-Atmospheres,99(D1):

1347-1370.

MARTICORENA B, BERGAMETTI G, 1995. Modeling the atmospheric dust cycle: 1. Design of a soil-derived dust emission scheme[J]. Journal of Geophysical Research-Atmospheres, 100(D8): 16415-16430.

MARTICORENA B, BERGAMETTI G, AUMONT B, et al, 1997. Modeling the atmospheric dust cycle: 2. Simulation of Saharan dust sources [J]. Journal of Geophysical Research-Atmospheres, 102 (D4): 4387-4404.

MASIOL M, SQUIZZATO S, RAMPAZZO G, et al, 2014. Source apportionment of $PM_{2.5}$ at multiple sites in Venice (Italy): Spatial variability and the role of weather[J]. Atmospheric Environment, 98: 78-88.

MATHUR R, XING J, GILLIAM R, et al, 2017. Extending the Community Multiscale Air Quality (CMAQ) modeling system to hemispheric scales: Overview of process considerations and initial applications[J]. Atmos Chem Phys, 17: 12449-12474. https://doi. org/10. 5194/acp-17-12449-2017.

MCKEEN S, WILCZAK J, GRELL G, et al, 2005. Assessment of an ensemble of seven real-time ozone forecasts over eastern North America during the summer of 2004[J]. J Geophys Res, 110: D21307. DOI: 10. 1029/2005JD005858.

MELLOR G L, YAMADA T, 1974. A hierarchy of turbulence closure models for planetary boundary layers [J]. J Atmos Sci, 31: 1791-1806.

MENG Z, DABDUB D, SEINFELD J H, 1997. Chemical coupling between atmospheric ozone and particulate matter[J]. Science, 277: 116-119.

MENON S, UNGER N, KOCH D, et al, 2008. Aerosol climate effects and air quality impacts from 1980 to 2030[J]. Environmental Research Letters, 3: 024004.

MIAO Y, GUO J, LIU S, et al, 2017. Classification of summertime synoptic patterns in Beijing and their associations with boundary layer structure affecting aerosol pollution[J]. Atmos Chem Phys, 17: 3097-3110.

MICHAELIDES S C, LIASSIDOU F, SCHIZAS C N, 2007. Synoptic Classification and Establishment of Analogues with Artificial Neural Networks [M]// Gultepe I. Fog and Boundary Layer Clouds: Fog Visibility and Forecasting. Basel: Birkhäuser Basel: 1347-1364.

MLAWER E J, TAUBMAN S J, BROWN P D, et al, 1997. Radiative transfer for inhomogeneous atmosphere: RRTM, a validated correlated-k model for the longwave[J]. J Geophys Res, 102 (D14): 16663-16682.

MOK K M, TAM S C, 1998. Short-term prediction of SO_2 concentration in Macau with artificial neural networks[J]. Energy and Buildings, (28): 279-286.

MONAHAN E C, 1968. Sea spray as a function of low elevation wind speed[J]. Journal of Geophysical Research-Atmospheres, 73(4): 1127-1137.

MONIN A S, OBUKHOV A M, 1954. Basic laws of turbulent mixing in the surface layer of the atmosphere [J]. Tr Akad Nauk SSSR Geophiz Inst, 24(151): 163-187.

MÜLLER M D, MASBOU M, BOTT A, et al, 2005. Fog prediction in a 3D model with parameterized microphysics[C]. Preprints, World Weather Research Programme's Symposium on Nowcasting and Very Short Range Forecasting, September 5—9, Toulouse, France.

MÜLLER M D, SCHMUTZ C, PARLOW E, 2007. A one-dimensional ensemble forecast and assimilation system for fog prediction[J]. Pure and Applied Geophysics, 164: 1241-1264.

NENES A, PANDIS S N, PILINIS C, 1998. ISORROPIA: A new thermodynamic equilibrium model for multiphase multicomponent inorganic aerosols[J]. Aquatic Geochemistry, 4(1): 123-152.

NICKERSON E C, RICHARD E, ROSSET R, et al, 1986. The numerical simulation of clouds, rain, and airflow over the Vosges and Black Forest mountains: A meso-β model with parameterized microphysics[J]. Mon Wea Rev, 114: 398-414.

NICKLING W G,GILLIES J A,1989. Emission of Fine-Grained Particulates from Desert Soils[M]// Leinen M,Sarnthein M. Paleoclimatology and Paleometeorology:Modern and Past Patterns of Global Atmospheric Transport. Dordrecht:Springer:133-165.

NIU S,LU C,YU H,et al,2010. Fog research in China:An overview[J]. Advances in Atmospheric Sciences,27 (3):639-661.

PAATERO P,1997. Least squares formulation of robust,non-negative factor analysis[J]. Chemometrics and Intelligent Laboratory Systems,37(1):23-35.

PADRO J,1996. Summary of ozone dry deposition velocity measurements and model estimates over vineyard, cotton,grass and deciduous forest in summer[J]. Atmospheric Environment,30:2363-2369.

PADRO J,EDWARDS G C,1991. Sensitivity of ADOM dry deposition velocities to input parameters:A comparison with measurements for SO_2 and NO_2 over three land-use types[J]. Atmosphere-Ocean,29: 667-685.

PAGOWSKI M,GRELL G A,MCKEEN S A,et al,2005. A simple method to improve ensemble-based ozone forecasts[J]. Geophys Res Lett,32:L07814. DOI:10. 1029/ 2004GL022305.

PAGOWSKI M,GULTEPE I,KING P,2004. Analysis and modeling of an extremely dense fog event in southern Ontario[J]. J Appl Meteor,43:3-16.

PANOFSKY H,1949. Objective weather-map analysis[J]. Journal of Applied Meteorology,(6):386-392.

PETÄJÄ T,JÄRVI L,KERMINEN V M,et al,2016. Enhanced air pollution via aerosol-boundary layer feedback in China[J]. Sci Rep,6:1-6.

PHILIPP A,BECK C,HUTH R,et al,2014. Development and comparison of circulation type classifications using the COST 733 dataset and software[J]. Int J Climatol,36:2673-2691.

PLEIM J E,RAN L,APPEL W,et al,2019. New bidirectional ammonia flux model in an air quality model coupled with an agricultural model[J]. Journal of Advances in Modeling Earth Systems,11 (9): 2934-2957. https://doi. org/10. 1029/2019MS001728.

PLEIM J E,VENKATRAM A,YAMARTINO R,1984. ADOM/TADAP model development program[R]. The Dry Deposition Module,Vol 4. Ontorio Ministry of the Environment,Rexdale,Canada.

POPE R J,BUTT E W,CHIPPERFIELD M P,et al,2016. The impact of synoptic weather on UK surface ozone and implications for premature mortality[J]. Environ Res Lett,11:124004.

PYE H O T,D'AMBRO E L,LEE B H,et al,2019. Anthropogenic enhancements to production of highly oxygenated molecules from autoxidation[J]. Proceedings of National Academy of Sciences,116 (14): 6641-6646.

PYE H O T,MURPHY B N,XU L,et al,2017. On the implications of aerosol liquid water and phase separation for organic aerosol mass[J]. Atmos Chem Phys,17(1),343-369.

PYE K,1989. Processes of Fine Particle Formation,Dust Source Regions,and Climatic Changes[M]// Leinen M,Sarnthein M. Paleoclimatology and Paleometeorology:Modern and Past Patterns of Global Atmospheric Transport. Dordrecht:Springer:3-30.

QIAO X,YING Q,LI X,et al,2018. Source apportionment of $PM_{2.5}$ for 25 Chinese provincial capitals and municipalities using a source-oriented Community Multiscale Air Quality model[J]. Sci Total Environ,612: 462-471.

QIN Y,TONNESEN G S,WANG Z,2004. Weekend/weekday differences of ozone,NO_x,CO,VOCs,PM_{10} and the light scatter during ozone season in southern California[J]. Atmospheric Environment,38 (19): 3069-3087.

QU Y,HAN Y,WU Y,et al,2017. Study of PBLH and its correlation with particulate matter from one-year observation over Nanjing, southeast China[J]. Remote Sens, 9:668.

QU Y W, WANG T J, WU H, et al, 2020. Vertical structure and interaction of ozone and fine particulate matter in spring at Nanjing, China: The role of aerosol's radiation feedback[J]. Atmospheric Environment, 222:117162.

REAL E, SARTELET K, 2011. Modeling of photolysis rates over Europe: Impact on chemical gaseous species and aerosols[J]. Atmos Chem Phys, 11:1711-1727.

ROACH W T, BROWN R, CAUGHEY S J, et al, 1976. The physics of radiation fog: I—A field study[J]. Quart J Roy Meteor Soc, 102:313-333.

ROSENFELD D, 2000. Suppression of rain and snow by urban and industrial air pollution[J]. Science, 287: 1793-1796.

ROSENFELD D, 2008. Flood or drought: How do aerosols affect precipitation? [J]. Science, 321:1309-1313.

RUTHERFORD I, 1973. Experiments on the updating of PE forecasts with real wind and geopotential data [C]. Preprints Third Symposium on Probability and Statistics, Boulder, Amer Meteor Soc, 198-201.

RUTHERFORD I, 1976. An operational 32 dimensional multivariate statistical objective analysis scheme[C]. Proc JOC Study Group Conference on Four-Dimensional Data Assimilation, Paris, GARP programme on numerical experimentation, Rep WMO/ JCSU, 98-111.

SANG H S, SEA C O, BYUNG W J, et al, 2000. Prediction of Ozone Format ion Based on Neural Network [J]. EnvirEngrg: ASCE, 126(8):688-696.

SANTURTÚN A, GONZÁLEZ-HIDALGO J C, SANCHEZ-LORENZO A, et al, 2015. Surface ozone concentration trends and its relationship with weather types in Spain (2001—2010)[J]. Atmos Environ, 101:10-22.

SARWAR G, GANTT B, FOLEY K, et al, 2019. Influence of bromine and iodine chemistry on annual, seasonal, diurnal, and background ozone: CMAQ simulations over the Northern Hemisphere[J]. Atmos Environ, 213:395-404.

SAUNDERS S M, JENKIN M E, DERWENT R G, et al, 2003. Protocol for the development of the Master Chemical Mechanisms, MCM v3(Part A): tropospheric degradation of non-aromatic volatile organic compounds[J]. Atmospheric Chemistry and Physics, 3:161-180.

SCHEFFE R D, MORRIS R E, 1993. A review of the development and application of Urban Airshed Model [J]. Atmospheric Environment, 27(1):23-29.

SCHELL B, ACKERMANN I J, HASS H, et al, 2001. Modeling the formation of secondary organic aerosol within a comprehensive air quality model system[J]. Journal of Geophysical Research-Atmospheres, 106 (D22):28275-28293.

SCHLATTER T, 1975. Some experiments with a multivariate statistical objective analysis scheme[J]. Mon Wea Rev, 103:246-257.

SCHURATH U, NAUMANN K H, 1998. Heterogeneous processes involving atmospheric particulate matter [J]. Pure and Applied Chemistry, 70(7):1353-1361.

SHAO Y, LESLIE L M, 1997. Wind erosion prediction over the Australian continent[J]. Journal of Geophysical Research-Atmospheres, 102(D25):30091-30105.

SHAO Y, LEYS J F, MCTAINSH G H, et al, 2007. Numerical simulation of the October 2002 dust event in Australia[J]. Journal of Geophysical Research-Atmospheres, 112(D8).

SHAO Y, RAUPACH M, LEYS J, 1996. A model for predicting aeolian sand drift and dust entrainment on scales from paddock to region[J]. Soil Research, 34(3):309-342.

SHAW P, 2008. Application of aerosol speciation data as an in situ dust proxy for validation of the Dust Regional Atmospheric Model (DREAM)[J]. Atmospheric Environment,42(31):7304-7309.

SHI C,FERNANDO H J S,WANG Z,et al,2008a. Tropospheric NO_2 columns over east central China:Comparisons between SCIAMACHY measurements and nested CMAQ simulations[J]. Atmospheric Environment,42(30):7165-7173.

SHI C,ROTH M,ZHANG H,et al,2008b. Impacts of urbanization on long-term variation of fog in Anhui Province,China[J]. Atmospheric Environment,42:8484-8492.

SHI C,SUN X,YANG J,et al,1996. 3D model study on fog over complex terrain-part I : Numerical study [J]. Acta Meteorologica Sinica,10(4):493-506.

SHI C,WANG L,ZHANG H,et al,2012. Fog simulations based on multi-model:A feasibility study[J]. Pure and Applied Geophysics,169:941-960. DOI:10. 1007/s00024-011-0340-0.

SHI C,YANG J,QIU M,et al,2010. Analysis of an extremely dense regional fog event in eastern China using a mesoscale model[J]. Atmospheric Research,95(4):428-440.

SHU L,WANG T J,XIE M,et al,2019. Episode study of fine particle and ozone during the CAPUM-YRD over Yangtze River Delta of China:Characteristics and source attribution[J]. Atmospheric Environment,203: 87-101.

SIEBERT J,BOTT A,ZDUNKOWSKI W,1992a. Influence of a vegetation-soil model on the simulation of radiation fog[J]. Beitr Phys Atmos,65:93-106.

SIEBERT J,SIEVERS U,ZDUNKOWSKI W,1992b. A one-dimensional simulation of the interaction between land surface processes and the atmosphere[J]. Boundary-Layer Meteorol,59:1-34.

SILLMAN S,1995. The use of NO_y,H_2O_2,and HNO_3 as indicators for ozone-NO_x-hydrocarbon sensitivity in urban locations[J]. Journal of Geophysical Research-Atmospheres,100:175-188.

SKAMAROCK W,KLEMP J B,DUDHIA J,et al,2008. A description of the advanced research WRF version 3 [R]. NCAR Technical Note NCAR/ TN-475+STR. DOI:10. 5065/D68S4MVH.

SONG Y,TANG X,XIE S,et al,2007. Source apportionment of $PM_{2.5}$ in Beijing in 2004[J]. Journal of Hazardous Materials,146(1/2):124-130.

SONG Z,2004. A numerical simulation of dust storms in China[J]. Environmental Modelling and Software,19 (2):141-151.

STAUFFER D R,SEAMAN N L,1990. Use of four-dimensional data assimilation in a limited-area mesoscale model,Part I:Experiments with synoptic-scale data[J]. Mon Wea Rev,118:1250-1277.

STOCTWELL W R,KIRCHNER F,KUHN M,et al,1997. A new mechanism for regional atmospheric chemistry modeling[J]. Journal of Geophysical Research,102(D22):25847-25879.

STOELINGA M T,WARNER T T,1999. Nonhydrostatic,mesobeta-scale model simulations of cloud ceiling and visibility for an east coast winter precipitation event[J]. J Appl Meteor,38(4):385-404.

STRAUME A G,2001. A more extensive investigation of the use of ensemble forecasts for dispersion model evaluation[J]. J Appl Meteor,40(3):425-445.

STRAUME A G,KOFFI E N,NODOP K,1998. Dispersion modeling using ensemble forecasts compared to ETEX measurements[J]. J Appl Meteor,37(11):1444-1456.

STREETS D G,BOND T C,CARMICHAEL G R,et al,2003. An inventory of gaseous and primary aerosol emissions in Asia in the year 2000[J]. Journal of Geophysical Research-Atmospheres,108(D21):8809.

STREETS D G,FU J S,JANG C J,et al, 2007. Air quality during the 2008 Beijing Olympic Games [J]. Atmospheric Environment,41(3):480-492.

STREETS D G,ZHANG Q,WANG L,et al,2006. Revisiting China's CO emissions after the transport and chemical evolution over the Pacific (TRACE-P) mission:Synthesis of inventories,atmospheric modeling, and observations[J]. Journal of Geophysical Research-Atmospheres,111(D14).

SUN Y,WANG Z,FU P,et al,2013. The impact of relative humidity on aerosol composition and evolution processes during wintertime in Beijing,China[J]. Atmospheric Environment,77:927-934.

SUN Y L,ZHANG Q,SCHWAB J J,et al,2011. Characterization of the sources and processes of organic and inorganic aerosols in New York city with a high-resolution time-of-flight aerosol mass apectrometer [J]. Atmospheric Chemistry and Physics,11(4):1581-1602.

TANG L,KARLSSON P E,GU Y,et al,2009. Synoptic weather types and long-range transport patterns for ozone precursors during high-ozone events in southern Sweden[J]. AMBIO:A Journal of the Human Environment,38:459-465.

TARDIF R,COLE J A,HERZEGH P H,et al,2004. First observations of fog and low ceiling environments at the Faa northeast celing and visibility field site[C]. 11th Conference on Aviation,Range,and Aerospace Hayannis,MA,American Meteoro Soc Paper # 10.5.

TEGEN I,FUNG I,1994. Modeling of mineral dust in the atmosphere:Sources,transport,and optical thickness [J]. Journal of Geophysical Research-Atmospheres,99(D11):22897-22914.

TEGEN I,FUNG I,1995. Contribution to the atmospheric mineral aerosol load from land surface modification [J]. Journal of Geophysical Research-Atmospheres,100(D9):18707-18726.

TEGEN I,LACIS A A,FUNG I,1996. The influence on climate forcing of mineral aerosols from disturbed soils[J]. Nature,380(6573):419.

TESAR M,FISAK J,REZACOVA D,2002. Atmosphere aerosol from wind driven low cloud and fogs and its importance in urban areas of the Czech Republic[R]. Report Series in Aerosol Science,56:154-159.

THURSTON G D,SPENGLER J D,1985. A quantitative assessment of source contributions to inhalable particulate matter pollution in Metropolitan Boston[J]. Atmospheric Environment,19(1):9-25.

TYAGI S,TIWARI S,MISHRA A,et al,2017. Characteristics of absorbing aerosols during winter foggy period over the National Capital Region of Delhi:Impact of planetary boundary layer dynamics and solar radiation flux[J]. Atmos Res,188:1-10.

UNGER N,MENON S,KOCH D,et al,2009. Impacts of aerosol-cloud interactions on past and future changes in tropospheric composition[J]. Atmos Chem Phys,9:4155-4129.

VAN DER VELDE I R,STEENEVELD G J,WICHERS SCHREUR B G J,et al,2010. Modeling and forecasting the onset and duration of severe radiation fog under frost conditions[J]. Mon Wea Rev, 138: 4237-4253.

VAN LOON M,BUILTJES P J H,SEGERS A J,2000. Data assimilation of ozone in the atmospheric transport chemistry model LOTOS[J]. Environmental Modelling and Software,15:603-609.

VAN NOIJE T P C,ESKES H J,DENTENER F J,et al,2006. Multi-model ensemble simulations of tropospheric NO_2 compared with GOME retrievals for the year 2000[J]. Atmos Chem Phys,6:2943-2979.

WALCEK C J,1986. SO_2,sulfate and HNO_3 deposition velocities computed using regional landuse and meteorological data[J]. Atmospheric Environment,20(5):949-964.

WALCEK C J,BROST R A,CHANG J S,et al,1986. SO_2,sulfate and HNO_3,deposition velocities computed using regional landuse and meteorological data[J]. Atmospheric Environment,20(5):949-964.

WALMSLEY J L,WESELY M L,1996. Modification of coded parametrizations of surface resistances to gaseous drydeposition[J]. Atmospheric Environment,30(7):1181-1188.

WANG H,SHOOTER D,2005. Source apportionment of fine and coarse atmospheric particles in Auckland, New Zealand[J]. Science of the Total Environment,340(1/2/3):189-198.

WANG P,CHEN Y,HU J,et al,2019. Source apportionment of summertime ozone in China using a source-oriented chemical transport model[J]. Atmospheric Environment,211:79-90.

WANG T,SUN Z,LI Z,1999. A condensed gas-phase model and its application[J]. Advances in Atmospheric Sciences,16(4):607-618.

WANG T J,JIANG F,DENG J J,et al,2012. Urban air quality and regional haze weather forecast for Yangtze River Delta region[J]. Atmospheric Environment,58:70-83.

WANG T S,SHU L,SHEN Y,et al,2010. Investigations on direct and indirect effect of nitrate on temperature and precipitation in China using a regional climate chemistry modeling system[J]. Journal of Geophysical Research-Atmospheres,115:D00K26.

WANG X,ZHANG Y,ZHAO L,et al,2000. Effect of ventilation rate on dust spatial distribution in a mechanically ventilated airspace[J]. Transactions of the ASAE,43(6):1877.

WANG X M,LIN W S,YANG L M,et al,2007. A numerical study of influences of urban land-use change on ozone distribution over the Pearl River Delta region,China[J]. Tellus B Chemical and Physical Meteorology,59B:633-641.

WARNER T T,SHEU R S,BOWERS J F,et al,2002. Ensemble simulations with coupled atmospheric dynamic and dispersion models:Illustrating uncertainties in dosage simulations[J]. Journal of Applied Meteorology,41 (5):488-504.

WATSON J G,1984. Overview of receptor model principles[J]. J Air Pollut Contr Assn,34:619-623.

WATSON J G,2002. Visibility:Science and regulation[J]. Journal of the Air & Waste Management Association,52(6):628-713.

WATSON J G,ANTONY CHEN L W,CHOW J C,et al,2008. Source apportionment:Findings from the US supersites program[J]. Journal of the Air & Waste Management Association,58(2):265-288.

WATSON J G,COOPER J A,HUNTZICKER J J,1984. The effective variance weighting for least squares calculations applied to the mass balance receptor model[J]. Atmospheric Environment,18:1347-1355.

WESELY M L,1989. Parameterization of surface resistance to gaseous dry deposition in regional-scale numerical models[J]. Atmospheric Environment,23(6):1293-1304.

WESTPHAL D L,TOON O B,CARLSON T N,1988. A case study of mobilization andtransport of Saharan dust[J]. Journal of the Atmospheric Sciences,45(15):2145-2175.

WILKS D S,2006. Statistical Methods in the Atmospheric Sciences:Chapter 7[M]. Academic 2nd ed. Elsevier:627.

WILLIAM R S,1986. A homogeneous gas phase mechanism for use in a regional acid deposition model [J]. Atmospheric Environment (1967),20(8):1615-1632.

WOODRUFF N P,SIDDOWAY F,1965. A wind erosion equation 1[J]. Soil Science Society of America Journal,29(5):602-608.

WU D,MAO J T,DENG X J,et al,2009. Black carbon aerosols and their radiative properties in the Pearl River Delta region[J]. Sci China Ser D-Earth Sci,52:1150-1163.

WU W S,WANG T,2007. On the performance of a semi-continuous $PM_{2.5}$ sulphate and nitrate instrument under loadings of particulate and sulphur dioxide[J]. Atmospheric Environment,41(26):5442-5455.

XIE M,2017. Inter-annual variation of aerosol pollution in East Asia and its relation with strong/weak East Asian winter monsoon[R]. Atmospheric Chemistry and Physics Discussions:1-38.

XING J,ZHANG F,ZHOU Y,et al,2019. Least-cost control strategy optimization for air quality attainment of Beijing-Tianjin-Hebei region in China[J]. J Environ Manage,245:95-104.

XUAN J,LIU G,DU K,2000. Dust emission inventory in northern China[J]. Atmospheric Environment,34 (26):4565-4570.

YARNAL B,1993. Synoptic Climatology in Environmental Analysis[M]. London:Belhaven Press.

YING Q,KLEEMAN M J,2003. Effects of aerosol UV extinction on the formation of ozone and secondary particulate matter[J]. Atmospheric Environment,37(36):5047-5068.

YING Q, LU J, KLEEMAN M,2009. Modeling air quality during the California Regional $PM_{10}/PM_{2.5}$ Air Quality Study (CPRAQS) using the UCD/CIT source-oriented air quality model-Part Ⅲ. Regional source apportionment of secondary and total airborne particulate matter[J]. Atmospheric Environment,43(2): 419-430.

YU X,WANG T J,LIU C,et al,2017. Numerical studies on a severe dust storm in east Asia using WRF-Chem [J]. Atmospheric and Climate Sciences,7:92-116.

ZDUNKOWSKI W G,PANHANS W-G,WELCH R M,et al,1982. A radiation scheme for circulation and climate models[J]. Beitr Phys Atmos,55:215-238.

ZHANG K M,KNIPPING E M,WEXLER A S,et al,2005. Size distribution of sea-salt emissions as a function of relative humidity[J]. Atmospheric Environment,39(18):3373-3379.

ZHANG L,LIU L,ZHAO Y,et al,2015. Source attribution of particulate matter pollution over north China with the adjoint method[J]. Environmental Research Letters,10(8):084011.

ZHANG Q,GENG G,2019. Impact of clean air action on $PM_{2.5}$ pollution in China[J]. Science China Earth Sciences,62:1845-1846.

ZHANG Q,STREETS D G,CARMICHAEL G R,et al,2009. Asian emissions in 2006 for the NASA INTEX-B mission[J]. Atmos Chem Phys,9(14):5131-5153.

ZHANG T,CAO J J,TIE X X,et al,2011a. Water-soluble ions in atmospheric aerosols measured in Xi'an,China:Seasonal variations and sources[J]. Atmospheric Research,102(1/2):110-119.

ZHANG Y,DING A,MAO H,et al,2016b. Impact of synoptic weather patterns and inter-decadal climate variability on air quality in the North China Plain during 1980—2013[J]. Atmos Environ,124:119-128.

ZHANG Y,MAO H,DING A,et al,2013. Impact of synoptic weather patterns on spatio-temporal variation in surface O_3 levels in Hong Kong during 1999—2011[J]. Atmos Environ,73:41-50.

ZHANG Y F,XU H,TIAN Y Z,et al,2011b. The study on vertical variability of PM_{10} and the possible sources on a 220 m tower,in Tianjin,China[J]. Atmospheric Environment,45(34):6133-6140.

ZHENG B,TONG D,LI M,et al,2018. Trends in china's anthropogenic emissions since 2010 as the consequence of clean air actions[J]. Atmospheric Chemistry Physics,18(19):14095-14111.

ZHENG X Y,FU Y F,YANG Y J,et al,2015. Impacts of atmospheric circulations on aerosol distributions in autumn over eastern China:Observational evidences[J]. Atmos Chem Phys,15:3285-3325.

ZHOU B,DU J,2010. Fog prediction from a multi-model mesoscale ensemble prediction system[J]. Weather Forecasting,25:303-322.

ZHOU B,DU J,GULTEPE I,et al,2011. Forecast of low visibility and fog from NCEP:Current status and efforts[J]. Pure and Applied Geophysics,169:895-909,DOI 10. 1007/s00024-011-0327-x.

ZHOU B,FERRIER B S,2008. Asymptotic analysis of equilibrium in radiation fog[J]. Journal of Applied Meteor and Clim,47:1704-1722.

ZHUANG B,LI S,WANG T,et al,2013. Direct radiative forcing and climate effects of anthropogenic aerosols with different mixing states over China[J]. Atmospheric Environment,79:349-361.

ZILITINKEVICH S S,1989. Velocity profiles,the resistance law and the dissipation rate of mean flow kinetic energy in a neutrally and stably stratified planetary boundary layer[J]. Boundary-Layer Meteorology,46 (4):367-387.

索 引